过程安全工程设计指南

（第二版）

Guidelines for Engineering Design for Process Safety, Second Edition

［美］Center for Chemical Process Safety　编著
吴德飞　等译
杜红岩　审

中国石化出版社
·北京·

内 容 提 要

本书原版由 CCPS 编写，旨在说明如何通过工程设计降低过程危害带来的风险，将过程安全工程设计的重点放在设计前期阶段，追求以最低成本实现最大限度的风险降低。同时，强调要在化工装置设施的全生命周期内考量获取的最佳过程安全效果。本书重点介绍了化工、石化和烃加工设施设计中的过程安全问题，涵盖了过程安全的基本概念、基本物理性质/热稳定性数据、风险分析技术、一般设计原则、设备设计、保护层及过程安全文档管理等内容。

本书适用于化工建设项目的工程设计人员、化工工艺研发团队、危险化学品安全管理技术人员及高等院校相关人员等。

著作权合同登记　图字：01-2024-5265 号

Guidelines for Engineering Design for Process Safety, Second Edition
By Center for Chemical Process Safety(CCPS),ISBN:978-0-470-76772-6

图书在版编目(CIP)数据

过程安全工程设计指南：第二版 / 美国化工过程安全中心编著；吴德飞等译. -- 北京：中国石化出版社,2025. 8(2026.1 重印). -- ISBN 978-7-5114-8040-8
Ⅰ. TQ02-62
中国国家版本馆 CIP 数据核字第 2025S6B876 号

中国石化出版社出版发行
地址:北京市东城区安定门外大街 58 号
邮编:100011　电话:(010)57512500
发行部电话:(010)57512575
http://www. sinopec-press. com
E-mail:press@ sinopec. com
北京科信印刷有限公司印刷
全国各地新华书店经销
*
787 毫米×1092 毫米 16 开本 21. 25 印张 460 千字
2025 年 8 月第 1 版　2026 年 1 月第 2 次印刷
定价:126. 00 元

“CCPS 过程安全图书精选 10 册”
编译委员会

陈毅峰　万华化学集团股份有限公司高级副总裁

纳永良　北京思创信息系统有限公司董事长

徐开宇　国家能源投资集团有限责任公司安环部主任

董小刚　北京伊埃管理咨询有限公司总经理

焦权声　中海油安全技术服务有限公司(中国海油安全生产培训中心)副总经理

普建武　万华化学集团股份有限公司首席过程安全专家

“CCPS 过程安全图书精选 10 册”
编译审核组

组　长： 王浩水　中国职业安全健康协会党委副书记、副理事长、总工程师　应急管理部原党组成员、总工程师

副组长： 王海军　中国职业安全健康协会驻会专家　应急管理部原应急指挥专员

罗新军　山东省工业和信息化厅原一级巡视员

胡予红　中国职业安全健康协会驻会专家　应急管理部国际交流合作中心原副主任

李文悦　中国职业安全健康协会副秘书长

组　员：（按姓氏笔画排序）

尹法波　青岛欧赛斯科技发展集团有限公司总工程师

卢朋慧　陶氏化学（张家港）有限公司工艺安全经理

刘　军　中国职业安全健康协会化工（危化）二部副主任

刘若尘　应急管理大学（筹）教授

刘慧茹　中国职业安全健康协会化工（危化）一部主任

李双程　伊士曼（中国）投资管理有限公司亚太区 HSE 总监

李永龙　国家能源集团北京低碳清洁能源研究院《清洁能源》期刊执行主编

李峰路　北京思创信息系统有限公司高级专家

吴祚祥　中国石油集团安全环保技术研究院有限公司二级工程师

张绍朋　中国职业安全健康协会化工（危化）二部业务专员

周纪标　安姆科集团亚太区 EHS 总监

孟庆杰　赢创特种化学(上海)有限公司北亚区过程安全经理
袁小军　北京风控工程技术股份有限公司技术总监
党文义　中国石化安全工程研究院有限公司副院长
徐　斌　中化应急技术服务(舟山)有限公司副总经理
高永宜　诺力昂化学品(上海)有限公司亚太区 HSE 总监
黄起中　国家能源投资集团有限责任公司安环部副主任
曹唯一　朗盛化学(中国)有限公司生产技术安全环境总监
董小刚　北京伊埃管理咨询有限公司总经理
普建武　万华化学集团股份有限公司首席过程安全专家
曾小明　鼎尚管理咨询(上海)有限公司总经理
蒲连雄　中海油安全技术服务有限公司安全总监

序

化工过程安全管理是预防重大危险化学品事故的先进理论和方法。美国化学工程师协会化工过程安全中心(CCPS)先后出版了100多本过程安全图书，不断总结化工过程安全管理的新理论、新知识与新实践，指导化工企业不断增强化工过程安全管理理念，持续提升化工过程安全管理水平，取得了显著成果，得到国际化工行业高度赞赏和认可。系统翻译CCPS过程安全图书是借鉴国际先进化工过程安全管理理念、技术与成功经验的有效举措，也是构建我国化工过程安全管理知识体系的必要措施，对推进我国化工行业高质量发展、推动我国危险化学品安全治理模式向事前预防转型具有重要和深远的意义。

中国职业安全健康协会(以下简称协会)党委副书记、副理事长、总工程师王浩水同志长期以来致力于推动化工过程安全管理的中国实践。为系统学习借鉴国际经验，王浩水同志亲自发起、组织和指导编委会首批甄选10册CCPS过程安全图书进行翻译出版，形成"CCPS过程安全图书精选10册"，后期还将陆续组织翻译、出版其他CCPS过程安全图书。

"CCPS过程安全图书精选10册"包括：

《过程安全工程设计指南(第二版)》(*Guidelines for Engineering Design for Process Safety, Second Edition*)

《通过事故调查持续改进过程安全》(*Driving Continuous Process Safety Improvement from Investigated Incidents*)

《过程安全领导力——从董事会到基层》(*Process Safety Leadership from the Boardroom to the Frontline*)

《精准风险决策指南》(*Guide for Making Acute Risk Decisions*)

《过程危害分析验证指南(第二版)》(*Guidelines for Revalidating

a Process Hazard Analysis, Second Edition)

《过程安全人因失误防范指南》(*Guidelines for Preventing Human Error in Process Safety*)

《过程安全文件编制指南》(*Guidelines for Process Safety Documentation*)

《过程安全知识管理指南》(*Guidelines for Process Safety Knowledge Management*)

《化学品安全仓储指南》(*Guidelines for Safe Warehousing of Chemicals*)

《过程安全事故典型案例解析》(*More Incidents that Define Process Safety*)

"CCPS 过程安全图书精选 10 册"分别由中国石油化工集团有限公司、国家能源投资集团有限责任公司、中国石油集团安全环保技术研究院、中国海洋石油集团有限公司安全生产培训中心、国家石油天然气管网集团科学技术研究总院、中国石油大学(华东)、万华化学集团股份有限公司安全生产管理中心、应急管理大学(筹)、北京风控工程技术股份有限公司、北京伊埃管理咨询有限公司、北京思创信息系统有限公司翻译和校审。

除以上单位外，朗盛化学(中国)有限公司、德凯达(上海)投资有限公司、诺力昂化学品(上海)有限公司、阿科玛(中国)投资有限公司、伊士曼(中国)投资管理有限公司、安姆科(中国)有限公司、圣莱科特集团、陶氏化学(中国)投资有限公司等在华外资企业也参与了"CCPS 过程安全图书精选 10 册"翻译稿的校审工作。

"CCPS 过程安全图书精选 10 册"不仅是传播化工过程安全管理新理念、新理论和新知识的载体，也是奉献化工安全风险管理新技术、新方法和新工具的手册。在翻译首批甄选的 10 册 CCPS 过程安全图书时，我们始终秉持"精准性、专业性、实用性"要求，力求在跨语言转换中实现基本原理、技术内涵的零损耗，既要忠于原著，又要契合我国化工安全管理实践。

在文字上，我们坚持“信”“达”“雅”原则，力求译文既保留原意又符合中文表达习惯，注重每句话的完整性，内容的准确性，语法结构的流畅性，语言载体的文学性。翻译过程中，协会多次组织专家就专业术语、书稿译文进行探讨斟酌。希望“CCPS过程安全图书精选10册”能够准确呈现先进化工过程安全管理理念和科学方法，成为化工过程安全管理的理论和专业工具书。

首批甄选的10册CCPS过程安全图书翻译不仅是语言的转换，更是传播先进理念、安全文化和科学管理方法的桥梁，有助于国内化工从业者掌握国际前沿的安全管理方法，推动我国化工行业安全治理模式向事前预防转型。

愿“CCPS过程安全图书精选10册”成为中外化工安全知识融合的典范，为守护更多劳动者安全健康、促进化工行业高质量发展贡献译者的专业力量。

“CCPS过程安全图书精选10册”编译委员会

2025年5月

《过程安全工程设计指南(第二版)》编译审校人员

编译人员：	吴德飞	胡　晨	李少鹏	穆　帅	应江宁
	刘雪梅	刘　溢	汪宇莹	曹　勃	李小冕
	景怡铭	张昕悦	王昱豪	付宛铮	林禹竹
	杨大鹏	单　丹			
审校人员：	杜红岩	盛在行	孙志刚	李　卓	张　力
	张建华	朱　逸	李　冰	文科武	李　蒙
	范宗海	郭雪华	佘　锋	郑学鹏	姚常亮
	王光磊	尹琦璟	费毅博	张　劼	张克峰
	史京平	王曦宏	陈中书	高延荣	阎　红
	胡晓昕				

译者的话

美国化学工程师协会(AIChE)于1985年成立了化工过程安全中心(CCPS)。多年来，CCPS为协助化学和烃加工行业避免或减缓灾难性化学品事故，推动PSM体系的发展，出版了一系列CCPS丛书，这些书成为化工过程安全发展中的理论和专业工具书。CCPS丛书的中文翻译出版对我国化工行业、危化品领域安全生产具有非常重要的意义，是借鉴世界先进经验、促进我国化工行业安全高效发展的有效举措，也是为我国化工企业安全管理水平迈向国际化、做好与世界接轨的基础性工作。

1993年出版的《过程安全工程设计指南》(第一版)介绍了不同设计阶段工程设计方案的选择对灾难性事故风险的影响。2012年出版的第二版在第一版的基础上，合并、扩充和更新了《工艺设备失效设计解决方案指南》的相关内容，增加了主要工艺设备可能发生故障导致灾难性事故的途径，使本书为过程安全管理体系的方案选择提供了非常有用的工具，有利于提出更具有成本效益的本质安全解决方案。

本书围绕全生命周期过程安全设计，强调了基于风险的安全评估和过程安全设计原则，以减少灾难性事件的发生，最大限度减少对人员和财产的影响。本书汇集了国外化工行业众多专家积累的宝贵经验，并提供了大量参考文献和其他文献指南。译稿有助于推动基于风险的过程安全设计在国内工程项目的实施和发展。读者可以借鉴这些经验，考虑国内工程项目的安全设计解决方案，同时应注意结合中国实际情况，不要生搬硬套。

中国石化健康安全环保管理部委托中国石化工程建设有限公司组织本书的翻译工作。参加翻译工作的有吴德飞、胡晨、李少鹏、穆帅、应江宁、刘雪梅、刘溢、汪宇莹、曹勃、李小冕、景怡铭、张昕悦、王昱豪、付宛铮、林禹竹、杨大鹏和单丹等，参加校对工作的有盛在行、孙志刚、李卓、张力、张建华、朱逸、李冰、文科武、李蒙、范宗海、郭雪华、佘锋、郑学鹏、姚常亮、王光磊、尹琦琾、费毅博、张劼、张克峰、史京平、王曦宏、陈中书、高延荣、阎红、胡晓昕等，全书最后由杜红岩审定。

感谢中国职业安全健康协会、中国石化健康安全环保管理部及中国石化出版社对本书的出版给予的大力支持和指导。希望化工行业的设计工程师们都能够阅读并使用这本书，特别是参与设计的工艺设计师。衷心希望本书的出版发行能够为我国催生出更多的本质更安全化工厂。

由于译者水平有限，译著难免有错误和不妥之处，恳请读者指正。

声　明

我们真诚地希望，本书中提供的信息能够帮助整个行业创造更加辉煌的安全业绩。但是，美国化学工程师协会(AIChE)及其顾问、化工过程安全中心(CCPS)技术指导委员会及分委会成员，其雇主、雇员及领导，以及 Aon 能源风险工程公司及其分包商，均不以任何明示或暗示的方式对本书内容的准确性或正确性作出保证或声明。对于因用户使用或不当使用本书所产生的所有法律责任和后果，与上述组织、机构和个人无关，用户应当自行承担。

目录

缩略语<<<

ACGIH ——American Conference of Government Industrial Hygienists 美国政府工业卫生专家会议

ACI ——American Concrete Institute 美国混凝土学会

ACS ——American Chemical Society 美国化学会

AEGL ——Acute Exposure Guideline Levels(译注：原文 Emergency 改为 Exposure)急性暴露指导水平

AGA ——American Gas Association 美国天然气协会

AIChE ——American Institute of Chemical Engineers 美国化学工程师协会

AIHA ——American Industrial Hygiene Association 美国工业卫生协会

AISC ——American Institute of Steel Construction，Inc. 美国钢结构设计协会

AISI ——American Iron and Steel Institute 美国钢铁技术协会

AIT ——Autoignition Temperature 自燃温度

ALARP ——As Low as Reasonably Practical 最低合理可行

ANSI ——American National Standards Institute 美国国家标准协会

APC ——Air Pollution Control 空气污染治理

APFA ——American Pipe Fittings Association 美国管件协会

API ——American Petroleum Institute 美国石油学会

ARC ——Accelerating Rate Calorimeter 加速量热仪

ASM ——American Society for Metals 美国金属学会

ASME ——American Society of Mechanical Engineers 美国机械工程师学会

ASSE ——American Society of Safety Engineers 美国安全工程师协会

ASNT ——American Society of Nondestructive Testing 美国无损检测学会

ASTM ——American Society for Testing and Materials 美国材料和试验协会

AWS ——American Welding Society 美国焊接协会

BLEVE ——Boiling Liquid Expanding Vapor Explosion 沸腾液体膨胀蒸气云爆炸

BPCS ——Basic Process Control System 基本过程控制系统

Btu ——British Thermal Units 英制热量单位

BTX ——Benzene，Toluene and Xylene 三苯(苯、甲苯、二甲苯)

CAA ——Clean Air Act 美国清洁空气法

CAAA ——Clean Air Act Amendments 美国清洁空气法修正案

CCPS ——Center for Chemical Process Safety 化工过程安全中心

CEM ——Continuous Emissions Monitor 连续排放监测器

CERCLA ——Comprehensive Environmental Response，Compensation，and Liability Act 综合环境响应、赔偿和责任法

CFR ——Code of Federal Regulations 美国联邦法规

CGA ——Compressed Gas Association 美国压缩气体协会

CIA ——Chemical Industries Association 化学工业协会

CMA ——Chemical Manufacturers Association 美国化学制造商协会

COT ——Coil Outlet Temperature 盘管出口温度

CRT ——Cathode Ray Tube 阴极射线管

CSTR ——Continuous Stirred Tank Reactor 连续搅拌反应釜

CWA ——Clean Water Act 清洁水法

DAF ——Dissolved Air Flotation 溶气浮选

dBA ——A-Weighted Decibel Level A 计权声压级

DCS ——Distributed Control System 分布式控制系统

DDT ——Deflagration to Detonation Transition 爆燃转爆轰

DIERS ——Design Institute for Emergency Relief Systems 紧急泄放系统设计院

DIPPR ——Design Institute for Physical Property Data 物性设计院

DOT ——Department of Transportation 美国交通部

DOE ——Department of Energy 美国能源部

DPC ——Deflagration Pressure Containment 爆燃压力安全壳

DSC ——Differential Scanning Calorimeter 差示扫描量热仪

DTA ——Differential Thermal Analysis 差热分析法

EEGL ——Emergency Exposure Guidance Level 应急暴露指导水平

EJMA ——Expansion Joint Manufacturers Association，Inc. 美国膨胀节制造商协会

EPA ——Environmental Protection Agency 美国环境保护署

EPRI ——Electric Power Research Institute 美国电力研究院

ERPG ——Emergency Response Planning Guidelines 应急响应计划指南

ERS ——Emergency Relief System 紧急泄放系统

ERD ——Emergency Relief Design 紧急泄放设计

ESCIS ——Expert Commission for Safety in the Swiss Chemical Industry 瑞士化学工业安全专家委员会

ESD ——Emergency Shutdown Device 紧急停车装置

ECT ——Eddy Current Testing 涡流检测

FIBC ——Flexible Intermediate Bulk Containers 柔性散装容器

FEED ——Front-End Engineering and Design 前端工程设计

F&EI ——Fire and Explosion Index 火灾爆炸指数

FMEA ——Failure Modes and Effects Analysis 失效模式及影响分析

FMECA ——Failure Modes，Effects and Criticality Analysis 失效模式、影响及危害性分析

FMEDA ——Failure Modes，Effects and Diagnostic Analysis 失效模式、影响及诊断分析

FMEC ——Factory Mutual Engineering Corporation 美国互助保险公司

FRP ——Fiber Reinforced Plastic 玻璃纤维增强塑料

GFCI ——Ground Fault Current Interrupter 接地故障断路器

GPM ——Gallons per Minute 加仑/分钟

GSPA ——Gas Processors Suppliers Association 天然气处理设备供应商协会

HAZOP ——Hazard and Operability Study 危险与可操作性分析

HEI ——Heat Exchanger Institute 美国传热学会

hp ——Horsepower 马力

HSE ——Health and Safety Executive 英国健康安全署

HVAC ——Heating，Ventilation，and Air Conditioning 暖通空调

IChemE ——Institute of Chemical Engineers 英国化学工程师协会

ICI ——Imperial Chemical Industries 帝国化学工业公司

IEEE ——Institute of Electrical and Electronics Engineers 电气与电子工程师协会

IDLH ——Immediately Dangerous to Life or Health 立即威胁生命和健康浓度

IGC ——Intergranular Corrosion 晶间腐蚀

IPL ——Independent Protection Layer 独立保护层

IRI ——Industrial Risk Insurers 工业危险保险人协会

ISA ——Instrument Society of America 美国仪表学会

ISGOTT ——International Safety Guide for Oil Tankers and Terminals 国际油轮与油码头安全指南

ISO ——International Standards Organization 国际标准化组织

ISS ——Independent Safety System（译注：结合正文改为 Instrumented Safety System）仪表化安全系统

kA ——kiloampere 千安

kV ——kilovolt 千伏

LEL ——Lower Explosive Limit 爆炸下限

LFL ——Lower Flammable Limit 燃烧下限

LNG ——Liquefied Natural Gas 液化天然气

LOC ——Limiting Oxygen Concentration 极限氧浓度

LOPA ——Layer of Protection Analysis 保护层分析

LPG ——Liquefied Petroleum Gas 液化石油气

mA ——milliampere 毫安

MAWP ——Maximum Allowable Working Pressure 最大允许工作压力

MCC ——Motor Control Center 电机控制中心

MEC ——Minimum Explosible Concentration 最低可燃浓度

MIE ——Minimum Ignition Energy 最小点火能

mJ ——millijoule 毫焦耳

MOC ——Management of Change 变更管理

MSDS ——Material Safety Data Sheet 物料安全数据表

MSS ——Manufacturers Standardization Society 制造商标准化协会

MT ——Magnetic Particle Testing 磁粉检测

NACE ——National Association of Corrosion Engineers 美国腐蚀工程师协会

NAS ——National Academy of Science 美国国家科学院

NBIC ——National Board Inspection Code 美国国家检验规范

NEC ——National Electrical Code 美国国家电气规范

NEMA ——National Electrical Manufacturers Association 美国国家电气制造商协会

NESC ——National Electrical Safety Code 美国国家电气安全规范

NDE ——Nondestructive Examination 无损检测

NFPA ——National Fire Protection Association 美国消防协会

NIOSH ——National Institute of Occupational Safety and Health 美国国家职业安全卫生研究所

NOAA ——National Oceanic and Atmospheric Administration 美国国家海洋和大气管理局

NPCA ——National Paint and Coatings Association 美国涂料和油漆协会

NPDES ——National Pollutant Discharge and Elimination System 美国国家污染物排放削减系统

NPSH ——Net Positive Suction Head 气蚀余量

NRC ——National Research Council 美国国家科学研究委员会

NSPS ——New Source Performance Standards 新源绩效标准

NTIAC ——Nondestructive Testing Information Analysis Center 美国无损检测信息分析中心

OSHA ——Occupational Safety and Health Administration 美国职业安全与健康管理局

PAC ——Protective Action Criteria 保护性行动标准

PCB ——Polychlorinated Biphenyl 多氯联苯

PEL ——Permissible Exposure Limit 容许接触限值

PES ——Programmable Electronic System 可编程电子系统

PFD ——Process Flow Diagram 工艺流程图

PFR ——Plug Flow Reactor 平推流反应器

PLC ——Programmable Logic Controller 可编程逻辑控制器

P&ID ——Piping and Instrumentation Diagram 工艺管道和仪表流程图

PHA ——Process Hazard Analysis 过程危害分析

PID ——Proportional Integral Derivative 比例积分微分

POT ——Pass Outlet Temperature 出口温度
ppm ——parts per million 百万分率
pS ——picoSiemen 皮西门子
PS ——Process Safety 过程安全
PSA ——Pressure Swing Adsorption 变压吸附
PSD ——Process Safety Device 工艺安全设备
PSV ——Pressure Safety Valve 安全阀
PSS ——Process Safety System 过程安全体系
PT ——Liquid Penetrant Testing 渗透探伤检测
PVRV ——Pressure-Vacuum Relief Valve 压力-真空安全阀
QRA ——Quantitative Risk Analysis 定量风险分析
REST ——Reactivity Evaluation Screening Tool 反应性评估筛选工具
RC ——Reactor Calorimeter 反应量热仪
RCRA ——Resource Conservation and Recovery Act 资源保护与回用法案
RP ——Recommended Practice 推荐实践做法
RSST ——Reactive System Screening Tool 反应系统筛选工具
RT ——Radiographic Testing 射线检测
RTD ——Resistance Temperature Detector 电阻式温度传感器
SCAPA ——Subcommitee on Consequence Assessment and Protective Actions 后果评估和保护措施分委会
SCBA ——Self-Contained Breathing Apparatus 正压式空气呼吸器
SCC ——Stress Corrosion Cracking 应力腐蚀开裂
scf ——Standard Cubic Foot 标准立方英尺
SCR ——Silicon Conductor Rectifier 硅整流器
SAE ——Society of Automotive Engineers 美国汽车工程师学会
SFPE ——Society of Fire Protection Engineers 美国消防工程师学会
SIF ——Safety Instrumented Function 安全仪表功能
SIS ——Safety Instrumented System 安全仪表系统
SLOD ——Significant Likelihood of Death 重大死亡概率
SLOT ——Specified Level of Toxicity 特定毒性等级
SOL ——Safe Operating Limit 安全操作限值
SPCC ——Spill Prevention Control and Countermeasures 溢油的预防控制与对策
SPEGL ——Short-Term Public Emergency Guidance Level 短期公共紧急情况指导水平
SRS ——Safety Requirement Specification 安全要求规格书
SSPC ——Steel Structures Painting Council 美国钢结构油漆委员会
TEEL ——Temporary Emergency Exposure Limits 瞬时应急暴露限值

TEMA ——Tubular Exchanger Manufacturer Association 列管式换热器制造商协会

TLV ——Threshold Limit Value 阈值

TOC ——Total Organic Compounds 总有机物

TSCA ——Toxic Substance Control Act 美国有毒物质控制法

UBC ——Uniform Building Code 美国通用建筑规范

UEL ——Upper Explosive Limit 爆炸上限

UFL ——Upper Flammable Limit 燃烧上限

UL ——Underwriters Laboratory Inc. 安全试验所

UPS ——Uninterruptible Power Supply 不间断电源

UT ——Ultrasonic Testing 超声波检测

UVCE ——Unconfined Vapor Cloud Explosion 无约束蒸气云爆炸

VOC ——Volatile Organic Compound 挥发性有机化合物

VP ——Vapor Pressure 蒸气压

VSP ——Vent Size Package 泄放尺寸设计量热仪™

WEEL ——Workplace Environmental Exposure Limit 工作场所环境接触限值

术语

管理控制——Administrative Controls：程序机制，如锁定/标识程序，用于指导和/或检查人员在工厂任务中的表现。

自燃温度——Auto-ignition Temperature：物质(无论是固态、液态还是气态)的自燃温度是指在没有其他火源的情况下，在空气中引发或导致自燃所需的最低温度。

基本事件——Basic Event：故障树最底层无须探明其发生原因的事件(如设备失效、人为故障或外部事件)。

基本过程控制系统——Basic Process Control System(BPCS)：为支持正常生产功能而安装的控制设备。

间歇式反应器——Batch Reactor：在设定反应条件(温度、压力)前先装入所有反应物和溶剂的反应器。反应过程结束后才从反应器中取出产物。在反应过程中，间歇式反应器中热量生成和浓度都会发生变化。

沸腾液体膨胀蒸气云爆炸——Boiling Liquid Expanding Vapor Explosion(BLEVE)：一种快速相变，在此过程中，容器内高于其常压沸点的液体迅速减压，几乎瞬间从液体转变为蒸气，释放出相应能量。由于外部火焰烘烤压力容器的蒸气空间是常见的BLEVE场景，因此，如涉及可燃液体，则BLEVE通常伴有巨大火球。不过，不一定只有可燃液体才会发生BLEVE。

等电位连接——Bonding：通过导体将两个或多个导电物体连接在一起的过程。

铅封——Car Seal：用于将阀门固定在开启位置(铅封开)或关闭位置(铅封关)的金属或塑料电缆。在操作阀门之前，必须通过行政管理程序获得适当授权。物理铅封应具有适当的机械强度，以防止未经授权的阀门操作。

灾难性事故——Catastrophic Incident：涉及重大失控排放、火灾或爆炸的事故，在现场造成重大损害、人员伤亡和/或死亡，其影响范围延伸至周边社区。

可燃的——Combustible：能够燃烧的。

可燃液体——Combustible Liquid：根据闪点对某些会燃烧的液体进行分类的术语。美国消防协会(NFPA)将可燃液体定义为闭杯闪点大于100℉(37.8℃)的液体(NFPA 30)。可燃液体分为以下三个子类：

- Ⅱ级液体包括闪点不低于100℉(37.8℃)，但低于140℉(60℃)的液体。
- Ⅲ级液体可细分为两个子类：
    - ⅢA级液体包括闪点不低于140℉(60℃)，但低于200℉(93.4℃)的液体。
    - ⅢB级液体包括闪点不低于200℉(93.4℃)的液体。

美国交通部(DOT)将“可燃液体”定义为闪点超过140℉(60℃)且低于200℉(93.4℃)的液体。

(译注：原文由于笔误导致出现了多余的“not”，翻译时已将其修正)

共模失效——Common Mode Failure：具有单一外部原因而有多个非互为因果的失效影响的事件。

连续(式)反应器——Continuous Reactors：以反应物连续加入反应系统，反应产物连续排出反应系统为特征的反应器。例如，平推流反应器(PFR)和连续搅拌反应釜(CSTR)。

连续搅拌反应釜——Continuous Stirred Tank Reactor(CSTR)：一种连续进料、连续出料的反应容器。容器(槽)被连续搅拌以保持容器内的物料浓度均匀。

高后果事件——Critical Event：高后果事件是指具有特定严重后果的事件，如涉及厂区外的社区影响、严重的系统损坏、严重的人员伤亡的事件。

高后果事件频率——Critical Event Frequency：高后果事件发生的频率。

泵出口憋压(堵转)——Deadheading：运行泵的排放侧堵塞，导致流量降至零，出口压力增加。来自空转泵的能量输入增加了泵中流体的温度和压力。

爆燃——Deflagration：一种物质的化学反应，其中反应前沿以亚音速进入未反应物质。当产生有可能造成破坏的爆炸波时，则可使用爆炸性爆燃这一术语。

爆燃转爆轰——Deflagration to Detonation Transition(DDT)：爆燃火焰通过火焰产生的湍流和压缩加热效应加速至爆轰的过渡现象。在过渡瞬间，火焰前方的大量预压缩湍流气体以异常高的速度和超压起爆。

紧急泄放系统设计院——Design Institute for Emergency Relief Systems(DIERS)：由美国化学工程师协会赞助成立，旨在研究反应性化学系统和两相流系统的泄压要求。

爆轰——Detonation：由化学反应传播引起的能量释放，反应中，反应前沿以大于未反应物质中音速的速度进入未反应物质。

分布式控制系统——Distributed Control System(DCS)：将过程控制功能划分为特定区域，通过通信(一般是数据公路)互联成为一体的系统。其特点是数字控制器和典型的中央操作界面。

道化学火灾爆炸指数——Dow Fire and Explosion Index(F&EI)：陶氏化学公司开发的一种方法，对与工艺相关的火灾和爆炸风险进行排序。分析人员可以利用物料特性和工艺数据计算各种危险和爆炸指数。

紧急泄放装置——Emergency Relief Device：在紧急或异常情况下打开，防止内部流体压力上升超过规定值的装置。该装置也可用于防止内部真空度过高。该装置可以是泄压阀、非重闭式泄压装置或真空泄压阀。

紧急停车装置——Emergency Shutdown Device：根据紧急停车系统的指令将系统关停至安全状态的装置。

紧急停车系统——Emergency Shutdown System：这是一种安全控制系统。当违反预设条件时，能够超越基本控制系统的操作并关闭该过程。

设备可靠性——Equipment Reliability：在规定的环境条件下运行时，工艺设备在规定的暴露时间内充分发挥其预期功能的概率。

爆炸——Explosion：引起压力不连续或冲击波的能量释放。

失效安全——Fail-Safe：控制装置发生故障或能源中断时(如失去电力供应情况下电动阀的失效方向)，仍能保持安全运行状态的设计特征。

用于自动抵消预期可能出现的故障源影响。如果组件、信号或公用设施失效，系统启动相应措施，使其恢复到安全状态，该系统就是失效安全的。

失效——Failure：预期性能和观测性能之间存在的不可接受的差异。

失效模式及影响分析——Failure Mode and Effects Analysis(FMEA)：系统化表格式方法，用于评估和记录已知类型元件失效的影响。

燃点——Fire Point：此处定义的易燃或可燃液体以及某些挥发性可燃固体接触火花或火焰等火源时，产生足够的蒸气，与空气形成混合物，支持持续燃烧的最低温度。

火球——Fireball：燃料-空气云在大气中的燃烧，其中能量主要以辐射热的形式释放。燃料释放的内核几乎由纯燃料组成，而首先发生点火的外层是易燃的燃料-空气混合物。随着热气浮力开始占主导地位，燃烧云上升，形状变得更像球形。

燃烧极限——Flammability Limits：在有火焰或其他火源的情况下，在空气中会燃烧或爆炸的气体或蒸气的范围。其重要性：该范围代表可能点燃或爆炸的不安全气体或蒸气与空气的混合物。一般来说，范围越广，火灾可能性就越大。另见“爆炸下限/燃烧下限”和“爆炸上限/燃烧上限”。

易燃液体——Flammable Liquid：根据 NFPA 30(美国消防协会《易燃和可燃液体标准》)中描述的测试程序测定的闭杯闪点低于 100℉(37.8℃)且根据 ASTM D323《石油产品蒸气压测定法(雷德法)》测定的在 100℉(37.8℃)时雷德蒸气压不超过 40psia(2068.6mmHg)的液体。易燃液体分为以下三个Ⅰ类：

- ⅠA 类液体-闪点低于 73℉(22.8℃)，沸点低于 100℉(37.8℃)的液体。
- ⅠB 类液体-闪点低于 73℉(22.8℃)，沸点不低于 100℉(37.8℃)的液体。
- ⅠC 类液体-闪点不低于 73℉(22.8℃)，但低于 100℉(37.8℃)的液体。(NFPA 30)

闪燃——Flash Fire：易燃蒸气和空气混合气燃烧，火焰以亚音速通过混合气，不产生明显的破坏性超压。

闪点——Flash Point：在液体上方的蒸气-空气混合气遇外部火源点燃后能够维持燃烧的温度。

无组织排放——Fugitive Emissions：无法合理通过排气管、烟囱、通风口或其他类似开口的排放。

接地——Grounding：将一个或多个导电物体与大地相连的过程，使每个物体与大地的电势相等。通常认为，地球的电势为零。实际上，接地是提供足够小的接地电阻，使系统在最大可接受的充电电流下不会产生静电危害的过程。grounding(接地)在欧洲可称为“earthing”。

危害——Hazard：对人员、财产或环境具有潜在损害的固有化学或物理特性。在本书中，是指可能导致事故发生的有害物质、操作环境和某些意外事件的组合。

危害分析——Hazard Analysis：识别导致危险发生的意外事件，分析这些意外事件可能发生的机制，通常还包括对后果的评估。

危险与可操作性分析——Hazard and Operability Study(HAZOP)：一种系统的定性技术，利用一系列引导词来研究工艺偏差，从而识别过程危害和潜在的操作问题。HAZOP 用于分析工艺各部分，发现可能发生的偏离设计意图的偏差及其原因和后果。通过使用适当的引导词系统地完成。是一种系统的详细评审技术，适用于间歇式和连续式装置，可应用于新的或现有的工艺，以识别危害。

危害辨识——Hazard Identification：识别导致危险事件的原因并评估事件后果。

有害物质——Hazardous Material：广义上，指的是任何对人类或环境健康或安全产生不利影响的物质或混合物。除与闪点和沸点有关的火灾问题外，还具有其他危险性的材料。这些危险可能由(但不限于)毒性、反应性、不稳定性或腐蚀性引起。

人机因素——Human Factors：一门关于设计机器、操作和工作环境，使其与人的能力、局限性和需求相匹配的学科。包括与操作员-机器系统中的人机因素相关的任何技术工作(工程设计、程序编写、工人培训、工人选择等)。

惰性气体——Inert Gas：一种不可燃、不起反应的气体，可使系统中的可燃物质无法支持燃烧。

本质更安全——Inherently Safer：永久并不可分割地减少或消除与工艺中采用的物料和操作相关的危害。

联锁系统——Interlock System：一种用于检测超限或异常情况或不正确的顺序，并停止进一步操作或开始采取纠正措施的系统。

本安型——Intrinsically Safe：在正常或异常条件下无法释放足够的电能或热能以引燃特定危险大气混合物或危险层的设备和布线。

一种保护技术，其基础是将暴露于潜在爆炸性环境中的设备内部和互连导线的电能限制在低于可能因火花或热效应引起点燃的水平。由于本质安全是通过这种方法实现的，有必要确保暴露于潜在爆炸性气体环境中的电气设备以及与之相互连接的其他电气设备都有适当的构造。

可能性——Likelihood：事件发生的预期频率的度量。可以表示为频率(如每年发生的事件数量)、一个时间段内的发生概率(如年度概率)，或条件概率(如在前兆事件已发生条件下的发生概率)。

极限氧浓度——Limiting Oxygen Concentration(LOC)：指氧气含量，低于该氧含量就不会发生爆燃(在气体、薄雾、浮尘或复合混合物中的火焰传播)。对于大多数碳氢化合物(氧气是氧化剂，氮气是稀释剂)，LOC 为 9%~11%(体积分数)氧气。粉尘的 LOC 取决于固体的成分和粒度分布。大多数有机化学粉尘的 LOC 值为 10%~16%(体积分数)氧气，同样是以氮气为稀释剂。

燃烧下限——Lower Flammable Limit(LFL)：空气中可燃物的浓度，低于该浓度就不会着火。通常也可称为爆炸下限(LEL)，对于粉尘而言，是爆炸下限(MEC)。

最低可燃浓度——Minimum Explosible Concentration(MEC)：产生爆炸所需的最低可燃粉尘浓度。

最小点火能——Minimum Ignition Energy(MIE)：在可燃混合物中引发火焰传播需要有足够能量和持续时间的火源，以克服向周围较冷物质的热损失。如果暴露于超过可燃混合物最小点火能(MIE)的放电中，粉尘和蒸气云会很容易被点燃。

减缓——Mitigation：通过采取保护措施降低事件发生的可能性和/或降低事件的严重程度和/或最大限度减少人员或财产暴露在事件中，从而降低事故事件序列风险。

气蚀余量——Net Positive Suction Head(NPSH)：必须在泵的吸入侧提供的净静态液体压头，以防止泵产生气蚀。

氧化剂——Oxidant：能与燃料(气体、粉尘或薄雾)发生反应引起燃烧的气体物质。空气中的氧气是最常见的氧化剂。

工艺管道和仪表流程图——Piping and Instrumentation Diagram(P&ID)：显示管道、容器和仪表详情的图纸。

平推流反应器——Plug Flow Reactor(PFR)：平推流反应器是一种管式反应器，从反应器的一端连续引入进料，从另一端连续移出产物。反应器中物料浓度/温度不均匀。

池火——Pool Fire：从火焰底部液体层蒸发的物质的燃烧。

泄压阀——Pressure Relief Valve(PRV)：由阀门上游静压驱动的弹簧加载阀。阀门的开启通常与超过开启压力的压力增加成比例。泄压阀通常用于不可压缩流体。

安全阀——Pressure Safety Valve(PSV)：由阀门上游静压驱动的弹簧加载泄压阀，特点为快速打开或弹出。安全阀通常用于可压缩流体。

工艺流程图——Process Flow Diagram(PFD)：显示工艺中物料从一台设备流向另一台设备的图纸。通常提供各种物流的压力、温度、成分和流速，交换器热负荷，以及与理解和概念化该工艺相关的其他此类信息。

过程危害分析——Process Hazard Analysis(PHA)：有组织地识别和评估与化工过程和操作相关的危害，以便对其进行控制。该审查通常采用定性技术来识别和评估危害的重要性。给出结论和适当的建议。有时采用定量方法来帮助对风险降低进行优先级排序。

过程安全——Process Safety：专注于预防化工工艺设施的火灾、爆炸和意外化学物质泄漏的学科。

过程安全管理——Process Safety Management(PSM)：一种管理体系，专注于预防、准备、缓解、应对和恢复与设施相关的工艺过程中化学品或能量的灾难性泄漏。

过程安全体系——Process Safety System(PSS)：包括旨在使过程得到安全运行和维护的设计、程序和硬件。

可编程电子系统——Programmable Electronic System(PES)：一种基于计算机的系统，该计算机连接工厂内的传感器和/或执行器，用于控制、保护或监控(包括各种类型的计算机、可编程逻辑控制器、外围设备、互连系统、仪表分布式控制系统控制器和其他相关设备)。

可编程逻辑控制器——Programmable Logic Controller(PLC):一种基于微型计算机的固态控制系统,接收来自用户提供的控制设备(如开关和传感器)的输入,按照PLC存储器中存储的指令所确定的精确模式执行这些输入,并为控制或用户提供的设备(如继电器和电机启动器)提供输出。

吹扫气——Purge Gas:持续或间歇地添加到系统中使系统中大气不可燃的气体。吹扫气可以是惰性气体或可燃气体。

急冷——Quenching:从高温快速冷却,例如反应系统在短时间内(几乎是瞬间)急剧冷却,会"冻结"反应状态,防止进一步分解或反应。

基于风险的过程安全——Risk Based Process Safety:CCPS的过程安全管理体系方法,采用基于风险的战略和实施策略,这些战略和策略与基于风险的过程安全活动需求、资源可用性和现有过程安全文化相适应,以设计、纠正和改进过程安全管理活动。

失控反应——Runaway Reactions:一种反应速度不受控制地加快、导致温度和压力迅速升高的热力学不稳定反应系统。

安全仪表系统——Safety Instrumented System(SIS):为工艺的安全运行提供的仪表、控制和联锁装置。

安全保护层——Safety Layer:被认为足以抵御特定危险的系统或子系统。该安全保护层:

- 完全独立于任何其他保护层。
- 不会因另一个安全保护层失效而受损。
- 必须具有可接受的可靠性。
- 必须按照公司政策和程序获得审批。
- 必须符合适当的设备分类。
- 可能是非控制替代(如化学、机械)。
- 可能需要各种硬件和软件包。
- 可能是管理程序。

半间歇式反应器——Semi-Batch Reactor:半间歇式反应器中,一些反应物在批次开始时加入反应器,其他反应物在反应过程中连续加入。

源项——Source Term:对于蒸气扩散建模而言,这是基于释放规范估算该扩散模型输入的温度、气溶胶含量、密度、大小、速度和质量等实际现场云条件。

任务分析——Task Analysis:一种对人为失误的分析方法,可将程序或整体工作描述分解为单个工作任务。

无约束蒸气云爆炸——Unconfined Vapor Cloud Explosion(UVCE):易燃蒸气泄漏后与空气混合形成易燃蒸气云。如果被点燃,火焰速度可能会加速到很高并产生显著的爆炸超压。

燃烧上限——Upper Flammable Limit(UFL):当存在点火源(热、电弧或火焰)时,能被点燃的蒸气或气体的最高浓度(该物质在空气中的最高百分比)。另请参阅“燃烧下限”。当浓度高于UFL时，混合物因氧气含量过低而无法燃烧。

阀门故障位置——Valve Failure Positions：如果发生仪表风或电力故障，阀门或故障关闭(FC)，或故障打开(FO)，或处于故障时刻位置并一直保持(FL)。必须仔细选择故障位置，以使系统进入或处于安全运行状态。

蒸气云爆炸——Vapor Cloud Explosion(VCE)：易燃蒸气、气体或薄雾被点燃而引发的爆炸，火焰速度加速到足够高以产生显著的超压。

蒸气相对密度——Vapor Density：蒸气或气体质量与等体积空气质量的对比；蒸气或气体密度的表达式。比空气轻的物质(如乙炔、甲烷、氢气)的蒸气相对密度小于1.0。比空气重的物质(如丙烷、硫化氢、乙烷、丁烷、氯、二氧化硫)的蒸气相对密度大于1.0。重要性：所有蒸气和气体都会与空气混合，但较轻的物质会上升并消散(除非受到限制)。较重的蒸气和气体可能集中在较低的地方(沿着地板或在地板下、在集水坑、下水道和检修孔中、在沟渠中)，并可能在未被发现的情况下传播很远的距离，造成火灾或健康危害。

蒸气压——Vapor Pressure：蒸气在其液体上方施加的压力。蒸气压越高，液体越容易蒸发，蒸气会充满工作区域，导致健康或火灾危险。

紧急泄放——Venting：使容器内的物料紧急流出容器。通过紧急泄放来控制或降低压力，从而避免容器因超压而失效。紧急泄放流可以是单相的也可以是多相的，每种泄放流都会产生不同的流动特性。

致谢

美国化学工程师协会(AIChE)和化工过程安全中心(CCPS)向本书所有成员以及 CCPS 成员公司致以最诚挚的谢意，感谢他们在本书编写过程中给予的大力支持和技术贡献。AIChE 和 CCPS 也衷心感谢来自 Aon Energy Risk Engineering 公司的作者团队。

分委会成员

Pete Lodal *(分委会主任)*	Eastman Chemical
Mark Davis	Eli Lilly
Americo Diniz	Braskem
Edward Dyke	Merck
Brad Fong	3M
S. Ganeshan	Toyo Engineering India Ltd
Bala Chaitanya Gottimukkala	CB&I Lummus
Chantell Lang	CB&I Lummus
Darrin Miletello	Bayer CropScience
Mikelle Moore	Buckman
Mike Moosemiller	BakerRisk
Perry Morse	DuPont
Keith Pace	Praxair
Jack Philley	Baker Hughes
Ravi Ramaswamy	Reliance Industries Limited
Ron Riselli	Nexen
Sheri Sammons	TPC Group
Narayanam Sankaran(Sank)	UOP/Honeywell
Kevin Shaughnessy	Dow Chemical
Gill Sigmon	Honeywell
James Slaugh	Lyondell Basell
Gary Solak	Bayer Material Science
Angela Summers	SIS-TECH Solutions
Scott Wallace	Olin

CCPS 顾问： Dave Belonger

CCPS 感谢参与撰写本书的 Aon Energy Risk Engineering 公司员工所做的贡献，特别是 John Alderman、Christy Franklyn 和 Donna Pruitt。

CCPS 的所有书籍在出版之前都经过全面的同行评审。CCPS 衷心感谢同行评审人员提出的宝贵意见和建议。他们的工作提高了本书的准确性和清晰度。

尽管同行评审人员提出了许多建设性意见和建议，但 CCPS 并未要求他们为本书背书，在本书发行之前也没有给他们看过最终稿。

同行评审人员

Zaheer Ahmed	Baker Hughes
Jeff Fox	Dow Corning
Stan Grossel	Process Safety and Design Consultant
Dave Krabacher	Cognis Corporation
Haluk Kopkalli	Honeywell Specialty Materials
Brook Vickery	Flint Hill Resources

序言

工程师们喜欢把自己的专业看作是，严谨地运用科学和数学原理来创造性地解决有意义的问题。在某种程度上，工程设计可以描述为——将设计人员头脑中的设想转化为工程现实的技术。但是，这种设想的目标来自哪里？平心而论，工程是一种直观的艺术形式。工程师/设计者将自己积累的经验及他人的经验用于定义设计问题，通过直觉和创造思维解决工程问题。工程师开发和完善的概念设计是利用工程数学和科学工具将头脑中的想法转化为工程实际。

如同其他工程问题一样，选择过程安全系统的设计基础也是一个问题。没有方程，没有公式，也没有科学原则来定义“最佳”设计。虽然借助科学和数学工具，可以将设计概念转化为实际建造的工程，但是对于“什么是最佳设计?”这个问题没有一个标准的答案。每个工程都需要进行专门的考虑，需要对工程项目周围环境和所需功能细节进行全面评估，以确定什么是最佳设计。

参观过汽车展的人都会很快意识到，任何工程问题都有大量的潜在解决方案。对于某一个特定问题，有的解决方案可能比其他方案能够更好地满足几乎所有利益相关者的总体目标。在这种情况下，很容易做出最佳设计的选择。然而，在有些情况下，不同的利益相关者有着明显不同的目标要求，或者不同设计目标的相对重要性存在着明显差异。这就是汽车展上汽车种类繁多的原因之一，让每个潜在购买者都有机会找到最符合自己目标的设计。但在工艺装置设计中这是不可能实现的——因为每套装置可能对许多不同目标和不同优先选项的利益相关者有着不同的影响。如何才能找到最佳解决方案？这不完全是一个技术问题，也包括社会和政治方面的问题。我认为，关键的第一步是识别大量潜在的解决方案，这样才尽可能多地包括利益相关者所能接受的解决方案。那么，从哪里获取这些潜在的解决方案？一个重要来源是我们自己过去以及其他人曾遇到类似问题所积累的经验。本书汇集了化工行业众多专家积累的大量经验。根据本书目录构成的核心体系，读者可以充分利用这些专家多年的实践经验。通过讨论影响安全系统设计基础的大量可能解决方案，使设计工程师可以找出满足大多数人需求的最佳解决方案或解决方案组合。

本书合并、更新和扩展了 CCPS 早期出版的两本图书，强调了基于风险的安全系统设计评估。按照有效性和可靠性降序排列，安全系统方法可分为本质更安全/被动性、主动性和程序性。本质更安全方法是首选，但对于哪种方法或具体方案最适合某一特定情况，并没有一定之规。相反，设计工程师必须对整个设计进行广泛和全面的研究。设计必须实现许多不同的且经常是相互矛盾的目标。必须综合考虑安全、健康影响、环境影响、损失预防、经济和商业因素、产品质量、技术可行性以及许多其他因素。本书要求工程师在为多个可能的设计方案做出决定时，应采用基于风险的方法对不同的多个目标进行评估。

本书对开展过程危害分析研究非常有用。第 6 章中的故障模式表是危害辨识检查表的基础，也可以对识别出的问题提供各种潜在的解决方案。而且，如果工程师能够在设计的早期阶段，也就是在正式开展危害审查之前使用本书，这本书将价值倍增。

本书的内容可以简单概括为以下方面：

- 考虑大量的设计选项；
- 尽早识别实现本质安全和被动安全功能的机会；
- 充分理解与设计相关的所有危害和由此产生的风险；
- 采用基于风险的方法制定过程安全系统规范。

希望在每个化工工艺设计师的书桌上能找到这本书(而非束之高阁)，特别是那些在前期设计中参与定义基本化学和单元操作的设计师。在工艺设施的日常设计中，设计师应当经常查阅本书。如果您是工艺安全专业人员，请确保您所在单位的所有工艺设计工程师都能够阅读并使用这本书。这将使工作事半功倍！

Dennis C. Hendershot

CCPS 顾问

前言

美国化学工程师协会(AIChE)于1985年成立了化工过程安全中心(CCPS)，其目的是协助化学和烃加工行业避免或减缓灾难性化学事故。为了实现这一目标，CCPS将工作重点放在四个领域：

(1) 制定并发布最新的科学和工程实践(非标准)，以预防和减缓涉及有毒和/或反应性物料的事故。

(2) 鼓励通过出版物、研讨会、专题讨论会和工程师继续教育等不同方式传播这些信息。

(3) 通过研究灾难性事件的预防和减缓，推进工程实践和技术管理的进步。

(4) 开发和鼓励采用本科教育课程，提高工程师的安全知识和安全意识。

《过程安全工程设计指南(第二版)》是多个项目的成果。第一个项目是始于1989年的《过程安全工程设计指南》(*Guidelines for Engineering Design for Process Safety*)，由CCPS成员公司的志愿者与石伟公司(Stone&Webster)的工程师合作，其目的是编写一本书，介绍在不断深化的各个设计阶段需要解决的过程安全设计问题。第一版讨论了各种工程设计方案选择对灾难性事故风险的影响，设计阶段从最初的工艺选择直到最终设计。第二个项目始于1994年，由CCPS成员公司的志愿者与Arthur D. Little咨询公司合作编写了《工艺设备失效设计解决方案指南》(*Guidelines for Design Solutions for Process Equipment Failures*)。此书描述了主要工艺设备可能发生故障导致灾难性事故的途径。

第二本书在一系列备选方案(从本质更安全/被动解决方案到主动性和程序性解决方案)中确定了可能避免或减缓故障的可用设计解决方案。通过获得主要工艺设备如何发生故障的行业经验，这本书为过程安全系统的选择提供了非常有用的工具。在某些情况下，建议的本质更安全解决方案可能会出乎工艺工程师和设计人员的意料，因为这可能是最具有成本效益的解决方案。

2009年，CCPS的技术指导委员会和规划委员会认为有必要将这两本书合并、扩充和更新成为一个合订本。您现在手里拿的书就是这项工作的成果。

《过程安全工程设计指南(第二版)》已经更新，为多个不同类别的工艺设备(包括容器、反应器、传热传质设备、流体输送和分离设备、明火设备、干燥器和管道)提供了设计指导和全面参考。第6章包含了《设计解决方案》(*Design Solutions*)一书中更新的设备失效表。

本书重点介绍通过工程设计来降低过程危害带来的风险。尽管提高过程安全可以使每个领域受益，但本书并未涉及操作、维护、运输或个人安全问题。详细工程设计也不在本书的讨论范围内，但作者提供了大量参考文献和其他文献指南，以帮助那些期望获得更多安全设计理念、了解安全系统设计细节的设计师。

1 引言

美国化学工程师协会化工过程安全中心(CCPS)出版了一系列指南，指导工艺装置设施中灾难性事件的风险评估和风险降低。《过程安全工程设计指南》首次出版于1993年，目的是将过程安全的重点转移到设计的最初阶段，以最低成本和最好效果解决过程安全问题。近20年后，《过程安全工程设计指南(第二版)》继续强调在前端工程设计(FEED)中加强过程安全的重要性，以最低成本实现最大限度的风险降低。同时强调在装置设施的全生命周期中，深耕过程安全设计的益处。本书的更新版加入了《工艺设备失效设计解决方案指南》(*Guidelines for Design Solutions for Process Equipment Failures*)的内容，该书最初由CCPS于1998年出版(参考文献1-1)。

本书重点介绍了化工、石化和烃加工设施设计中的过程安全问题。每个主题都提供了大量的信息，确保读者理解以下方面：

- 概念和问题；
- 过程安全设计方法；
- 需关注领域；
- 从何处获取详细信息。

本书范围包括如何避免和减少可能影响装置或周边区域人员和设施的灾难性事件，介绍了选择适当的设计方案以防止或减少易燃或有毒物质泄漏可能导致的火灾、爆炸以及对人员和社区造成的影响。对于影响操作和维护的过程安全问题仅限于考虑设计方案对系统可靠性的影响。本书适用于新建设施的设计以及现有设施的改造。

本书范围不包括以下方面：

- 运输安全；
- 日常环境控制；
- 人员安全和工业卫生做法；
- 应急响应；
- 详细设计；
- 操作和维护；
- 与过程安全无关的安保问题。

本书突出强调设计方案选择阶段的安全设计问题。例如，第7.1.1节“电气爆炸危险区划分”，涵盖了工厂安全所需的工艺环境中电气设备的安全应用问题，但不解决工厂操作所需的供配电系统的详细设计问题。

显然，在设计前期做出的方案选择可以降低有害物质大量泄漏的可能性，也可以降低发生这类泄漏事件时的严重程度。

1.1 化工装置全生命周期过程安全工程设计

过程安全工程设计是化工装置全生命周期的重要组成部分。在以往的出版物中对过程安全的定义是：

> 以预防和减少工艺装置火灾、爆炸和化学品意外泄漏为重点的学科，不包括涉及作业面、梯子、防护设备等典型的传统工人健康和安全问题(参考文献1-2)。

危害评估是一种用于识别、评估和控制化工过程所涉及危险的方法。危害的定义是：系统、过程或装置具有的必须通过控制以防止发生特定意外事件的特性。危害评估是在装置的设计、建造和运行阶段多次应用的技术(图1.1)。过程安全设计应当在全面过程安全管理体系的框架内实施，参见《化工过程安全技术管理工厂指南》(*Plant Guidelines for Technical Management of Chemical Process Safety*)(参考文献1-3)。

危害评估与过程危险分析、工艺安全审查是同类词。从概念设计到装置停用，没有一种危害评估方法能够适用于项目的所有阶段。在项目的研发、概念设计、开工和运行等不同阶段需要采用不同的方法。表1.1列出了化工装置全生命周期各阶段及相应的典型过程危害评估目标。某一个阶段的评估目标也可能适用于另一个阶段。

如表1.1所示，在化工装置全生命周期的各个阶段可以识别出不同类型的危害。贝克(Baker)小组关于2005年得克萨斯州炼油厂爆炸有关的研究报告说明了过程安全工程设计的重要性(参考文献1-4)：

> 并非所有的炼油厂危险都是由相同因素造成的，或者都会受到同等程度的潜在破坏。人员或职业安全隐患引发的事故——如滑倒、坠落和车辆事故——每次发生时主要影响的是一个人员。而过程安全危险可能导致重大事故，包括可能的危险物质泄漏、能量释放(如火灾和爆炸)，或两者兼而有之。过程安全事故可造成灾难性后果，导致多人伤亡以及巨大的经济、财产损失和环境破坏。炼油厂的过程安全事故将影响到炼油厂工人和附近居民。炼油厂过程安全涉及预防泄漏、溢出、设备故障、超压、超温、腐蚀、金属疲劳和其他类似情况。过程安全流程侧重于装置设计和工程化、危害评估、变更管理、检验、设备测试与维护、有效报警、有效过程控制、工作程序、人员培训以及人机因素。2005年3月发生的得克萨斯州的炼油厂爆炸事故就是一起过程安全事故(参考文献1-4)。

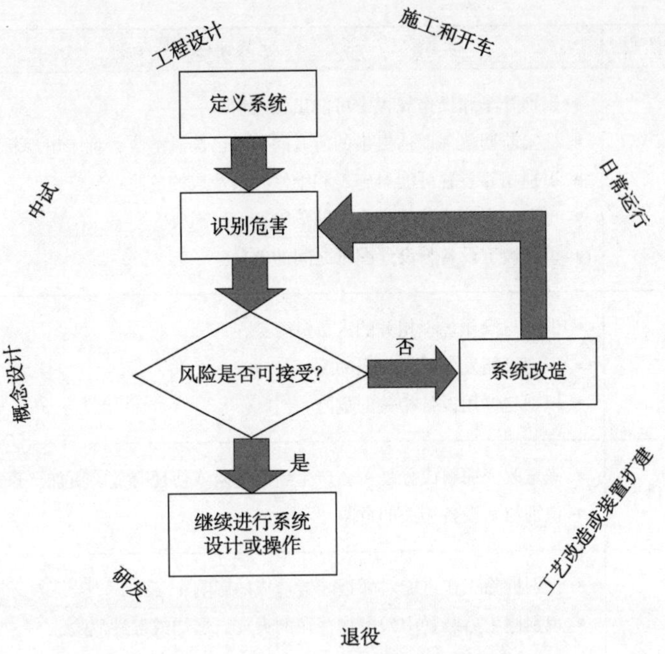

图 1.1　化工装置全生命周期危险识别

表 1.1　化工装置全生命周期各阶段典型危害评估目标

化工装置全生命周期阶段	危害评估目标示例
研发	• 识别可能导致失控反应、火灾、爆炸或有毒气体泄漏的化学相互作用； • 识别需要的工艺安全数据
概念设计	• 识别本质安全设计的机会； • 对比备选项目地点的危险性
中试	• 识别有毒气体泄漏到环境中的途径； • 识别催化剂失活的因素； • 识别具有潜在危害的人员操作界面； • 识别最大限度减少危险废物的方法
工程设计	• 识别防止工艺设备内出现易燃混合物的方法； • 识别可能发生泄漏的途径； • 识别哪些过程控制失效将导致失控反应； • 识别减少有害物质存量的方法； • 识别必须定期测试、检验或维护的安全关键设备； • 识别影响制造材料选择的操作条件(如腐蚀性)； • 识别不兼容性/反应性问题； • 识别泄压系统和排放位置的影响

续表

化工装置全生命周期阶段	危害评估目标示例
施工和开车	• 识别开车和操作规程中可能出错的情景； • 核实前期危害评估提出的所有问题都已圆满解决，且未出现新问题； • 识别相邻装置可能对施工和维修人员造成的危险； • 识别与容器清洗程序有关的危险； • 识别竣工设备与设计图纸之间的差异
日常运行	• 识别与操作规程相关的人员危险； • 识别可能发生瞬间超压的途径； • 识别与停用设备相关的危险
工艺改造或装置扩建	• 确定改变原料成分是否会产生新的危险或使现有危险更加严重； • 识别与新设备相关的危险
退役	• 识别拆除工作可能对邻近装置造成的影响； • 识别停工后装置中残留物存在的火灾、爆炸或毒性危险

1.2 监管审查/对过程安全的影响

此处提出的观点并不是要取代法规、规范或技术和行业协会的标准及推荐做法。具体来说，由于这些观点可能不适用于所有情况，因此，当应用本书时需要进行合理的工程判断。

识别并列出在装置全生命周期中与过程安全相关的标准、规范、法规和法律，这是基于风险的过程安全事故预防核心中"过程安全承诺"的五要素之一(参考文献 1-5)。公司应该建立确保适用的标准、规范、法规和法律能够得以实施的程序。《基于风险的过程安全》(*Guidelines for Risk Based Process Safety*)(参考文献 1-5)建议建立一个*标准*体系来实现这一目标，包括以下方面：

- 建立识别、制定、获取、评估、传播和授权查阅影响过程安全的适用标准、规范、法规和法律的系统；
- 加强对标准的一致性理解和执行，提升初期的标准识别与后期持续跟踪变化的效率。

需要对生产、储存、使用危险化学品装置设施的安全操作和维修建立有力的过程安全管理体系。建立*标准*体系的主要目的是确保装置设施在全生命周期中始终遵守适用的标准、规范、法规和法律的要求，包括公司自愿采用的规定。长期遵守关注这些标准，有助于确保该装置设施以安全合规的方式运行。维持可靠*标准*体系的关键原则和基本特征包括：

- 确保始终如一地执行该标准体系；

- 识别何时需要确认标准的符合性；
- 委任有资质的人员；
- 确保标准实施持续有效。

贝克小组还强调了实施外部良好工程实践和支持改进过程安全管理体系的重要性（参考文献 1-4）。

有关建立标准执行系统的详细信息，请参阅《基于风险的过程安全》（*Guidelines for Risk Based Process Safety*）第 4 章“标准符合性”（参考文献 1-5）。

表 1.2 举例说明了装置设施遵循的过程安全标准、规范和法规示例。

表 1.2　过程安全相关标准、规范、法规和法律示例及来源

自愿性行业标准
• 美国化学理事会：责任关怀® 管理体系（参考文献 1-6）； • 欧洲化学工业委员会（Cefic）：责任关怀（参考文献 1-7）； • 美国石油学会：推荐规范（参考文献 1-8）
共识性规范
• 美国国家标准协会（参考文献 1-9）； • 美国石油学会（参考文献 1-8）； • 美国机械工程师学会（参考文献 1-10）； • 仪表、系统和自动化协会/国际电工委员会（参考文献 1-11）； • 美国消防协会（参考文献 1-12）
美国联邦、州和地方法律法规
• 美国职业安全与健康管理局标准： 　○《过程安全管理标准》（29 CFR 1910. 119）（参考文献 1-13）； 　○《易燃及可燃液体标准》（29 CFR 1910. 106）（参考文献 1-14）； 　○《PSM（过程安全管理）化工设施国家重点规划》（09-06 CPL 02）（参考文献 1-15）； 　○《炼油过程安全管理国家重点规划》（参考文献 1-16）； • 美国环境保护署：风险管理计划规定（40 CFR 68）（参考文献 1-17）； • 加利福尼亚州：意外排放预防规划（参考文献 1-18）； • 康特拉科斯塔县：工业安全条例（参考文献 1-19）； • 特拉华州：极度有害物质风险管理法案（参考文献 1-20）； • 内华达州：化学品事故预防管理（参考文献 1-21）； • 新泽西州：毒性物品灾害预防法案（参考文献 1-22）
相关国际法律法规
• 澳大利亚国家标准：《重大危险设施控制》（参考文献 1-23）； • 加拿大环境保护署：《环境应急预案》（第 200 节）（参考文献 1-24）； • 欧盟：《塞维索指令Ⅱ》（参考文献 1-25）； • 韩国：《职业安全与健康-过程安全管理标准》（参考文献 1-26）； • 马来西亚人力资源部职业安全和健康部门：《职业安全与健康法》（第 514 号法第 16 节）（参考文献 1-27）； • 英国健康与安全执行局：《重大事故危害控制条例》（参考文献 1-28）

值得注意的是，区域或地方法律法规的强制性要求通常比类似的联邦法规要求更严格。例如，加州的《意外排放预防规划》要求装置设施的氯含量超过100lb(45.359kg)时应遵守该规划，而美国环境保护署《风险管理计划》这一要求的氯含量阈值则为2500lb(1133.981kg)。

全球、联邦和地区的不同要求，给不同地理位置运营的装置设施带来挑战。

1.3 本书受益者

过程安全是风险管理和预防损失的重要组成部分。本书虽然没有提供所有的“答案”，但突出强调了所有设计阶段必须解决的过程安全问题。本书将使组织机构内的不同人员受益：

- *企业领导力*——高级管理层是建立设计原则的基础。他们承诺和认可将过程安全纳入设计过程各个层面的价值非常重要。
- *项目经理*——项目经理负责执行项目，通常从设计阶段开始负责，一直到装置开工和试运。项目经理负责将基本防护设计理念应用到项目执行过程中，并负责落实决定和遵守与设计相关的过程安全系统要求。
- *工程师*——工程师负责具体设计符合公司要求的工艺装置和保护系统。当进行工艺装置和保护系统设计时，需要考虑留有决策余地。
- *HSE 专业人员*——健康、安全和环境(HSE)专业人员为工程师提供技术指导，通常为过程安全系统起到保障作用。

1.4 本书架构

图1.2是本书的概观，举例说明了各章如何将过程安全贯穿于过程的全生命周期。各章已按照最新信息、行业经验和引用的其他CCPS出版物进行了更新。

在每章末列出了具体参考文献和适用的行业标准。本书目的不是提出具体的设计建议，而是提供良好的参考信息来源，有兴趣的读者可从中获取更详细的信息。

1.5 其他CCPS资料

化工过程安全中心出版的其他指南为本书所讨论的主题提供了补充资料，其中包括：

- 《危害物质泄漏的连续监测》(*Continuous Monitoring for Hazardous Material Releases*)；
- 《阻爆燃和爆轰型阻火器》(*Deflagration and Detonation Flame Arresters*)；
- 《机械完整性体系指南》(*Guidelines for Mechanical Integrity Systems*)；
- 《固定化工场所安全漏洞分析与管理指南》(*Guidelines for Analyzing and Managing the Security Vulnerabilities of Fixed Chemical Sites*)；
- 《化工过程定量风险分析指南(第二版)》(*Guidelines for Chemical Process Quantitative Risk Analysis, Second Edition*)；

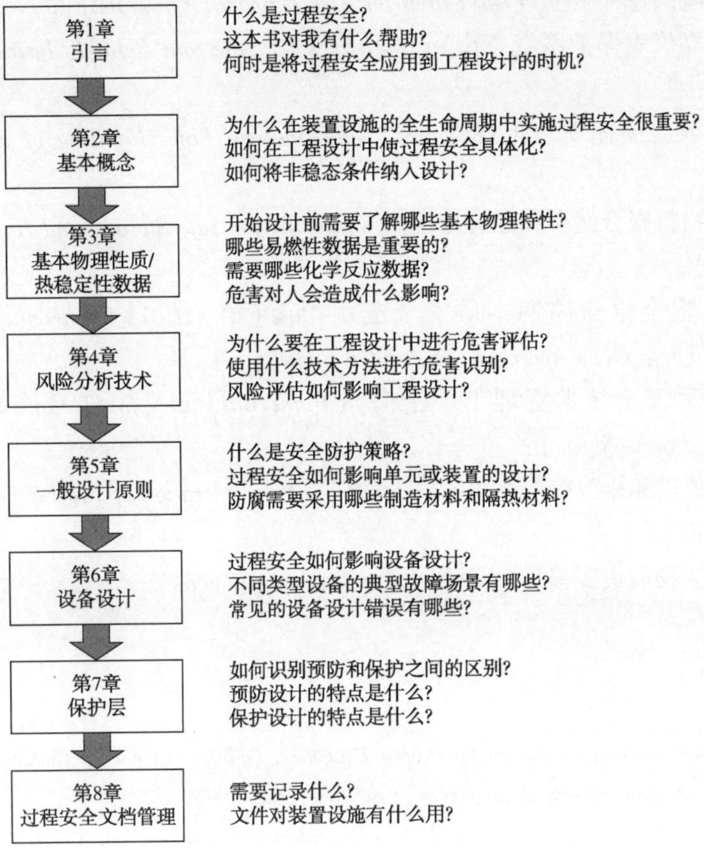

图 1.2　本书内容总览

- 《化学反应性评估和工艺设计应用指南》(*Guidelines for Chemical Reactivity Evaluation and Application to Process Design*)；
- 《定量安全风险准则制定指南》(*Guidelines for Developing Quantitative Safety Risk Criteria*)；
- 《工厂选址与布局指南》(*Guidelines for Facility Siting and Layout*)；
- 《化工、石油化工和烃加工行业防火指南》(*Guidelines for Fire Protection in the Chemical, Petrochemical and Hydrocarbon Processing Industries*)；
- 《危害评估程序指南(第三版)》(*Guidelines for Hazard Evaluation Procedures, Third Edition*)；
- 《过程安全管理、环境、安全、健康与质量体系整合指南》(*Guidelines for Integrating Process Safety Management, Environment, Safety, Health and Quality*)；
- 《泄压和排放处理系统指南》(*Guidelines for Pressure Relief and Effluent Handling Systems*)；
- 《过程安全人为错误预防指南》(*Guidelines for Preventing Human Error in Process Safety*)；
- 《过程安全文件指南》(*Guidelines for Process Safety Documentation*)；
- 《间歇反应系统过程安全指南》(*Guidelines for Process Safety in Batch Reaction Systems*)；

- 《基于风险的过程安全》(*Guidelines for Risk Based Process Safety*);
- 《安全可靠仪表保护系统指南》(*Guidelines for Safe and Reliable Instrumented Protective Systems*);
- 《粉末和散装固体安全处理指南》(*Guidelines for Safe Handling of Powders and Bulk Solids*);
- 《反应性物料安全储存和处理指南》(*Guidelines for Safe Storage and Handling of Reactive Materials*);
- 《化工过程全生命周期本质安全应用指南(第二版)》(*Inherently Safer Chemical Processes a Life Cycle Approach, Second Edition*);
- 《化工过程安全技术管理工厂指南》(*Plant Guidelines for Technical Management of Chemical Process Safety*);
- 《工艺排放口和排放控制系统的安全操作》(*Safe Operation of Process Vents and Emission Control Systems*)。

有关以上出版物的更多信息,请访问 www. aiche. org/ccps/。

1.6 参考文献

1-1. CCPS. *Guidelines for Design Solutions for Process Equipment Failures.* Center for Chemical Process Safety of the American Institute of Chemical Engineers. New York, NY. 1998.

1-2. CCPS. *Guidelines for Investigating Chemical Process Incidents, Second Edition.* Center for Chemical Process Safety of the American Institute of Chemical Engineers. New York, NY. 2003.

1-3. CCPS. *Plant Guidelines for Technical Management of Chemical Process Safety.* Center for Chemical Process Safety of the American Institute of Chemical Engineers. New York, NY. 1992.

1-4. Baker, et al. *The Report of the BP U. S. Refineries Independent Safety Review Panel.* January 2007.

1-5. CCPS. *Guidelines for Risk Based Process Safety.* Center for Chemical Process Safety of the American Institute of Chemical Engineers. New York, NY. 2007.

1-6. American Chemistry Council, 1300 Wilson Blvd., Arlington, VA 22209. www.americanchemistry.com

1-7. European Chemical Industry Council(Cefic), Avenue E. van Nieuwenhuyse, 4 box 1, B-1160 Brussels, www.cefic.org

1-8. American Petroleum Institute, 1220 L Street, NW, Washington, D. C. 20005. www.api.org

1-9. American National Standards Institute, 25 West 43rd Street, New York, NY, 10036. www.ansi.org

1-10. American Society of Mechanical Engineers, Three Park Avenue, New York, NY, 10016. www.asme.org

1-11. The Instrumentation, Systems, and Automation Society, 67 Alexander Drive, Research Triangle Park, NC 27709. www.isa.org

1-12. National Fire Protection Association, 1 Batterymarch Park, Quincy, MA, 023169. www.nfpa.org

1-13. Process Safety Management of Highly Hazardous Chemicals (29 CFR 1910. 119), U. S. Occupational Safety and Health Administration, May 1992. www.osha.gov

1-14. Flammable and Combustible Liquids, Occupational Safety and Health Standards(29 CFR 1910. 106), U. S.

Occupational Safety and Health Administration. www.osha.gov

1-15. PSM Covered Chemical Facilities National Emphasis Program, OSHA Notice, 09-06 (CPL 02), U. S. Occupational Safety and Health Administration, July 2009. www.osha.gov

1-16. Petroleum Refinery Process Safety Management National Emphasis Program, OSHA Notice, CPL 03-00-010, U. S. Occupational Safety and Health Administration, August 2009. www.osha.gov

1-17. Accidental Release Prevention Requirements: Risk Management Programs Under Clean Air Act Section 112 (r)(7), 40 CFR Part 68, U. S. Environmental Protection Agency, June 20, 1996 Fed. Reg. Vol. 61 [31667-31730]. www.epa.gov

1-18. California Accidental Release Prevention (CalARP) Program, CCR Title 19, Division 2, Office of Emergency Services, Chapter 4. 5, June 28, 2004. www.oes.ca.gov

1-19. Contra Costa County Industrial Safety Ordinance. www.co.contra-costa.ca.us

1-20. Extremely Hazardous Substances Risk Management Act, Regulation 1201, Accidental Release Prevention Regulation, Delaware Department of Natural Resources and Environmental Control, March 11, 2006. www. dnrec.delaware.gov

1-21. Chemical Accident Prevention Program (CAPP), Nevada Division of Environmental Protection, NRS 459. 380, February 15, 2005. http://ndep.nv.gov/bapc/capp/capp.html

1-22. Toxic Catastrophe Prevention Act (TCPA), New Jersey Department of Environmental Protection Bureau of Chemical Release Information and Prevention, N. J. A. C. 7: 31 Consolidated Rule Document, April 17, 2006. www.nj.gov/dep

1-23. Australian National Standard for the Control of Major Hazard Facilities, NOHSC: 1014, 2002. www.docep. wa.gov.au/

1-24. Environmental Emergency Regulations (SOR/2003-307), Environment Canada. www.ec.gc.ca/CEPARegistry/ regulations

1-25. Control of Major-Accident Hazards Involving Dangerous Substances, European Directive Seveso Ⅱ (96/82/ EC). http://ec.europa.eu/environment/seveso/legislation.htm

1-26. Korean Occupational Safety and Health Agency, Industrial Safety and Health Act, Article 20, Preparation of Safety and Health Management Regulations, Korean Ministry of Environment, Framework Plan on Hazards Chemicals Management, 2001-2005. http://english.kosha.or.kr/main

1-27. Malaysia, Department of Occupational Safety and Health (DOSH) Ministry of Human Resources Malaysia, Section 16 of Act 514. http://www.dosh.gov.my/doshV2/

1-28. Control of Major Accident Hazards Regulations (COMAH), United Kingdom Health & Safety Executive, 1999 and 2005. www.hse.gov.uk/comah/

2 基本概念

理解基础的基本概念是建立危害辨识和风险管理体系不可或缺的一环。为了确保体系的有效性，在装置设施全生命周期的任何阶段都必须不断地循环提问“可能会出什么问题?”识别装置设施相关危害并采用工程手段防止或减缓事故后果是过程安全工程设计的基本原则。在概念设计和详细设计期间开展危害辨识和风险管理最为有效，这一过程也为装置设施的施工、开车、操作和停用提供了巨大价值。

本章概述了认识危害和基于风险的设计。表 2.1 列出了本章所讨论的主题、本书中与这些主题相关的更多信息，以及从其他资料中可找到的详细信息。

表 2.1 基本概念和详细资料

本章中的概念	本书中的更多信息	其他详细信息资源
2.1 认识危害	第 3 章 基本物理性质/热稳定性数据 第 4 章 风险分析技术	《危害评估程序指南》(*Guidelines for Hazard Evaluation Procedures*)(参考文献 2-1)； 《操作与维护人员危害辨识实用方法》(*Practical Approach to Hazard Identification for Operations and Maintenance Workers*)(参考文献 2-2)； 《工艺安全操作和维护指南》(*Guidelines for Safe Process Operations and Maintenance*)(参考文献 2-3)； 《一般工厂操作过程安全基础指南》(*Guidelines for Process Safety Fundamentals in General Plant Operations*)(参考文献 2-4)； 《化学反应性评估和工艺设计应用指南》(*Guidelines for Chemical Reactivity Evaluation and Application to Process Design*)(参考文献 2-5)
2.2 基于风险的设计	第 4 章 风险分析技术 4.3 风险评估 第 5 章 一般设计原则 第 6 章 设备设计	《危害评估程序指南》(*Guidelines for Hazard Evaluation Procedures*)(参考文献 2-1)； 《基于风险的过程安全》(*Guidelines for Risk Based Process Safety*)(参考文献 2-6)； 《化工过程定量风险分析指南》(*Guidelines for Chemical Process Quantitative Risk Analysis*)(参考文献 2-7)； 《化工过程全生命周期本质安全应用指南》(*Inherently Safer Chemical Processes: a Life Cycle Approach*)(参考文献 2-8)
2.3 可预见的不稳定状态评估	第 3 章 基本物理性质/热稳定性数据	《工艺安全操作和维护指南》(*Guidelines for Safe Process Operations and Maintenance*)(参考文献 2-3)； 《一般工厂操作过程安全基础指南》(*Guidelines for Process Safety Fundamentals in General Plant Operations*)(参考文献 2-4)

续表

本章中的概念	本书中的更多信息	其他详细信息资源
2.4 未预见的不稳定状态	第3章 基本物理性质/热稳定性数据	《工艺排放口和排放控制系统安全设计与操作》(*Safe Design and Operation of Process Vents and Emission Control Systems*)(参考文献2-9); 《反应性物料安全储存和处理指南》(*Guidelines for Safe Storage and Handling of Reactive Materials*)(参考文献2-10); 《间歇反应系统过程安全指南》(*Guidelines for Process Safety in Batch Reaction Systems*)(参考文献2-11)
2.5 设计过程的阶段性	全书	《危害评估程序指南》(*Guidelines for Hazard Evaluation Procedures*)(参考文献2-1); 《基于风险的过程安全》(*Guidelines for Risk Based Process Safety*)(参考文献2-6); 《化工过程定量风险分析指南》(*Guidelines for Chemical Process Quantitative Risk Analysis*)(参考文献2-7); 《化工过程全生命周期本质安全应用指南》(*Inherently Safer Chemical Processes: a Life Cycle Approach*)(参考文献2-8)

2.1 认识危害

2.1.1 工艺物料的危险特性

在工艺和储存过程中对物料进行安全处理，首先要了解物料的物理和化学性质。这个概念适用于工艺过程中使用或生成的所有化学物质，包括反应物、中间体、产物、催化剂、溶剂、吸附剂等。表2.2列出了一些重要物料特性，并在下文中进行了讨论。

表2.2 典型物料特性

性质	特性
一般性质	• 沸点; • 临界压力/温度; • 电导率; • 液体密度/黏度; • 冰点; • 相对分子质量; • 热焓、比热容、混合热; • 蒸气压
反应性	• 与制造材料和其他工艺物料(包括传热材料)的相容性; • 反应热(主反应和副反应); • 聚合; • 突然剧烈反应的可能性; • 与水或空气的反应性; • 自加速分解温度(SADT); • 对机械或热冲击的敏感性

续表

性质	特性
易燃性	• 自燃温度; • 燃烧极限; • 闪点; • K_{St}; • 最小点火能; • 最小/极限氧浓度; • 自加热
毒性	• 应急暴露限值,例如:急性毒性值; • 暴露影响; • 人体阈限值; • LC_{50}半致死浓度; • LD_{50}半致死剂量
稳定性	• 化学稳定性; • 自分解产物; • 寿命期; • 热稳定性,包括但不限于: ○ 差示扫描量热仪(DSC)试验; ○ 加速量热仪(ARC)试验; ○ 等温试验

2.1.1.1 一般性质

通常可以在制造商提供的化学品安全技术说明书(MSDSs)中找到大多数化学物质的一般性质信息。CRC《化学与物理手册》(*Handbook of Chemistry and Physics*)(参考文献2-12)或Perry的《化学工程师手册》(*Chemical Engineers' Handbook*)(参考文献2-13)等手册中也有此类信息。物性设计院(DIPPR®)开发了经严格评估的纯组分和混合物的物理化学性质数据(参考文献2-14),并定期更新。

沸点和冰点数据用于确定物质在大气压下是固体、液体还是气体。将物质的沸点或挥发度与工艺条件进行对比,可以发现很多潜在的重要问题,例如易燃性或是否易于蒸馏分离。蒸气压数据虽然很难获取,但在预测物质的挥发性相关行为时非常有用。冰点数据表明一些较常见的物质在寒冷天气中需要进行特殊处理。

分子量可以用来快速比较气体密度,表明释放到大气中的蒸气是否会上升和消散或贴地扩散。利用相应的定律推导热力学公式需要用到临界温度和压力。在临界温度以上的蒸气不可能被压缩成液体,因此当物质的临界温度低于环境温度或操作温度时,物质只能以蒸气形式存在。

流体的密度和黏度决定了物质在管道中输送的难易程度,这个信息对于其他运输相关问题也很有用,例如装载高密度液体的罐式挂车超载以及泄压系统的设计。一旦发生泄漏,物质的密度和相对于水的溶解度是非常重要的性质。电导率通常表示流动系统中静电荷可能积聚的程度。焓或比热数据可用于预测受热物质的温度上升，这是装有挥发性易燃液体的容器发生火灾时的关键信息。混合热数据表明，当对物质(如两种不同浓度的硫酸)进行混合时可能出现明显的热效应。

2.1.1.2 反应性

化学物质的反应性不仅影响工艺反应过程，也影响事故泄漏或意外混合时的潜在危害。放热反应会造成危害，因为释放出的热量使反应物温度上升，导致反应速率加快或反应物蒸发。达到高温状态时，敞开系统中的物料可能会被引燃或发生爆炸。在密闭系统中，高温将造成气体析出或蒸气压增加，导致容器超压破裂。

有些物料与水接触时会发生剧烈反应，并大量放热。例如，当有些强酸与空气中的水或湿气接触时，可能会释放出大量有害烟雾。编制消防应急预案时必须要认识到这一点。

自燃物质会与空气发生剧烈反应导致自燃。此类物质一般采用隔绝空气的方法来处理，通常是将物质浸入相溶的溶剂、水或油中。

其他化学物质与氧化剂或还原剂发生剧烈反应。氧化剂可能产生热量、氧气以及易燃或有毒气体。还原剂与多种化学品反应时可能生成氢气、热量以及易燃或有毒气体。因此，强氧化剂或还原剂的储存和使用需要针对特定物质采取特殊的预防措施。通常情况下，每个供货商都向其客户提供完整的产品安全相关信息。

某些化学物质在高温条件下或在接触到聚合引发剂或催化剂时会发生聚合或分解反应。水、铁锈或其他污染物等常见物质会引发聚合反应。一旦引发了聚合反应，释放的大量热能会造成高温和高压环境，可能导致爆炸或者易燃或有毒物质泄漏。应用安全系统、阻聚剂以及安全操作规程可以预防此类分解和聚合反应。

由于化学品的反应性极其复杂，应该根据具体情况对有害物质进行检查。化学品反应性数据可通过以下渠道查询：

- 《反应性化学危害手册》(*Handbook of Reactive Chemical Hazards*)(参考文献 2-15)；
- 美国环境保护署(EPA)发布的《化学相容性图表》(*Chemical Compatibility Chart*)(参考文献 2-16)；
- 《化学反应性评估指南及其工艺设计应用》(*Guidelines on Chemical Reactivity Evaluation and Applications to Process Design*)(参考文献 2-5)；
- 《萨克斯工业材料危险特性》(*Sax's Dangerous Properties of Industrial Materials*)(参考文献 2-17)；
- 《化学反应性工作表》(*Chemical Reactivity Worksheet*)(参考文献 2-18)；
- 《消防手册》(*Fire Protection Handbook*)(参考文献 2-19)；
- 化工过程安全中心(CCPS)出版的《反应性评估筛选工具》(*Reactivity Evaluation Screening Tool*)(参考文献 2-20)。

2.1.1.3 易燃性

在工艺设计早期阶段需要关注的另一个重要的物料特性是易燃性。最常用的物料易燃性衡量指标如下：

- 自燃温度；
- 电导率；
- 燃点；
- 燃烧极限；
- 闪点；
- K_{St}；
- 最低/极限氧浓度。

相关内容的进一步讨论见第 3 章“基本物理性质/热稳定性数据”。

2.1.1.4 毒性

通常来说，有毒物质泄漏比火灾或爆炸对人员的影响更大，因此，在工艺设计中识别物料的毒性非常重要。人员可以通过吸入、摄入和皮肤接触等方式接触到有毒物质。有毒物质接触后果受空气中的浓度和接触时间的影响。有毒物质接触类型描述如下：

- *急性*——急性接触是指与潜在致死浓度的短暂接触，通常是在有毒物质突然大量排放时。
- *慢性*——慢性接触是指长期接触有毒物质，通常是在一段时间内。

表 2.3 列举了公认空气污染物接触限值的数据来源，这些来源用于确定各种情况下的接触限值。美国能源部的后果评估和保护措施分委会(SCAPA)也有一份化学品保护性行动标准(PAC)等级清单，按照 AEGL、ERPG、TEEL 的优先级排序，以明确发布的阈值为准(参考文献 2-21)。

表 2.3 有毒物质接触限值的部分主要数据来源

来源	缩写	接触限值	缩写
美国政府工业卫生专家会议	ACGIH	阈值	TLV
美国工业卫生协会	AIHA	工作场所环境接触限值 应急响应计划指南	WEEL ERPG
美国能源部	DOE	瞬时应急暴露限值	TEEL
美国环境保护署	EPA	急性暴露指导水平	AEGL
美国国家职业安全卫生研究所	NIOSH	立即威胁生命和健康浓度	IDLH
美国国家科学院/美国国家科学研究委员会	NAS/NRC	短期公共紧急情况指导水平	SPEGL
		应急暴露指导水平	EEGL
美国职业安全与健康管理局	OSHA	容许接触限值	PEL

2.1.1.5 杂质影响

工艺物流中的杂质可能会影响预期的反应，并可能对装置安全构成威胁。这些杂质可能是原料中常见的微量化合物(如石油中可自燃的硫化铁或对催化剂有毒性的物质)。有时，杂质是同一物质的不同物理形态，如液体物流中的固体颗粒或气流中的液泥。

在开始工艺设计之前应该严格分析杂质的影响。防止杂质进入工艺过程的工程设计解决方案包括过滤器、滤网、吸附床(一次性或可再生)以及保护床。

2.1.2 工艺条件

温度和压力等工艺条件有其特有的问题和危害。高压和高温产生的应力必须通过设计来解决。极端温度或极端压力单独存在时通常不会有问题，但两者结合则有很大风险。极端条件同时存在会导致装置成本增加，因为需要使用具有高机械强度和耐腐蚀性的材料。

高压会增加工艺设施中存在的势能。对于这些设施，除压缩气体和液化气体的能量外，还可能存在压力下的化学反应变化或快速减压时的不良后果。在高压操作中泄漏风险更明显。因为压差较大，单位面积内的流量更大。由于危害影响区域范围的扩大，高压差对泄漏后果有显著影响。

高温也会带来材料失效问题，最常见的原因是金属蠕变。高温的反应条件通常会增加装置成本，不仅是由于制造材料，还由于需要特殊支撑来消除产生的应力。工艺设计应该考虑这些应力，并尽可能减少此类应力，特别是在开车和停车期间。

高温通常是因为使用了火焰加热炉。火焰加热炉还存在着其他危害，如炉管破裂和爆炸。如果可能，最好采用蒸汽加热器代替火焰加热炉以防止此类危害。

与其他操作条件相比，低压操作通常不会造成很大危害，但在存在易燃物质的真空条件下，空气的进入会造成危害。这会导致设备内形成易燃混合物，进而导致火灾和/或爆炸。必须对这个问题进行审查，并在工艺设计中采取适当的措施以防止空气进入。未按照全真空设计的设备经常会发生损坏，原因是排凝或蒸汽吹扫时的放空失效导致高温设备降温时进出口被堵死，或真空泄放设施因堵塞而失效。

低温环境的工程设计考虑因素如下：

- 设备和排水系统结冰；
- J-T 效应造成的低温(如天然气调压站)；
- 低温流体意外流入由不适合低温环境的材料制成的系统，导致材料低温冷脆或失去弹性；
- 火炬总管出现低温(如 LPG)；
- 用于维持低温的制冷剂或冷却剂系统可能失效；
- 热应力(收缩和膨胀)。

有关设计解决方案的详细信息，见第 5 章“一般设计原则”和第 6 章“设备设计”。

2.1.3 物料存量

化学工业发生重大灾难事故的一个常见因素是有害物质的大量泄漏。使装置更安全的最佳方法之一是尽可能减少有害物质的量。主要解决方案是尽量减少存量，这样即使发生泄漏或爆炸也可以使事故后果最小化(参考文献 2-8)。

物料低存量可以使工艺设施更安全且更具成本效益。使用更小或更少的容器可以减少存量。如果使用的容器数量减少，则可能需要较少的保护装置(如报警、阀门、联锁停车和更小的火炬系统)，从而进一步降低装置设施的成本。

其他限制物料存量的方法包括：

- 通过改善混合条件或更好地理解反应动力学来减少反应器容积；
- 通过整合装置操作来减少存量，特别是对于通常储量很大的储罐和日罐；
- 采用连续反应器代替间歇式反应器；
- 通过采用低持液量的设备内件来减少精馏塔内的持液量，例如填料比传统塔盘的持液量更少；
- 采用装置间直接进料以减少中间储存；
- 通过优化设备和管道布置来减少有毒物质在管道内的存液量；
- 改进反应器性能(减少副产物产量)使后续操作(如精馏)更简单，进一步减少持液量；
- 将产生高毒性物质(如光气)的流程与使用此有毒物料的流程就近布置，使高毒性物料存量更少；
- 使用较低危害的物料进行生产。

用较低危害的物料作替代或限制有害物质的存量是降低风险的第一选择。例如，考虑采用蒸汽作为传热介质代替易燃物料。如果减少存量或替换有害物质不可行，应该尝试使用危险性较低的条件(如较低压低温储存)、使用气相物料而不是液相物料，或使用更安全的溶剂。

需要考虑减少存量带来的负面影响，例如：

- 停留时间的缩短可能导致物料分离效果不佳；
- 增加泵气蚀的可能性；
- 缩短操作人员对低液位报警的反应时间。

2.2 基于风险的设计

工艺或设备设计通常需要在工艺效率、安全性、环境控制、成本和进度不同的备选设计之中做出选择。为实现此目标，在项目开始时需要组建一个多专业的设计团队，以实现过程安全与工艺设计和环境保护要求的全面整合。对于特殊设计过程(如制造或使用硝基甲烷、环氧乙烷、氟化氢、光气等设施的设计)，需要重点考量安全措施。某些情况下，标准规范针对已知高风险提出强制性或建议性设计要求。

然而，在大多数情况下，不是单一因素占主导地位。在设计基础的决策过程中，通常以判断或定性的方式处理每个方案的风险(参考文献 2-22)。某些情况下，可以量化风险的一个要素(后果或频率)以证明设计选择的合理性。对于大型项目，有时需要采用全面风险量化方法来评估多种危害的综合影响。

基于风险的设计始于项目的最早阶段。在完成工艺过程的总体配置并根据热平衡、物料平衡和基本过程控制确定了设计之后，可以对工艺设计的质量、安全、健康、经济和环境影响进行评估。设计团队开始以头脑风暴的形式集思广益，通过提出以下问题研究工艺

流程是如何偏离正常工况的(即失效场景):

- 什么可能会出错？这个过程可能实际发生哪些失效场景？
- 这些失效场景会产生什么影响？
- 发生失效的频率有多高？
- 风险是什么？
- 这种风险可以接受吗？
- 采用哪些设计手段可使风险最小化？

如果在工艺设计的概念阶段提出上述问题，这些问题可以为应用本质更安全设计解决方案提供很大的机会。虽然在整个设计过程中本质更安全方案这个主题反复出现，但越早应用本质更安全方案，方案的成本效益越高，实施起来也越容易。

重要的是要认识到，无论采取何种具体方法且无论努力程度如何，工程师和技术经理在选择设计方案时已经直接或间接考虑了风险因素。风险评估流程应该是系统且全面的。

系统性的技术可以为过程安全体系设计基础决策提供一致性的风险管理框架。不一致性不仅可能发生在不同工艺和设施之间，也可能发生在大型复杂项目中，不同设计工程师遵循不同的风险管理原则。

为了向所有利益相关者(如业主、员工、客户和公众)保证风险得到了妥善管理，有必要在风险接受决策方面保持一致。在有些国家，政府也是降低化学工业事故风险的明确利益相关方，制定了以下法规：

- 澳大利亚。国家标准《重大危害设施控制》(*Australian National Standard for the Control of Major Hazard Facilities*)，NOHSC：1014，2002年(参考文献2-23)
- 韩国。韩国职业安全和健康机构《工业安全卫生法》第二十条，安全卫生管理法规制定(*Industrial Safety and Health Act*，*Article 20*，*Preparation of Safety and Health Management Regulations*)(参考文献2-24)
- 马来西亚。马来西亚职业安全与健康部(DOSH)，马来西亚人力资源部第514号法案第16条(*Ministry of Human Resources Malaysia*，*Section 16 of Act 514*)(参考文献2-25)
- 英国。《重大事故危害控制条例》[*Control of Major Accident Hazards Regulations* (COMAH)]，英国健康与安全执行局(参考文献2-26)
- 美国。美国环境保护署《意外泄漏预防要求：〈清洁空气法〉下的风险管理计划》(*Accidental Release Prevention Requirements*：*Risk Management Programs under the Clean Air Act*)(参考文献2-27)
- 美国。职业安全与健康管理局《高危化学品过程安全管理》(*Process Safety Management of Highly Hazardous Chemicals*)(参考文献2-28)

因此，过程安全体系的选择和设计采用完整统一的文档管理方式，不仅是严谨管理的需要，也是许多国家的法规要求。

然而，系统性并不一定意味着定量。在许多简单的设计情况下，定性方法可以满足过程安全体系设计基础选择的技术要求。更复杂的设计案例可能偶尔需要采用精确的定量风险分析方法。但是，即使在这些复杂情况下，定量方法的应用深度也应以满足精准决策需求为限。选择性使用定量风险分析的概念已纳入本章中后文所介绍的技术以及第 4 章“风险分析技术”。

2.2.1 风险概念

本章中后文所描述的过程安全体系设计基础选择技术是一种基于风险的技术。风险被定义为在“事故可能性和损失程度”方面的损失度量(参考文献 2-7)。

此风险概念将不期望的结果(即安全影响或经济损失等后果)与该结果发生的可能性相结合。可能性的定义如下(参考文献 2-29)：

> 事件发生的预期频率度量，可以表示为频率(如每年发生的事件数量)或在一定时间间隔内发生的概率(如每年发生的概率)。

风险评估的本质是后果(结果/影响)和可能性(频率/概率)的维度。各种定性和定量技术已经发展起来，用于风险评估。第 4 章介绍了这些技术，包括在装置设施全生命周期中何时应用这些技术。更多信息可见《化工过程定量风险分析指南》(*Guidelines for Chemical Process Quantitative Risk Assessment*)(参考文献 2-7)(译注：原文 Assessment 应为 Analysis)和《危害评估程序指南》(*Guidelines for Hazard Evaluation Procedures*)(参考文献 2-1)。风险分析中的四项综合活动见表 2.4。

表 2.4 风险分析中的四项关键综合活动

活动	描述
识别危害	• 系统地识别可能导致事故的危害和相关失效场景； • 频繁涉及标准技术的应用，如 HAZOP、FMEA、What-If 检查表等
定义并记录后果	• 用于评估失效场景后果的过程； • 通常涉及一系列活动，从简单的应用定性破坏标准到表征会导致火灾、爆炸和有毒蒸气云的有害物质泄漏影响的复杂计算模型； • 释放条件的表征(即源项)是定量后果分析的关键步骤，极大地影响结果的有效性
评估可能性	• 用于评估特定事故或结果发生频率的过程； • 在可能的情况下，利用历史数据来量化可能性； • 当无历史数据可用、数据不完整或不适当时，采用故障树和事件树等分析方法，根据更基本的失效数据确定事故/结果的可能性
评估风险	• 将所有选定场景的后果和可能性评估组合成总体风险度量的过程，最简单的形式是风险矩阵； • 包括多种风险显示方式，如个体风险曲线或各种不同程度后果的总体可能性； • 确定风险的优先等级

2.2.2 选择过程安全体系设计基础

本节描述了基于风险的过程安全体系设计基础的选择流程。此流程提供了一个可借鉴的思维过程并包括九个步骤，具体内容见下文和图 2.1。

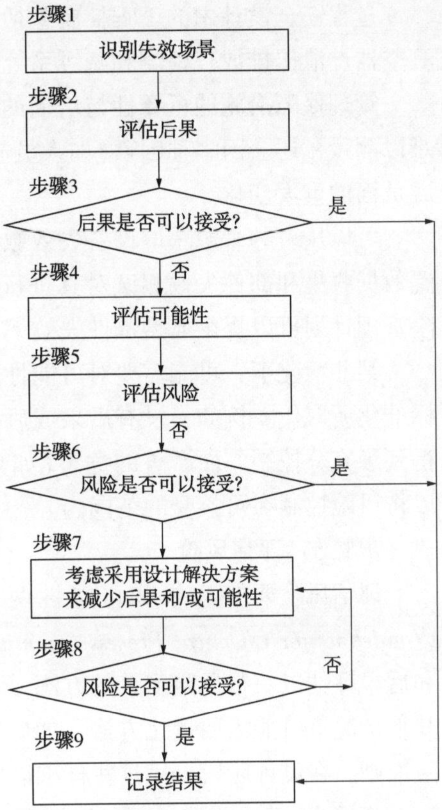

图 2.1 过程安全体系设计基础选择技术

步骤 1：识别失效场景

步骤 1 假设工艺设计已完成。无论是对新工艺还是对现有工艺的改造，设计团队已经确定了主要设备，包括热平衡和物料平衡。设计方案确定后，需要对可能发生故障的场景（即失效场景）制定应对措施。例如，采用《危害评估程序指南》（*Guidelines for Hazard Evaluation Procedures*）（参考文献 2-1）中介绍的标准技术进行危害评估。

步骤 2：评估后果

在步骤 2 中，应该评估步骤 1 确定的失效场景后果。一般来说，这些后果包括质量、安全、健康、经济和环境影响。本书关注的后果包括火灾、爆炸、有毒物质泄漏和主要设备损坏。某些情况下，设计团队可以通过直接观察、工程判断或使用定性后果基准来发现潜在后果。在其他情况下，可能需要应用定量后果评估技术。

后果评估需要了解以下信息：工艺过程中涉及物料的物理、化学和毒性性质，某一场景中可能涉及的物料的量，每个场景对周围环境（设施选址）的影响，以及对设备损坏和生产损失影响的经济评估。

化学品信息可以从 MSDS 或其他过程安全信息源获取。此信息与工艺过程中物料的量相结合，可用于针对物料可能泄漏至环境的场景采用适当的源项、扩散计算和影响模型来评估火灾、爆炸和毒性影响。

步骤 3：确定后果是否可以接受

在步骤 3 中，对于每一个失效场景，设计团队都应该自问：*"我们能接受该后果吗?"*回答这个问题需要有既定可接受标准。可接受标准可能采取以下形式：

- 适用的工程规范和标准；
- 企业标准（如在厂界处不得超过规定的有害物质浓度）；
- 政府法规；
- 行业倡议。

如果应用该标准得出后果是可以接受的，则不需要额外的过程安全系统，也不需要进一步的风险评估，可进入步骤 9 并记录结果。如果后果不可接受，则进入步骤 4 继续进行风险评估。

步骤 4：评估可能性

接下来，设计团队对步骤 1 确定的失效场景进行可能性评估。通过评估为防止或减缓失效场景而设置的保护层来评估发生故障的频率。工程控制的可靠性要高于管理控制。

过程安全设计中的工程控制包括基本过程控制系统(BPCS)、报警和停车、安全阀、破真空器、泄压排放、检测和减缓系统等。

管理保障措施的可靠性与培训的有效性以及管理实施力度和文档管理有关。这些不仅难以测量，还会因多种因素(如人员流动、人员编制变化或管理层变动)的影响而发生正面或负面的重大变化。

可以从多种来源获取设备失效数据。虽然数据中存在不确定性和差异，但可以通过装置数据收集和部件失效测试对其进行客观一致的评估。此外，基于这些研究结果的全面风险管理计划可以提供典型部件失效率，用于广泛评估。

某些情况下，可能需要对可能性进行量化，但这往往被政策、工程标准和标准实践的标准化所取代。例如，没有后果或后果轻微的失效可以被视为已通过常规的过程控制手段得到了充分控制，而严重的危害(如具有场外影响的危害)则可能需要多个独立的保护层，以将风险控制在可接受的范围内。

步骤5：评估风险

评估风险要将后果和可能性两个要素结合起来。《化工过程定量风险分析指南》(*Guidelines for Chemical Process Quantitative Risk Analysis*)(参考文献2-7)介绍了结合可能性和后果评估以获得风险度量的方法。装置设施通常使用定性工具(如风险矩阵)来评估风险。其他情况下可能需要量化方法，如确定风险分布或风险曲线。大多数装置设施都有既定风险准则，在设计阶段采用这些标准以确定风险是否可接受或是否需要额外的保护层。

步骤6：确定风险是否可以接受

在步骤6中，设计团队应该自问：*“我们能否接受预估的风险?”*像步骤3一样，回答这个问题需要有风险可接受标准作为指导。关于风险可接受标准的更多信息，见第4章“风险分析技术”和《定量安全风险准则制定指南》(*Guidelines for Developing Quantitative Safety Risk Criteria*)(参考文献2-30)。

如果应用既定标准判定风险可以接受，则不需要额外的过程安全系统。设计团队应该进入步骤9记录结果。对于不可接受的风险，设计团队应该继续开展步骤7中的风险降低工作。

步骤7：考虑和评估设计解决方案

对于存在不可接受风险的失效场景，设计团队需要通过以下方式降低风险：

- 减缓后果；
- 降低失效场景发生的可能性；
- 通过设计备选方案来防止各类后果的发生。

设计团队应该审查工程设计解决方案，以确保提出的设计变更可以有效降低风险且不造成新的危害或风险。对每个潜在的设计解决方案都应该进行以下评估：

- *技术可行性*——能否起作用?
- *对特定情况的适用性*——在这里能否起作用?
- *成本/效益*——资源是否得到最佳利用?或者在其他地方花费同样的资金能否实现

更大的风险降低？

- *协同/互斥效应*——此解决方案能否与其他可能的改进措施结合使用？或者此方案的实施是否会排除其他潜在的有效解决方案？
- *新增危害*——此解决方案是否会造成必须评估的新危害？

第6章“设备设计”中的表格旨在建议潜在备选方案，以提高设计的风险可接受性。并不是所有解决方案都适用于每种情况，第6章中有详细的参考文献。

步骤8：确定风险是否可以接受

采用了步骤7中选择的设计解决方案后，设计重新对场景进行评估，以确定该设计解决方案能否将风险降低到可接受的水平。

步骤9：记录结果

应该清晰地记录风险评估的结果，包括以下内容：

- 失效场景发生原因；
- 最终后果；
- 已识别的风险；
- 设计解决方案。

有些公司利用风险评估的信息建立危害登记清单，作为其风险管理战略的一部分。危害登记清单包括所有已识别的危害、其后果以及为尽量减少危害而采取的解决方案。

设计基础文档可以记录并保存重要信息，这在危害评估、变更管理和其他相关风险管理活动(包括未来的设计工作)中尤为重要。如果没有适当的设计文件(参考文献2-31)，日后在涉及安全决策的场合可能无法考虑这些重要信息。

即使步骤3或步骤6中应用的风险可接受性标准确定了不需要采用过程安全系统，也必须记录这一决定，以免日后的操作或设计变更与设计基础相矛盾。如果没有其他原因，记录下这些理由以避免将来需要重复这项工作。

关于文档的进一步讨论见第8章。

2.3 可预见的不稳定状态评估

某些类型的操作过程中，可以预见工艺设施会出现不稳定状态，需要采取设计控制手段(和管理控制手段)在以下操作阶段进行风险管理，例如：

- *开车*——开车是个特殊的操作过程，经常会出错。但是，可以采取措施以最大限度地减少开车中的问题。在设计阶段必须把开车考虑在内，并为开车过程中可能遇到的问题提供工程解决方案。开车前的危害评估有助于识别可能遇到的问题，并提供解决方案来减少开车中的问题。这些解决方案包括：
    - 安装经过认证的仪表，在满足特定条件之前禁止打开阀门；
    - 安装开车使用的设施，如循环管线，以便于压缩机启动；
    - 识别需要操作人员特别关注的潜在高风险开车活动。

此外，在开车期间有些仪表被旁路，因此装置设施无法在所有保障措施都到位的情况下运行。

- *维护后的开车*——必须特别注意阀门的正确排序，并确保在开车前拆除所有盲板。需要对设备进行适当的清洁、排凝、干燥、吹扫和/或排空以减少物料不恰当混合的可能性。将设备从维护状态切换到生产操作状态的沟通和正确操作也非常关键。这些解决方案包括 PSSRs 和检查表。
- *热启动*——工艺系统在紧急停车后的开车会造成特殊的危害，包括：
  - 蒸气冷凝导致液体意外积聚；
  - 重新点燃加热炉时，燃烧室中可能存在易燃混合物。
- *临时操作*——异常操作也为错误的发生提供了机会。异常操作及其设计解决方案考虑因素的示例如下：
  - 夏季和冬季操作——不同操作模式可能有不同的 BPCS 报警设定点；
  - 检维修时旁路仪表——设备可能处于旁路模式使仪表失效，为了避免这种情况，应该建立管理程序来管理旁路关闭系统；
  - 开车时旁路仪表——设备可能处于旁路模式使仪表无效。可以采用 PLC 编程来自动禁用和启动关闭系统。例如，如果加热炉的燃料气系统设计了低流量联锁停车逻辑，开车时可以旁路此逻辑。当燃料气流量达到最小流量后恢复联锁。

  设计解决方案包括：
  - 为操作模式之间的切换提供有适当控制措施和程序的批准；
  - 设计旁路，以便在线进行测试。
- *备用*——备用通常包括处于循环模式的工艺系统。这种循环模式可能会导致危害场景。例如，备用操作期间温度可能会高于正常温度，因为正常的能量转移途径可能被最小化了。

  设计解决方案包括为操作模式之间的切换提供批准。
- *停车*——停车通常是有计划的事件序列，以使过程达到安全状态。其危害可能包括：
  - 不按顺序关闭设备，有些步骤被省略；
  - 在下一次开车前没有适当地清洁设备。

  设计解决方案包括：
  - 制定操作规程和检查表，明确规定所需的步骤；
  - 按照故障时处于安全模式进行设备设计，因此不需要采取任何行动。
- *紧急停车*——紧急停车通常由于另一个事故(如停电或停车系统启动)造成。其危害可能包括：
  - 由于资源不足，无法在短时间内采取所有必要的行动。

  设计解决方案包括：
  - 识别工艺装置可能发生的不同类型的紧急停车，然后确定是否可以采用工程解决方案来简化或减少所需的行动量；

- ○ 按照故障安全原则进行设备设计。

间歇式反应系统：

了解工艺过程中涉及的所有化学品（原料、中间体、产品和副产品）的性质是识别和认识相关过程安全问题的关键。间歇式工艺过程的本质使系统更有可能进入会发生不期望反应的状态（压力、温度和成分）。由于加料顺序错误或受污染的可能性更大，间歇式反应系统中发生不期望化学反应的机会也大得多（参考文献 2-11）。

间歇式反应系统对过程安全提出了独特的挑战。过程安全工程设计必须识别与间歇式操作相关的危害场景，并确保提供足够的保护层。设计、建造、操作和停用间歇式操作的装置设施必须识别这些特殊危害，举例如下：

- *间歇式操作的本质*——间歇式操作由一系列加工步骤组成。这些步骤必须在适当的时间按照适当的顺序进行。就其本质而言，间歇式过程不会在稳定状态下运行。随着工艺过程的进行，物料被装入、发生反应、有些被抽出，容器中的物料存量随时间而变化，从而改变了混合特性和有效传热面积。反应混合物的物理性质、化学成分和物理状态随时间不断变化，增加了操作人员和控制系统监测和诊断工艺过程的难度。加工步骤的顺序和频繁的开停车增加了人因失误和设备失效的可能性。此外，间歇式反应系统通常在同一台设备中处理多种工艺过程和产品，这也增加了人因失误的可能性。
- *设计考虑因素*——间歇式操作的保障措施往往依赖于管理保障措施，如操作规程和培训。虽然这些都是过程安全体系的重要组成部分，但设计、拥有并操作间歇式工艺过程的装置设施应该将工程保障措施与管理控制结合起来。间歇式操作的本质（非稳态）经常涉及人工干预，这就产生了与控制系统的设计、操作规程的设计以及控制系统与操作人员之间的交互有关的重大问题。设计应该考虑以下因素：
  - ○ *正确选择物料*——危险的或可能与本设备中处理的其他物料发生反应的原料、中间体、产品、副产品、分解或意外产物。
  - ○ *避免使用不相容的物料，特别是与常见物质发生反应的物料*——两种或两种以上不相容化学品之间的意外接触可能导致危险状况。特别是水，因为这种看似无害的物质能够与许多化学物质发生剧烈反应。有些物料与水发生快速且剧烈的反应，仅根据水反应性就能达到 NFPA 规定的反应性等级 2 级或者更高（参考文献 2-32）。
  - ○ *人机因素*——当大部分工艺过程受操作人员的行动（或不作为）影响时，人机因素在间歇式操作中尤为重要。间歇式操作人员在工艺过程中的参与度更高，通常更靠近工艺过程。与处理量相当的连续系统相比，这种近距离接触增加了操作人员直接暴露于更大存量原料和半成品相关危害的风险。专门设计的集合管和分配盘可以减少人因失误的可能性。采用 PLC 实现间歇序列自动化也可以减少人因失误的可能性。

◦ *制造材料的选择*——间歇式操作通常按照一般用途设计，而不是专门针对某个特定的工艺过程。经常需要根据当前的工艺要求修改设备的管道和布置，或者修改工艺以利用现有设备。不同的工艺过程采用同一台设备、复杂的工艺管道以及使用共用辅助设备(如塔和冷凝器)，对防止交叉污染、选择制造材料以及选择仪表和控制系统提出了更大的挑战。此外，设备的复杂性和变更的频繁性增加了工艺过程文档化工作的复杂性。频繁变更往往会导致复杂的变更管理(MOC)问题。

以上讨论的问题只是间歇式操作设计过程中面临的过程安全问题中的一小部分。所有这些问题使间歇式反应系统对过程安全管理提出了独特的挑战。更多详细信息见《间歇反应系统过程安全指南》(*Guidelines for Process Safety in Batch Reaction Systems*)(参考文献 2-11)。

2.4 未预见的不稳定状态

工艺过程偏离设计意图并导致未预见的不稳定状态的因素有很多。在装置设施的全生命周期中开展危害辨识以及对事故和未遂事件调查报告进行全面检查，可以识别这些未预见的偏差并确保提供足够的保护层。本节重点介绍了一些常见的工艺偏差和需要考虑的工程设计解决方案。这绝不是包罗万象的，每个装置设施的业主和操作人员都应该确保其内部工程设计和危害审查流程已识别出其装置设施的相应危害并提供了足够的工程保护层。有关危害分析过程的进一步讨论，见第 4 章“风险分析技术”和《危害评估程序指南》(*Guidelines for Hazard Evaluation Procedures*)(参考文献 2-1)。第 4 章将进一步讨论设计考虑因素。

2.4.1 失控反应

就其本质而言，流程工业处理的物料范围广泛，其中许多物料可以作为自反应物发生剧烈反应或者与其他物料发生剧烈反应。根据反应机理的不同，可能会产生废气，需要采用适当的处理装置收集和处理。可能还需要设计紧急排放系统，以防止出现反应速率和气体流量明显高于正常工艺条件的失控反应。

要识别潜在反应性危害(无论是由于不相容物料之间的反应还是由于自分解)，通常需要一个团队，其中包括熟悉工艺过程、生产操作和工艺原理的人员。第 3 章描述了相互作用矩阵，该矩阵可以有效识别和记录可能导致反应性危害的物料和条件。

反应性化学事故可分为以下两类：

- *自反应*——聚合、分解、异构化；
- *与物料组合发生反应*——物料本身可能是稳定的，但与其他化学品发生反应。

对于自反应物料而言，事故通常是由相对少量的污染物作为催化剂引发的，但是温度升高、pH 值变化或抑制剂耗尽等条件也可能成为引发因素。

物料组合的反应性问题往往涉及不相容物料的大量混合或与普遍存在的物质(如空气或水)的反应。原因包括过程控制故障，例如将错误的物料添加到反应器中或在停止搅拌的情况下将反应性物料添加到设备中。与自反应物料情况一样，这些事件经常涉及物料和条件的组合。因此，危害辨识不应仅局限于单一故障(见第4章)。

当反应物质的发热速率超过散热速率时会造成温度不受控制地上升，导致失控反应。在没有适当的超压泄放设施时，如果反应热超过冷却能力，反应速率就会加速(失控)，并可能导致气体析出速率超出排放系统所能承受的能力。

对于可能发生失控反应的工艺过程，负责设计、制造、操作和停用的公司应该为这些独特危害提供工程解决方案，举例如下：

- 采用急冷流体，使紧急泄放系统通过流体沸腾及其蒸发潜热使反应“降温”，从而抑制失控反应；
- 采用仪表和自动控制来检测和应对发生混合时的初期失控状况；
- 紧急排放系统，容量足够处理最不利可信事件时产生的最大排放量。

失控反应过程中温度会显著上升，这可能有利于不同的反应。发生这种情况时，产品成分可能会转变，产生毒性更大的废气，正如发生在意大利塞维索(Seveso)的事故(参考文献2-33)。如果存在失控反应可能性，应该了解废气的特性和成分并选择适当的处理方法。

2.4.2 偏离设计意图

除了失控反应导致的工艺偏差之外，工艺过程偏离正常操作从而导致温度、压力和液位偏离的方式还有很多。必须在设计阶段和装置设施的全生命周期过程中考虑这些工艺偏差，以提供适当的保护层和检测。以下是在装置设施的设计和运行阶段应该考虑的偏离设计意图的示例：

- *加热炉过热*——加热炉过热会造成高温偏离，导致炉管失效，继而发生火灾/爆炸和人员暴露。
- *冷却中断*——冷却中断会造成高温场景，导致设备温度超过设计温度，继而发生火灾/爆炸、有毒物质泄漏和人员暴露。
- *搅拌/循环中断*——搅拌/循环中断会导致不受控制的温度上升和失控反应。
- *回流中断*——可能导致分馏塔压力和温度升高、泄漏、火灾/爆炸和人员暴露。
- *高液位导致液体进入设备*——可能造成设备损坏(液体被带至压缩机)、潜在环境影响(液体被带至废物处理)、潜在产品质量问题(液体被带至储罐)等。
- *低液位导致串气*——可能超过下游设备的设计压力、潜在泄漏、潜在火灾/爆炸、有毒物质泄漏和人员暴露。
- *工艺能力变化*——随着时间的推移，运行速率趋于增大，可能会超过泄压系统的设计能力。

2.5 设计过程的阶段性

正如本书通篇所强调的，过程安全工程设计是纳入装置设施全生命周期的持续过程。如图2.2所示，识别危害、检查风险和提供工程系统改造以降低风险是装置设施全生命周期的持续过程，主要包括：

- 研发；
- 概念设计；
- 中试；
- 工程设计；
- 施工和开车；
- 日常运行；
- 工艺改造或装置扩建；
- 退役。

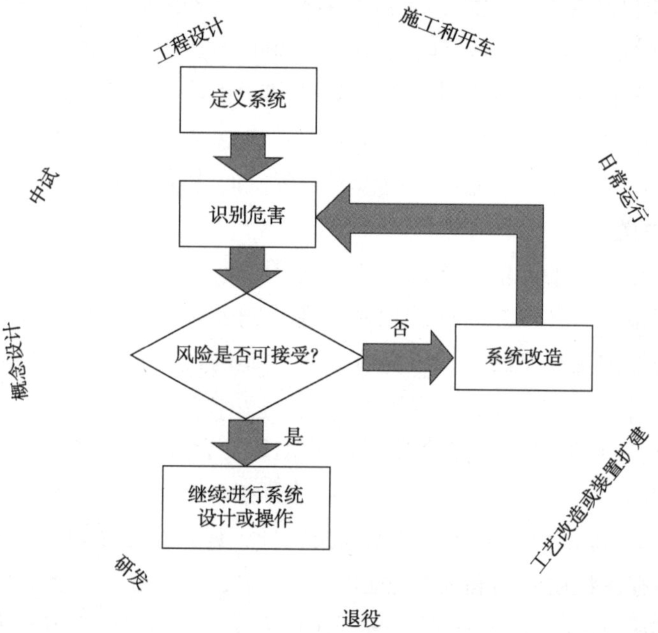

图 2.2　过程安全工程设计——全生命周期法

必须建立健全管理体系，以便在装置设施的全生命周期内反复地成功评估和管理危害和风险。这些管理体系影响这一持续过程的有效性和稳固性，主要包括：

- *符合设计标准*——在工艺的整个生命周期内，识别和强调相关过程安全标准、规范、法规和法律是确保过程安全的关键环节(参考文献 2-6)。其主要目标是确保工艺设施在其全生命周期内始终符合适用的标准、规范和法规以及公司的内部标准和政策。
- *持续更新对危害和风险的理解*——员工始终了解工作场所存在的危害和风险至关重要。有时由于很长时间未发生事故，人们可能会产生懈怠情绪，忽视了潜在的危害。装置设施可通过多种方式持续评估其危害和风险，并提供工程解决方案来预防或减缓这些危害。大多数用于处理、加工或储存有害物质的装置设施都已经建立了管理体系，用以持续评估危害并提供相应的工程解决方案。
    - *变更管理*——在装置设施的全生命周期内，管理工艺变更对于风险管理至关重要。变更管理(MOC)有助于确保工艺变更不会无意中引入新的危害或在不知不觉中增加现有危害的风险。MOC 包括审查和授权流程，用于评估对装置设施设计的建议修改。因此，拥有健全变更管理程序的装置设施更有可能建立一个系统来持续评估工艺变更的相关危害，并提供工程解决方案以预防或减缓这些危害。

- *过程危害分析*——对于大多数处理、加工或储存有害物质的设施，当物质存量超过规定阈值时，都需要开展过程危害分析(PHAs)(参考文献 2-28、参考文献 2-1)。该分析的性质要求装置设施系统地检查其工艺过程可能偏离正常操作的方式、记录潜在后果、识别现有保障措施，并进行定性风险评估以确定风险是否可接受。如果风险不可接受，则提出建议(通常是工程保障措施)以降低风险。如果装置设施重视这些研究，这些分析能够为危害辨识和风险管理提供有力工具。PHAs 必须贯穿工艺过程的全生命周期。有关 PHAs 更深入的讨论，见第 4 章和《危害评估程序指南》(*Guidelines for Hazard Evaluation Procedures*)(参考文献 2-1)。
- *事故和未遂事件调查*——健全的事故和未遂事件报告和调查系统旨在防止事故重复发生。该系统应该通过工程解决方案和控制措施来识别并消除事故和未遂事件的根本原因(参考文献 2-34)。

- *企业文化*——企业的过程安全文化是其处理过程风险控制问题的关键决定因素。过程安全管理体系的失效往往与文化缺陷有关。因此，明智的企业越来越多地致力于识别并解决影响过程安全性能问题的文化根源。强调过程安全的企业文化更有可能成功地把过程安全工程设计融入其装置设施的全生命周期。成功地整合过程安全和风险控制问题的企业文化通常具备以下关键属性：
  - 将安全操作的重要性整合入企业的核心价值观。
  - 潜在失效使企业清楚地认识风险以及控制风险的手段。
  - 提供与预期风险成比例的资源。
  - 企业强调汲取过往经验教训以防止将来出现问题。
  - 员工参与识别危害和决定如何处理危害。
- *管理评审和持续改进*——管理评审是对管理体系是否按预期运行并尽可能高效地产生预期结果的例行评估。必须建立一个体系来实施由此产生的改进或纠正措施计划并验证其有效性。管理评审和持续改进对于将过程安全工程设计整合到装置设施全生命周期的所有阶段至关重要，并有助于建立和维护有以下功能的系统：
  - 确定职责和责任；
  - 制定业绩标准；
  - 验证方案的有效性。
- *员工参与*——促进企业各级人员的积极参与至关重要。直接参与工艺过程操作和维护的工人最容易受到该工艺过程的危害。他们也可能是最了解日常工艺操作和设备设施维护细节的人。当这些员工积极参与时，他们就成为识别危害和降低风险的持续改进过程的一部分。

关于建立有效管理过程安全的计划，更多详细信息见《基于风险的过程安全》(*Guidelines for Risk Based Process Safety*)(参考文献2-6)。

2.6 参考文献

2-1. CCPS. *Guidelines for Hazard Evaluation Procedures*, *Third Edition*. Center for Chemical Process Safety of the American Institute of Chemical Engineers. New York, NY. 2008.

2-2. CCPS. *A Practical Approach to Hazard Identification for Operations and Maintenance Workers*. Center for Chemical Process Safety of the American Institute of Chemical Engineers. New York, NY. 2010.

2-3. CCPS. *Guidelines for Safe Process Operations and Maintenance*. Center for Chemical Process Safety of the American Institute of Chemical Engineers. New York, NY. 1995.

2-4. CCPS. *Guidelines for Process Safety Fundamentals in General Plant Operations*. Center for Chemical Process Safety of the American Institute of Chemical Engineers. New York, NY. 1995.

2-5. CCPS. *Guidelines for Chemical Reactivity Evaluation and Application to Process Design*. Center for Chemical Process Safety of the American Institute of Chemical Engineers. New York, NY. 2007.

2-6. CCPS. *Guidelines for Risk Based Process Safety*. Center for Chemical Process Safety of the American Institute of Chemical Engineers. New York, NY. 2007.

2-7. CCPS. *Guidelines for Chemical Process Quantitative Risk Analysis*, *Second Edition*. Center for Chemical Process Safety of the American Institute of Chemical Engineers. New York, NY. 2000.

2-8. CCPS. *Inherently Safer Chemical Processes*, *A Life Cycle Approach*. Center for Chemical Process Safety of the American Institute of Chemical Engineers. New York, NY. 2009.

2-9. CCPS. *Safe Design and Operation of Process Vents and Emission Control Systems*. Center for Chemical Process Safety of the American Institute of Chemical Engineers. New York, NY. 2006.

2-10. CCPS. *Guidelines for Safe Storage and Handling of Reactive Materials*. Center for Chemical Process Safety of the American Institute of Chemical Engineers. New York, NY. 1995.

2-11. CCPS. *Guidelines for Process Safety in Batch Reaction Systems*. Center for Chemical Process Safety of the American Institute of Chemical Engineers. New York, NY. 1999.

2-12. Haynes, W. *CRC Handbook of Chemistry and Physics*, *91st Edition*. National Institute of Standards and Technology. Boulder, CO. 2010.

2-13. Green, D. W. and Perry, R. H. *Perry's Chemical Engineers' Handbook*, *Eighth Edition*. McGraw-Hill. 2008.

2-14. *DIPPR® Data Compilation of Pure Chemical Properties*, Design Institute for Physical Properties, American Institute of Chemical Engineers. New York, NY. 2010.

2-15. Urben, P. *Bretherick's Handbook of Reactive Chemical Hazards*, *Seventh Edition*. Academic Press. Oxford, UK. 2007.

2-16. EPA. EPA's Chemical Compatibility Chart, *A Method for Determining the Compatibility of Chemical Mixtures*. 1980. www.epa.gov

2-17. Lewis, R. S. *Sax's Dangerous Properties of Industrial Materials*, *10th Edition*. John Wiley & Sons. Hoboken, NJ. 1999.

2-18. NOAA. *Chemical Reactivity Worksheet, Version 2.1.* National Oceanic and Atmospheric Administration. http://response.restoration.noaa.gov/CRW

2-19. NFPA. *Fire Protection Handbook, 12th Edition.* National Fire Protection Association. Quincy, MA. 2008.

2-20. CCPS. *Reactivity Evaluation Screening Tool.* Center for Chemical Process Safety of the American Institute of Chemical Engineers (AIChE). New York, NY. 2010. www.aiche.org/ccps

2-21. DOE. Protective Action Criteria (PAC) Values. Subcommitee on Consequence Assessment and Protective Actions (SCAPA) of the Department of Energy (DOE). www.atlintl.com/DOE/teels/teel.html

2-22. CCPS. *Tools for Making Acute Risk Decisions.* Center for Chemical Process Safety of the American Institute for Chemical Engineers. New York, NY. 1995.

2-23. Australian National Standard for the Control of Major Hazard Facilities, NOHSC: 1014, 2002. www.docep.wa.gov.au/

2-24. Korean Occupational Safety and Health Agency, *Industrial Safety and Health Act*, *Article 20*, Preparation of Safety and Health Management Regulations. Korean Ministry of Environment, Framework Plan on Hazards Chemicals Management, 2001-2005. http://english.kosha.or.kr/main

2-25. Malaysia, Department of Occupational Safety and Health (DOSH) Ministry of Human Resources Malaysia, Section 16 of Act 514. http://www.dosh.gov.my/doshV2/

2-26. Control of Major Accident Hazards Regulations (COMAH), United Kingdom Health & Safety Executive, 1999 and 2005. www.hse.gov/uk/comah/

2-27. Accidental Release Prevention Requirements: Risk Management Programs under Clean Air Act Section 112 (r)(7), 40 CFR Part 68, U. S. Environmental Protection Agency, June 20, 1996 Fed. Reg. Vol. 61 [31667-31730]. www.epa.gov

2-28. Process Safety Management of Highly Hazardous Chemicals (29 CFR 1910. 119), U. S. Occupational Safety and Health Administration, May 1992. www.osha.gov

2-29. CCPS. *Guidelines for Chemical Transportation Safety, Security, and Risk Management.* Center for Chemical Process Safety of the American Institute of Chemical Engineers. New York, NY. 2008.

2-30. CCPS. *Guidelines for Developing Quantitative Safety Risk Criteria.* Center for Chemical Process Safety of the American Institute of Chemical Engineers. New York, NY. 2009.

2-31. CCPS. *Guidelines for Process Safety Documentation.* Center for Chemical Process Safety of the American Institute of Chemical Engineers. New York, NY. 1995.

2-32. CCPS. *Guidelines for Safe Storage and Handling of Reactive Materials.* Center for Chemical Process Safety of the American Institute of Chemical Engineers. New York, NY. 1995.

2-33. HSE. Case Study, Icmesa Chemical Company, Seveso, Italy. July 10, 1976. Health and Safety Executive. http://www.hse.gov.uk/comah/sragtech/casese veso76.htm

2-34. CCPS. *Guidelines for Investigating Chemical Process Incidents, Second Edition.* Center for Chemical Process Safety of the American Institute for Chemical Engineers. New York, NY. 2003.

3 基本物理性质/热稳定性数据

了解工艺过程中涉及的所有化学品(原料、中间体、产品和副产品)的性质是认识与过程相关的过程安全问题的关键。了解这些化学品如何单独发挥作用以及如何与其他化学品、公用工程、制造材料、潜在杂质或在运输、储存和加工过程中可能接触到的其他物料发生交互作用，对于理解和管理过程安全至关重要。

理解工艺过程中涉及的化学性质便于在化学合成阶段应用本质安全原则，化学合成阶段也正是应用本质安全原则的最佳时机。工艺过程中的化学性质在很大程度上决定了工艺设施对人员和环境的潜在影响，也决定了物料存量、辅助单元操作、副产品处置等重要的安全变量。创新性设计和采用本质更安全的化学品可以减少危险化学品存量和/或最大限度地减少废物处理需求。

3.1 基本物理性质

物性设计院(DIPPR®)(参考文献 3-1)是世界上经过严格评估的热物理和环境性质数据的最佳来源。DIPPR® 项目中开发的数据和评估方法被全球领先的化学、石油和制药公司采用。

DIPPR® 通过以下方式为工业用重要化学品创建并提供经评估的工艺设计数据的数据库:

- 利用和提高 DIPPR® 数据汇编的价值。
- 在高速变化的商业和技术环境中，满足行业对工艺工程精准完整的热力学和物理性质数据的需求。

DIPPR®:

- 数据收集范围或来源广泛；严格评估数据；将数据与其他数值进行对比；并以易于获取的形式存储数据。
- 对评估数据进行关联，强调热力学一致性、数值的准确再现和合理推论。衡量 DIPPR® 成员所需的、文献中没有的属性值。将这些数据添加到 DIPPR® 数据库中，以取代、改进和扩展现有的评估数据。
- 在成员独家使用数据一段时间后向公众公布数据。通过硬拷贝出版物、计算机程序、软盘和在线数据库以及多媒体来公布数据。

3.2 易燃性数据

尽管火在日常生活中司空见惯，但其背后的复杂性却令人惊讶。有很多详尽的参考资料论述火灾的物理性、可燃材料的特性以及火灾科学的基础知识。

火是一种自我维持的放热氧化还原反应。火的反应通常与氧有关，形成燃料的氧化物。在石油化工和烃加工设施中最常见的例子是碳氢化合物与氧气的燃烧反应。

碳氢化合物在空气中完全燃烧的产物是水和二氧化碳。然而，很少能达到完全燃烧，大多数燃烧都会产生副产物。

各种手册、有害物质数据库和化学品安全技术说明书(MSDS)中有可燃性数据。闪点温度越高于环境温度，点燃该物质就越难。闪点低于环境温度的液体被视为特别危险，因为其产生的蒸气浓度足以在室温下被点燃。《消防手册》(*Fire Protection Handbook*)(参考文献3-2)中有大量闪点数据。

所有液态的物质(甚至很多固体)都存在分子运动，当物质没有受到限制时，这种运动使分子以蒸气的形式从其表面逸出。当液体在室温下置于敞口容器中时，其分子会发生蒸发。当液体被限制在半满的封闭容器中时，分子继续从表面逸出，但由于无法逸出封闭容器，部分分子重新返回液体表面。经过一段时间后，逸出液体表面的分子数量与返回液体表面的分子数量达到平衡。

达到这种平衡时，密闭容器中液体上方的空间内会产生一定的压力，被称为液体在该温度下的蒸气压。

设想一个装有水的容器被加热。如果测量水的沸腾表面上方蒸汽的向上压力，会发现它恰好等于作用于敞口容器中液体的向下大气压力。此时的温度被称为液态水的沸点。在这个温度下，水的蒸汽压与上方的大气压力相等；只要提供热量，液体就会沸腾，试图将其分子转化为蒸汽状态。不同类型液体的沸点差异很大。这是液体和很多固体的重要物理特性，这些固体在一定的特征温度下从固态熔化成液态然后沸腾。

蒸气相对密度是对防火非常重要的物理性质。因为蒸气相对密度随着物质蒸气组成的变化而变化，如果已知蒸气的组成，那么与空气相比就可以确定蒸气的重量或相对密度。

液体的易燃性危害也随以下原因而增加：

- 较宽的燃烧极限；
- 较低的闪点；
- 较低的自燃温度；
- 较低的最小点火能；
- 较高的最大燃烧速度；
- 提升燃料温度；
- 富氧大气环境。

燃烧术语的相互关系如图 3.1 所示(参考文献 3-3)。

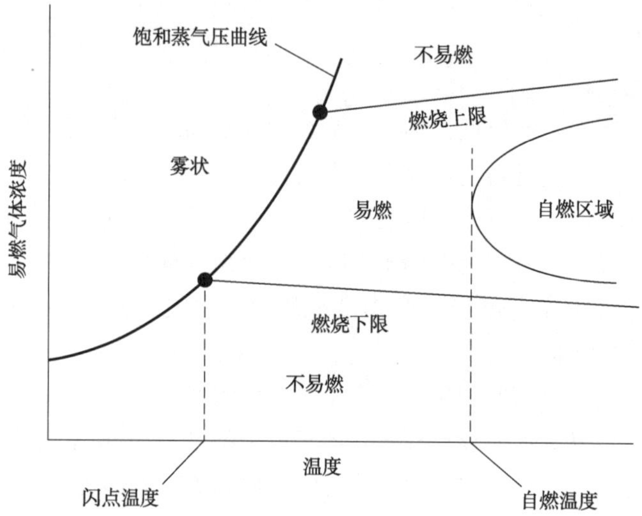

图 3.1 各种易燃特性之间的关系

3.2.1 闪点

物质的闪点通常被视为易燃性的主要指标，尤其是对液体而言。闪点越低，液体越易燃。

闪点是指液体在测试容器内释放出足够的蒸气、与空气形成可燃混合物的最低温度(测试方法：ASTM 502)(参考文献 3-4)。闪点低于液体的“燃点”，当达到“燃点”时，液体以足够快的速率释放蒸气，足以维持持续的燃烧。

根据经验，闪点可以被认为是当火柴或其他小的点火源掉入液池时液池会被点燃的温度。如果液池的温度低于闪点，则不会被点燃。从安全角度来看，泄漏液体的温度如果低于其闪点，即使暴露于点火源也不会被点燃。

因为闪点是物料危害程度的指标，液体的闪点是其最重要的燃烧特性之一。液体在达到闪点时，以适当的速率和量(体积)持续产生易燃蒸气，形成易燃甚至爆炸性气体环境。若在混合物中引入点火源，则会发生燃烧甚至爆炸(校注：原文恐有笔误。通常爆炸性气体环境的形成与点火源无关)。闪点为-45℉(-42.8℃)的易燃液体(如汽油)不断释放出在常温下可燃烧的蒸气。但是，闪点为 130℉(54.4℃)的燃料油(如用于家用采暖炉的燃料油)在加热到其闪点以上时才会释放出可燃烧的蒸气(参考文献 3-2)。然而，任何一种物料被点燃都会发生猛烈的燃烧。

闪点是指物质上方空气中的蒸气浓度形成的蒸气压达到该物质的燃烧下限。对于易燃液体，“易燃”是指在 100℉(37.8℃)时闭杯闪点低于 100℉(37.8℃)且雷德蒸气压不超过 40psia(2068.6mmHg)的液体。“可燃”是指闭杯闪点等于或高于 100℉(37.8℃)的液体(参考文献 3-5)。

一些常见材料的闪点和其他重要特性见表 3.1(参考文献 3-6)。

表 3.1 常用易燃液体的性质(以美标单位表示)

名称	相对分子质量	闪点/℉(℃)	自燃点/℉(℃)	爆炸下限/%(体积)	爆炸上限/%(体积)	沸点/℉(℃)
丙酮	58	-4(-20)	869(465)	2.5	12.8	133(56)
氨	17	gas	1204(651)	16	25	-28(-33)
苯	78	12(-11)	928(498)	1.2	7.8	176(80)
正丁醇	74	98(37)	650(343)	1.4	11.2	243(117)
二硫化碳	76	-22(-30)	194(90)	1.3	50	115(46)
环己烷	84	4(-16)	473(245)	1.3	8	179(82)
乙烷	30	-275(-171)	959(515)	3	12.4	-128(-89)
乙烯	287	-250(-157)	914(490)	2.7	36	-155(-104)
汽油	Mix	-45(-43)	536(280)	1.4	7.6	范围
正庚烷	100	25(-4)	399(204)	1	6.7	209(98)
正己烷	86	-7(-22)	437(225)	1.1	7.5	156(69)
煤油(1号燃油)	Mix	100~162(38~72)	410(210)	0.7	5	范围
甲烷	16	gas	1004(540)	5	15	-259(-162)
石脑油(挥发性矿物油和馏分油)	Mix	28(-2)	450(232)	0.9	6	203~320(95~160)
丙烷	44	-220(-140)	842(450)	2.1	9.5	-44(-42)
正丙醇	60	74(23)	775(413)	2.2	13.7	207(97)
甲苯	92	40(4)	896(480)	1.1	7.1	231(111)
松节油	136	95(35)	488(253)	0.8		300(149)
乙酸乙烯酯	86	18(-8)	756(402)	2.6	13.4	161(72)
邻二甲苯	106	88(31)	867(464)	0.9	6.7	292(144)

3.2.2 燃点

能维持自身持续燃烧的火不一定是在闪点温度形成，与之密切相关但使用较少的一个术语是“燃点”。燃点是指当暴露于点火源(如火花或火焰)时，易燃或可燃液体以及某些挥发性可燃固体释放出足够蒸气、与空气混合形成混合物支持自身持续燃烧的最低温度。

3.2.3 自燃温度

物质的自燃温度(AIT)是指固体、液体或气体在没有外部点火源的情况下自发点燃、导致自持燃烧的最低温度。如果工艺泄漏的物料温度高于其自燃温度，物料将被点燃。一些常见物料的自燃温度见表 3.1。当确定 AIT 时，重要的是在尽可能接近实际工艺条件的环境下进行测试。

混合物在高于自燃温度时的点燃不是瞬间发生的。当温度远远高于其自燃温度时，点燃的延迟时间可能是几分之一秒；略高于其自燃温度时，点燃的延迟时间可能是几分钟。

自燃温度有助于确定点燃混合物的热表面最低温度。在大多数情况下，热表面的点燃温度明显低于自燃温度。

一般来说，AIT 的特点如下(参考文献 3-7)：

- 随压力的增加而降低；
- 随混合物变浓或变稀而升高；
- 随氧浓度的增加而降低；
- 随试样体积的增加而降低。

3.2.4 燃烧极限

化学计量比是指在燃烧过程中，为了实现最佳燃烧效果和最大热量释放，燃料与氧化剂的最佳比例。最佳比例是指燃烧反应的最终产物只包含水和二氧化碳时的燃料和空气比。例如，燃烧 100ft^3(2.83m^3)的甲烷需要 1000ft^3(28.32m^3)的空气，才可形成最佳化学计量比。

低于其燃料与空气化学计量比的混合物被称为“贫”混合物。超过其燃料与空气化学计量比的混合物被称为“富”混合物。“贫”混合物的燃烧产物含有未反应的氧，而“富”混合物的燃烧产物含有未反应的燃料。

处于或接近最佳化学计量比的燃料-空气混合物有最低的自燃温度、最低的最小点火能和最高的燃烧速度。

易燃蒸气仅在有限的燃料-空气浓度范围内在空气中燃烧。可燃范围根据两个参数确定：燃烧下限(LFL)和燃烧上限(UFL)。这两个术语也被称为爆炸下限(LEL)和爆炸上限(UEL)。

*燃烧下限*是指能够支持燃烧的燃料与空气的最小比例。*燃烧上限*是指能够支持燃烧的燃料在空气中最大浓度。通俗地说，低于 LFL/LEL 的混合物因太“贫”而不能燃烧或爆炸，而高于 UFL/UEL 的混合物因太“富”而不能燃烧或爆炸。

例如，海平面的空气中甲烷的燃烧下限是大约 5%的浓度(按体积或分压计算)。燃烧上限约为 15%(按体积或分压计算)。较重的碳氢化合物往往 LFL 较低。一些常见碳氢化合物的 LFL 和 UFL 见表 3.1。

燃烧极限随压力和温度而改变。提高温度或压力的结果一般是扩大可燃范围。降低压力或温度往往会通过提高下限和降低上限来缩小可燃范围。需要注意的是，公开发布并得到认可的燃烧极限和爆炸极限是基于在室温和大气压下的测量值，除非另有说明。

温度的升高会扩大可燃范围，降低 LFL。例如，空气中甲烷的 LFL 通常按 5%考虑。随着甲烷温度升高至自燃温度，LFL 下降到 3%左右。更强的点火源可以点燃更“贫”的混合物。燃烧极限也取决于大气的类型。在氧、氯和其他氧化剂中的燃烧极限范围比在空气中要宽得多(参考文献 3-2)。

一般来说，压力对 LFL 影响不大；然而，UFL 通常会随压力的增加而增加。

通过添加惰性气体(如氮气或二氧化碳)可以缩小燃烧极限范围。

3.2.5 最小/极限氧浓度

氧是空气中形成燃烧下限(LFL)的关键成分。维持火焰传播需要有最小/极限氧浓度。

通常采用惰化手段降低氧浓度，从而防止爆炸和火灾的发生。当氧浓度低于这个最小/极限值时，发生的反应无法产生足够的能量以把混合物加热到支持火焰自传播所需的温度。依据实验数据或利用燃烧反应的 LFL 和化学计量比进行计算可以确定最小/极限氧浓度(参考文献 3-7)。

3.2.6 粉尘爆燃指数——K_{St}

采用与蒸气相同的方式定义粉尘的爆燃指数。粉尘爆燃指数用 K_{St}表示，其中“St”代表德语“Staub”，“粉尘”的意思。随着 K_{St}值的增加，粉尘爆炸更加剧烈。表 3.2 显示了 K_{St}值的四个 St 等级。随着爆燃指数的增加，St 等级增加，粉尘爆炸更加剧烈。

表 3.2 粉尘的 St 等级

粉尘爆燃指数 K_{St}	St 等级	示例
0	St-0	岩石粉尘
1~200	St-1	小麦种子粉尘
200~300	St-2	有机染料
>300	St-3	阿司匹林、铝粉

3.2.7 气体爆燃指数——K_g

K_g值是衡量气云爆燃性的指标。将最大压力上升速率标准化可以用于确定 K_g值。但是，K_g值并非恒定不变，会因测试条件的不同而变化。增加测试容器外壳的体积和提高点火能量都会导致 K_g值的增加。尽管 K_g值提供了一种对比已知和未知气体最大压力上升速率的方法，但只有当两种物料是在形状和尺寸大致相同的容器中进行测试并且使用相同类型的点火器以确保点火能一致时，K_g值才能被用作爆燃泄压口尺寸设计的基础(参考文献 3-7)。

一般来说，随着粒径或水分含量的降低，爆燃指数 K_{St}和最大压力增加，而最小爆炸粉尘浓度和最小点火能降低。在一定的粒径范围内，减小粒径对 K_{St}和最小点火能的影响大于对最大压力的影响。随着初始压力的增加，最大压力和在一定条件下的最大压力上升速率通常成比例增加。

《解读爆炸》(*Understanding Explosions*)(参考文献 3-3)的附录 E 中有多种粉尘材料的燃烧数据。附录 E 包括测试粉尘的中值粒径和测试条件下的粉尘浓度。

GESTIS-DUST-EX 是一个线上数据库，包含来自几乎所有行业的超过 4600 多种粉尘样品的重要燃烧和爆炸特性，可以作为安全处理可燃粉尘并且为粉尘产生和处理装置规划粉尘爆炸预防和保护措施的依据(参考文献 3-8)。

3.3 反应性/热稳定性数据

为了实现更安全的工艺设计和操作，需要理解热力学、化学动力学和反应工程的基本原理。工艺开发团队需要在早期阶段对过程安全性进行评估。安全的过程与更经济或高效的过程同等重要。化学反应性危害定义如下：

可能发生失控的化学反应，直接或间接对人员、财产或环境造成严重危害的情况。失控的化学反应可能伴随着温度升高、压力升高、气体释放或其他形式的能量释放。

决定安全化工过程设计的主要参数有三个：

1. 所涉及化学品的潜在能量；
2. 其潜在的反应和/或分解速率；
3. 工艺设备(见第6章)。

第一个关键工艺设计参数是能量，能量与所有化学品生产都息息相关。要设计安全的过程，需要了解化学反应(预期的工艺反应以及可能的非预期反应和副反应)过程中可利用的能量(放热/吸热)。这些信息可以来自文献、热化学计算或使用适当测试设备及程序获取的测试数据。工艺过程中可能产生的压力也是非常重要的设计考虑因素。第二个关键工艺设计参数是反应速率，反应速率取决于温度、压力和浓度。为了设计本质更安全的过程，应该确定正常和异常操作(包括最不利可信事故)期间的反应速率。工艺设备设计是第三个关键参数。应该充分带走反应产生的热量，同时控制气体生成。应当考虑规模放大的影响和要求(如实验室规模与装置设备工程规模之间的关系)。这三个参数是相互关联的。例如，如果能量释放速率相对较小并且可以通过装置单元的足够冷却能力来控制，就可以带走正常运行期间大量的潜在能量。然而，如果能量释放速率较高，装置单元的冷却能力不足，就需要采用危害评估来确定操作所需的冷却设计要求。在大多数情况下，依靠理论方法(如文献、数据库和软件程序)获得的数据可能并不足以进行最终的装置设计。通常需要根据反应性程度进行不同规模的实验。因此，采用精心设计的实验测试方法对于确定危险条件最为重要。有多种测试方法可供选择，使用的样品量和条件各不相同。

3.3.1 化学反应性

在流程工业中，化学品按照既定且受控的方式转化为其他化学品。在异常条件下(如冷却系统故障或加料不正确)或者由于控制仪表和程序不足或设计和维护不当，会发生失控的化学反应。温度、压力、辐射、催化剂和污染物(如水分、空气中的氧气和设备润滑剂)都会影响(受控和失控)反应发生的条件。

化学反应进行的速率是温度的指数函数。在比较一定温度下各化学物质的反应速率时，有些化学物质表现出高稳定性，而另一些化学物质表现出相对低的稳定性。

几乎所有反应都表现出热效应。当(放热)反应过程中产生、释放或积累热量时，根据反应速率、产生的热量、设备移走热量的能力以及反应过程中生成的气体量，可能会出现危险情况。虽然热分解和失控反应通常与化学物质的固有反应性相关，但需要强调的是，潜在反应可能产生危害。这些潜在反应可能由热量、污染或机械作用(如冲击、摩擦、静电火花)触发。

3.3.1.1 *放热反应*

放出热量的反应被称为放热反应。释放大量热量或气体的反应具有潜在危险性，特别是在快速分解和/或氧化过程中。当反应的放热速率超过物料向周围环境散热的速率时，物料的温度会上升。随着温度升高，反应加速，可能导致反应热失控。如果在短时间内产生大量热量，温度会急剧上升。很多放热分解的有机化合物在高温下会释放出增加压力的可凝气和不凝气。

除了整个物料大体均匀地自加热引起反应热失控，外部点源能量输入(如火焰、热点、冲击、电火花和摩擦)也会引发高度放热分解。在这种情况下，分解反应通过热量或冲击波传递给物料。因此，放热反应产生的最大能量和气体量是评估物质潜在反应性危害的关键参数。此外，能量产生和气体生成的速度也至关重要。

即使相对少量的放热反应或分解也可能导致质量和产品损失、气体排放、容器压力升高和/或环境污染。在最坏的情况下，失控的分解反应可能会加速至爆炸。

3.3.1.2 不稳定化学品

不稳定的化学物质会发生自发反应。可能存在不稳定化学物质的情况包括容器材质的催化作用、物质与可能引发危险反应的化学品储存在同一区域、存在抑制剂以及阳光照射或温度变化的影响。例如，乙醛、环氧乙烷、氰化氢、硝基甲烷、有机过氧化物、苯乙烯和氯乙烯等。

举例来说，苯乙烯在中等温度下会发生聚合反应，聚合速率随温度的升高而升高。该反应是放热反应，其自身的热量会加速反应，导致反应变得剧烈。通过添加抑制剂来防止引发危险的聚合反应。当苯乙烯用于制造玻璃纤维树脂等材料时，可以在生产过程中添加催化剂引发聚合反应，使反应在可控的速率下进行。如果反应物的量或温度控制造成反应不平衡，会引发危险的火灾情况。

3.3.1.3 与常规物料发生反应的化学物质

某些化学物质易与水或空气发生反应，构成严重的火灾隐患，因为这些反应可能释放出大量热量，而且能与其发生反应的物质几乎无处不在。这类化学物质可能具有自燃性，即暴露在空气中会自燃，例如硫化亚铁。这类物质还可能与水和某些化学品发生剧烈反应。易与水发生反应的化学品包括酸酐、碳化物、氢化物和碱金属(如锂、钠、钾)。

易与空气发生反应的化学物质包括氢化铝、金属烷基化合物和黄磷。其他活性化学物质包括碱、三烷基铝、酸酐、氢化物、某些氧化物、磷和硫酸氢钠。

例如，磷和其他金属在一定条件下会在空气中以足够的速率氧化、放热并点燃。粒径越小，火灾危险越大。

3.3.1.4 可燃化学品

所有有机化学品本质上都是可燃的。有些化学品(如硫以及钠、钾和磷的硫化物)燃烧时会产生有害气体，这里指的是二氧化硫。炭黑、灯黑、硫氰酸铅、硝基苯胺、硝基氯苯和萘都是可燃化学品。

3.3.1.5 氧化剂

氧化剂本身不具备可燃性，但可以提供反应途径，加速其他可燃物质的氧化过程。可燃固体和液体应当与氧化剂隔离存放。某些氧化剂会与特定的不可燃物质发生危险反应。

次氯酸钙等氧化剂在加热或受到污染时会分解，引发自反应并强烈放热。常见的氧化剂包括硝酸盐、硝酸、亚硝酸盐、过氧化物、氯酸盐、亚氯酸盐、重铬酸盐、次氯酸盐、高氯酸盐、高锰酸盐、过硫酸盐以及卤素等。

3.3.2 爆轰与爆燃

爆炸是气体的迅速膨胀导致产生快速移动的压力波。膨胀是快速化学反应的结果之一。当冲击波的前端速度超过物料中的声速时，能量就会通过冲击压缩传递，导致爆轰(参考文献 3-9)。当冲击波前端速度低于声速时，能量通过热量传递，导致爆燃。爆轰的影响取决于冲击波，即在瞬间达到一个峰值超压，随后是相对较长时间的负压阶段。

冲击波的强度取决于爆轰物料的质量。爆轰大多由引爆源引发。某些情况下，爆燃可能会转变为爆轰。不建议在可能引发爆轰的条件下操作或使用化学品及其系统。只能通过专门的试验来确定化学品或其系统是否会引发爆轰。

爆轰速率远远高于动力学数据的预计值。当可能发生爆燃时，应当同时考虑预防和防护措施。

需要注意的是，气云发生爆燃/爆轰的严重程度不仅取决于被点燃物料的化学性质，还取决于点火传播的环境。在这种情况下，过程安全设计不仅可以通过工艺操作方式来加强，还可以通过优化装置平面布置来加强。

3.3.3 失控反应

失控反应是由于获得的热量超过损失的热量(例如，由于散热不足)造成温度普遍升高而引发的。此类失控反应往往发生在储存容器等大型单元以及非搅拌系统中。除反应器外的单元中的快速分解或氧化反应可能触发失控反应。在反应器内，多种因素都可能导致失控反应，包括反应物的积累和/或错误装载、催化剂处理不当、冷却系统故障或搅拌系统失效。

在大多数情况下，反应热失控取决于发热量与散热量的平衡。当散热不足时，根据反应动力学和热力学，温度会上升。气体可能是反应产物，也可能是反应后期高温下的分解产物。一般来说，有两种方法可用于处理产生的气体：一种是设计容器，使之能够承受失控反应能产生的最大压力；另一种是设计放空系统，确保失控反应期间容器内的压力不会超过其设计压力。建议对反应热失控采取适当的预防措施。

3.3.4 热值数据

对数据而言，最重要的是了解这些数值是如何得出的，*是通过计算还是通过实验测试?* 热值数据有很多来源，本节列出了其中一些。

有很多公开的化学品数据来源。萨克斯的《工业材料危险特性》(*Dangerous Properties of Industrial Materials*)(参考文献 3-10)是常用的参考资料，美国化学文摘社维护的数据库和美国化学工程师协会物性设计数据(DIPPR®，参考文献 3-1)也是重要的来源。政府机构和获得资助的组织(如美国海岸警卫队、美国环境保护署、联邦紧急事务管理局以及世界银行)也公布了大量的化学品数据。适用于某些化学品的具体阈值已列入联邦、州和地方法律法规中。

3.3.4.1 化学品安全技术说明书(MSDSs)

化学品安全技术说明书(MSDSs)是一个广泛应用的化学品、化合物和化学混合物的分类信息系统。MSDS 信息包括与特定物料或产品相关的安全使用和潜在危害说明。在使用化学品的任何地方都可以获得这些数据表。

MSDS 应该列出与目标物料存在反应危害的不相容物质。潜在的不相容性包括可能引发剧烈分解或聚合反应的化学物质。如果物料能与水反应，应该在 MSDS 中注明，也应该在 MSDS 第 3 节(危害辨识)和 NFPA 704(参考文献 3-11)的标牌系统中标明，在标牌底部用符号 W 和一条穿过 W 的线段来识别物料的危害。

MSDS 是产品和工作场所安全管理的重要组成部分，旨在为工人和应急人员提供安全处理或使用该物质的规程，包括物理数据(熔点、沸点、闪点等)、毒性、健康影响、急救、反应性、储存、处置、防护设备和泄漏处理规程等信息。

3.3.4.2 不相容性图表

化学品不相容性图表初步表明了与化学品或化学品系列的二元组合相关的潜在反应性危害，例如用于制定特定物料不相容性图表的 NOAA/EPA 化学反应性工作表(参考文献 3-12)软件工具。

3.3.4.3 标准和其他参考文献中的反应性清单

美国消防协会(NFPA)的多个标准为各种物料提供了分类方案，其中包括：

- NFPA 30《易燃和可燃液体规范》(*Flammable and Combustible Liquids Code*)，2008 年版(参考文献 3-5)
- NFPA 55《压缩气体和低温流体规范》(*Compressed Gases and Cryogenic Fluids Code*)，2010 年版(参考文献 3-13)
- NFPA 400《有害物质规范》(*Hazardous Materials Code*)，2010 年版(参考文献 3-14)
- NFPA 491《有害物质防火指南》(*Fire Protection Guide to Hazardous Materials*)，第 13 版(参考文献 3-15)

《布雷瑟里克手册》(*Bretherick's Handbook*)(参考文献 3-16)也许是使用最广泛且最全面的化学反应性危害初步评估手册。其他非常有用的参考资料包括《萨克斯手册》(*Sax's Handbook*)(参考文献 3-10)、Grewer(参考文献 3-17)、Pohanish 和 Green(参考文献 3-18)以及 CCPS 出版的《反应性危害评估指南》(*guidelines on reactivity hazard evaluations*)(参考文献 3-19)。

Frurip 等人的论文(参考文献 3-20)和 Leggett 的论文(参考文献 3-21)为良好的现行做法提供了指导，这种做法被在此类危害评估方面经验丰富的组织所遵循。就与水反应的自燃性物料而言，Gibson 和 Weber 手册(参考文献 3-22)包含了大约 425 种此类物料的物性数据。

3.3.4.4 理论计算

已知热化学性质的化合物组合可用于计算潜在自反应化学品的反应热和绝热反应温度。从概念上讲，可以利用这些计算值来初步显示发生绝热反应的这些化合物的危害。然而，热化学平衡计算并不能说明反应引发难易程度和反应速率。因此，这些理论计算的价值远不如基于实际经验和测试得出的初步反应参数值。

3.3.4.5 政府和机构毒性数据库及清单

美国环境保护署(EPA)维护着可能是最全面且最广泛的化学品健康影响数据库[综合风险信息系统(IRIS)(参考文献3-23)]。根据美国环境保护署的说法，“IRIS中的信息是为那些没有受过广泛毒理学培训，但具有一些健康科学知识的人准备的。”

表3.3列出了一些政府和机构毒性数据库和清单及其网站。

表3.3 政府和机构毒性数据库

来源	网址	描述
综合风险信息系统(IRIS)	www.epa.gov/iris/subst/index.html	每种化学品的数据类型包括以下描述性信息和定量信息： 有慢性非致癌健康影响的经口参考剂量和吸入参考浓度(分别为RfDs和RfCs) 危害辨识、经口斜率因子、有致癌影响的经口和吸入单位风险
美国职业安全与健康管理局(OSHA)	www.osha.gov/SLTC/pel/	OSHA法规和出版物规定了短期接触和8h接触多种物料的容许接触限值(PEL)。具体物料相关信息可以在OSHA网站上搜索
美国国家职业安全卫生研究所(NIOSH) 化学物质毒性数据库(RTECS)(参考文献3-24)	www. cdc. gov/niosh/rtecs/default.html	RTECS数据库包括毒性数据和相关期刊文章、政府报告和EPA测试报告的摘要。自2001年12月以来，维护RTECS的职责已经从NIOSH转移到该网站列出的多个私营和外国组织。这些组织负责更新RTECS，与用于搜索和检索特定记录的软件一起供大家购买或租赁
美国国家职业安全卫生研究所(NIOSH) 立即威胁生命和健康浓度(IDLH)	www. cdc. gov/niosh/idlh/intridl4.html	包含化学品清单和经修订的IDLH值文件(截至1995年3月1日)
美国政府工业卫生专家会议(ACGIH)	www.acgih.org/	最新的ACGIH(2003)清单中包含700多种化学物质和物理因素的阈值(TLV)。ACGIH委员会通过查看相关科学文献来确定阈值。在ACGIH网站上可以查到更改建议和新版清单
工作场所有害物质信息系统(WHMIS)	www.hc-sc.gc.ca	加拿大政府为有毒物质职业接触信息提供的有用在线资源被称为WHMIS。WHMIS的致癌物数据库包括来自ACGIH、加州EPA、欧盟和IARC的清单和分类

3.3.5 交互作用矩阵

可以通过检查工艺过程所涉及的每种化学物质的特性来识别化学品危害，一次检查一种化学物质。化学物质危害性或反应性的一些基本信息可以在化学品安全技术说明书

(MSDSs)或其他常见的危险化学品数据参考资料中找到。然而，对工艺过程中处理的每种化学品进行检查可能不足以识别所有重要的过程危害，因为很多危害与工艺化学品之间以及它们与周围环境的交互作用密切相关，这种交互作用可能是预期的或非预期的。因此，通常需要进行全面的过程危害分析(PHA)，通过系统地检查可能发生的化学交互作用来补充对化学品安全数据和工艺参数的审查。

编制化学交互作用矩阵是一种有效的方法，可以发现在操作过程中可能导致火灾、爆炸或有害物质泄漏的潜在交互作用。矩阵通常针对较小的区域或单个工艺流程生成，以保持矩阵网格的大小易于管理。要遵循的经验法则是，应该仅考虑那些预期会在该区域内发生混合的化学物质。大多数用户在编制矩阵时会考虑普遍存在的化学品，例如水(或可能通过管道进入或穿过该区域的其他液体)和夹套内介质，因为这些物质通常符合合理性标准。

然后，将危险的交互作用作为过程危害分析的一部分进行评估，将其纳入应急响应计划，并纳入员工认知计划。本节描述了化学交互作用矩阵的生成方法。这种方法类似于 Gay 和 Leggett 总结的美国一家大型化学公司使用的方法(参考文献 3-25)。

ASTM E2012《二元化学相容性图表编制指南》(*Guide for the Preparation of a Binary Chemical Compatibility Chart*)提供了编制化学交互作用矩阵需考虑的因素(参考文献 3-26)。

按照矩阵格式考虑以下因素，可以系统地研究储存和处理操作中的化学交互作用及其后果：

- 所有储存/处理的化学品，包括原料、中间体、产品、副产品和催化剂；
- 可能无意中引入操作作业的其他化学品，例如在服务于仓储作业的同一个货车装卸站卸下来的其他原料，或接入同一转运系统的装有其他物料的管道；
- 可能与装置运行发生交互作用的所有公用工程(蒸汽、压缩空气、氮气、天然气、传热介质、制冷剂、生活用水等)；
- 常见环境物质：空气、水/湿气，以及实际储存/处理场所中浓度很高的环境污染物；
- 可能的工艺污染物，如污垢、铁锈、水垢和润滑油；
- 工艺过程中使用的所有建造材料和垫片材料，包括在装置设施生命周期内有可能被(有意或无意地)替代的材料；
- 可能接触工艺化学品的其他材料，如吸收剂和保温材料；
- 与给定设施有关的所有操作条件，如高温工况；
- 某些情况下，“受限”和“绝热压缩”等条件可能是相关的。

包含给定工艺过程所有上述项目的矩阵可能会非常庞大。当需要限制编制交互作用矩阵花费的精力时，可以判断限制研究范围，或者仅考虑那些有可能存在并引起反应性问题的物质和条件。

3.3.5.1 编制化学交互作用矩阵

为了研究化学品的交互作用而编制的矩阵，沿矩阵的水平轴和垂直轴列出上述每个项目。然后，在从左上到右下的对角线上方或下方的单元格内填入每次发生交互作用时的预期后果。

3.3.5.2 使用化学交互作用矩阵来识别场景

化学交互作用矩阵编制完成后，应该检查是否存在严重后果，例如剧烈反应、产生有毒气体或重大火灾危险，特别是那些以前未被认为具有危害性后果的交互作用。然后，应该由一组具有相关专业知识的人员对这些交互作用进行研究，确定导致每种危险化学交互作用的原因、每种交互作用可能发生的地点和时间，以及有哪些预防措施可以防止交互作用的发生和/或应对其后果，从而制定事故场景。这些分析可以作为过程危害分析(PHA)的一部分。矩阵中数据缺失或后果未知的单元格可以表明哪里需要做进一步的研究或测试。在解决数据缺失问题之前，应该假定相关的交互作用不相容。

为了更全面地评估装置设施内的反应问题，化工过程安全中心(CCPS)开发了一种名为反应性评估筛选工具(REST)的新工具(参考文献 3-27)。REST 整合了 NOAA 化学反应性数据库和简化的过程危害分析(PHA)“What-If”法，用以识别仓库隔离问题和化学反应性危害。从 CCPS 官网(www.aiche.org/ccps)可以免费获取该工具。REST 的目标用户既包括经验丰富的用户，也包括经验不足的用户。用户可以直接输入数据，也可以采用问答模式来完成整个评估过程。该程序首先要求用户输入评估区域内的所有化学品信息，然后自动生成反应性矩阵和仓库隔离图以及二元反应性危害的文本列表。接着，程序会向用户提出一系列问题，这些问题涉及该区域内化学品的处理和加工类型，以判断是否需要更详细的评估。如果评估结果显示需要更深入的分析，用户将被引导完成一系列失效场景构建工作。REST 会记录和组织这些场景，并引导用户完成对每个场景反应性的危害评估。场景评估包括基于用户提供的信息的自动响应。程序会指导用户获取所要求的每项信息输入。最后，该工具会输出所有经评估的场景以及对后果严重性的一般性判断，并提供参考资料，指导用户如何对已识别到的各类危害进行补救。

3.3.5.3 化学交互作用数据的管理

相对简单的储存/处理操作的化学交互作用矩阵可能是一页表格，也可能是几页表格组合到一起。对于含有多种化学物质和其他矩阵项目的更大或更复杂的操作，通常采用三种格式来获取并呈现化学交互作用，即数据库程序、电子表格和具有表格生成功能的文字处理程序。

每种格式都有其优点：

- 数据库程序对于超大矩阵最为有用，这种情况需要数据库程序搜索和检索给定组合的能力。
- 电子表格的优点是能够以真实的矩阵形式显示整个矩阵，从而更容易看到哪些交叉点仍需填充。
- 文字处理程序中的表格格式允许将矩阵直接插入报告，并自动扩大单元格以容纳多行文本。

Gay 和 Leggett(参考文献 3-25)介绍了一种用于存储交互作用信息并打印相容性图表的

程序化方法。该方法采用从 0~4 的混合危害等级，与 NFPA 704 标准的健康危害性、可燃性和反应性等级平行(参考文献 3-11)。该计算机外壳程序被称为 CHEMPAT，可以从美国化学工程师协会获取，可帮助各组织建立相容性图表。

3.3.5.4 化学交互作用数据源

很多化学交互作用是显而易见的，例如导致热量和气体产生的酸碱反应。已知很多其他交互作用不会产生严重后果。然而，很多潜在的交互作用不能立即得知其结果。除了在设备齐全的实验室进行材料测试外，通常可以从化学品供应商或以下多个文献来源获取数据：

- 美国国家海洋和大气管理局(NOAA)(*http：//cameochemicals. noaa. gov/*)(参考文献 3-28)；
- Bretherick 的《反应性化学危害手册》(*Bretherick's Handbook of Reactive Chemical Hazards*)(参考文献 3-16)，汇编了 4600 种不同元素和化合物的反应性和不相容性危害；可从出版商处获取电子版；
- 化学品危害响应信息系统(CHRIS)提供的危险化学品数据(参考文献 3-29) COMDTINST Ml6565. 12C 可在 www. chrismanual. com 在线查阅，给出了反应性组别、与水的反应性和与常用材料的反应性，并给出了散装货物相容性矩阵；
- 《工业材料危险特性》(*Dangerous Properties of Industrial Materials*)(参考文献 3-10)，这是三卷本出版物，内有多种有害物质的不相容性资料；
- 《列车编组中有害物质车厢的定位》(*Hazardous Materials Car Placement in a Train Consist*)(参考文献 3-30)，这是两卷本报告，按照美国铁路运量检查了前 101 种危险商品与发烟硝酸的所有二元组合；
- 有机和无机化学教科书；
- 公司有机和/或无机化学家的经验和资源；
- 对特定化学品的文献检索：当给定交互作用的后果未知时，应该立刻引起警觉，因为应该识别并控制非预期的化学相互作用，以确保化工过程的持续安全运行；
- 海岸警卫队的相容性图表；
- 环保局的相容性图表。

3.3.6 测试方法

3.3.6.1 评估与测试策略

如表 3.4 所示，对危害信息的了解取决于工艺过程的研发阶段。在早期化学研发阶段，可利用的物料信息很少。很多情况下只能从文献或计算获取理论信息。

进行筛查测试以识别反应危害。必要时应该评估并获取用于中试装置的数据。中试阶段可利用的物料更多，因此可以更广泛地调查反应危害。应该核对过程控制特征和与正常操作条件的偏离。可以起草和检查操作规程，并确定应急规程。

在工业化生产期间，尤其是在生产初期，可以重新评估化学反应危害。随着对过程了解的增加、生产要求的改变或其他工艺变化(如使用不同原料)，可能需要进行更多的测试。

表 3.4 反应性评估的建议阶段(按规模)

阶段	相关工作
1. 化学研发——物料特性	描述不同工艺方案的特征； 选择工艺过程； 工艺过程的适用性； 筛查化学反应危害
2. 中试装置——化学反应危害	装置所采用技术对潜在危害的影响； 确定安全规程； 工艺条件的预期变化的影响； 确定临界极限
3. 工业化装置——重新评估化学反应危害	装置操作中新发现的反应性危害； 变更管理； 按要求更新安全规程； 持续进行危害评估，通过过程安全与设计人员和生产人员的互动作用来检查与工艺条件的潜在偏离

典型测试顺序见表 3.5。这些试验提供了定性或定量的数据，包括起始温度、反应焓、作为温度函数的瞬时产热、最高温度和/或失控反应引起的压力偏移。测试设备的选择取决于物质或混合物的处理条件(如规模、温度、混合和建造材料)。对每项测试所得数据的解释很大程度上取决于测试运行方式和测试设备的固有特性。本书为每项测试说明都提供了指导，详见本章后面的章节。

表 3.5 按时间顺序的典型测试程序

项目	研究特性	典型分析方法
识别放热活动	热稳定性	DSC/DTA
每种物质的爆炸性	爆轰； 爆燃	化学结构； 试管测试； 卡间隙测试； 落锤测试； 氧平衡； 高速测试； 爆炸性测试
相容性	与常规污染物(如水)的反应	专门测试
正常反应	反应曲线； 变化的影响； 气体析出	实验室级反应器(如 RC1)
最低放热失控温度	建立最低温度	绝热杜瓦瓶； 绝热量热法； ARC

续表

项目	研究特性	典型分析方法
失控反应的后果	温升速率； 气体析出速率	绝热杜瓦瓶； 绝热量热法； ARC； VSP/RSST； RC1 压力容器

ARC：加速量热仪；
DSC：差示扫描量热仪；
DTA：差热分析法；
RC1：反应器量热计；
RSST：反应系统筛选工具(参考文献 3-31)；
VSP：泄放尺寸设计量热仪™。

实验危害评估包括热稳定性测试、固体可燃性筛查测试、爆炸性测试、详细的热稳定性和失控测试，以及反应性测试。

推荐的实验评估集中在多个流程图中，这些流程图通常遵循最可靠且国际公认的标准测试方法。下一节将详细介绍策略性测试方案。

3.3.6.2 测试策略

与热不稳定物质、混合物或反应物质相关的潜在热危害的识别和评估见图 3.2 和图 3.3。

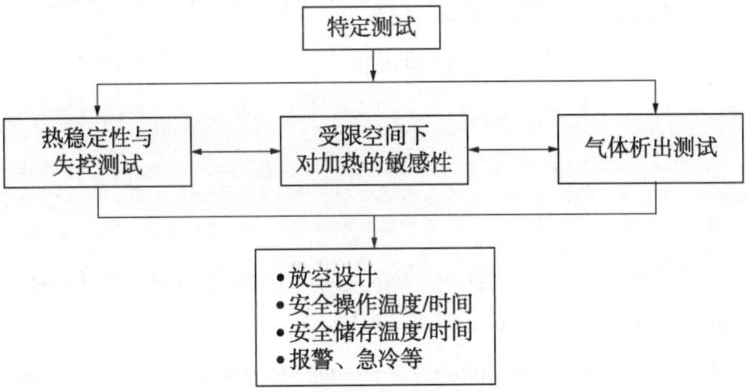

图 3.2 稳定性测试策略流程图

这些测试也可用于评估开始放热分解的诱导时间以及与金属、添加剂和污染物的相容性。也可以通过杜瓦瓶试验和绝热储存试验来研究失控反应的初始部分。为了记录完整的失控过程和绝热温升(即失控反应的后果)，可以使用加速量热仪(ARC)，尽管这是小规模的测试。

为了研究分解和/或失控反应过程中的气体析出，ARC 和 RSST 同时记录温度和压力的上升，该上升通常与分解过程中的气体析出成正比。用于研究气体析出的其他类型的设备包括各种高压釜试验、等温高压釜试验和封闭杜瓦瓶试验。设计放空设施时也需要质量流量数据。从任何一项测试的数据外推至大规模装置时应该小心谨慎。

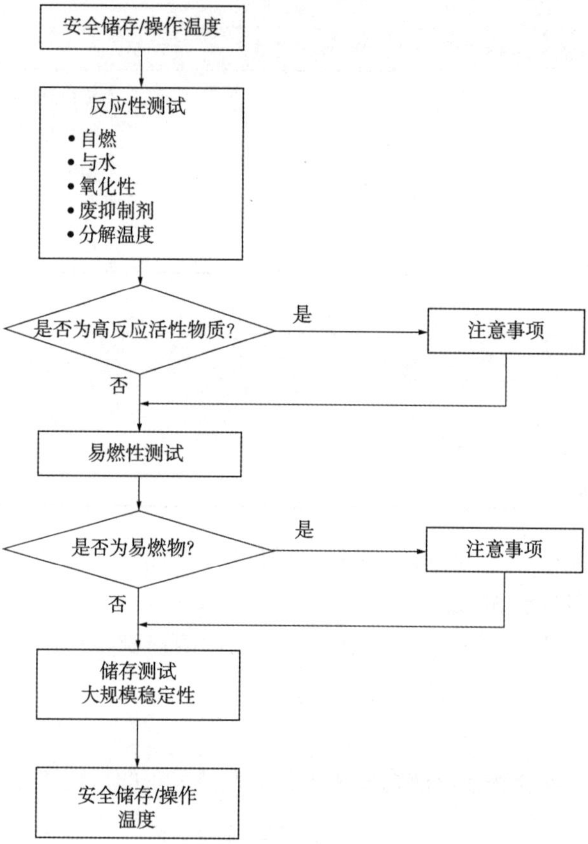

图 3.3 反应性物质的特定实验危害评估流程图

3.4 参考文献

3-1. *DIPPR® Data Compilation of Pure Chemical Properties.* Design Institute for Physical Properties, American Institute of Chemical Engineers. New York, NY. 2010.

3-2. NFPA. *Fire Protection Handbook, 20th Edition.* National Fire Protection Association. Quincy, MA. 2008.

3-3. Crowl, D. A. *Understanding Explosions.* Center for Chemical Process Safety for the American Institute of Chemical Engineers. New York, NY. 2003.

3-4. ASTM A502-03. *Standard Specification for Rivets, Steel, Structural.* ASTM International. West Conshohocken, PA. 2009.

3-5. NFPA 30. *Flammable and Combustible Liquids Code, 2008 Edition.* National Fire Protection Association. Quincy, MA. 2008.

3-6. CCPS. *Guidelines for Fire Protection in Chemical, Petrochemical, and Hydrocarbon Processing Facilities.* Center for Chemical Process Safety of the American Institute of Chemical Engineers. New York, NY. 2003.

3-7. Crowl, D. A. and Louvar, J. F. *Chemical Process Safety: Fundamentals with Applications, 2nd Edition.* Prentice-Hall, Inc., Englewood Cliffs, NJ. 2009.

3-8. GESTIS-DUST-EX, Institute for Occupational Safety and Health of the GermanSocial Accident Insurance (IFA), www.dguv.de/ifa/en/pestis/expl/index.isp

3-9. NFPA 68. *Standard on Explosion Protection by Deflagration Venting*, *2007 Edition.* National Fire Protection Association. Quincy, MA. 2007.

3-10. Lewis, R. S. *Sax's Dangerous Properties of Industrial Materials*, *11th Edition.* John Wiley & Sons. Hoboken, NJ. 2007.

3-11. NFPA 704, *Standard System for the Identification of the Hazards of Materials for Emergency Response*, *2007 Edition.* National Fire Protection Association. Quincy, MA. 2007.

3-12. National Oceanic and Atmospheric Administration, 1401 Constitution Avenue, NW, Room 5128, Washington, D. C. 20230. www.noaa.gov

3-13. NFPA 55. *Compressed Gases and Cryogenic Fluids Code*, *2010 Edition.* National Fire Protection Association. Quincy, MA. 2010.

3-14. NFPA 400. *Hazardous Materials Code*, *2010 Edition.* National Fire Protection Association. Quincy, MA. 2010.

3-15. NFPA 491. *Fire Protection Guide to Hazardous Materials*, 13*th Edition.* National Fire Protection Association. Quincy, MA. 2001.

3-16. Urben, P. *Bretherick's Handbook of Reactive Chemical Hazards*, *Seventh Edition.* Academic Press. Oxford, UK. 2007.

3-17. Grewer, Th. *Thermal Hazards of Chemical Reactions. Industrial Safety Series*, *4.* Elsevier. Amsterdam. 1994.

3-18. Pohanish, R. P. and Green, S. A. *Wiley Guide to Chemical Improbabilities*, Second Edition. John Wiley & Sons, Inc. Hoboken, NJ. 2003.

3-19. CCPS. *Guidelines for Safe Storage and Handling of Reactive Materials.* Center for Process Safety for the American Institute of Chemical Engineers. New York, NY. 1995.

3-20. Frurip, D. J., Hofelich, T. C., Leggett, D. J., Kurland, J. K., and Niemeier, J. K. *A Review of Chemical Compatibility Issues*. Proceedings of the 1997 AIChE Loss Prevention Symposium. American Institute of Chemical Engineers. New York, NY. 1997.

3-21. Leggett, D. J. *Chemical Reaction Hazard Identification and Evaluation*: *Taking the First Steps*, Proceedings, AIChE Spring National Meeting; 36th Annual Loss Prevention Symposium. New Orleans, Louisiana. 2002.

3-22. Gibson, J. and Weber, J. *Handbook of Selected Properties of Air and Water-Reactive Materials* (*RDTR*). U. S. Naval Ammunition Depot. Crane, IN. 1969.

3-23. EPA. *Integrated Risk Information System* (*IRIS*). Environmental Protection Agency. http://www.epa.gov/IRIS/

3-24. NIOSH. *Registry for Toxic Effects of Chemical Substances* (*RTECS*). National Institute for Occupational Safety and Health.

3-25. Gay, D. M. and Leggett, D. J. *Enhancing Thermal Hazard Awareness with Compatibility Charts.* J. Testing and Evaluation, 21, 477-480. 1993.

3-26. ASTM E2012-06. *Standard Guide for Preparation of a Binary Chemical Compatibility Chart.* ASTM International. West Conshohocken, PA. 2006.

3-27. CCPS. *Reactivity Evaluation Screening Tool (REST)*. Center for Process Safety for the American Institute of Chemical Engineers. New York, NY. 2011. www.aiche.org/ccps

3-28. National Oceanic and Atmospheric Administration, 1401 Constitution Avenue, NW, Room 5128, Washington, D. C. 20230. www.noaa.gov

3-29. CHRIS. *Hazardous Chemical Data Manual*. Chemical Hazards Response Information System. 1999. http://ocean.floridamarine.org/acp/mobacp/PDF/TACTICAL/chris.pdf

3-30. Thompson, R. E., Zamejc, E. R., and Alhlbeck, D. R. *Hazardous Materials Car Placement in a Train Consist*, Volumes 1 and 2. Federal Railroad Administration. Washington, D. C. 1992.

3-31. Fauske, H. K. *The Reactive System Screening Tool (RSST): An Inexpensive and Practical Approach to Sizing Emergency Relief Systems*. Process Safety Symposium. Houston, TX. 1998.

4 风险分析技术

过程安全的工程设计应当持续且系统地辨识和评估工艺过程具有的危害，并将风险降至可接受的水平。过程危害有很多来源，包括：

- 采用的物料和化学品的性质(如易燃性、毒性、反应性)；
- 工艺变量——化学物质在工艺过程中的作用方式(如压力、温度、浓度)；
- 设备失效。

本章概述了以下方面：

- *危害辨识*——危害是指可能对人身、财产或环境造成损害的物理或化学条件。危害辨识涉及对以下内容的了解：
  - 不期望的后果；
  - 可能产生这些后果的物料、系统、工艺和装置特性。
- *危害分析技术*——危害分析旨在系统性地辨识和分析与某个工艺或活动相关的有害场景的严重性。危害分析特别用于辨识装置设施设计和操作中可能会导致有害物质泄漏的薄弱环节。危害分析还可用于辨识和评估安全措施的有效性。本章介绍了多种危害分析技术，可以提供信息，帮助企业提高安全性并管理风险。
- *风险评估*——工程设计过程中应用的风险评估为设计概念备选方案的评估和基于风险的决策制定提供了有价值的工具。

更多详细信息请参阅 CCPS 出版物：

- 《危害评估程序指南》(*Guidelines for Hazard Evaluation Procedures*)(参考文献 4-1)。
- 《化工过程定量风险分析指南》(*Guidelines for Chemical Process Quantitative Risk Assessment*)(参考文献 4-2)(译注：原文 Assessment 应为 Analysis)。
- 《保护层分析：简化的过程风险评估》(*Layer of Protection Analysis*, *Simplified Process Risk Assessment*)(参考文献 4-3)。

4.1 危害辨识

开展过程危害辨识，重要的是先了解与工艺设施相关的危害类型。危害的复杂程度各异，从易于辨识的简单危害到既需要感官辨识也需要专门关注和分析的复杂危害。过程危害虽然因行业类型和具体设施而异，但一般都是由有害物质泄漏和/或能量释放引起的。泄漏存在多种潜在发生方式，其后果取决于有害物质类型、操作条件和泄漏发生时的外部因素。危害可能源自工艺条件或化学特性。

某些情况下，可以基于他人的经验、既定的程序、课程培训或装置调研辨识过程危害，但过程危害的某些原因比较难以发现，例如：

- 设计缺陷；
- 偏离操作规程；
- 培训不足；
- 操作规程不充分；
- 在设计参数范围之外进行设备操作；
- MSDS有误(缺乏信息可能导致化学物质不稳定性/反应性、意外掺混等引发的化学危害性)；
- 设备不适用于其用途；
- 疲劳；
- 任务过多，现有人员配置无法安全执行；
- 沟通不畅；
- 非常规操作，如开车或停车；
- 进料组分变化；
- 污染。

4.1.1 过程危害

使物质具有危害性的特性往往是其价值所在，因此彻底消除所有危害未必可行。在这种情况下，辨识出危害并采取安全措施妥善管理风险是安全运行的关键。

表4.1提供了各行业的典型过程危害示例。

表4.1 各行业的过程危害示例

行业类型	泄漏危害			反应性危害	其他过程危害
	易燃	易爆	有毒		
制酒厂	酒精可导致火灾危害	储粮筒仓存在粉尘爆炸危害	无水氨常被用于制冷。纯氨的泄漏可能对现场工人和环境产生影响	禁配物的混合	当员工进入密闭空间时，会产生窒息危害。 二氧化碳可导致窒息
化工厂	易燃液体、气体或粉尘泄漏可导致火灾	一定量的物质泄漏并积聚在拥塞空间内可能存在蒸气云爆炸的危险。 同样，可燃性粉尘的泄漏也可导致粉尘爆炸	有毒物质的泄漏可能导致工人的慢性或急性暴露，从而对社会和环境造成损害和影响	物料的意外混合可能导致失控反应，从而导致容器破裂。 如果不按照反应步骤进行操作，可能导致失控反应，造成容器破裂	运输过程中会产生特殊危害。 氮气窒息。 振动会导致设备失效，造成物料泄漏

续表

行业类型	泄漏危害			反应性危害	其他过程危害
	易燃	易爆	有毒		
食品饮料加工	叉车用丙烷或柴油作为燃料。 叉车加油时会危害工人	在封闭区域内释放纯氨，有发生爆炸的可能。 粮食(面粉)、食糖等加工厂存在粉尘爆炸的风险	无水氨常被用于制冷。纯氨的泄漏有可能对现场工人和环境产生影响	施工和维修选材必须与无水氨兼容	产品污染会导致大规模的人员暴露和健康影响、召回产品和声誉损失。 二氧化碳或氮气窒息
天然气加工厂	易燃液体或气体的泄漏可导致火灾	一定量的物质泄漏并积聚在拥塞空间内可能存在蒸气云爆炸的危险	天然气厂的毒性危害通常仅限于硫化氢	施工和维修选材必须与硫化氢兼容	二氧化碳可能存在于天然气厂中，会增加腐蚀，导致泄漏。 二氧化碳窒息
海上设施	易燃液体或蒸气的泄漏可能导致火灾	一定量的物料泄漏并积聚在拥塞空间内可能存在蒸气云爆炸的危险	海上设施的毒性危害通常仅限于硫化氢(可能夹带硫化氢，并随后从原油中去除)	施工和维修选材必须与盐水相容	大多数海上设施涉及部分高压过程[>5000psi(34.474MPa)]，具有危险性。 海上作业存在装卸和运输危险。 由于逃生空间有限，疏散和应急反应行动受到限制
炼油厂	易燃液体或蒸气的泄漏可能导致火灾。 轻烃和氢气	一定量的物料泄漏并积聚在拥塞空间内，可能存在蒸气云爆炸的危险。 轻烃和氢气	炼油厂涉及毒性危害包括硫化氢(可能被夹带并随后从原油和天然气中去除)、硫酸或氢氟酸(在烷基化装置中使用)、氯气(可用于处理冷却水)	酸碱之间可能存在反应	大型储罐易受雷击，进而引发储罐火灾危害。 热电联产机组存在高电压、高压蒸汽的潜在危害。 由于装置布置拥挤，可能产生多米诺效应和事故升级
制药厂	易燃液体、气体或粉尘的泄漏可导致火灾	粉尘积聚可导致爆炸危险	有毒物质的泄漏可能导致工人的慢性或急性暴露，从而对社区和环境造成伤害和影响	物料的意外混合可能导致失控反应，从而导致容器破裂。 如果不按照反应操作步骤进行操作，可能导致失控反应，造成容器破裂	不符合标准或被污染的产品可能会对普通公众造成危害

续表

行业类型	泄漏危害			反应性危害	其他过程危害
	易燃	易爆	有毒		
长输管道	易燃液体或蒸气泄漏可能导致火灾	管道堵塞或压缩机引发的超压可能导致破裂和爆炸	有毒物质的泄漏可能导致工人的慢性或急性暴露，从而对社区和环境造成伤害和影响	与制造材料不相容的缓蚀剂类化学物质。 施工和维修选材与硫化氢不相容	在线清管作业可能使工人暴露在物料高压泄漏风险中。 未被发现的泄漏对环境是一种危险
造纸厂	可燃性粉尘可能导致火灾。 松节油。 不凝气体	可燃性粉尘的泄漏可导致粉尘爆炸。 粉尘。木屑	在造纸厂生产过程中使用的氯气、二氧化氯和二氧化硫，有可能对现场工人和社区产生影响	氯气是一种强氧化剂，会与大多数金属和有机物发生反应。此外，氯气与水反应，可导致工人接触盐酸	浆液黏度的物理影响。 水的低 pH 值会导致局部暴露问题。 运输机、运动部件、重载荷。 木片削片机导致机械危害
上游油气设施	易燃液体或蒸气的泄漏可能导致火灾	一定量的物质泄漏并积聚在拥塞空间内，可能存在蒸气云爆炸的危险	上游油气设施的毒性危害通常仅限于硫化氢(它可能被夹带，并随后从原油中去除)	施工和维修选材必须与硫化氢相容	大多数上游油气设施涉及部分高压过程[>5000psi(34.474MPa)]，具有危险性。 靠近柴油卡车、发电机存在轻烃类蒸气释放源。 井喷呈现出特殊危害。 由于逃离空间有限，疏散和应急反应行动受到限制
污水处理	柴油机驱动的水泵存在潜在的火灾危害。 储存的干污泥中可能含有焦磷酸铁硫化物	甲烷气体积聚后遇点火源，具有爆炸危险性	氯气、二氧化硫和纯氨可用于水和废水的处理设施。这些物质的泄漏有可能对现场工人和社区产生影响	氯气和二氧化硫是强氧化剂，会与大多数金属和有机物发生反应。 硫酸会与混凝土发生反应，产生反应副产物	暴露于受污染的水可能会造成不良的健康影响。 曾发生过工人因进入露天处理区不安全的密闭空间作业导致受伤和死亡的事故

过程危害可能很难辨识，如果不采取减缓措施将会导致重大事故后果。过程危害的潜在后果取决于所涉及的物料类型、物料量和工艺条件。

简单来说，泄漏是指密闭工艺设备或管道中任何物料的意外溢出。泄漏事故也可能以压力的形式传递能量。作业人员如果靠近正在向大气泄压的系统，有可能会受到严重的伤害。

过程危害会导致有毒或易燃物质泄漏，随后引发火灾、爆炸或暴露于有毒物质。小事故可能升级，造成重大伤害、环境影响或财产损失。过程危害可能导致：

- 火灾；

- 爆炸/内爆；
- 失控化学反应；
- 暴露于：
  - 腐蚀性物质；
  - 有毒物质；
  - 电离辐射和非电离辐射；
  - 病原体；
  - 极端温度。

有害物质可以是固体、液体或气体。危害程度与物质的粒径有关。细粉末可以形成爆炸性气体环境，液体能以液滴或蒸气的形式存在，这两种形式通常比大块物料更具危害性。

过程危害的某些原因可能很容易辨识，如：

- 设备缺陷或老化：
  - 外腐蚀；
  - 对管道和设备的影响；
- 设备或管道隔离不充分；
- 能量隔离不充分(挂牌/上锁)。

4.1.1.1 内在因素

内在的固有危害是与物料或操作永久相关的特性。固有危害不可分割，也不随使用场景或所处位置而改变，例如易燃性、毒性等。

工艺条件也会引发危害或者加剧与工艺物料相关的危害。例如，水不能仅根据其物质特性被归类为爆炸性危险物质。然而，如果工艺的操作温度和压力超过水的沸点，那么快速进水就有可能引发蒸汽爆炸。同样，重烃在常温常压下可能难以引燃，但如果操作温度高于烃类闪点，泄漏的物料就可能会引燃。因此，在进行危害辨识时不仅要考虑物质特性，还必须考虑工艺操作条件。

有些物料在特定工艺操作条件下可能被评估为不具有重大危险性，无须进一步评估。例如，某种物料的闪点可能高于400℃(750℉)，如果该物料仅用于常温常压条件下，那么它可能不会被视为需要进一步评估的重大火灾隐患。因此，在危害辨识过程中，同时考虑正常工况和非正常工况是非常重要的。通常考虑以下三种情况：

- 自燃物料通常采用惰性气体密封。该物料需要作为火灾隐患做进一步评估，因为许多潜在的异常工况可能会使物料暴露在空气中。
- 在高压下加工可燃液体。该物料需要作为火灾隐患做进一步评估，因为如果物料意外喷到空气中，可能会产生易燃液体雾滴。
- 聚合单体通常在相对较低的温度和压力下操作处理。该物料需要作为爆炸隐患做进一步评估，因为在高温异常工况下聚合单体可能发生不受控聚合反应。

这些示例说明，应当综合考虑物料性质和工艺操作条件来辨识过程危害。这种方法相对快速且简单，可以应用于新工艺和成熟工艺。

4.1.1.2 外在因素

外在的危害因素取决于物质的存在场景或使用方式，如操作条件、物料量、物理位置或地理位置等。外在危害与工程设计团队的设计决策直接相关。

4.1.1.2.1 温度和压力

人员(和设备)可能暴露在火灾、化学品泄漏或高温工艺设备造成的高温环境中。

温度和压力等工艺条件有其特有的问题和危害。高压和高温产生的应力必须通过设计来解决。极端条件同时存在会导致工厂成本增加，因为需要采用高机械强度和耐腐蚀性的材料。

高压会增加工艺装置的潜在能量。对于这些装置，除了压缩气体和液化气体的能量，还可能存在压力下的化学反应变化或快速减压的不良后果。高压操作条件下更容易发生泄漏。由于压差大，单位面积内排放的流量更大。由于危害影响区域范围扩大，高压差对泄漏后果有显著影响。

与其他操作条件相比，低压操作通常不会造成很大危害。然而，在存在易燃物料的真空条件下，空气的进入会造成危害。这会导致设备内形成易燃混合物，从而引发火灾和/或爆炸事故。因此有必要对上述场景进行审查，并在工艺设计中采取足够的措施以防止空气进入。未按真空条件设计的设备经常会发生损坏，这是由于排凝时放空失效导致高温设备降温时进出口被堵死，或真空泄放设施因堵塞而失效。

高温也会带来材料失效问题，最常见的原因是金属蠕变和氢脆。高温条件操作通常会增加工厂成本，不仅是由于制造材料，还因为需要特殊的支架来消除高温产生的应力。工程设计应当考虑这些应力，并尽量减少此类应力，尤其是在开停车期间。

高温通常是因为使用了火焰加热炉，而火焰加热炉存在炉管破裂和爆炸等其他危害。应尽可能考虑使用蒸汽加热器代替火焰加热炉，以防止此类危害。

工艺设计应当考虑并解决低于冰点温度的问题，并且认识到有些物料的冰点远高于水的冰点。外露的排水阀和死区曾造成多起重大工艺安全事故。最初的容器破裂(如管道破裂)可能不会立即显现，当工艺装置重新启动时可能导致容器泄漏。工艺设计工程师还必须考虑长期低温环境对工艺流体的潜在影响。保温层的设计标准基于最低温度和低于冰点温度的持续时间。常见的工艺流体冻结的例子是50%氢氧化钠溶液在大约10℃(50℉)时冻结，此时可能会出现黏度变化和堵塞问题。水是唯一一种在结冰时体积会膨胀的常见液体，大多数工艺物料发生冻结时不会损坏设备。

4.1.1.2.2 制造材料

材料失效虽然不常见，但一旦发生可能会非常严重，将导致灾难性事故。降低材料失效风险的最佳方法是：

- 充分了解内部工艺过程、外部环境和失效模式；
- 根据预期的应用场景选择合适的材料；
- 采用适当的制造技术和控制措施；
- 采用良好的维护、检验和维修技术。

制造材料将在第 5 章第 5.7 节“制造材料”中进一步讨论。

4.1.1.2.3 地理位置

在设计前期阶段对选址方案进行评估，可以帮助企业最合理地布局新建工艺装置。开展风险评估可确保新工艺装置的布局和选址具有以下益处：

- 对厂外设施影响最小；
- 对现场人员和建筑物的影响最小；
- 对相邻单元的影响最小；
- 适当地排水和收集。

选址与布局将在第 5 章第 5.6 节“厂址选择与布置”中进一步讨论。

4.1.1.2.4 公用工程系统

公用工程系统作为一种过程危害经常会被忽视。然而，如果没有公用工程支持工艺过程，工艺过程可能会很快成为隐患。辅助系统(如工厂风、仪表风、水、燃料气、惰性气体等)的失效可能导致不可控的情况，例如，反应器失去冷却可能导致失控反应和爆炸。

公用工程系统的另一个问题是系统物料互串，例如，空气系统与氮气系统连通可能导致在氮气输送系统中形成可燃气体混合物。

在第 6 章“设备设计”中将进一步讨论公用工程系统。

4.1.2 化学品/物料危害

生产设施中使用的化学品和其他物质存在着固有的危害。准确辨识内在危害和外在危害对于风险管理至关重要。初步危害辨识可利用各种渠道获取的物质特性与所关注的事故后果进行简单对比。例如，如果关注火灾事故后果，工艺工程师可以识别哪些工艺物料是易燃或可燃的，然后将所有这些物料归类为存在火灾危险，并进行更详细的危害评估。

> 每个建议的或已有的工艺流程均是基于一定的知识库，其中一个重要部分是使用或生产的所有化学品和危险废弃物的工艺特性数据，包括能够被分离的化学中间体。这些信息是所有危害辨识工作的基础。

4.1.2.1 内在因素

4.1.2.1.1 反应性危害

固有的反应性爆炸危害是由两种或多种物质反应引起的。相互反应的化学物质混合可能会引起重大爆炸。杂质可能以多种形式导致化学爆炸的发生。有时汇总管和其他多个连接点可能是反应性爆炸危害的成因。

应当评估并记录化学品之间以及与制造材料之间的不相容性，通常使用二维的化学/材料相互作用矩阵。通过预期的工艺条件范围(温度、压力和成分)和操作模式(开车、停车、临时操作、备用操作等)来评估其不相容性。有关化学不相容性的更多信息，请参见第 3 章第 3.3.5 节。

为了进行适当的控制，反应器可能需要加热或冷却。工艺系统和公用工程系统之间的泄漏可能导致交叉污染和后续反应。

间歇式工艺过程(参考文献 4-4)在反应化学品的混合中存在着加料操作失误的可能。举例如下：

- 当在间歇反应的不同阶段添加各种化学品和其他成分时，可能会遗漏添加某种成分、按不正确的顺序添加某种成分，或添加量不正确。
- 液体组分的管道与反应器汇总管相连，采用手动操作阀为反应器加料。如果汇总管上的阀门因疏忽处于开启状态，有可能导致物料交叉污染。根据工艺化学品的特性，有可能发生剧烈反应。
- 通常需要在各批次生产之间清理间歇式反应器，特别是当间歇式反应器用于制造不同产品的时候。与工艺物料不相容的清洗液(如水或溶剂)可能会滞留在系统中，并导致物料的意外混合和剧烈反应的发生。

4.1.2.1.2 火灾危害

工艺设施中的火灾可形成四种主要危害形式：有害气体、火焰、热辐射和浓烟。火灾涉及的物质决定了这四种形式的组合。例如，原油燃烧会产生非常浓的黑烟云，而乙烯不会产生太多烟，但会形成猛烈的火焰。氢气燃烧的火焰可能难以被观察到，因此特别危险。工艺设施中的火灾危害可能会影响人员、环境、结构和设备。

火灾对人员的危害包括：

- *热辐射*——当人员和火焰之间存在视线距离时，火灾的主要影响是热辐射。热辐射的主要潜在影响是灼伤裸露的皮肤和点燃或熔化/燃烧衣物。
- *接触浓烟和有害气体*——浓烟由燃烧气体、碳烟(固体碳颗粒)和未燃烧的燃料组成。对于室外火灾，通常首先考虑热辐射，其次考虑浓烟的影响。在许多情况下，来自火羽流(喷射火、池火或闪燃)的瞬时热危害远超过浓烟，特别是对于靠近事故现场的人员。有些情况是人员处于下风向没有瞬时热危害的烟羽流中。经验表明，处于烟羽流中的所有人员可能会立刻或几乎立刻受到影响并面临生命安全风险(无论是由于缺乏能见度还是接触有毒物质)。

对环境的影响来自意外火灾、火灾排放物管控不当，或灭火药剂使用不当。环境因素影响着决策制定，包括是否需要对此危害提供防范措施，以及防范措施是自动还是手动提供。需要考虑的场景包括失控火灾、潜在危险情况、消防训练以及固定或移动式消防灭火系统性能测试。

构成工艺或建筑框架的钢材、铝材、混凝土和其他材料在遭受火灾时容易发生结构失效。裸露的金属构件特别容易受到破坏。结构构件可能承受三种基本应力：压缩、拉伸和剪切。结构构件的失效时间取决于热通量(即辐射、对流或传导)的大小和类型以及火灾暴露方式(单侧火焰撞击、火焰浸没等)的特性。灭火系统的冷却效果和被动防火的效果可以减轻这种影响。

造成工艺设备损坏的热通量经验阈值一般为 $25kW/m^2$($8000Btu/h/ft^2$)(参考文献 4-5)。此阈值通常不适用于电气和电子设备，这些设备在更低的热通量及由此产生的温度下就可能失效。

4.1.2.1.3 毒性危害

当暴露在有毒化学物质环境中时，有毒物质会干扰人体的生物过程导致伤害、疾病或死亡。化学物质可以经吸入、吸收、摄入或注射进入人体。毒性效应通常与暴露时间和暴露形式有关(如皮肤接触与摄入或吸入的对比)。有毒化学品的大量泄漏可能会造成周边设施和社区面临伤害、疾病或死亡的风险。

4.1.2.1.4 超压危害

工艺设施中可能存在多种类型的超压。常见的超压源包括：

- *物理爆炸*——压力容器由于其内部压力蕴含能量而存在爆炸危险。如果容器受到的压力超过其机械强度或者容器的完整性遭到破坏，储存的能量就会突然释放，造成重大的破坏。这种破坏是由于气体突然释放产生的压力波从容器中急速向外传递造成的。根据失效性质，这种压力波可能是冲击波。从容器壁或结构飞散的碎片也会造成破坏。如果容器内是易燃物料，则可能继而引发火灾或蒸气云爆炸。
- *BLEVE*——又称沸腾液体膨胀蒸气云爆炸，发生在装有高于正常沸点液体的容器发生灾难性破坏时。这是一种快速相变。在此过程中，容器内高于其常压沸点的液体迅速降压，从液相瞬间转变为气相并释放出相应的能量。由于外部火焰烘烤压力容器的蒸气空间是 BLEVE 常见的场景，如果存在易燃液体，BLEVE 经常伴随着巨大火球。不过，即使容器内不是易燃液体，也可能发生 BLEVE。
- *快速相变爆炸*——当液体或固体非常快速地发生相变时，会发生快速相变爆炸。如果相变是从液体到气体或从固体到气体(升华)，物质的体积会增加数百或数千倍，通常会导致爆炸。这类似于玉米粒内的水分发生相变并迅速膨胀时形成爆米花的过程。
- *蒸气云爆炸*——蒸气云爆炸(VCE)是由易燃蒸气、气体或薄雾被点燃而引发的爆炸，此时火焰速度加速升高到足以产生严重的超压。由此引发的爆炸产生的超压以冲击波的形式从爆炸地点向外传播。生成的火球也可能因热辐射而造成严重破坏。

关于超压来源的更多细节可参见 CCPS 概念书《解读爆炸》(*Understanding Explosions*)(参考文献 4-6)和《蒸气云爆炸、压力容器爆裂、沸腾液体膨胀蒸气爆炸与闪燃危险指南(第二版)》(*Guidelines for Vapor Cloud Explosion*, *Pressure Vessel Burst*, *BLEVE and Flash Fire Hazards*, *Second Edition*)(参考文献 4-7)。

4.1.2.1.5 腐蚀性/酸碱危害

在设计初期，需要对工艺过程中可能使用的原料、副产品、产品和其他物流进行评估，以识别可能造成腐蚀的非相容性特征和潜在的相互作用。需要考虑的性质如下：

- 温度；
- 压力；
- 组成；
- 湿度与干燥度；
- 反应性与非反应性；

- 腐蚀性与非腐蚀性。

腐蚀在第 5 章第 5.8 节“材料腐蚀”中进一步讨论。

4.1.2.2 外在因素

4.1.2.2.1 有意混合

间歇操作期间添加物料时通常会进行有意混合。例如，需要添加剂来激活反应。加入过多的添加剂会引起放热反应，而在工艺过程中过早或过晚地添加都会产生废料，需要进行额外废弃处理。

4.1.2.2.2 意外混合

反应性矩阵是一种工具，用于快速直观了解在指定区域内存储或使用的各种化学品有意或无意混合的后果。该矩阵通常是沿横向 *X* 轴的化学品列表和沿竖向 *Y* 轴的相同化学品列表。在两种化学物质的交叉处标注相互作用的结果。矩阵通常针对小范围或单一工艺生成，以保持矩阵的网格尺寸易于管理。根据经验，仅包括合理预判可能在该区域发生混合的化学物质。大多数用户会把水(或通过管道输入或流经该区域的其他液体)或夹套内介质等普遍存在的化学品纳入矩阵，因为这类化学品通常符合合理性判定标准。生成反应性矩阵最广泛使用的工具是美国国家海洋和大气管理局(NOAA)的化学反应性工作表(参考文献 4-8)。

搅拌延迟启动会导致实际的反应物配比与预期产生重大偏差，并对反应速率、反应动力学和反应化学(质量和副产物)产生重大影响，甚至包括失控反应。

关于意外混合的更多讨论参见第 3 章第 3.3.5 节。

4.1.2.2.3 点火源

必须辨识所有潜在的点火源，尽管有些点火源难以分析或控制。因此，通常的做法是尽量减少这种点火源的产生，如果存在点火源，则需要采取一切必要的措施保护设备。这些措施包括控制以保护设备免受易燃环境影响，设计将爆炸限制在设备内，或安装装置以拦截、抑制易燃气体或将其排放到火焰反应区。即使在工艺设备内部消除了所有内部点火源，外部的池火或撞击火焰仍然可能损坏设备或引发失控的内部反应。因此，除了谨慎的设计和布置，还可以采用保温和喷淋系统等外部防火措施，以降低外部火灾造成破坏的严重程度。

除了保护设备以外，一旦发生泄漏，应当采取措施以最大限度地降低闪燃或蒸气云爆炸的概率。许多点火源是显而易见的，如火炬、燃烧坑、炉膛及其他明火源。不太明显的点火源包括内燃机、大气静电荷以及平面布置图上可能没有被识别为“固定”点火源的设备。

点火源往往比较隐蔽。例如，设计不当的液体输送系统可能会不断产生静电火花，但不会发生点火，因为蒸气浓度在其可燃范围之外。蒸气浓度的任何变化都可能迅速引发爆炸。另一个例子是，经过多年平稳运行，喷雾干燥器中可能积累了异常厚度的粉末层而发生自燃(积累的热量达到了物料的自燃温度)造成火灾。火焰可能会点燃干燥器中悬浮的粉尘导致爆炸。通常必须在设计阶段采取措施避免点火源。然而，要做到这一点，需要收集有关物料点火特性的相关信息。如果单元投产运行后才探明其点火特性，则需要进行代价高昂的改造、重新设计或增加安全措施。

更详细的内容参见以下文献：

- API RP 2003，《防止静电、闪电和杂散电流引燃的措施》(*Protection Against Ignitions Arising out of Static, Lightning and Stray Currents*)(参考文献 4-9)；
- NFPA 55，《压缩气体规范》(*Compressed Gas Code*)(参考文献 4-10)；
- NFPA 400，《有害物质规范》(*Hazardous Material Code*)(参考文献 4-11)；
- NFPA 69，《防爆系统标准》(*Explosion Prevention Systems*)(参考文献 4-12)；
- NFPA 70，《国家电气规范》(*National Electrical Code*)(参考文献 4-13)；
- NFPA 77，《静电推荐实践标准》(*Static Electricity*)(参考文献 4-14)；
- NFPA 78，《防雷技术规范》(*Lightning Protection Code*)(参考文献 4-15)；
- NFPA 497M，《危险(分类)区域中有关电气设备的气体、蒸气和粉尘的分类手册》[*Manual for Classification of Gases, Vapors and Dusts for Electrical Equipment in Hazardous (Classified) Locations*](参考文献 4-16)。

4.1.2.3 点火源类型

除了火焰等显而易见的点火源以外，工艺设施中还有以下几类点火源：

- 可能导致自燃的高温源；
- 电动设备、静电积聚、杂散电流、射频接收和闪电等电气源；
- 压缩能、吸附热、摩擦热和撞击热等物理源；
- 催化剂、自燃物质和系统中形成的不稳定物质等化学源。

通常只有在进行“火灾三角形”分析时才考虑点火源。“火灾三角形”由可燃物、氧化剂和点火源组成(这是大多数火灾形成的三个必要条件)。然而，重要的是认识到有些物质可以在没有氧化剂的情况下被“点燃”。例如乙炔和环氧乙烷(分解火焰)以及某些金属粉尘(与氮气反应)。此外，在工艺条件下，有些物质虽然在环境条件下具有较高的极限氧浓度(LOC)，但是在没有氧化剂存在的情况下也可能被“点燃”。例如，高温和高压下的乙烯可以通过本节讨论的许多机理被点燃。

4.1.2.4 明火点火源

明火点火源既包括火焰加热炉等明显的点火源，也包括内燃机等不太明显的点火源。与火花和其他瞬时点火源相比，明火的一个重要特征是很容易引燃高点火能的易燃或可燃物质。具体而言，易燃混合物在其整个可燃范围内都能被点燃，因为明火至少相当于确定该范围时采用的点火源。点火源的种类如下：

- 火炬、燃烧坑、加热炉；
- 动火作业：焊接、切割；
- 内燃机；
- 真空槽车。

4.1.2.5 自燃

自燃是指在没有火花或火焰等明显点火源的情况下，物质(气体、液体或固体)着火并持续燃烧的现象。它是“自点火”的同义词。点燃是在任意初始条件(温度、压力、体积)下，当从反应系统获得热量的速率超过热损失速率时，物质自反应的结果。自燃的例子包括：

- 气相自燃；
- 液体在吸收性固体中的自燃；
- 粉料(和其他固体)的自燃；
- 纤维隔热材料和规整填料上液体的点燃。

4.1.2.6 化学反应

通过局部化学反应实现点燃存在多种潜在途径，这些反应不可能出现在整个系统中。例如：

- 催化反应；
- 与强氧化剂的反应；
- 金属反应；
- 铝热反应；
- 热不稳定物质；
- 不稳定物质积累；
- 自燃物质。

4.1.2.7 其他点火源

其他点火源包括：

- 电气源：
  - 静电；
  - 闪电；
  - 杂散电流。
- 物理源：
  - 压缩点火；
  - 机械：火花、摩擦、冲击和振动；
  - 吸附热。

4.1.2.8 设计方案选择

某些情况下，在设计阶段可以预测和避免点火。例如，了解块状粉料的点火特性后，可以设计容器温度、尺寸、几何形状或滞留时间以避免自燃。为了评估这些方案，在设计之前进行适当的材料测试是必不可少的，这样可以避免依赖更主动的控制措施，如惰化和减缓火焰。

自加热的固相系统中一个常见的缺点是没有足够的温度监测，例如净化床、催化剂床和储存容器。特别是把热电偶安装在重型热电偶套管中时，可能无法监测系统中其他地方发生的放热反应。安装在气体出口处的热电偶往往将固态相中的放热反应平均化。大体积容器应设置多个热电偶或其他商业化的温度监测系统。对于净化床(如分子筛或活性炭)，应当特别注意再生和预装料期间和之后的放热活性。

NFPA 69(参考文献 4-12)对以下方案提出了建议，以尽量减少点火概率或减轻设备内部的点火事件：

- 降低氧化剂浓度。
- 降低可燃物浓度。
- 探测并熄灭火花。
- 化学抑制初始火焰。
- 隔离包含火焰事件的设备部分。
- 构建限制火焰事件的设备结构。

更多方案(如爆燃泄放)见第 7 章“保护层”。确定一个系统中最可能发生点燃的位置是非常重要的。点燃位置决定了火焰事件的严重程度，因为在管道和其他大长径比设备中，在火焰加速的空间内可能引发爆轰。点燃位置也影响阻火器在爆燃条件下的有效性。在封闭空间爆燃泄放过程中，点燃位置影响火焰前峰未燃物料的泄放量，从而影响设备外部爆炸的严重程度(尤其是未燃材料被泄放到局部受限空间时，这种影响会更加显著)。

特别是在化学反应系统中，应当努力辨识和评估设备中的固体沉积物等意想不到现象的原因。在可能含有可燃气体或粉尘悬浮的区域，应当认真评估人员遭受轻度电击等简单的观察结果。通常在识别出危险条件之前已经无事故运行多年。危害辨识的一个主要目标就是在这个危险条件变得显而易见之前就把它识别出来。理想的解决方法是在设计阶段辨识并消除隐患。

4.1.3 人员伤害影响数据

本节讨论了火灾、爆炸、有毒物质泄漏对人和环境的影响。

4.1.3.1 单项数据、表格和图形

数据有多种形式，包括单项数据、表格、图形和一些尚未测量/收集的数据。人们常说“如果搜索的时间足够长，就会找到你需要的数字来证明你的结果”。

这种说法当然适用于与火灾、爆炸和有毒物质泄漏相关的人员影响数据，有大量的数据可以利用。然而，这些数据并未以有用的或统一的格式体现。事实上，数据可能是相互矛盾的，用户需要决定使用什么数据和数据源。

CCPS 的《化工过程定量风险分析指南》(*Guidelines for Chemical Process Quantitative Risk Analysis*)(参考文献 4-2)中专门有一章介绍了所有类型的数据，可作为进一步信息的来源。

4.1.3.2 Probit 分析

Probit 分析定义了个体接受化学物质的“剂量”与其所产生影响之间的关系。根据暴露发生的途径，有几种表示剂量的方法。一种方式是根据测试生物体每单位体重所接受的数量，这通常与化学物质的摄取有关。另一种方法是以每单位皮肤表面积的数量表示剂量，这与皮肤接触有关。对于吸入的蒸气，剂量可以表示为在一段时间内给予的特定蒸气浓度。

由于各种原因，很难准确评估因急性有害暴露而引起的人体反应。人体会经历一系列急性不良健康影响，包括刺激、麻醉、窒息、致敏、失明、器官系统损伤和死亡。此外，这些影响的严重程度随暴露强度和持续时间而变化。例如，与仅引起轻微喉咙刺激的物质

暴露相比，引起严重眼部刺激或眩晕的物质暴露更令人担忧，因为后者的影响可能会妨碍人员逃离污染区域。

在一般人群中，个体对急性有害暴露的反应也存在显著差异。Withers 和 Lees(参考文献 4-17)讨论了年龄、健康状况和劳累程度等因素如何影响毒性反应(此处以氯气为例)。通常，敏感人群包括老人、儿童以及呼吸系统或心血管系统疾病患者。由于生物体反应的差异性，对于固定的暴露量，预期会出现一定范围的反应。假设将生物体暴露于固定剂量的有毒物质并确定了其反应。有些生物体表现出高水平的反应，而另一些则表现出低水平的反应。这些结果通常被建模为高斯分布，或称为“钟形”曲线。

针对一系列不同的剂量重复进行实验，并为每个剂量绘制高斯曲线。在每个剂量下确定平均反应和标准偏差。通过绘制每个剂量的累积平均反应生成完整的剂量-反应曲线。这种形式通常在剂量范围的中间提供一条更直的线。对数形式的出现是因为在大多数生物体中，有一些个体能够忍受相当高水平的因变量，反之，也有一些个体对因变量高度敏感。

4.1.3.3 Probit 函数

从 Probit 转换为百分比的表达式可如下，其中 Probit 变量 Y 是基于因变量 V(代表剂量)和至少两个常数(参考文献 4-18)：

$$Y=k_1+k_2 \cdot \log_e(V)$$

其中 k_1和 k_2是常数。

这种类型的 probit 方程是采用对数-概率点图或标准统计库导出的与实验数据拟合最好的直线(死亡率与浓度和时间的关系)。

Probit 方程可用于多种暴露，包括接触有毒物质、热、压力、辐射、撞击和声音等。毒性暴露的因变量是基于浓度；爆炸的因变量是基于爆炸超压或冲量，取决于损伤或破坏的类型；火灾暴露的因变量是基于辐射暴露的持续时间和强度。

4.1.3.3.1 火灾 Probit 分析

Probit 用于估算事故结果的热辐射对人员可能造成的伤害或损害。

实验表明，当皮下 0.1mm 处的温度升高至 450℃(840℉)时，疼痛阈值出现。当皮肤表面温度达到约 550℃(1025℉)时会发生起泡现象。

大多数热效应模型的输入是热通量水平和暴露时间。热通量水平来自火灾后果模型之一，持续时间来自后果模型(如 BLEVEs 模型)或者预估的灭火或逃生时间。更详细的模型采用达到特定的皮肤温度之后的热能输入。

4.1.3.3.2 有毒物质 Probit 分析

毒性效应的分析需要两个层次的输入：

(1) 预测所有相关位置的有毒气体浓度和暴露持续时间；

(2) 特定有毒气体对健康影响的毒性标准。

从中性和稠密气体扩散模型可以获得预测的气云浓度和持续时间。IDLH 和其他急性毒性标准可用于许多化学品，见 AIChE/CCPS(参考文献 4-19)。

Probit 方法的优点在于提供了后果的概率分布，可用于风险评估中所有类型的事件(火灾、爆炸、毒物泄漏)。该方法一般是风险评估研究的首选方法。其缺点是已公布 Probit 系数的化学品种类有限。可以根据现有的文献信息和毒性测试开发 Probit 模型。

潜在的误差来自扩散模型和毒性测量。由于每次实验的动物数量有限以及动物数据对人类适用性不准确，对动物试验的解读可能有很大误差。

致死毒性方程如下(参考文献 4-2)：

$$Y=a+b\cdot\log_e(c^n t_e)$$

式中 Y——probit；

a，b，n——常数；

c——体积浓度，ppm；

t_e——暴露时间，min。

表 4.2 提供了不同蒸气暴露下的 Probit 常数。

表 4.2　致死毒性的 Probit 方程常数

物　质	美国海岸警卫队(1980 年)			世界银行(1988 年)		
	a	*b*	*n*	*a*	*b*	*n*
丙烯醛	-9.931	2.049	1	-9.93	2.05	1.0
丙烯腈	-29.42	3.880	1.43			
氨	-35.9	1.85	2	-9.82	0.71	2.00
苯	-109.78	5.3	2			
溴	-9.04	0.92	2			
一氧化碳	-37.98	3.7	1			
四氯化碳	-6.29	0.408	2.50	0.54	1.01	0.5
氯	-8.29	0.92	2	-5.3	0.5	2.75
甲醛	-12.24	1.3	2			
氯化氢	-16.85	2.00	1.00	-21.76	2.65	1.00
氰化氢	-29.42	3.008	1.43			
氟化氢	-25.87	3.354	1.00	-26.4	3.35	1.0
硫化氢	-31.42	3.008	1.43			
甲基溴	-56.81	5.27	1.00	-19.92	5.16	1.0
甲基异氰酸酯	-5.642	1.637	0.653			
二氧化氮	-13.79	1.4	2			
光气	-19.27	3.686	1	-19.27	3.69	1.0
环氧丙烷	-7.415	0.509	2.00			
二氧化硫	-15.67	2.10	1.00			
甲苯	-6194	0.408	2.50			

4.1.3.4　火灾影响

在工艺过程中生产、储存或使用气体、液体和危险化学品的情况数不胜数，如果发生泄漏,可能会导致危险火灾事故。分析与特定工艺过程(包括生产、制造、储存或处理设施)相关的所有物质和反应非常重要。燃烧方式取决于泄漏物质的特性、泄漏物质的温度和压力、环境条件和点火时间。工艺火灾类型包括:

- 喷射火;
- 闪燃;
- 池火;
- 流动液体火;
- 沸腾液体膨胀蒸气云爆炸(BLEVE)或火球;
- 固体火,如纤维材料火灾涉及的木材、纸张、粉尘等物质。

工艺设施中的主要传热机制是热辐射和直接火焰接触。对人员的热量传递会造成烧伤。对设备和结构的热量传递会导致含有易燃或可燃物质的设备发生故障,进一步加剧火灾。

作用到表面上的辐射能量可以是:

- 反射;
- 吸收;
- 传导(对于透明材料)。

有些物质(如天然气)的火焰含有相对较少的碳烟,而较重的碳氢化合物(如煤油和原油)会产生大量的碳烟和烟雾。

热辐射会对人员造成烧伤,也会使未受保护的工艺设备和结构件升温。如果不能通过冷却或传导的方式散热,工艺设备或结构就可能会失效。

大量的实验数据构成了影响评估的基础。

可以采用以下两种方法:

- 基于实验结果的简单列表或图表;
- 基于皮肤烧伤反应生理学的理论模型。为了简化,一般假设皮肤是持续裸露的。

API Standard 521(参考文献 4-20)简要介绍了热辐射对人体的影响。疼痛阈值的时间数据汇总见表 4.3(参考文献 4-20)。根据论述,烧伤发展的疼痛阈值“相当快”。表 4.3 中的数值可与夏季晴朗炎热日的太阳辐射强度 1kW/m^2(320Btu/h/ft^2)相对比。基于这些数据,API 建议采用表 4.4 中所示的热辐射基准(不包含太阳辐射)为人员暴露建立防护区域或确定火炬高度。热辐射损伤的其他判据见表 4.5。

表 4.3 达到疼痛阈值所需的暴露时间

辐射强度		达到疼痛阈值的时间/s	辐射强度		达到疼痛阈值的时间/s
Btu/h/ft^2	kW/m^2		Btu/h/ft^2	kW/m^2	
500	1.74	60	2200	6.94	9
740	2.33	40	3000	9.46	6
920	2.90	30	3700	11.67	4
1500	4.73	16	6300	19.87	2

表 4.4 推荐的火炬设计辐射强度(不包括太阳辐射)

允许设计辐射强度		条 件
Btu/h/ft²	kW/m²	
5000	15.77	框架受到的热强度以及操作人员不可能执行任务的区域和可以遮蔽辐射热的区域(例如设备后面)内的热强度
3000	9.46	在人员可以到达的任何位置处的设计火炬释放时的热强度。例如火炬下方的地面或附近塔架的服务平台上。暴露时间必须限制在几秒钟以内，仅足以逃生
2000	6.31	在没有防护装备但穿着适当衣服的人员可能需要持续 1min 的应急行动区域内的热强度
1500	4.73	在没有防护装备但穿着适当衣服的人员可能需要持续几分钟的应急行动区域内的热强度
500	1.58	在人员持续暴露的任何位置，设计火炬释放时的热强度

表 4.5 热辐射的影响

辐射强度		观察到的影响
Btu/h/ft²	kW/m²	
11900	37.5	足以损坏工艺设备
8000	25	长时间暴露下点燃木材所需的最小能量(非引燃)
4000	12.5	引燃木材、熔化塑料管所需的最小能量
3000	9.5	8s 后裸露皮肤有痛感；20s 后出现二度烧伤
1200	4	如果在 20s 内无法覆盖皮肤，则足以导致人员疼痛，可能会出现皮肤起泡(二度烧伤)；0%致命性
500	1.6	长时间暴露无不适感

热辐射对框架结构的影响取决于结构是否可燃以及热辐射暴露的性质和持续时间。木质材料会因燃烧而失效，而钢材会因屈服应力降低而失效。当温度升高到 500~600℃(932~1112℉)时，在正常荷载作用下的许多钢结构将迅速失效，而混凝土可持续更长的时间。火焰对框架结构的冲击比热辐射更严重。

4.1.3.5 生物影响(有毒气体的影响)

毒性影响模型用于评估在已知时间内暴露于已知浓度的有毒气体对人体健康造成的后果。本节不涉及未点燃但存在窒息风险的无毒、易燃蒸气云的泄漏和形成。

使用扩散模型来评估浓度-时间信息。Probit 模型用于连续排放(在固定的下风向位置，排放浓度在一定时间内近似恒定)或瞬时排放(在下风向位置，排放浓度随时间变化)情况下的暴露评估。采用基于标准暴露持续时间(如 30min 或 60min)的其他标准更为困难，特别是对于短时间暴露且浓度随暴露时间变化的瞬时排放。毒性影响模型的目的是确定泄漏后是否对人体造成不良健康后果，如果有足够的数据，估算可能造成的伤亡程度。对于行业中遇到的绝大多数物质，缺乏足够的关于人体毒性反应的数据来直接确定物质的潜在危害。通常唯一可用的数据来自对实验室动物进行的对照实验。在这种情况下，需要观察对动物的影响以推断出可能对人体的影响。这种推断存在不确定性，通常需要具有健康风险评估经验的毒理学家或职业病防治专家的专业判断。

4.1.3.5.1 法规和行业标准要求

许多有用的测量标准可以用作预测泄漏事件可能导致伤亡概率的基准。美国化学工程师协会(参考文献 4-2)评估了各种毒性效应，并讨论了各种毒理学标准的使用。

美国能源部(DOE)建立了一个网站，允许用户以多种方式访问 DOE 当前的保护性行动标准(PAC)数据集，这些方式包括作为可搜索的数据库、Excel 文件和 PDF 格式的一系列表格(参考文献 4-21)。紧急暴露限值是危险化学品意外泄漏处置计划的重要组成部分。这些限值与暴露估计值相结合，提供了辨识和评估事故所需的信息，以便采取适当的保护措施。在对意外泄漏的应急响应过程中，这些限值可用于评估事件的严重性、确定潜在结果，并决定应采取何种保护措施。在预计会发生意外泄漏的情况下，这些限值也可用于估算意外泄漏的后果，并编制应急响应预案。PAC 的化学品泄漏事件应急计划基于以下提供的化学品暴露限值：

- 急性暴露指导水平(AEGLs)由美国环境保护署(EPA)制定(参考文献 4-22)。AEGL 分为五个时间段：10min、30min、60min、4h 和 8h。PAC 数据库中使用了 60min 的 AEGL 值。
- 应急响应计划指南(ERPG)由美国工业卫生协会(AIHA)应急规划委员会编制(参考文献 4-23)。
- 瞬时应急暴露限值(TEEL)数据由 DOE 应急管理办公室开发(参考文献 4-24)。

其他标准和方法包括：

- 美国国家职业安全卫生研究所(NIOSH)制定的立即威胁生命和健康浓度(IDLH)水平。
- 美国国家科学院国家科学研究委员会发布的应急暴露指导水平(EEGLs)和短期公共紧急情况指导水平(SPEGLs)。美国政府工业卫生专家会议(ACGIH)制定的阈值(TLV)，包括短期暴露限值(STEL)和最高限值(TLV-Cs)。
- 美国职业安全与健康管理局(OSHA)颁布的容许接触限值(PEL)。
- 美国各州的指南，例如新泽西州环境保护部(NJ-DEP)使用的毒性扩散(TXD)方法。
- 美国环境保护署颁布的毒性终点。

4.1.3.5.2 应急响应计划指南(ERPG)

应急响应计划指南(ERPG)由行业工作组编制，并由美国工业卫生协会(AIHA)发布。针对暴露于特定物质的后果，提供了三个浓度范围：

- ERPG-1 是指当空气中的最高浓度低于该浓度时，几乎所有人都可以暴露长达 1h，除了轻微的短暂不良健康影响外没有任何症状，或感知不到明显令人讨厌的气味。
- ERPG-2 是指当空气中的最高浓度低于该浓度时，几乎所有人都可以暴露长达 1h，不会出现或产生不可逆的或其他严重的健康影响或症状，从而损害其采取防护行动的能力。

- ERPG-3 是指当空气中的最高浓度低于该浓度时，几乎所有人都可以暴露长达 1h，不会出现或产生危及生命健康的影响(类似于 EEGLs)。

ERPG 数据(参考文献 4-23)如表 4.6 所示。ERPG 通常被认为是可接受的行业/政府准则。

表 4.6　应急响应规划指南

化学品	ERPG-1	ERPG-2	ERPG-3
乙醛	10	200	1000
丙烯醛	0.1	0.5	3
丙烯酸	2	50	750
丙烯腈	NA	35	75
烯丙基氯	3	40	300
氨	25	200	1000
苯	50	150	1000
苄基氯	1	10	25
溴	0.2	1	5
1,3-丁二烯	10	50	5000
丙烯酸正丁酯	0.05	25	250
异氰酸正丁酯	0.01	0.05	1
二硫化碳	1	50	500
四氯化碳	20	100	750
氯	1	3	20
三氟化氯	0.1	1	10
氯乙酰氯	0.1	1	10
三氯硝基甲烷	NA	0.2	3
氯磺酸	$2mg/m^3$	$2mg/m^3$	$2mg/m^3$
三氟乙烷氯	20	100	300
丁烯醛	2	10	50
二硼烷	NA	1	3
二乙烯酮	1	5	50
二甲胺	1	100	500
二甲基氯硅烷	0.8	5	25
二硫化二甲酯	0.01	50	250
环氧氯丙烷	2	20	100
环氧乙烷	NA	50	500
甲醛	1	10	25
六氯乙二烯	3	10	30

续表

化学品	ERPG-1	ERPG-2	ERPG-3
六氟丙酮	NA	1	50
六氟丙烯	10	50	500
氯化氢	3	20	100
氰化氢	NA	10	25
氟化氢	54	20	50
硫化氢	0. 1	30	100
异丁腈	10	50	200
2-异氰基乙酯	NA	0. 1	1
甲基丙烯酸酯	25μg/m^3	100μg/m^3	500μg/m^3
氢化锂	200	1000	5000
氯甲烷	NA	400	1000
二氯甲烷	200	750	4000
甲基碘	25	50	125
甲基异氰酸酯	0. 025	0. 5	5
甲硫醇	0. 005	25	100
甲基三氯硅烷	0. 5	3	15
一甲胺	10	100	500
环氧异丁烯	NA	0. 1	0. 3
苯酚	10	50	200
光气	NA	0. 2	1
五氧化二磷	5mg/m^3	25mg/m^3	100mg/m^3
环氧丙烷	50	250	750
苯乙烯	50	250	1000
磺酸(油、硫	2mg/m^3	10mg/m^3	30mg/m^3
三氧化物和硫酸)	0. 3	3	15
二氧化硫	200	1000	10000
四氟乙烯	5mg/m^3	20mg/m^3	100mg/m^3
四氯化钛	50	300	1000
甲苯	0. 1	100	500
三甲胺	5mg/m^3	15mg/m^3	30mg/m^3
六氟化铀	5	75	500

注：除非另有说明，否则默认值单位为 ppm。

4. 1. 3. 5. 3　立即威胁生命和健康浓度(IDLH)

美国国家职业安全卫生研究所(NIOSH)发布了立即威胁生命和健康浓度(IDLH)，用作常见工业气体的急性毒性防护措施。更新后的 IDLH 水平见 NIOSH 网站(www.cdc.qov/NIOSH/IDLH/intridl4.html)。IDLH 暴露条件被定义为“造成暴露于空气污染物的威胁，而这种暴露可能导致人员死亡，或立即或延迟的永久性不良健康影响，或阻止人员逃离此类环境”(参考文献 4-25)。IDLH 值还考虑了可能会妨碍逃生的急性毒性反应(如严重的眼睛刺激)。IDLH 被视为最大浓度，超过此浓度时只允许使用能为人员提供最大保护的高可靠性呼吸器。如果超过 IDLH 值，所有未采取防护措施的人员必须立即撤离该区域。

由于 IDLH 值是为了保护工人群体的健康而制定的，因此必须针对敏感人群(如老人、残疾人或患病人群)进行调整。易燃蒸气的 IDLH 被定义为燃烧下限(LFL)浓度的 1/10。

4.1.3.5.4 应急暴露指导水平(EEGLs)

自 20 世纪 40 年代以来，美国国家科学研究委员会毒理学委员会已向美国国防部提交了 44 种特别关注化学品的应急暴露指导水平(EEGLs)。EEGL 被定义为气体、蒸气或气溶胶的浓度，该浓度被判定为可接受，允许健康的军事人员在紧急情况下持续 1~24h 执行特定任务。

暴露于 EEGL 的浓度可能会产生短暂的刺激或影响中枢神经系统，但不应产生持久影响或影响任务执行。除了 EEGLs，美国国家科学研究委员会还制定了短期公共紧急情况指导水平(SPEGLs)，定义为可接受的公众暴露浓度。SPEGL 通常设定为 EEGL 的 10%~50%，计算时考虑了对敏感、异质人群的暴露影响。使用 EEGLs 和 SPEGLs 而不是 IDLH 值的优点在于：(1)SPEGLs 考虑了对敏感人群的影响。(2)EEGL 和 SPEGL 是基于几种不同的暴露持续时间制定的。(3)EEGL 和 SPEGL 的制定方法在美国国家科学研究委员会出版物中有详细记录。

4.1.3.5.5 其他

有些州有自己的暴露指南。例如，新泽西州环境保护部(NJ-DEP)根据《新泽西州有毒灾难预防法》(TCPA)的要求，使用毒性扩散(TXDS)后果分析方法来估算有毒物质的潜在灾难性数量(参考文献 4-26)。急性毒性浓度(ATC)是指有毒物质的气体或蒸气的浓度，在暴露 1h 内会对受影响人群的健康造成急性影响，并导致每 20 人或以下中有 1 人死亡(5%或以上)。NJ-DEP 提出的 ATC 值是针对 103 种“特别危险物质”估算的，基于以下条件的最低值：

- 动物试验数据的最低报告致死浓度(LC_{LO})值；
- 动物试验数据的半数致死浓度(LC_{50})值乘以 0.1；
- IDLH 值。

美国环境保护署(参考文献 4-27)发布了一组毒性终点，作为美国环境保护署风险管理计划(RMP)的一部分，用于有毒气体泄漏的空气扩散建模。毒性终点的优先顺序为：(1)ERPG-2，或(2)《应急计划和社区知情权法案》颁布的关注程度(LOC)。LOC 被认为是“空气中极危险物质的最高浓度，当相对短时间暴露于该物质时，不会对普通人群的健康造成严重的不可逆影响”(参考文献 4-28)。根据 RMP 规则，提供了 77 种化学品的毒性终点(参考文献 4-28)。

一般来说，目前最直接相关的毒理学标准，特别是制定应急响应计划和进行风险评估的标准，是 ERPG、SPEGL 和 EEGL。这些标准专门为适用于普通人群而制定，并考虑了敏感人群和毒理学数据中的科学不确定性因素。如果事故所涉及的物质没有可用的 SPEGL 或 EEGL，IDLH 提供了替代标准。

英国健康安全署(HSE)编制了一份更广泛的有毒化学品性质清单。HSE 采用两个级别的影响："SLOT"和"SLOD"。这些术语有几个定义，最值得注意的是：

- SLOT（*特定毒性等级*）：高敏感人群可能致死；
- SLOD（*重大死亡概率*）：暴露人群有 50%的死亡率。

虽然没有直接对比英国健康安全署的数据和早期方法，但结果似乎具有可比性。HSE 数据可用作估算 HSE 报告中更广泛化学品发生致命概率的基础。

表 4.7 摘录了英国健康安全署提供的近 100 个 SLOT/SLOD 危险毒性负荷(DTL)值的开头部分(参考文献 4-29)。

表 4.7　多种物质的 SLOT DTL 和 SLOD DTL 值示例

物质	*n* 值	SLOT DTL/ppm^n min	SLOD DTL/ppm^n min
乙酸	1	7.5×10^4	3×10^5
乙腈	1	8.1×10^4	1.6×10^5
乙酰氯	1	9900	3.96×10^4
丙烯醛	1	420	1680
丙烯酰胺	1	1.3×10^5	5.2×10^5
丙烯腈	1	9600	2.52×10^4
己二腈	1	8.1×10^4	1.6×10^5

用户计算出有毒物质的基本浓度(以 ppm 为单位)，考虑暴露持续时间(以 min 为单位)将其提高到 *n* 次方。然后将计算结果与表 4.7 中的 SLOT 和 SLOD 值进行比较，以确定是否达到了特定的影响水平。

还没有专门的方法将 SLOT/SLOD 形式转换为 probit 形式，以便于用插值或外推方法推测 SLOT/SLOD 值对其他方面的影响程度。因此，如果将 SLOT/SLOD 数据用于上述定义以外的影响级别，则分析者必须说明这样做的依据。

4.1.3.6　温度影响

人体的热调节系统尽量将人体内部(核心)温度保持在相对稳定的 36.1~37.2℃(97~99℉)。核心温度必须保持在较窄的范围内，以防止对健康和功能造成严重损害(参考文献 4-30)。人体通过增加或减少皮肤的血液循环来保持热量平衡，人体还通过以下方式与环境交换热量：

- 对流：通过皮肤从周围环境吸收热量或向周围环境散热；
- 传导：通过直接接触热源或冷源；
- 出汗：通过皮肤表面的水汽蒸发而散热；

- 辐射：从外部来源接收辐射或从我们的身体辐射热量。

显然，有些方法比其他方法更有效。热危害包括高温危害和低温危害。本节讨论与工艺过程或工艺物料的化学性质相关的温度危害。

4.1.3.7 超压影响

可能发生的爆炸类型取决于反应物料的受限程度、能量含量、动力学参数和点火模式(自加热或由外部能量输入引起)。爆炸分为物理爆炸或化学爆炸以及均相爆炸或非均相爆炸(如图4.1所示)。

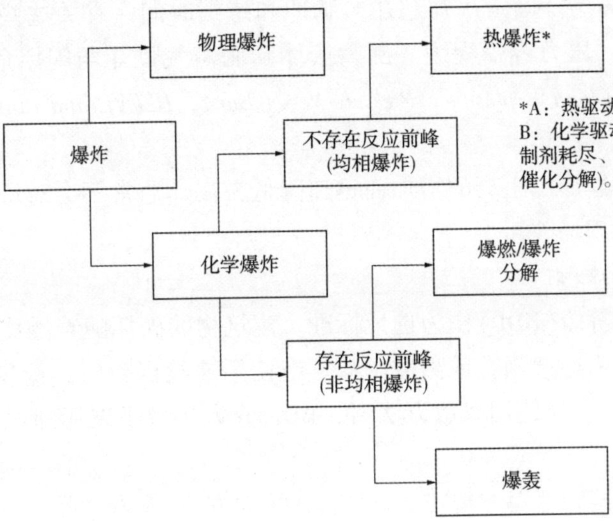

图4.1 爆炸类型

物理爆炸，例如锅炉爆炸、压力容器失效或BLEVE(沸腾液体膨胀蒸气云爆炸)，不一定由化学反应引起。化学爆炸的特点是爆轰、爆燃和热爆炸。在爆轰或爆燃(如爆炸性燃烧)的情况下，存在着穿过物料的反应前峰区。爆轰是在未反应物料中产生超过声速的冲击波。爆燃发生在传输过程，如从反应前峰区向未反应物料传热(和传质)。爆燃的反应前峰区速度小于未反应物料的声速。这两种类型的爆炸通常称为非均相爆炸，因为存在的反应前峰区将反应的物料与未反应的物料完全分开。

热爆炸是化学爆炸的第三种类型。这种情况不存在反应前峰区，因此被称为均相爆炸。物料具有均匀的温度分布或热点。如果物料的温度足够高，使反应产生热量的速率超过散热速率，则开始自加热。物料温度将以加速方式上升，并且随着热失控反应的进行可能会形成局部热点。失控反应可导致超压，并可能使容器破裂。

所有类型的受限和非受限单元(反应器、分离和储存单元、过滤系统、管道等)都曾发生过爆炸。可能引起爆炸的典型反应包括氧化、分解、硝化和聚合。增加爆炸可能性的化学和工艺系统特性举例如下：

- 高分解能或反应能；
- 高能量产生速率；

- 散热不足(如物质量过大);
- 存在点火源;
- 氧平衡接近于零的物质;
- 空间受限;
- 大量生成气体和/或产气速率高。

爆炸影响模型可预测爆炸超压和抛射物对人和物体的影响。大多数爆炸影响模型都是基于单独的爆炸超压或者爆炸超压、持续时间或脉冲的组合。可以使用多种模型(包括 TNO 多能量法和 Baker-Strehlow 法)确定爆炸超压、脉冲和持续时间。有关这些模型的详细信息，请参阅《蒸气云爆炸、压力容器爆裂、沸腾液体膨胀蒸气爆炸与闪燃危险指南(第二版)》(*Guidelines for Vapor Cloud Explosion*, *Pressure Vessel Burst*, *BLEVE and Flash Fire Hazards*, *Second Edition*)(参考文献 4-7)。

由于爆炸超压随着与爆炸源距离的增加而迅速降低，爆炸通常不会对厂外造成重大破坏。大多数研究都是针对现场破坏。

4.1.3.7.1 超压对结构的影响

通常采用建筑物破坏等级(BDL)作为选址标准。建筑物的破坏随着爆炸荷载严重程度的增加而增大，可以表示为连续函数或离散函数。当使用连续函数时，衡量尺度是“破坏百分比”(参考文献 4-31)。当使用离散方法时，BDL 分为从最小破坏到坍塌的多种破坏状态。

连续破坏函数是美国国防部爆炸物安全委员会使用的方法(参考文献 4-31)。这种方法的局限性在于不容易辨识发生了何种类型的破坏，以及哪些建筑构件可能主导着结构破坏的百分比。

流程工业中使用的典型离散 BDL 如表 4.8 所示。这种方法的一个优点是可以通过破坏描述来说明破坏的性质。当使用离散 BDL 时，超压-脉冲曲线用于定义破坏状态之间的边界。

表 4.8 典型工业建筑破坏等级说明

建筑物破坏等级(BDL)	等级名称	破坏描述
1	轻微	建筑物反射墙出现可见损坏
2A	轻度	反射墙组件会受到永久性损坏，需要更换，其他墙壁和屋顶会受到可见损坏，通常可以修复
2B	中度	反射墙构件倒塌或严重损坏。其他墙壁和屋顶有永久性损坏，需要更换
3	严重	反射墙已经倒塌。其他墙壁和屋顶有明显的塑性变形，可能接近早期坍塌
4	坍塌	建筑屋顶和相当大面积的墙壁完全失效

超压持续时间对于确定超压对结构的影响非常重要。对于典型的 VCE，冲击波的正压阶段可以持续 10~250ms 或更长时间。根据持续时间的不同，相同的超压水平可能会产生明显不同的影响。因此，在将简单的超压标准应用于建筑物或构筑物时应格外谨慎。在许

多情况下，这些标准可能导致对结构破坏的过高估计。如果爆炸持续时间短于特征结构响应时间，则结构可能可以承受更高的超压值。Baker 等人(参考文献 4-32)讨论了结构对爆炸超压响应的相关设计问题。AIChE/CCPS(参考文献 4-7)广泛审查了暴露于爆炸环境的结构的风险准则和风险降低方法，并对抗爆建筑设计进行了讨论。

4.1.3.7.2 超压对人员的影响

建筑物或构筑物外的人员易受到以下影响：

- 直接爆炸伤害(爆炸超压)；
- 间接爆炸伤害(抛射物致伤或全身位移)。

相对较高的爆破超压(>0.103MPa)(>15psig)会造成致命伤害(主要由于肺出血)。

一般认为，全身位移造成的死亡是由于撞击造成头部损伤。Baker 等人(参考文献 4-32)为作为撞击速度函数的死亡概率提出了暂行标准。Lees(参考文献 4-18)为全身位移和撞击提出了 probit 方程。碎片对人的伤害通常是由于小碎片的穿透或大碎片的钝性创伤。来自钝性抛射物的伤害是碎片质量和速度的函数。关于这种影响，可获得的信息非常有限。

4.1.3.8 对环境的影响

火灾、爆炸和有毒物质泄漏对环境的影响很难测量。对于火灾来说，很可能会有烟羽流带到厂界以外。烟羽流可能含有未燃烧的有毒物质和颗粒，从而影响人员或环境。消防排水可能含有对环境有害的有毒物质。集水系统应设计用于收集和处理紧急情况下使用的水。

有毒物质的释放可以表现为泄漏或蒸气云。如果发生泄漏，则集水系统应当能够收集并中和紧急情况下使用的排水。如果是蒸气云，则根据泄漏物质不同，可能会对人、动物和植被产生影响。

4.2 危害分析技术

危害分析是一项有组织的工作，旨在辨识和评估与过程或活动相关的危险场景的严重性。危害分析特别用于辨识在设施的设计和运行中可能对人员和环境造成危害的隐患。这些分析研究提供的信息有助于做出改进安全性和管理操作风险的决策。危害分析通常聚焦于过程安全问题，如事故状态化学品泄漏对装置现场人员或公众的急性影响。尽管这些危害评估技术主要提供与安全相关的信息，但也可用于研究可操作性、经济性和环境问题。

本节概述了危害评估技术。详细信息请参阅《危害评估程序指南》(*Guidelines for Hazard Evaluation Procedures*)(参考文献 4-1)。

4.2.1 全生命周期管理

作为企业过程安全管理(PSM)体系的组成部分，危害分析应当贯穿工艺过程全生命周期。开展危害分析有助于管理过程风险，从项目研发的最早阶段、详细设计和施工阶段、在整个运行期间定期分析，一直持续到该工艺过程停用和拆除为止。通过将这种“全生命周期"管理方式与其他 PSM 活动相结合，危害分析可以在装置选址、建造或运行之前有效地发现设计和操作中的缺陷，从而最大限度地有效利用资源，确保装置设施的安全生产寿命。表 4.9 说明了典型危害评估目标及其适当的过程阶段以及建议采取的危害分析技术。

表 4.9　工艺过程生命周期不同阶段的典型危害评估目标

全生命周期阶段	目标示例	危害分析技术
研发	• 辨识可能导致失控反应、火灾、爆炸或有毒气体泄漏的化学反应或相互作用； • 识别过程安全数据需求	• 危害辨识； • 假设分析(What-if)
概念设计	• 辨识本质安全的机会； • 比较潜在厂址的危害； • 为装置设施布置和缓冲区提供输入	• 安全检查表； • 危害辨识； • 假设分析(What-if)； • 假设分析(What-if)/安全检查表
中试	• 识别有害物质泄漏到环境中的方式； • 识别催化剂失活的方法； • 识别操作人员潜在危险的界面； • 识别减少危险废物的途径	• 安全检查表； • 危害辨识； • 假设分析(What-if)； • 假设分析(What-if)/安全检查表； • HAZOP； • 失效模式及影响分析； • 故障树分析； • 事件树分析
工程设计	• 识别在工艺设备内部形成易燃混合物的途径； • 识别如何发生泄漏； • 识别哪些工艺控制故障会导致失控反应； • 识别降低有害物质存量的途径； • 评估设计的安全措施是否足以将过程风险控制在可接受、所要求的或最低合理可行(ALARP)的水平； • 识别必须定期测试、检验或维护的安全-关键设备	• 假设分析(What-if)； • 假设分析(What-if)/安全检查表； • HAZOP； • 失效模式及影响分析； • 故障树分析； • 事件树分析
施工和开车	• 识别在开车和操作规程中可能出错的情况； • 验证以前危害评估中的所有问题都得到了令人满意的解决，并且没有增加新问题； • 识别相邻单元可能给施工和维护工人造成的危害； • 识别与容器清洁程序相关的危害； • 识别竣工设备与设计图纸之间的任何差异	• 安全审查； • 安全检查表； • 假设分析(What-if)； • 假设分析(What-if)/安全检查表； • 关键任务分析
日常运行	• 识别与操作规程相关的人员危险； • 识别可能发生瞬时超压的途径； • 根据操作经验更新以前的危害评估； • 识别与停用设备相关的危险	• 安全检查表； • 假设分析(What-if)； • 假设分析(What-if)/安全检查表； • HAZOP； • 关键任务分析

续表

全生命周期阶段	目标示例	危害分析技术
工艺改造或装置扩建	• 识别改变原料成分是否会产生任何新的危害或使现有设施的危害恶化； • 辨识与新设备相关的危险	• 安全审查； • 安全检查表； • 危害辨识； • 假设分析(What-if)； • 假设分析(What-if)/安全检查表； • HAZOP； • 失效模式及影响分析； • 故障树分析； • 事件树分析
退役	• 识别拆除工作可能对相邻单元产生的影响； • 识别在停车后与滞留在装置中的残留物相关的任何火灾、爆炸或毒性危险	• 安全审查； • 安全检查表； • 假设分析(What-if)； • 假设分析(What-if)/安全检查表

4.2.2 定性分析技术

危害分析是企业全面实施 PSM 体系的基石。虽然危害分析通常是采用定性技术来分析可能导致事故的潜在设备失效和人为错误，但这些分析研究也可以突出 PSM 体系中的漏洞。定性危害评估技术通常被称为过程危害分析(PHA)，包括：

- 危害辨识；
- 安全检查表分析；
- 假设分析(What-if)；
- 危险与可操作性分析(HAZOP)。

4.2.2.1 危害辨识

危害辨识有时被称为初步危害分析，通常聚焦在装置的有害物质和主要工艺区域。危害辨识通常在工艺研发的早期阶段进行，此阶段关于设计细节或操作规程的信息很少，危害辨识通常作为进一步开展危害分析的基础。在装置生命的早期开展辨识危害是一种高效益的方法。

危害辨识通常应用于工艺装置的研发或概念设计阶段，在做出选址决策时非常有用。在编制出工艺 P&ID 之前，危害辨识通常也被用作设计审查工具。

危害辨识通过考虑各种工艺特征形成了一份危害和一般危险情境清单。针对辨识出的每种危险情境，列出了潜在的原因、影响以及可能的纠正和/或预防措施。

表 4.10 给出了危害辨识的要求和结果。

表 4.10 危害辨识说明

应用阶段	资源要求	结果类型	优缺点
• 研发； • 概念设计； • 中试	• 物料、物理和化学数据； • 基本化学工艺； • 工艺流程图	• 初步筛选一般危害； • 将危险区域或工艺排序	• 快速聚焦重大问题； • 可能会有遗漏

关于进行危害辨识的详细信息，请参阅《危害评估程序指南》(*Guidelines for Hazard Evaluation Procedures*)(参考文献 4-1)。

4.2.2.2 安全检查表分析

安全检查表分析采用书面的项目列表或程序步骤来验证系统状态。传统的检查表在详细程度上差异很大，常用于表示是否符合标准和实践要求。某些情况下，分析人员会使用更通用的检查表结合其他危害评估方法，以发现仅靠检查表可能会遗漏的常见危害。检查表分析方法使用方便，可应用于过程生命周期的任何阶段。

详细的检查表为过程危害的标准化评估提供了依据，可以扩展到特定情况所需的深度，但应用时需要认真仔细，以辨识需要进一步关注的问题。

表 4.11 概述了安全检查表分析的要求和结果。

表 4.11 安全检查表说明

应用阶段	资源要求	结果类型	优缺点
• 概念设计； • 中试； • 工程设计； • 施工和开车； • 日常运行； • 退役； • 改扩建； • 在假设分析或 HAZOP 研究期间，提供设施选址、人机因素和其他一般问题等项目的合规性	• 物料、物理和化学数据； • 基本化学工艺； • 工艺流程图； • 操作规程； • 工艺管道和仪表流程图(P&ID)	• 答复预先定义的问题； • 合规性文件	• 如果检查表结合了一定的经验，则便于缺乏经验的人员使用； • 分析质量只能与检查表的质量一样好； • 如果检查表太长，或与所分析的工艺过程没有足够的相关性，可能没有进行全面的评估

有关进行检查表分析的详细信息，请参阅《危害评估程序指南》(*Guidelines for Hazard Evaluation Procedures*)(参考文献 4-1)。

4.2.2.3 假设分析(What-if)

假设分析技术是一种头脑风暴的方法，由熟悉目标工艺过程且经验丰富的团队对可能发生的意外事件提出问题或表达担忧。假设分析的目的是辨识可能产生不良后果的危害因素、危险情况或特定事件发生顺序。由经验丰富的团队识别可能的异常情况、其后果和现有的保障措施，并在发现明显的改进机会或判断安全措施不足的情况下提出降低风险的替代方案。这种方法可以对设计、建造、改造或操作意图存在的偏差进行检查。分析人员需要对工艺意图有基本的全面理解，并且能够将可能导致事故的偏离设计意图的偏差结合起来。如果参加分析的人员经验丰富，此分析技术效果显著，否则，分析结果很可能不尽如人意。

假设分析方法鼓励危害评估团队以“假设”为开头进行提问，然后进行分析思考。例如：

- 假设物料输送错误会出现什么情况？
- 假设泵 A 在启动过程中停止运行会出现什么情况？
- 假设操作员打开阀门 B 而不是阀门 A 会出现什么情况？

表 4.12 概述了假设分析的要求和结果。

表 4.12 假设分析说明

应用阶段	资源要求	结果类型	优缺点
• 研发； • 概念设计； • 中试； • 工程设计； • 施工和开车； • 日常运行； • 退役； • 改扩建； • 在 HAZOP 分析期间讨论的问题，如公用工程发生故障	• 物料、物理和化学数据； • 基本化学工艺； • 工艺流程图； • 工艺管道和仪表流程图	基于场景的文档记录，包括假设分析问题、后果、安全措施、风险排序和建议（如果有的话）	• 允许经验丰富的主持人有效地发现关注的问题，如冷却水或润滑油发生故障； • 如果经验不足的主持人不能调动大家对所有潜在的假设问题开展头脑风暴，则可能错过潜在的工艺偏差

有关进行假设分析的详细信息，请参阅《危害评估程序指南》(*Guidelines for Hazard Evaluation Procedures*)（参考文献 4-1）。

4.2.2.4 危险与可操作性分析(HAZOP)

危险与可操作性分析(HAZOP)技术是对工艺过程或操作进行系统性审查的方法，以确定偏离设计或操作意图是否会导致不良后果。该技术可以用于连续或间歇式工艺过程，并且可用于评估书面程序。在 HAZOP 分析中，多专业团队使用系统化的方法来辨识由于偏离工艺设计意图而导致的危险和可操作性问题，这些问题可能会导致不良后果。经验丰富的团队负责人使用一组固定的词汇（称为“引导词”）系统地引导团队审查装置设计。这些引导词应用于装置设计的特定点或“分析节点”，并与特定的工艺参数相结合，以辨识与装置预期操作的潜在偏差。HAZOP 的典型步骤包括：

- 选择分析节点；
- 应用偏差（引导词+参数）（例如，无流量）；
- 头脑风暴发现造成偏差的原因；
- 追踪每一个偏差原因发展的最终后果；
- 识别现有的安全措施；
- 定性评估场景风险；
- 如有必要，提出降低风险和/或提高设施可操作性的建议。

表 4.13 概述了 HAZOP 的要求和结果。

表 4.13 HAZOP 分析说明

应用阶段	资源要求	结果类型	优缺点
• 中试； • 工程设计； • 日常运行； • 改扩建	• 物料、物理和化学数据； • 基础化学工艺； • 工艺流程图； • 工艺管道和仪表流程图	基于场景的文档记录，包括偏差、后果、安全措施、风险排序和建议（如果有的话）	• 提供了一种结构化的方法来系统且持续地分析危险场景； • 辨识的高后果场景可作为保护层分析的输入； • 评估冗余的可能性

有关进行 HAZOP 分析的详细信息及工作实例，请参阅《危害评估程序指南》(*Guidelines for Hazard Evaluation Procedures*)(参考文献 4-1)。

4.2.3 半定量分析技术

半定量危害评估比定性风险评估更具针对性，但不如定量法严格。半定量分析技术包括：

- 保护层分析；
- 失效模式及影响分析。

4.2.3.1 保护层分析(LOPA)

保护层分析(LOPA)是一种用于分析和评估风险的半定量工具。LOPA 通常使用数量级来评估初始事件的频率、后果的严重程度以及独立保护层(IPL)失效的概率，从而估算一个场景的风险。LOPA 是一种分析工具，通常是基于定性危害评估(如 HAZOP)所生成的信息。

与许多其他危害分析方法一样，LOPA 的主要目的是确定是否有足够的保护层来应对事故场景。(风险是否可以接受?)一个场景可能需要一个或多个保护层，这取决于过程的复杂性和后果的潜在严重性。

LOPA 为判断是否有足够的 IPL 来控制给定场景的事故风险提供了一致性的基础。如果场景的预估风险不可接受，则可以增设额外的 IPL，也可以评估包含本质更安全设计的替代方案。LOPA 并不建议增设哪些 IPL 或选择哪种设计，但有助于在各种风险减缓的替代方案之间做出判断。LOPA 不是完全定量的风险评估方法，而是一种简化的方法，用于评估明确事故场景下保护层的价值。

LOPA 可以有效地用于工艺过程或装置设施全生命周期的任何时候，但常用于下列阶段：

- 工艺流程图和 P&ID 基本完成的设计阶段；
- 现有工艺或其控制或安全系统的改造；
- 对工艺过程进行定期过程危害分析。

表 4.14 概述了 LOPA 的要求和结果。

表 4.14 LOPA 说明

应用阶段	资源要求	结果类型	优缺点
• 工程设计； • 日常运行； • 改扩建	• 物料、物理和化学数据； • 基础化学工艺； • 工艺流程图； • 工艺管道和仪表流程图； • 高后果情景(通常在 HAZOP 中确定)； • 建立 LOPA 标准； • 因果图； • 联锁说明	• 基于场景的文档记录，包括初始原因、后果、严重程度排序、IPL，识别是否需要增加额外的 IPL 来减缓风险； • 作为筛查工具，识别是否需要更全面、更详细的分析，如 QRA	• 比定量风险分析需要的时间少； • 根据事件频率和独立保护层的可靠性，为确定评估的后果频率提供一致性基础； • 与定性方法相比，提供的风险措施更具防范性； • 有助于辨识以往认为保护措施已足够的操作和实践； • LOPA 不能作为场景辨识工具； • LOPA 不能代替详细定量分析

有关进行 LOPA 的详细信息，请参阅《保护层分析：简化的过程风险评估》(*Layer of Protection Analysis, Simplified Process Risk Assessment*)(参考文献 4-3)。

4.2.3.2 失效模式及影响分析(FMEA)

FMEA 的目的是辨识单个设备和系统的失效模式以及每个失效模式对系统或装置的潜在影响。这种分析通常会形成提升设备可靠性的建议，进而提高过程安全性。

失效模式描述了设备无法实现用户预期功能的情况。以泵为例，其失效模式包括无法启动、停止或以预期的压力输送、无法控制过程，或无法在没有维护的情况下以预定的间隔运行。失效模式的影响是失效发生的证据(如可见的泄漏、低压等)。FMEA 可辨识直接导致事故或对事故有重大影响的单一失效模式。FMEA 通常不会直接检查操作人员的失误。然而，设计不当、安装不当、缺乏维护或操作不当的后果通常表现为设备失效模式。

失效模式及影响分析评估设备如何失效(或操作不当)，以及这些失效可能对过程产生的后果。这些失效描述为分析人员提供依据，用以确定在哪里进行修改以改进系统设计。在 FMEA 分析期间，危害分析人员描述潜在后果，并仅将其与设备失效相关联。他们很少调查系统成功运行时可能出现的损坏或伤害。与 HAZOP 分析等其他方法相比，FMEA 在确定导致事故的设备失效组合详细清单时效率并不高，因为它检查导致安全结果的所有失效模式以及可能导致或造成损失事件的失效模式。

每个单独的失效都被视为一个独立的事件，除了其可能产生的后续影响外，与系统中的其他失效无关。但是，在特殊情况下可能会考虑多个系统组件的共因失效。

失效模式及影响分析(FMEA)的分析结果通常以表格形式逐项列出每台设备。通常，危害分析人员将 FMEA 用作定性技术，虽然它可以扩展到根据失效严重性进行优先级排序。作为 FMEA 结果而预先采取的措施可以降低初始事件发生的可能性，从而降低过程安全事故发生的可能性。

表 4.15 概述了 FMEA 的要求和结果。

表 4.15 FMEA 说明

应用阶段	资源要求	结果类型	优缺点
• 概念设计； • 工程设计； • 日常运行； • 改扩建	• 物料、物理和化学数据； • 基础化学工艺； • 工艺流程图； • 工艺管道和仪表流程图	辨识出的失效和安全措施	• 旨在分析潜在的设备失效； • 不需要团队合作； • 分析经验是必不可少的

有关进行 FMEA 的详细信息，请参阅《危害评估程序指南》(*Guidelines for Hazard Evaluation Procedures*)(参考文献 4-1)。

4.2.4 定量分析技术

过程定量风险分析方法旨在为管理层提供一种工具，帮助评估化学过程工业的整体过程安全。工程规范、检查表和过程安全管理 PSM 等管理体系为防止事故发生提供了多层保护，但是，这并不能完全消除发生严重事故的可能性。定量风险分析提供了一种定量的方法来评估风险，并识别具有成本效益的风险降低区域。本节概述了定量风险分析，更多详细信息，请参阅《危害评估程序指南》(*Guidelines for Hazard Evaluation Procedures*)(参考文献4-1)和《化工过程定量风险分析指南》(*Guidelines for Chemical Process Quantitative Risk Assessment*)(参考文献4-2)(译注：原文 Assessment 应为 Analysis)。

定量风险分析对给定损失事件可能引发的一系列事件结果进行评估，例如使用事件树来评估每项适用的减缓措施的成功或失败概率，以及产生的每个场景的总体风险。支撑定量风险分析(QRA)的技术包括：

- 故障树；
- 事件树。

4.2.4.1 故障树

故障树分析(FTA)是一种演绎技术，聚焦于一个特定的事故或主要系统故障，并提供了一种确定该事件原因的方法。FTA 的目的是辨识可能导致事故的设备失效和人为错误的组合。FTA 非常适用于分析高度冗余系统。对导致事故的某一个故障特别敏感的系统，最好采用 FMEA 或 HAZOP 分析等“单一故障导向”技术。在另一种危害评估技术(如 HAZOP)已确定需要进行更详细分析的重大事故的情况下，通常会采用 FTA。

故障树是一个图形模型，显示可能导致主要系统故障(称为顶上事件)的设备失效和人为错误的各种组合。这使危害分析人员能够将预防或减缓措施聚焦在重要的根原因上，以降低事故发生的可能性。

故障树分析是采用布尔逻辑符号(即与门、或门)将顶上事件的原因分解为基本设备失效和人为错误(称为基本事件)的演绎技术。分析人员从需要避免的事故或不利事件开始，识别该事件的直接原因。以相同的方式进一步检查每个直接原因(称为故障事件)，直到分析人员确定了每个故障事件的根原因或达到了为分析建立的边界。生成的故障树模型显示了基本事件和所选顶上事件之间的逻辑关系。

顶上事件是特定的危险情况，通常采用更宏观的定性危害评估技术(如假设分析、HAZOP)来辨识。故障树模型可用于生成导致顶上事件的失效组合表(失效模式)。这些失效模式被称为割集。最小割集(MCS)是组件失效的最小组合，如果它们同时发生或存在，会导致顶上事件发生。这种组合是“最小”组合，因为如果出现顶上事件是某特定 MCS 发生的结果，则此 MCS 中的所有故障都必须发生。例如，如果割集“缺少燃料”和“挡风玻璃破裂”发生，汽车将无法运行。然而，MCS 是“缺少燃料”，因为它单独可以引起顶上事件。破碎的挡风玻璃与汽车的运行能力无关。有时，分析人员可能会在故障树模型中加入一些特殊条件或间接事件(例如，存在某种装置运行条件)。因此，最小割集列表代表了可能发生不利后果的已知方式，如设备失效、人为错误和相关情况。

故障树用图形表示了失效和特定后果之间的关系。故障事件和代表设备或人员失效的基本事件(下文将设备和人员统称为部件)可分为失效和故障。部件失效是一种功能障碍，需要对部件进行维修才能重新发挥其功能。例如，泵轴断裂被归类为部件失效。部件故障是一种功能障碍，一旦导致功能失灵的条件得到纠正就可自行“修复”。部件故障的一个例子是开关，其触点因潮湿而功能失灵，当触点干燥了就可以正常工作。

无论部件的功能障碍被归类为故障还是失效，故障树分析的基本假设是所有部件都处于故障状态或工作状态。对几种不良的操作状态进行分析通常是不实际的。分析人员必须为故障树模型中使用的每个事件定义失效和成功的条件。

有关故障树分析的详细信息，请参阅《危害评估程序指南》(*Guidelines for Hazard Evaluation Procedures*)(参考文献 4-1)。

4.2.4.2 事件树

事件树以图形方式显示了当特定初始原因(设备失效或人为错误)发生时，保护系统成功或失败后的所有可能结果。事件树也用于研究其他事件，例如从损失事件开始并评估减缓系统。

事件树用于识别某一个初始事件可能引发的各种结果。在识别出这些单个事件的排序后，可以使用故障树分析来确定可能导致这些结果的具体失效组合。

有关事件树分析的详细信息，请参阅《危害评估程序指南》(*Guidelines for Hazard Evaluation Procedures*)(参考文献 4-1)。

4.2.5 人机因素分析

人机因素涉及机器、操作和工作环境，使其匹配人类的能力、局限和需求。这是基于对工作环境中的操作人员、管理人员、维护人员和其他人员的研究，以及对通常会影响人与技术装备之间关系的因素的研究。现在认识到这些因素远远超出了基本的人机工程学和人机界面的考虑范围，包括安全文化的各个方面，如管理层的领导和承诺、期望目标的清晰传达和操作纪律。

虽然控制系统已经实现了高度自动化，但是工艺操作人员仍然对工艺过程的安全和经济运行负有整体的直接责任。在多大程度上取消操作人员的安全停车功能或其他对异常情况的响应处理并转给仪表保护系统，通常存在着意见分歧。一般来说，危害越大，对采用保护性仪表的争论就越激烈。无论采用何种方法，操作人员仍然具有运行装置的重要职能，尽可能维持其对装置的控制，并在需要时采取行动以避免损失事件发生。因此，工艺操作人员的工作至关重要，在进行危害评估时应予以考虑。

在当今世界，有些工具可以用于全面审查与所研究的工艺过程相关的人机因素。大多数情况下，危害评估主持人认为通过对节点、偏差、引导词进行分析研究，已经可以覆盖过程安全中的“人因”方面，因此没有必要单独审查这方面的内容。对基于程序的操作和间歇式工艺操作规程上进行的非常详细的危害评估，可能是这种情况。然而，在对连续工艺过程的危害评估中，将人机因素作为独立分析项目进行专项审查是十分重要的。有些公司建议在评估团队中增加一名人机因素工程师。API 开发了一种工具，可以帮助主持人和评估团队辨识和评估与特定设备类型相关的人机因素问题(参考文献 4-33)。

还有其他用于危害分析的技术，包括一些侧重于人机因素方面的技术，例如：

- 关键任务分析；
- 人员可靠性分析。

4.2.5.1 关键任务分析

关键任务分析是一种系统的方法，用于识别工艺设施中的关键任务，确定其重要性的优先级，分析被认为最关键的任务并识别适当的安全措施来减缓风险。这种人为错误分析方法需要将程序或整体任务分解为单元任务，涉及确定人员和设备所需的详细性能以及确定环境条件、故障和其他意外事件的影响。关键任务分析的步骤如下：

- 确定任务要执行的每个顺序活动；
- 记录执行任务时可能出现的错误；
- 记录这些错误的后果；
- 辨识人机因素问题；
- 确定潜在的解决方案和缓解措施。

更多信息，请参阅《流程工业人机工程解决方案》(*Ergonomic Solutions for the Process Industries*)(参考文献 4-30)。

4.2.5.2 人员可靠性分析

人员可靠性分析(HRA)是对影响操作人员、维护人员、技术人员和其他装置人员性能的因素进行系统评估，涉及任务分析的几种类型。这些类型的分析描述了任务的物理和环境特征，以及执行任务人员所需的技能、知识和能力。HRA 将辨识可能引起或导致事故的错误情况。HRA 也可用于追踪人为错误的原因。HRA 通常与其他危害评估技术结合使用。

HRA 的目的是确定潜在的人为错误及其影响或识别人为错误的深层次原因。HRA 系统地列出在正常或紧急操作过程中可能遇到的错误、导致此类错误的因素，以及为减少此类错误发生而提出的系统改造建议。HRA 的结果是定性的，但也可以量化。分析内容包括辨识受特定错误影响的系统界面，并根据发生概率或后果的严重程度，对这些错误进行排序。当设计变更或系统、装置改造或培训调整时，分析结果很容易更新。HRA 结果的工作示例可参见《危害评估程序指南》(*Guidelines for Hazard Evaluation Procedures*)(参考文献 4-1)。

4.2.6 分析技术选择

每种危害评估技术都有其独特的优势和劣势。了解这些优势和劣势对于选择适当的危害评估技术非常重要。对于缺乏经验的主持人而言，选择适当危害评估技术的过程可能颇具挑战，因为“最佳”技术可能并不明显。随着危害分析人员在各种危害评估方法上积累经验，选择适当技术的任务就变得更容易，甚至可以靠直觉。选择适当技术时需要考虑的因素包括：

- 分析的动机；
- 需要的分析结果类型；
- 可用于研究的信息类型；
- 待分析的问题的特点；
- 与目标过程或活动相关的感知风险；
- 资源可用性和分析人员/管理层的偏好。

图 4.2 说明了选择适当危害分析技术的过程。该选择过程可与《危害评估程序指南》

(*Guidelines for Hazard Evaluation Procedures*)(参考文献 4-1)中的决策流程图一起使用。

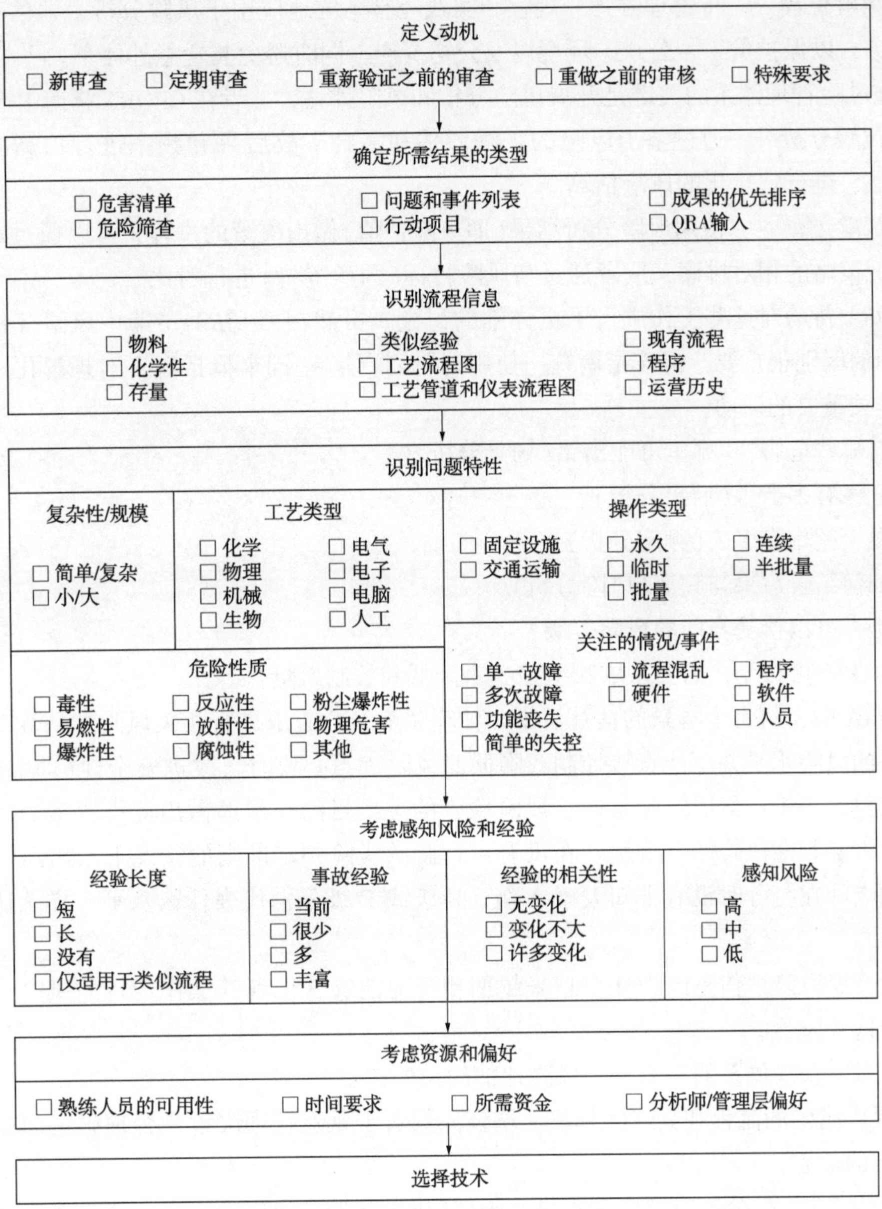

图 4.2　危害评估技术选择标准

4.3　风险评估

风险评估在工程设计过程中发挥着重要作用，可用于评估设计概念备选方案，根据周围人口确定拟建厂址的适宜性，评估紧急隔离场所位置等。

CCPS 编写的《化工过程定量风险分析指南》(*Guidelines for Chemical Process Quantitative*

Risk Analysis)(CPQRA 指南)对风险管理定义如下(参考文献 4-2):

- *风险管理*——将管理方针、规程和实践经验系统地应用于风险分析、评估和控制任务，以保护员工、公众、环境以及公司资产，同时避免装置意外停车。

实施风险管理体系的关键是开展风险分析和风险评估，二者在 CPQRA 指南中定义如下:

- *风险分析*——通过基于风险的工程评估和结合事故后果和频率进行估算的数学方法，进行定量化的风险估算。
- *风险评估*——使用风险分析结果(即风险估值)做出决策的过程，可以通过对风险降低策略的相对排序，或者通过与风险目标(*风险准则*)进行对比。

*CPQRA 指南*对这些工作进行了更详细的讨论。虽然在 *CPQRA 指南*中风险分析和风险评估之间的区别很重要，但该指南统一使用“风险评估”一词来概括以下对理解化工过程中的危害至关重要的活动:

- 有哪些危害?/哪里可能出错(场景分析)?
- 危害有多严重(后果分析)?
- 发生频率有多高(频率分析)?
- 如何结合后果与频率(风险分析)?
- 是否可以接受当前的风险等级?
- 如果不可接受，需要采取哪些措施来降低和控制风险?

在 QRA 中，将每个场景的估算后果和估算频率结合起来进行相关风险的估算。估算某活动相关的风险水平并不能直接控制或降低此风险。当必要时，改进安全性(即降低风险)需要做出整改决策，然后实施整改。风险检查的主要目的是帮助做出此类决策。风险准则有助于检查和判断风险的严重性。在没有可理解的风险判定准则的情况下给出风险评估结果，就像老师在打分时没有告知大家 A 级、B 级或 F 级分别代表什么水平一样，让人无从判断。

行业开展风险评估是因为社会越来越期望行业能够认识到其操作运行的风险，并负责任地控制这些风险。

作为风险管理体系的一部分，风险评估的益处在于:

- 提供明确的流程和具体的标准，增强人们对于风险管理决策是合理确定而非武断决定的信心;
- 为优先排序/分配有限资源提供基础(提供最佳的支出组合方案，使企业的总体风险最小化);
- 有助于评估风险降低备选方案的相对效益;
- 有助于确定负责风险决策的组织级别(例如，高风险的决策应由高级别部门负责);
- 有助于保护组织的经营许可(实体的或象征性的)，并提高业务的可持续性;
- 有助于更好地理解风险管理。

4.3.1 定量风险评估技术概述

如《化工过程定量风险分析指南》(*Guidelines for Chemical Process Quantitative Risk*

Analysis)(参考文献 4-2)所述，QRA 是一种方法，旨在为管理层提供帮助评估整体过程风险的工具。风险管理的其他方面，如实施《基于风险的过程安全》(*Guidelines for Risk Based Process Safety*)(参考文献 4-34)所述的基于风险的过程安全管理体系，可以为过程事故提供多层保护，但是无法完全消除发生严重事件的可能性。QRA 提供了一种定量方法来评估风险并确定有效的风险降低区域。

对 QRA 方法的基本了解可能有助于理解风险准则的应用。图 4.3 说明了 QRA 的基本步骤。

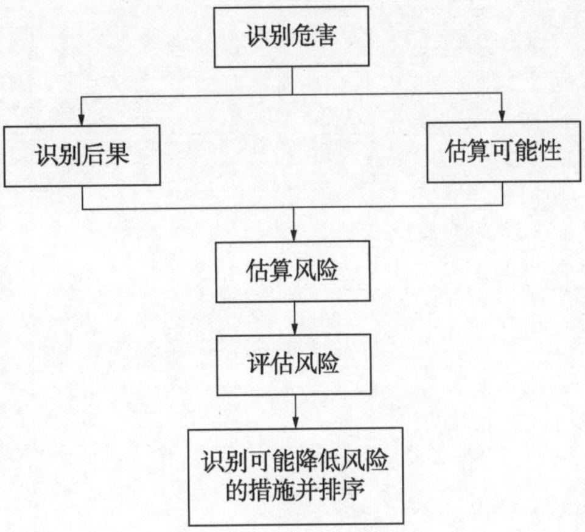

图 4.3 QRA 过程

4.3.1.1 后果/影响评估

除个别情况外，过程工业中的关注事件通常与过程中的物料泄漏有关。物料通常具有危害特性，包括毒性和能量(例如，热能、压力能或潜在燃烧能)。典型的事故场景包括管道破裂或爆管、储罐孔泄漏、容器内失控反应、容器外部火灾导致泄压阀打开、操作人员误打开排气阀或排水阀等。

事故场景确立后，需要选择一个或多个源模型来描述物料是如何从过程中泄漏的。源模型提供了泄漏速率、泄漏总量(或泄漏总时间)和泄漏状态(固态、液态、蒸气或混合相态)。通常，会使用扩散模型来描述物料如何沿风向传播，并与空气混合形成一定浓度的混合气。

对于有毒介质泄漏，影响模型考虑了暴露的浓度和持续时间以及生理影响模式，将这些特定事件的结果转化为对人员的影响(伤害或死亡)。对于易燃物质泄漏，火灾和爆炸模型将存在的物质浓度和质量信息(以及描述易燃气云物理环境的信息)转换为潜在的能量危害，如热辐射和爆炸超压，然后使用其他影响模型来估计对人员和框架结构的影响。

通过考虑减缓因素进一步完善后果估算。这些减缓因素包括能减少泄漏持续时间的隔离系统或可能降低潜在影响程度的水喷雾、泡沫系统以及庇护场所或疏散。

图 4.4 显示了挥发性有害物质泄漏的后果模型总体逻辑图。

有关事故后果模型的其他指导，请参阅《化工过程定量风险分析指南》(*Guidelines for Chemical Process Quantitative Risk Assessment*)(参考文献 4-2)(译注：原文 Assessment 应为 Analysis)、《蒸气云爆炸、压力容器爆裂、沸腾液体膨胀蒸气爆炸与闪燃危险指南(第二版)》(*Guidelines for Evaluating the Characteristics of Vapor Cloud Explosions, Flash Fires, and BLEVEs*)(参考文献 4-7)(译注：原文应为 *Guidelines for Vapor Cloud Explosion, Pressure Vessel Burst, BLEVE and Flash Fire Hazards, Second Edition*)和《流程工业建筑物外部爆炸和火灾风险评估指南》(*Guidelines for Evaluating Process Plant Buildings for External Explosions and Fires*)(参考文献 4-35)。

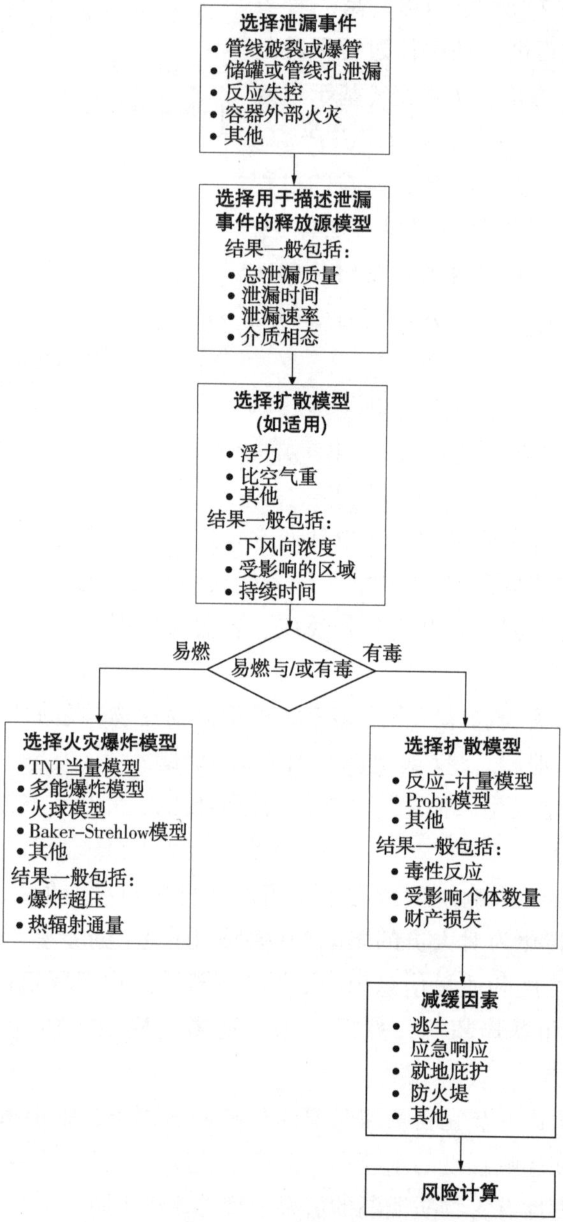

图 4.4　后果分析流程图

4.3.1.2　频率评估

《化工过程定量风险分析指南》(*Guidelines for Chemical Process Quantitative Risk Assessment*)(参考文献 4-2)(译注：原文 Assessment 应为 Analysis)详细介绍了回答“*这个事故场景多长时间发生一次？*”最常用的技术。频率评估技术包括：

- 查阅类似事件的历史记录；
- 故障树分析；
- 事件树分析；

- 保护层分析；
- 外部事件分析；
- 共因失效分析；
- 人员可靠性分析。

在进行频率分析时，通常很难确定提供足够信息以做出必要的基于风险的决策所需的适当详细程度。在进行频率分析时通常应当考虑以下分阶段方法：

- 使用 HAZOP 或假设分析等方法进行定性研究，以识别可能导致事故场景的潜在初始事件。
- 针对关注的初始事件，建立一个事件树以进一步细化事故场景，例如根据相关保护设施的成功或失败分析可能导致的各种结果。
- 使用故障树分析或历史记录审查等技术估算每个场景初始事件的频率和分支点概率。
- 将初始事件频率乘以相关分支点的概率来估算每个场景结果的发生频率。

通常，利用在每层分支点提供的估值来简化频率分析，而不采用详细的故障树分析。

4.3.1.3 开展全面定量风险评估

在风险评估中，经常会出现诸如"最坏场景"或"最不利可信场景"这样的术语。每一个场景都对应一个频率和后果(因此也有风险)，如不对这个风险进行量化(至少是估算)，则无法判定该场景的严重性。如前文所述，大多数后果严重的事故场景发生频率相对较低。通常被归类为"最不利可信场景"的事件包括：液体管线全破裂和压力容器失效。无论这些事故场景从后果评估角度是否构成最坏情形，只有对这些典型事故场景进行全面评估(即还存在更频繁发生的后果更温和事件)，才能明确其风险显著性。例如，中等尺寸的管线破裂导致的蒸气云爆炸后果，与压力容器破裂的后果严重性相比是相对较低的，但如果将所有场景都进行量化计算，这个风险则可能是相对较高的。为此，建议在 QRA 中评估一系列具有代表性的已识别事故场景。

4.3.1.4 分析方法的标准化

后果和频率评估是个复杂且不断发展的课题。通常即使是专家之间也可能对某特定场景建模的最佳方法存在不同意见。事实上，以前曾比较过多位独立分析人员对同一场景的建模结果，发现存在着一到两个数量级差别的极端情况。然而，一旦评估团队采用类似的假设条件，评估结果就会收敛到可接受的范围内(即相差系数在 5 倍以内)(参考文献 4-2)。

当然，如果一个企业承诺使用 QRA，就需要建立关于假设和技术的明确指南，以加强评估的一致性。企业应当努力在所有地点都实现标准化，这样，企业范围内基于风险的决策就不太可能出现明显差异，不像拿苹果与橘子做比较。企业 QRA 指南可以提供标准化的数据和分析方法：

- 设备失效率数据；
- 人因失误频率；
- 毒性介质剂量-反应关系；

- 人体对热暴露(火灾)和爆炸超压的生理反应;
- 结构分析,以确定建筑物遭受爆炸时的损坏程度及产生的人员伤亡脆弱性;
- 源项和扩散模型的分析技术;
- 关于减缓措施设计特点/活动(如现场避难设施、远程切断泄漏设施、水喷雾系统等)可信的假设;
- 建模软件的选择;
- QRA 分析人员的培训和资格要求。

同样,在一些强制要求 QRA 的司法管辖区,是政府监管机构可能通过制定标准化协议(可能包括场景定义)来要求并实施这种标准化,以最大限度地减少不同企业和分析人员之间类似情况下分析结果的差异。

4.3.2 风险评估基准

4.3.2.1 定性风险评估基准

上节讨论了如何确定已辨识危害场景的后果严重性和潜在频率。在危害评估团队或过程风险分析人员已经估算了严重性和频率后,可以估算场景的风险:

场景频率×场景严重程度=场景风险

该场景风险估算可用于确定现有安全措施是否足以控制此场景的风险。当然,必须对每个可能产生后果的场景重复这一计算。许多企业使用风险矩阵来定性地评估风险。图 4.5 为一个风险矩阵示例。有关定性风险准则的更多详细信息,请参阅《危害评估程序指南》(*Guidelines for Hazard Evaluation Procedures*)第 7 章“*基于风险确定保障措施的充分性*”(*Risk-Based Determination of the Adequacy of Safeguards*)(参考文献 4-1)。

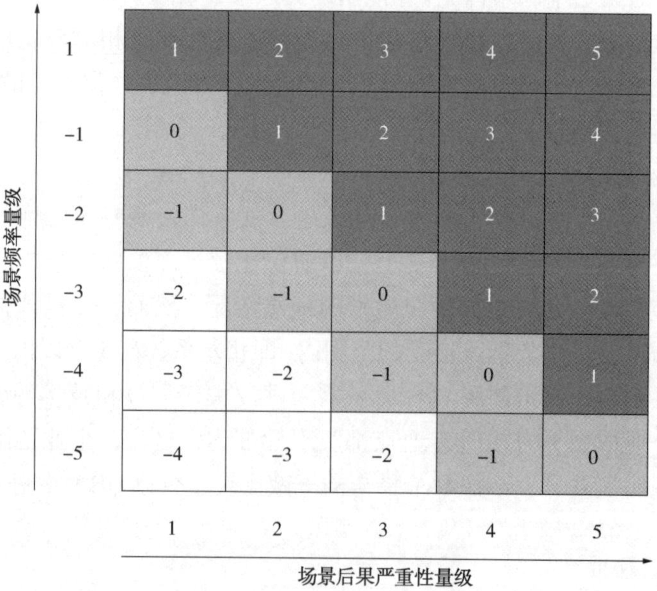

图 4.5 使用量级频率和严重性类别的风险矩阵示例

4.3.2.2 定量风险评估基准

在开始详细地讨论风险准则之前，有必要先确定其适用的风险度量方法。经验表明，为了从平衡的角度看待工艺装置操作相关风险，有必要从两个维度评估风险：

(1) 个人风险；

(2) 群体风险。

二者分别被称为个人风险和社会风险。

个人风险和社会风险有许多不同的度量方法，本书提到的是在过程工业中最常用的方法。寻求更广泛视角的读者可查阅《定量安全风险准则制定指南》(*Guidelines for Developing Quantitative Safety Risk Criteria*)(参考文献 4-36)，了解其他风险度量示例及其呈现格式。

4.3.2.3 个人风险

个人风险是表示暴露于某个危害中的个人所面临的风险，即在一个事件或一系列事件的影响范围内的个人。以受单一事件影响人数衡量的事件规模对个人风险没有影响。个人风险的度量可以是单个数字、数字表格或各种图形。常用的个人风险度量包括(参考文献 4-2)：

- 个人风险；
- 最大个人风险；
- 平均个人风险(暴露人数)；
- 平均个人风险(总人数)；
- 平均个人风险(暴露时间/工作时间)。

还有其他计算个人风险的方法。考虑到个人风险度量的多样性，重要的是个人风险计算方式与风险准则定义基础保持一致。

上述个人风险度量通常表示为每年发生致命伤害的频率。尽管所有伤害都令人担忧，但用于预测伤害程度的影响模型往往包含了更多的不确定性。因此，风险分析人员通常将致命伤害(死亡)风险作为更明确的度量标准。后续章节将指出，还有更多可供比较的历史数据，可用于根据与其他危险活动相关的死亡风险来校准风险准则。

其他曾使用的个人风险度量包括*死亡事故率*(FAR)(参考文献 4-37)。FAR 是每 10^8 暴露小时的估计死亡人数，这是与平均个人风险直接成正比的单一数字指数。计算 FAR 时，需将平均个人风险乘以系数 $10^8/(24\times365)=1.14\times10^4$。

可以计算现场人员(如员工或承包商)或厂外公众的个人风险。公众风险的计算可能会引入相比现场风险计算更独特或更苛刻的考虑因素。举例如下：

- 厂外人员可能包括因年龄或一般健康状况(如小孩或老人)而更容易受到健康影响的人，在遇到危险时他们的反应和自保能力更弱。
- 厂外人员对过程危害以及针对这些危害的自保措施不甚了解，通常也不具备与现场员工同样的防护设施。
- 虽然厂外人员与危险源的距离更远，但可能暴露的时间比例更大(例如，在家的居民接近 100%的时间都暴露于危险中)。根据厂外开发的性质，有些人员的暴露可能是临时且短暂的(例如，化工设施或炼油设施附近公园的游客)。

计算*个人风险*时，应当了解所有事件结果案例(事件序列)的作用是可叠加的。例如，某设施工作人员的*个人总风险*等于所有可能伤及他的事件风险逐一叠加，即他可能接触到的火灾、爆炸、有毒化学品泄漏等所有风险的总和。

4.3.2.4 社会风险

社会风险衡量的是一个事件或一系列事件影响范围内的一群人受到影响的可能性。因此，社会风险的估算包括以受影响人数衡量的事件规模。有些社会风险度量旨在反映这样一种现象，即相比小事件(较少死亡)，社会往往更关心重大事件(较多死亡)的风险，并且可能对重大事件赋予不成比例的更高重要性。在制定风险准则时，将进一步讨论这种潜在风险规避。

社会风险度量可以表达为单个数字、数字表格或图形，最常见的图形表示方法是 $F-N$(频率-人数)曲线。$F-N$ 曲线是多起伤亡事件的频率分布图，F 代表造成 N 人或 N 人以上伤亡的所有事件的累计频率(N 通常用死亡人数表示)。由于频率和死亡人数范围通常横跨几个数量级，$F-N$ 曲线通常使用对数-对数坐标。

*社会风险*计算需采用与*个人风险*计算相同的频率和后果信息。*个人风险*需要个体在危险区域内的详细情况，而*社会风险*计算则需要界定危险区内的暴露人数。该界定需要涉及的参数如下：

- 人群数量及地理分布；
- 人群类别(如居民、学生、工厂员工等)；
- 人员在场的概率(如人员每天出现在该区域的小时数)。

以往的重点是计算厂外人员的社会风险，但如今企业逐步认识到现场人员群体风险的重要性。与个人风险一样，社会风险估算通常是许多事件结果案例的风险总和。

4.3.3 定量风险评估结果应用

从管理者的角度来看，QRA 的目标是为决策者做出合理的风险管理决策提供信息。QRA 的应用举例如下：

- 辨识风险的主要因素。如前文所述，个人风险和社会风险估算都是许多场景风险的总和，而少数场景在求和时占主导地位的情况并不罕见。
- 辨识和管理最重要的风险因素是减少风险源的有效手段。
- 风险管理方案比选。QRA 经常被用于评估一种方案相比其他方案的风险降低效益，进而可以确定风险减低资源的最佳的投资方案。
- 对比现有运行的风险。企业可以比较多项运行的风险，而不做绝对的评判。
- 根据风险升级管理原则确定部门审批级别。企业可要求高风险活动由企业内更高级别部门审批。
- 就风险是否可接受做出艰难决策。QRA 可以作为通过/不通过某行动方案的决策依据，或为“*是否采取了足够措施来降低风险*”提供关键输入。
- 实现依法合规。有些监管机构可能要求用 QRA 证明启动或继续开展某些危险活动的合理性。

在上述七种一般应用中，应当注意的是，只有最后两种需要采用风险准则(前者由企业颁布，后者由监管机构颁布)。虽然创建风险准则是本书的重点，但也有必要承认 QRA 在某些只需要进行相关风险评估的场合的重要性。实际上，由于 QRA 所做假设和所采用模型存在固有的不确定性，有些分析人员更愿意进行风险评估对比，在这种情况下，任何不准确之处都同样适用于所有风险评估，使得相对的判断仍然有效。然而，在缺乏风险准则的情况下，通常更难确定所有(或没有)备选方案的风险可以接受。

4.3.4 风险接受/决策基准

风险评估的应用是将风险分析结果用于决策的过程，可以通过给风险降低策略进行优先排序，也可以通过与特定风险目标进行对比来实现。

更多信息请参考《定量安全风险准则制定指南》(*Guidelines for Developing Quantitative Safety Risk Criteria*)(参考文献 4-36)。

4.4 可靠性/可维护性分析

大多数危害评估并不包括对可靠性、可维护性和质量的考量，除非这些因素也可能导致人员安全、环境损害或财产损失等后果。然而，排除这些因素的原因通常是为了减少危害评估的范围和时间。大多数基于场景的危害评估方法是研究工艺设施的可靠性、可维护性和质量问题的良好工具。例如，危险与可操作性研究方法(HAZOP)的名字本身就说明了这一点。最初开发和应用 HAZOP 分析的目的是兼顾危险性和可操作性，利用该方法发现并纠正(或避免)可操作性问题的成本效益已多次得到证明。

HAZOP 的改进方法 HAZROP(针对危险、可靠性和可操作性)将 HAZOP 研究与以可靠性为中心的维护相结合。同样，FMEA 的改进方法 FMECA(失效模式、影响及危害性分析)和 FMEDA(失效模式、影响及诊断分析)用于产品质量和可靠性分析，并用作六西格玛管理工具。FMEA 可用于质量、可靠性和/或安全性分析，从而可以利用单次 FMEA 实现多个目标。

在危害评估的背景下，考虑可靠性、可操作性/可维护性和质量影响的最有效方法是采用与火灾和爆炸造成的财产损失影响相同的术语或分类来定量分析异常工况的后果。例如，以总经济损失的数量级来划分后果的严重性类别(如 1 万美元、10 万美元、100 万美元等)，则应当采用同样的数量级来评估压缩机轴承失效或产品批次质量不合格等事件的潜在损失。还应当考虑损失减缓因素，如备用压缩机的可用性或不合格产品返工的能力等。

针对可靠性、质量或可操作性/可维护性问题提出的改进建议通常与安全和环境危害评估提出的改进建议分开记录和跟踪。这样，业务部门就可以根据每项建议的成本-收益回报来评估其效益，同时考虑可行性和资源有限性。许多建议不是基于降低风险，而是作为对最终设计(如在被遗漏的地方安装低点排净)或操作规程(如增加手段改进各批次一致性)的直接修改或改进而提出的。

4.5 参考文献

4-1. CCPS. *Guidelines for Hazard Evaluation Procedures*. Center for Chemical Process Safety of the American Institute of Chemical Engineers. New York, NY. 2008.

4-2. CCPS. *Guidelines for Chemical Process Quantitative Risk Analysis*, *Second Edition*. Center for Chemical Process Safety of the American Institute of Chemical Engineers. New York, NY. 2000.

4-3. CCPS. *Layer of Protection Analysis - Simplified Process Risk Assessment*. Center for Chemical Process Safety of the American Institute of Chemical Engineers. New York, NY. 2001.

4-4. CCPS. *Guidelines for Process Safety in Batch Reaction Systems*. Center for Chemical Process Safety of the American Institute of Chemical Engineers. New York, NY. 1999.

4-5. CCPS. *Guidelines for Fire Protection in Chemical*, *Petrochemical*, *and Hydrocarbon Processing Facilities*. Center for Chemical Process Safety of the American Institute of Chemical Engineers. New York, NY. 2003.

4-6. Crowl, D. A. *Understanding Explosions*. Center for Chemical Process Safety for the American Institute of Chemical Engineers. New York, NY. 2003.

4-7. CCPS. *Guidelines for Vapor Cloud Explosion*, *Pressure Vessel Burst*, *BLEVE and Flash Fire Hazards*, *Second Edition*. Center for Chemical Process Safety. New York, NY. 2010.

4-8. NOAA. *Chemical Reactivity Worksheet*, *Version 2.1*. National Oceanic and Atmospheric Administration. http://response.restoration.noaa.gov/CRW

4-9. API RP 2003. *Protection Against Ignitions Arising out of Static*, *Lightning and Stray Currents*. American Petroleum Institute, Washington, D. C. 1991.

4-10. NFPA 55. *Compressed Gas Code*. National Fire Protection Association, Quincy, MA. 2010.

4-11. NFPA 400. *Hazardous Material Code*. National Fire Protection Association, Quincy, MA. 2010.

4-12. NFPA 69. *Explosion Prevention Systems*. National Fire Protection Association, Quincy, MA. 1986.

4-13. NFPA 70. *National Electrical Code*. National Fire Protection Association, Quincy, MA. 2011.

4-14. NFPA 77. *Static Electricity*. National Fire Protection Association, Quincy, MA. 1988.

4-15. NFPA 78. *Lightning Protection Code*. National Fire Protection Association, Quincy, MA. 1989.

4-16. NFPA 497M. *Manual for Classification of Gases*, *Vapors and Dusts for Electrical Equipment in Hazardous (Classified) Locations*. National Fire Protection Association, Quincy, MA. 1991.

4-17. Withers, R. M. J. and Lees, F. P., *The Assessment of Major Hazards*: *The Lethal Toxicity of Chlorine*, *Parts 1 and 2*. Journal of Hazardous Materials, 12(3). 1985.

4-18. Lees, F. P. *Loss Prevention in the Process Industries*, *Third Edition*. Elsevier, Inc. Oxford, UK. 2005.

4-19. CCPS. *Guidelines for Safe Storage and Handling of High Toxic Hazard Materials*. Center for Chemical Process Safety of the American Institute of Chemical Engineers. New York, NY. 1988.

4-20. ANSI/API STD 521. *Pressure-Relieving and Depressuring Systems*, *Fifth Edition*. American Petroleum Institute. Washington, D. C. 2007.

4-21. DOE. *Protective Action Criteria (PAC) Values*. Subcommitee on Consequence Assessment and Protective Actions (SCAPA) of the Department of Energy (DOE). www.atlintl.com/DOE/teels/teel.html

4-22. EPA. *Acute Exposure Guideline Levels (AEGLs)*. Environmental Protection Agency, www.epa.gov/oppt/

aegl/index.htm

4-23. AIHA. *Emergency Response Planning Guidelines and Workplace Environmental Exposure Level Guides*. American Industrial Hygiene Association. Fairfax, VA. www.aiha.org

4-24. DOE. *Temporary Emergency Exposure Limit (TEEL) Data Sets*. Department of Energy Office of Emergency Management. http://orise.orau.gov/emi/scapa/chem-pacs-teels/default.htm

4-25. NIOSH. *Publication No. 94-116: NIOSH Pocket Guide to Chemical Hazards*. US Department of Health and Human Services. Washington, D. C. 1994.

4-26. Baldini. R., Komosinsky, P. *Consequence Analysis of Toxic Substance Clouds*. New Jersey Department of Environmental Protection. Trenton, NJ. 1988.

4-27. EPA. *RMP Offsite Consequence Analysis Guidance*. Environmental Protection Agency. Washington, D. C. 1996.

4-28. EPA. *Accidental Release Prevention Requirements: Risk Management Programs Under Clean Air Act Section 112(r)(7)*. 40 CFR Part 68, U. S. Environmental Protection Agency, June 20, 1996 Fed. Reg. Vol. 61 [31667-31730]. www.epa.gov

4-29. HSE. Health and Safety Executive, UK. http://www.hse.gov.uk/hid/haztox.htm (referenced March, 2010)

4-30. Attwood, D. A., Deeb, J. M., and Danz-Reece, M. E. *Ergonomie Solutions for the Process Industries*. Elsevier, Inc. Oxford, UK. 2004.

4-31. U. S. Department of Defense Explosive Safety Board. Technical Paper 14. 2009.

4-32. Baker, W. E., Cox, P. A., Westine, P. S., Kulesz, J. J., and Strehlow, R. A. *Explosion Hazards and Evaluation*. Elsevier. New York, NY. 1983.

4-33. API. *Tool for Incorporating Human Factors during Process Hazard Analysis (PHA) Reviews of Plant Design*. American Petroleum Institute. Washington, D. C. 2004.

4-34. CCPS. *Guidelines for Risk Based Process Safety*. Center for Chemical Process Safety of the American Institute of Chemical Engineers. New York, NY. 2007.

4-35. CCPS. *Guidelines for Evaluating Process Plant Buildings for External Explosions and Fires*. Center for Chemical Process Safety. New York, NY. 1996.

4-36. CCPS. *Guidelines for Developing Quantitative Safety Risk Criteria*. Center for Chemical Process Safety of the American Institute of Chemical Engineers. New York, NY. 2009.

4-37. Vinnem, J. E. *Offshore Risk Assessment: Principles, Modeling and Applications of QRA Studies*. Kluwer Academic Publishers Group. Dordrecht, The Netherlands. 1999.

5　一般设计原则

本章介绍了工程设计中需要考虑的一般设计原则。第 6 章介绍了针对特定设备的注意事项。第 7 章介绍了用于预防和减缓事故保护层的设计信息。

5.1　安全防护策略

过程风险管理是指通过各种策略、技术、规程、政策和系统来对过程风险进行综合管理，从而减少过程的危害性，或降低事故发生的概率，或两者兼有。一般来说，降低风险的策略，无论是旨在降低潜在事故的发生频率还是后果严重性都可以分为四类：

- *本质性*：使用更为温和的材料和过程条件来消除危害。例如，用水代替易燃溶剂。
- *被动性*：通过工艺和设备的设计特性把危害降至最低，这些特性可以在没有任何设备主动运作的情况下减少危害的发生频率或后果。例如，在易燃液体储罐周围设置围堰。
- *主动性*：使用控制、报警、安全仪表系统和减缓系统来检测和响应工艺过程偏离的工况。例如，当下游储罐罐容达到 90%时，由高液位开关切断进料泵的电源。这些系统通常被称为工程控制，人为干预也属于主动性。
- *程序性*：通过使用政策、操作规程、培训、行政检查、应急响应和其他管理办法来预防事故或将事故影响最小化。例如，动火作业规程和许可证制度。这些办法通常被称为管理控制。

以上四类防护措施均可以为工艺过程全生命周期的安全性作出贡献。在理想情况下，可按照图 5.1 的层级考虑分析、降低和管理风险的步骤。

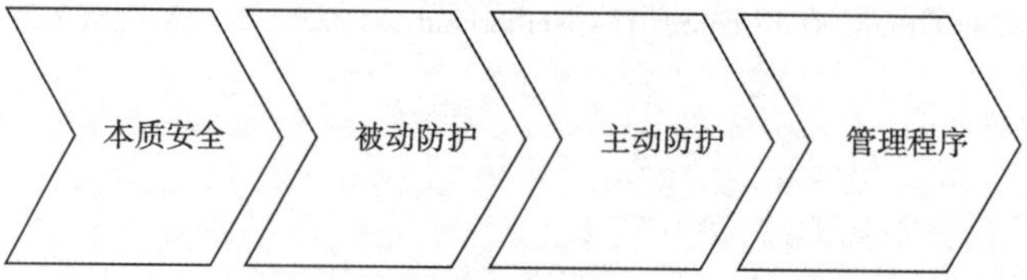

图 5.1　过程风险管理策略的层级

本质安全性是利用物质或过程的特性来消除或减少危害。本质安全与其他三类的根本区别在于，本质安全力求从源头上消除危害，而不是接受危害并试图减缓其影响。如果采用本质更安全的方法能够达到项目风险目标，则可能不需要设置其他保护层以及这些保护层带来的时间、资本和费用方面的相关成本。

5.1.1 本质安全

本质更安全设计方案是通过使用危害较小的物质和工艺条件来消除或减缓危害。有关本质更安全工艺化学概念的更多信息，请参见第5.2节。

本质更安全设计方案举例如下：

- 用水替代易燃溶剂；
- 减少或消除危险品存量。

钢管等连续金属设备本身可视为等电位连接，当可靠接地时(如通过多个地脚螺栓固定设备)，其需要的维护工作量最少。与使用胶垫、螺纹连接或其他可能导致电气连续性中断的设计方案相比，这是本质更安全的设计，因为那些方案需要外部跨接及相关维护，与采用其他防护措施来减缓事故后果的容器相比，按照任何可信的异常工况(如内部爆炸)下可预见的最高压力进行设计的容器本质更安全。

相比一些可选设计方案，上述两个示例中的系统本质更安全。然而，这类设计被归为被动措施系统，而非本质更安全。如前所述，真正的本质更安全设计是通过使用危害性较小的物质或工艺条件来降低危害。在这些示例中，通过设计消除易燃环境，比在易燃环境中采用等电位连接或加固设备等措施可以提高本质安全水平。

通常，主动性措施和程序性措施作为设计方案可以相互补充。例如，在油罐车等电位连接过程中，可以安装一个“主动”的接地指示装置来显示存在的正极接地连接。在这种情况下，仍然需要确保系统不会因报警被忽视甚至指示装置被旁路而失效。接地指示装置也可与泵联锁以防止误操作。对阻火器而言，相关的程序系统是要求定期监测压降，并在达到特定差值时进行维护(参考文献5-1)。

5.1.2 被动防护

被动设计方案不需要采用设备去感应和/或主动响应过程变量，并且有非常可靠的机械设计。被动设计方案举例如下：

- 使用不相配的软管接头、采用固定安装的插入管实现无飞溅进料、采用连续金属设备和管道而非可拆卸电缆的固定接地和等电位连接。
- 使用地面坡向远处蓄液区的围堰储存有害物料，以尽量减少泄漏时产生的液池表面积。

被动设计可以采用程序性措施或主动措施系统作为补充，尤其是对于经常发生的临时情况。例如，被动措施系统可能包括一个固定的插入管，该管道一直插入易燃液体储罐的底部，以避免进料时发生飞溅。

其他被动安全措施示例如下：

- 间距；
- 防撞柱。

尽管被动措施设计所需的经常性维护通常少于主动措施系统，但维护对其发挥预期功能仍然至关重要。例如，用于收集有害物料泄漏的远端蓄液区，如果因为维护管理不当而充满雨水或遭到破坏，则其防护功能将会失效。

5.1.3 主动防护

主动防护设计方案需要利用设施来监控工艺过程的变量和功能以减缓危害。

通常，主动性措施方案需要大量维修和程序性管理，所以其可靠性低于本质更安全方案或被动措施方案。为了实现必要的可靠性，经常采用冗余来消除连续生产和安全要求之间的矛盾(例如，为了维修一个安全阀需要隔离一个单元)。

主动性措施方案有时被称为工程控制，举例如下：

- 使用安全阀或爆破片来防止容器超压。
- 将高液位传感器与容器进口阀门和泵电机联锁，以防止容器液体溢出。
- 安装喷淋系统。

主动措施方案包括泄压阀、泄爆口、抑爆系统、快速动作阀、止回阀和自动调节器。所有这些设施都需要维护，并根据工艺变量进行操作控制。

5.1.4 管理程序

程序性设计方案需要人为干预来避免危害，其中包括遵循标准操作规程或对报警、仪表值、噪声、泄漏或取样结果等有问题的显示做出响应。由于有人员参与执行纠正措施，需要考虑人机因素(参考文献 5-2)，例如过度报警、人机之间任务分配不当以及缺乏安全意识。由于涉及人机因素，程序方案通常是这四类方案中可靠性最低的。

程序方案有时被称为管理控制。程序方案举例如下：

- 遵循标准操作规程，以保持工艺过程的操作范围在规定的设备机械设计限值之内。
- 在检查清单上对某些操作项目签字确认。
- 高液位报警时手动关闭进料隔离阀，避免储罐中的物料溢出。
- 执行预防性维修程序，防止设备失效。
- 手动连接等电位连接和接地系统。

5.1.5 各类防护设计特点

图 5.2 对比了四类防护措施设计方案的成本和功能特点。程序措施方案并不复杂，但通常可靠性最低。与本质更安全/被动措施方案相比，主动措施方案的可靠性通常较低，复杂性较高。本质更安全/被动措施方案往往需要较高的前期成本支出，但是运营成本通常低于其他设计方案。主动措施方案的运营成本可能是最高的。

本质更安全和被动措施设计方案的内容常有重叠。因此，在第 6 章设备部分的表格中，本质更安全和被动措施这两类方案被合并在一起。

在设计方案分类中，区分本质更安全/被动系统和主动系统是非常重要的。人们普遍认为围堰是一种被动措施方案(参考文献 5-3)。那么，爆破片或末端阻火器这样的安全装置又如何分类呢？就爆破片而言，当其所承受的压力达到预定值时才能发挥作用，因此它是一种主动措施方案。这个类比并不完全适用于末端阻火器。然而，由于人员疏忽或设备缺乏预防性维护，存在多起因阻火器失效或因其他方式导致危险事故的案例。

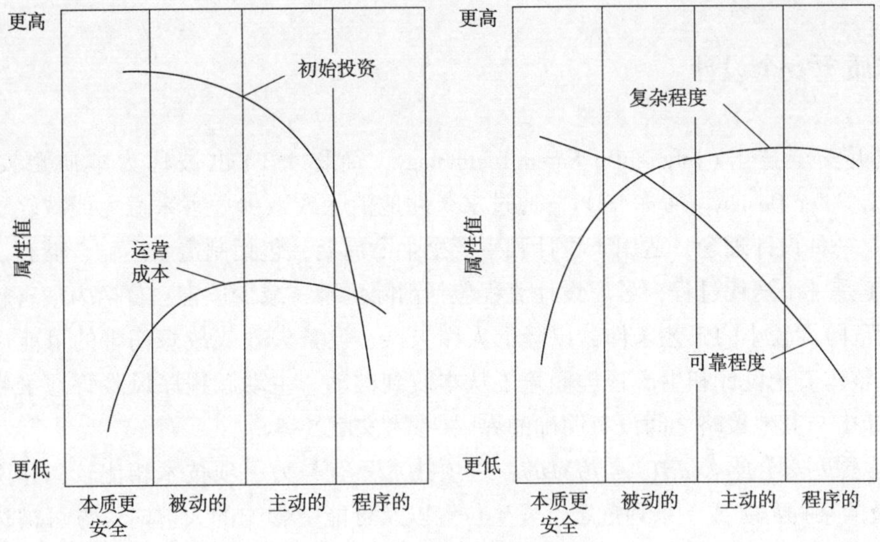

图 5.2 成本和功能特性对比

5.1.6 安全系数

为了确保系统或部件不会因未知原因而发生灾难性故障，通常会在关键设计参数上设置一个安全系数。例如，ASME 规范对材料许用应力与屈服应力的要求。应设定安全操作限值，以防止系统在不安全区内运行。

安全系数的设置应针对预期的退化和偏差(如腐蚀或波动/操作偏差)以及工艺物流被污染等情况。

工艺的过度设计并不被视为安全系数。过度设计通常是考虑将来的条件和设备情况。例如，因为存在单元扩建的可能性，在泵设计时需要考虑额外的流量。

安全系数应考虑运行条件、运行速率、工艺物料的准确化学性质和组成、未来扩建、机械完整性计划的类型和实施频率，以及变更管理计划的有效性等，还应考虑这些众多方面的变化、不确定性以及可能出错的假设和决策。

5.1.7 防护设施管理

防护设施管理包括两个非常重要的概念：

- 设置的防护设施在工艺设定条件下发挥作用。
- 防护设施不会产生新的危害。

首先，设置的安全设施便于检验检测和维护，这非常重要。这些设施可能会让人产生错误的信任感，特别是管理层人员，他们认为有很多安全设施，可以万无一失。英国 Buncefield 油库事故(参考文献 5-4)因汽油储罐的液位报警失效而导致了一场重大火灾和爆炸。

其次，设计不合理的安全设施可能会产生新的危害。举例来说，通过安装安全仪表系统(SIS)来阻止向设备输送物料，以防止设备中的物料溢出。当 SIS 启动隔离阀时，向设备输送物料的泵可能会发生空转，导致泵密封失效和设备泄漏。为了避免这种情况，SIS 应该是联锁关闭进料泵，或者在泵上设置自动回流(循环)，以满足最小流量要求。在 Buncefield 事故中(参考文献 5-4)，消防水泵可能是引发火灾和爆炸的点火源。

5.2 本质更安全设计

本质更安全技术(Inherently Safer Technology，简称 IST)也被称为本质更安全设计(Inherently Safer Design，简称 ISD)。通过永久性地消除或减少危害来避免或减轻事故的后果。IST 是一种设计理念，适用于设计和生产全生命周期，包括制造、运输、储存、使用和处置。IST 是一个迭代过程，考虑设计流程包括消除危害、减少危害、替换为危害较小的物料、采用危险性较小的工艺条件，以降低人因失误、设备失效或故意伤害的可能性或后果严重性。整体安全设计和生产管理涵盖了从本质到被动、主动和程序风险管理策略的一系列内容。IST 与其他策略之间没有明确的界限(参考文献 5-5)：

- *本质更安全技术(IST)是相对的*：一项技术只有与另一项技术相比较，并说明所涉及的某种危害或一系列危害、发生位置以及可能受影响的人群时，方可被称为本质更安全。有的技术针对某些危害可能比另一项技术本质更安全，但在满足社会期望方面就可能不够安全。
- *本质更安全技术(IST)基于信息的决策过程：因为有的*方案可能对于某些危害本质更安全，而对于其他危害本质不太安全，所以应对所有危害因素进行综合评估后做出最优风险管控策略。决策过程应考虑整个生命周期、全部的危害和风险、以及风险在不同受影响人群之间转移的可能性。同时还应该考虑方案的技术可行性和经济可行性。

如果一个化工生产过程减少或消除了与该过程中使用的物料和操作相关的危害，这种减少或消除的效果是永久的、不可分离的，那么该过程就是本质更安全的。与仅采用被动、主动和程序控制的工艺过程相比，这种减少了危害的过程被称为本质更安全的过程。需要注意的是，有时消除一个危害可能会产生其他危害。

然而，不应该认为本质更安全的工艺过程是“本质安全”或“绝对安全”的。虽然贯彻本质更安全理念可以降低工艺过程风险，但仍不可能消除所有风险。任何化学反应过程都会有风险，但通过应用本质更安全理念，所有化学反应过程都可以变得更安全(参考文献 5-6)。

本质更安全设计应该是任何工艺过程安全措施的基本要求。如果可以消除或减少危害，可能就不需要额外的保护层来控制这些危害。然而，本质更安全原则并不是唯一可用的过程风险管控措施，也并不总是最有效的。可能需要一个包括本质更安全设计和附加保护层的防护措施体系，以将风险降低到可接受的水平。

本质更安全的工艺过程通常以更低的成本获得更高的安全性。然而，选择本质更安全的方案并不能保证这些方案的实施会使操作安全性优于设置多层保护措施的工艺过程。为危险工艺过程提供保护层的传统策略可能非常有效，尽管安装和维护保护层所需的资源投入可能会非常大。某些情况下，非本质更安全技术所产生的效益足以证明为将风险降至可接受水平而建立多层保护所需投入的成本是合理的。

本质更安全的工艺流程和工厂设计方法被归纳为四大策略(参考文献 5-6)：

最小化 减少有害物质数量。

替代 用危害较小的物质替代。

减缓 采用危险性较低的操作条件、危险性较低的物质相态，或者能够将有害物质泄漏或能量释放的影响降至最低的设施。

简化 设计防护设施时消除不必要的复杂性，降低误操作的可能性，并对发生的错误具有容错性。

这四大策略构成了一个体系，通过这个体系，可以显著降低因有害物质泄漏或能量释放引发的风险，且在某些情况下甚至可以完全消除。采用其他风险降低措施(即主动或被动防护措施)，即使可能，也很难消除因设备泄漏导致的风险。如果安装和维护得当，这些措施是有效的，通常可以减少泄漏的可能性，有时还会减轻泄漏的后果，但是不可能将风险降至零。Kletz's 的名言“没有，就不会泄漏”体现了本质更安全策略的终极目标，并描述了如何消除有害物质泄漏风险。然而，尽管这些技术非常有效，也不可能完全消除所有与工艺过程相关的风险，因为对工艺过程有用的物质往往也具有危险性。

5.2.1 最小化

在本质更安全的背景下，“最小化”意味着减少制造过程或工厂设计中包含的物质或能量的数量。过程最小化通常被认为是将创新技术应用于化学过程的结果。例如，带有静态混合元件的管式反应器、离心蒸馏技术或创新的高表面积换热器。本节也讨论了这些类型的最小化策略。然而，仅仅通过将良好的工程设计原则用于更传统的技术，就可以有效减少物质存量。

通常，现场有害物质的存量是基于运营和商业因素，特别是基于在任何给定时间内现场存储或使用的运输容器数量。铁路调度时间表、卡车运输时间表以及其他与运输相关问题(其中大多数是在不考虑安全因素的情况下确定的)通常会影响现场有害物质的数量。有时物质存量由现场采购因素决定，例如与价格相关的进出货时间。为了最小化与运输调度相关的物质存量，需要精心协调托运人和承运人。

当设计工艺设施或单元时，每个工艺设备的规格都应该满足设计裕量要求，且不应超过此要求。无论是正常操作还是紧急情况，有时需要更大的设备能力来应对操作波动。这是工艺设计原则的一部分，应予以保留。但是，这些附加的空间应该保持空置且不使用，并且将来也不应该修改工艺流程以容纳新增的处理能力。如果可行，应该尽量减小原料和中间产品储罐的容量。

5.2.2 替代

在本质更安全的背景下，“替代”指的是用可减少或消除危险的替代品来替换有害物质或工艺技术。工艺设计人员、生产管理人员和工厂技术人员应该不断探询，是否可以用危害较小的替代品有效替代制造过程中使用的所有有害物质。然而，本质安全的替代概念最好应用于工艺的初期设计阶段。虽然在某些情况下，在工艺确定后替换原材料和中间产品是可行的，但通常非常困难。

化学反应和溶剂使用这两类“替代”的示例见下文。然而，在许多其他领域也可以找到用危害较小的物质做替代的示例，包括建造材料、传热介质、隔热材料和船运集装箱。

使用危险性较低的物质和化学反应的基本化学工艺为提高化工/加工行业的本质安全性提供了巨大潜力。可使用危害较小的原料或中间产品，或者减少(最小化)的有害物质存量或采用温和的(不严苛的)操作条件作为替代工艺。发现能够提高反应选择性或允许所需反应在较低温度或压力下进行的催化剂，通常是开发本质更安全化学合成路线的关键。

采用含水系统或危害较小的有机物料替代挥发性有机溶剂，可以提高许多操作过程和最终产品的安全性。评估溶剂或其他操作助剂的危害时，必须考虑该物质在操作条件下的性质。例如，操作温度在闪点或沸点以上的可燃溶剂是重大火灾隐患。

5.2.3 减缓

在本质安全的背景下，“减缓”意味着在危险性较小的操作条件下使用化学品。可以通过物理策略(如更低的温度、稀释)或化学策略(如开发没那么严苛的条件下运行的反应化学)来获得危险性较小的操作条件。

5.2.4 稀释

稀释可以通过两种方式减少储存和使用低沸点有害物质的相关危害：

(1) 降低储存压力；

(2) 降低发生泄漏时的初始空气浓度。

沸点低于正常环境温度的物质通常被储存在加压系统中，压力低于物质在环境温度下的蒸气压。用沸点更高的溶剂稀释这种物质可以降低此类储存系统的压力。这样可以降低储存容器承受的压力以及储存系统与外部环境之间的压力差，从而在系统发生泄漏时降低泄漏速率。如果发生设备泄漏事故，泄漏位置的有害物质浓度、下风处的浓度和危险区域的浓度都会减少。

5.2.5 简化

在本质更安全的背景下，“简化”意味着在设计工艺过程时消除不必要的复杂性，从而降低出错和误操作的概率。简单的工艺通常比复杂的工艺更安全且成本效益更高。例如，经常是以较低的成本建造一个能够承受更高压力的反应器，而不是花很多的钱为具有较低最大压力反应器的紧急泄放系统设计一套收集和处理排放物的专门系统。《化工过程全生命周期本质安全应用指南》(*Inherently Safer Chemical Processes, A Life Cycle Approach*)(参考文献5-6)给出了不必采取复杂工艺设计的几个原因：

- *控制危害的必要性*：大多数设计人员选择使用控制、报警和安全仪表系统来主动控制危害，而不是使用本质更安全设计原则来避免危害。
- *对技术简化的追求*：对一些设计人员来说，简单等同于粗略或原始。然而，如果经过精心设计，简单的工艺可以在没有多余设备的情况下实现所需的功能。实际上，仅包含安全操作基本要素的简单工艺设计比等效的复杂工艺更优化。
- *直到设计后期才进行危害分析*：在设计后期才进行过程危害分析(PHAs)和类似研究通常导致采用更多主动控制措施和设备，而不是本质更安全解决方案。
- *遵循已废止或不完全适用的标准和规范*：针对潜在危害的多种主动措施方案(有时包

含在设计/工程标准和规范中)可能会在设计方案中叠加，导致工艺过程过于复杂。

- *灵活性和冗余性*：对于基本工艺设备，一定程度的冗余是必要且可取的，特别是在元件失效会导致严重后果的地方，但应该限制在过程危害分析(PHAs)和其他研究所论证的合理范围内。每增加一台泵、换热器或其他基本元件，都会增加额外的控制、公用设施需求、管道/阀门以及其他机械设备，从而大大增加工艺的复杂性。此外，并非每种风险都可以或应该通过指定某件设备来消除。只有在PHA过程中被识别出来的超出预定值的风险，才应该使用主动设备或者法律或法规指定的措施方案来消除。

有关本质更安全设计的更多信息，请参考《化工过程全生命周期本质安全应用指南》(*Inherently Safer Chemical Processes*，*A Life Cycle Approach*)(参考文献5-6)。

5.3 基本过程控制

基本过程控制系统(BPCS)会根据工艺及其相关设备、其他可编程系统和/或操作员的输入信号做出响应，并输出信号，使工艺及其相关设备按照期望的方式运行。

基本过程控制系统(BPCS)的主要功能是实现商业和生产目标，尤其是运行时间、产量和质量。BPCS由许多硬件和软件组件组成，并且极其依赖通信设备来访问和显示工艺信息。BPCS的逻辑求解器通常被称为“控制器”，可以利用气动、液压、电气、电子或可编程电子(PE)技术。一种基于PE技术的现代BPCS将控制器和操作员显示器无缝集成。PE技术使得复杂的控制算法成为可能，例如先进过程控制、顺序控制、预测控制和间歇式反应器配方管理。

更多信息参见《化工过程安全自动化应用指南》(*Guidelines for Safe Automation of Chemical Processes*)(参考文献5-7)和《安全可靠仪表保护系统指南》(*Guidelines for Safe and Reliable Instrumented Protective Systems*)(参考文献5-8)。

如果需要采取主动控制来防止工艺操作参数达到危险状态，控制系统设计应该指定所需的操作条件，以提供足够的时间在达到安全操作极限之前让控制功能发挥作用。要计算这个时间，需要知道过程瞬变的速度、被控制设备的响应时间以及控制感应元件和最终控制元件(如控制阀)的滞后时间。例如，储罐进料的波动可能导致液位过高而溢出。适当的设计可提供足够的时间，以使储罐液位控制能够感应到波动，并在液体溢出之前对储罐流入或流出的流量采取纠正措施。对于此类储罐，应该降低最高液位的设定值以保证足够的响应时间。

化工厂运行存在很多不稳定因素，很少有化工厂不设置主动控制系统。同时使用主动控制和被动控制可以确保产品收率和质量，并维持安全的操作条件。基本过程控制系统(BPCS)可能会触发报警或自行纠正，在限值范围内调节过高或过低的操作条件。如果BPCS不能维持安全的操作条件，则需要安全仪表系统(SIS)来快速停车或以其他方式使过程进入安全状态(参考文献5-8)。**BPCS作为过程安全停车的唯一保障可能是不够的。**以下与BPCS的设计、操作和测试相关的许多指导项目在严格意义上并不是本质更安全技术，因为它们涉及主动保障措施。但是，本书的大部分内容也可作为本质更安全策略的一部分用于简化系统。

5.3.1 报警管理

通常根据工艺设计和良好的工程原理来确定报警需求。报警可能来自操作人员或过程危害分析，或者来自团队对事故的调查结果。典型的报警包括：

- *操作错误警告*：如果操作错误将导致装置波动或设备损坏，则可以报警。发生这种波动时，控制方案无法使工厂恢复正常状态。
- *设备故障*：设备故障可能导致装置波动，而装置的控制方案可能无法纠正。例如，塔顶蒸汽管线中的压力控制阀被卡在关闭状态时可能会引起系统压力上升，导致安全阀起跳。
- *设备保护*：系统故障可能导致相关(或下游)设备损坏，例如，产品出料线上的高温可能超过下游储罐的设计限值。
- *主要设备停车信号*：某台设备停车将导致重大装置波动，需要操作人员大量干预以减缓停车的影响。
- *高炉管壁温*：炼油厂炉管可以配备壁温指示器。壁温指示器应该设有高温报警，并且设定在最大允许壁温(MAST)。
- *转动设备的最小流量*：应该为离心泵设置报警，以对低于最低安全流量的操作发出警告。
- *易燃和有毒气体检测器*：应该为易燃和有毒气体检测器或表明对生命和健康造成直接危害的设备设置报警，以警告位于受影响区域的人员。

由于BPCS能够将每个信号都设置为报警，因此操作人员接收信息过多是真正的安全问题。ANSI/ISA 18.2-2009《流程工业报警系统管理》——美国仪器、系统和自动化协会(*Management of Alarm Systems for the Process Industries.* Instrumentation, Systems, and Automation Society)(参考文献5-9)为有效报警系统的设计和实施提供了指导和要求。正确的报警设计应该遵循合理化和优先排序流程，以确定报警需求、报警所需的响应以及响应的优先级。操作人员应该接受培训，理解安全操作限值报警的重要性。BPCS的数字和模拟报警显示应该分组，以便通过颜色、物理位置和独特的声音提示快速识别。屏幕上应该列表显示潜在的行动方案。数字BPCS导航应该直观且用户友好，特别是在报警画面方面。

根据操作人员应对情况的反应速度来确定报警优先级分配。在任何时候，最重要的报警对于操作人员而言都应该是显而易见的。通常根据以下两个因素来确定报警的优先级：

(1) *后果的严重性*-操作人员通过采取与报警关联的纠正措施可以预防的预期结果。

(2) *可利用的时间*-与执行纠正措施所需的时间及其预期效果相比。

报警优先级划分使得操作人员在多个报警同时发生时更容易识别重要报警。报警可以按以下优先级划分：

- *紧急*：需要操作人员采取行动以避免严重事故(例如，安全和环境影响；或可能由安全停车系统引发的事故)。

- *高*：需要操作人员及时采取行动(例如，以避免严重的设备损坏或单元停车)。
- *中*：需要操作人员采取行动(例如，以避免产品不合格和设备级管理)。
- *低*：需要操作人员采取行动，但单元仍处于稳态运行。

5.3.2 仪表测试

应该为所有操作模式(不仅仅是正常、稳态操作模式)提供过程控制和安全停车。设计得当的自动化系统包括对整个功能进行功能测试以及对传感器等单个设备进行校准。根据测试的功能、测试设施的设计以及机械完整性计划，功能测试可以在线或离线进行(参考文献 5-7 和参考文献 5-8)。

应该定期对执行元件进行全功能测试。为了不造成瞬时或频繁的单元/装置停车，通常需要在停车期间过程离线时对执行元件进行功能测试。根据装置响应特性，可以通过触发执行元件来启动计划内停车。只有当由此产生的停车稳定有序且不会导致其他工艺参数在瞬态变化时超出正常限值时，才应该尝试此类停车。

定期测试对于确保自动化系统具有足够的可靠性至关重要。应该保留测试记录，以支持可靠性分析、跟踪和审核。以下示例说明了测试和文档记录的重要性。一个使用了 15 年的加热炉最初被设计为遇到高导热油压、高炉管壁温、低燃气压力或熄火等情况时自动关闭并向中心控制室发出报警。因火灾损坏后，发现此加热炉没有初始验证(验收测试)、定期验证测试或预防性维护的档案记录。后进一步发现，此加热炉没有建立定期测试仪表功能的系统程序(参考文献 5-10)。

5.4 仪表化安全系统

仪表化安全系统(ISS)由仪表和控制组成，这些仪表和控制实现的安全功能在 PHA 中被确定为过程安全危害保护措施。ISS 包括多种类型的仪表化安全功能(ISF)，如安全控制、安全报警、安全联锁、安全许可、检测或抑制设备，以及安全仪表功能(SIF)(参考文献 5-11 和参考文献 5-12)。

虽然有些 ISF 可以在 BPCS 中实现，但 SIF 必须独立于 BPCS 以确保它们能够有效防止因 BPCS 失效而产生的危害(参考文献 5-8、参考文献 5-13 和参考文献 5-14)。实施 SIF 是为了检测是否存在不可接受的过程条件，并对该过程采取行动以实现或维持安全状态。实现 SIF 的自动化系统如今被称为安全仪表系统(SIS)，但在过去，这些系统也曾被称为紧急停车系统、安全联锁系统和安全关键系统(参考文献 5-12)。

有关 ISS 的详细内容，见第 7 章 7.2 节。

5.5 工艺设计/工艺原理

5.5.1 工艺设备安全操作限值

操作范围定义如下：

- *正常操作范围*：关键操作参数的最小值或最大值，定义正常操作的边界。

- *故障响应处理范围*：该范围为故障排除提供时间，以便操作人员及时做出调整，使关键操作参数回归到正常操作范围。该范围通常由人机因素和过程响应时间决定。在该范围内，操作人员需要立即采取行动，在某些情况下采取预定措施，以防止安全操作限值(SOL)偏差。
- *缓冲范围*：在已知安全区域的上下边界之间设立的缓冲范围，以确保没有任何关键操作参数会达到未知或不可接受的操作范围。影响缓冲区大小的因素可能包括设计判断、仪表可靠性、操作经验、人因失误的可能性及后果等。工艺操作参数不能落入此范围。
- *安全操作限值(SOL)*：关键操作参数的值，定义了设备或工艺单元的安全操作范围，超出此范围工艺将停止运行，因为有可能发生灾难性设备失效或设备泄漏风险。当达到该临界操作参数值时，常规操作或机械矫正措施将终止，并立即执行预设的安全动作，使设备和工艺单元进入安全状态。
- *不可接受或未知的操作范围*：安全操作限值(SOL)之外的范围。工艺操作参数不能落入此范围。

操作参数可能包括：

- 高压或低压；
- 高液位和低液位；
- 高温和低温；
- 高 pH 值和低 pH 值；
- 高流量和低流量。

图 5.3 展示了工艺过程的典型操作范围。

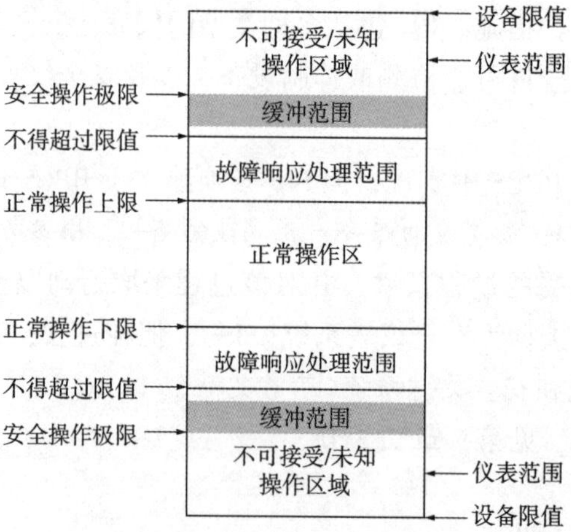

图 5.3　操作范围示意图

安全操作限值(SOL)预报警是可以接受的，前提是预报警后有足够的时间在超出 SOL 之前采取有效的纠正措施。确定预报警的设定值时，要综合考虑工艺变化、操作人员的有效响应时间，以及仪表检测和响应滞后。有关安全设定值的更多指导，参见 ISA TR84.00.04

(参考文献 5-14)。

应该给每个危险工艺单元都设定安全操作限值(SOL)。典型的 SOL 应该满足以下要求:

- 只有在可能超出物理限值并且超出限值会导致设备灾难性失效或设备泄漏的情况下,才对关键操作参数设定 SOL。
- 通过系统中设备的设计限值来确定 SOL。系统的 SOL 由最苛刻的因素确定。
- 在确定 SOL 时,应该考虑泄压系统(如安全阀、爆破片等)启动对大气环境造成的安全和环境后果。

每个 SOL 都应该记录在装置的过程安全信息(PSI)中。通常,SOL 信息以表格形式呈现,包括以下内容:

- 提供仪表标签名称的关键操作参数的描述。
- 最小和/或最大正常操作限值(即 SOL 预报警点)及单位。
- 最小和/或最大 SOL 及单位。
- SOL 的技术依据。

5.5.2 偏差的后果

偏差的后果通常与 SOL 相关。如果未立即采取行动,则可能发生火灾、爆炸和泄漏等后果。

对于每个 SOL,都需要在预定时限内立即采取行动(手动或自动)以纠正偏差。例如,打开控制阀的旁路阀门来分流进料并停止此单元运行。

纠正措施通常由操作人员执行。控制室操作人员或现场操作人员都可以执行。

5.6 厂址选择与布置

选址和布置看似是同义词,却有着细微的差别。选址是为联合装置、场地、装置或单元确定位置的过程。布置是确定场地内设备或建筑物的相对位置关系。

工艺单元和建筑物的布置对于化工装置的安全性和经济性是至关重要的。装置布置(总平面图)应该在提供操作和维护通道的同时融入安全考量。良好的布置方案有以下安全效益:

- 最小化:
  - 爆炸破坏:爆炸超压值随着与爆炸中心的距离增大而迅速减小;
  - 热辐射损伤:热辐射的强度也随着距离而减小。
- 快捷通道:
  - 用于应急服务,如消防通道;
  - 通往设备,便于维护和检查。
- 高效且安全的施工。
- 降低现场和场外人员受事故后果的影响。

装置布置对装置的经济性有很大影响。增加占地会带来更高的投资成本(更多土地、管道、电缆等)和运营成本，导致基建投资增加。但是，增加占地有助于提高安全性。实际上，通过合理的空间布置可减少事故破坏，同时有可能减少维护与大修成本，从而降低全生命周期成本。因此，认真平衡这些因素对于优化装置布置至关重要。

5.6.1 场地布置

在项目前期规划阶段对各种危害进行初步识别，有助于在项目前期确定适当的布置，并防止后期的设计返工。良好的布置可以减少导致损失的可控因素(如液体泄漏)和不可控因素(如暴露于自然灾害、场地坡度、风向和风力)的影响。

由于后期的装置扩建、工艺变化或其他改造，影响间距布置的情况并不罕见。因此，必须明确规定并保持最小间距。如果预计未来会对装置进行改造并可能影响到间距，就应该在前期规划时考虑设置更大的间距和/或采取其他防护手段。

作为一般性指导原则，单元布置应基于流程原则，确保物流与工艺流程走向保持一致。考虑到经济性和安全性应使物料输送距离最短，并确保任何泄漏都能在源头得到有效控制。厂区布置在很大程度上受制于遵守最小安全间距的要求。

首先根据危害相似的区域(如工艺单元、罐区、装卸作业区、公用工程、危废处理和辅助设施)进行装置区域划分，然后再分隔每个区域内的单独作业或危害，通常可以实现适当的隔离。分区域布置还有助于减少灾难性事故(如无约束蒸气云爆炸)造成的潜在损失，并提高应急操作的便捷性。安全间距的参考资料包括：

- API RP 752，《工艺装置永久性建筑位置相关危害管理》(*Management of Hazards Associated with Location of Process Plant Permanent Buildings*)(参考文献 5-15)，以及 API RP 753，《工艺装置移动式建筑位置相关危害管理》(*Management of Hazards Associated with Location of Process Plant Portable Buildings*)(参考文献 5-16)。
- NFPA 30，《易燃和可燃液体规范》(*Flammable and Combustible Liquids Code*)(参考文献 5-17)。
- CCPS，《工厂选址与布局指南》(*Guidelines for Facility Siting and layout*)(参考文献 5-18)。
- 保险和公司内部指导准则。

装置布置和间距设计考虑因素包括：

- 设置最大区域占地范围的限制，并在各区域之间保留适当的间隔，以便于消防作业。
- 为管道和管架提供足够的垂直和水平净空，以防止大型车辆、起重机和卡车移动可能造成的破坏。

确定化工工艺装置内最小间距的方法有两种。第一种方法是采用针对一般装置危害的推荐间距。推荐间距通常比较保守，能够涵盖大多数情况(参考文献 5-18)。

确定最小间距的第二种方法是计算火灾对目标设施的热辐射影响。虽然这种方法通常能够得到更准确的防护间距，但模拟计算过程往往较为复杂，只能由相关技术的专业人员来完成。此外，模拟计算应该考虑所有可能的场景，选择设防基准非常重要，可能会对计算结果产生重大影响。由于篇幅有限，在这里无法完整讨论这个主题，更多信息参见 CCPS 编写的《化工、石油化工和烃类加工设施防火指南》(*Guidelines for Fire Protection in Chemical, Petrochemical, and Hydrocarbon Processing Facilities*)(参考文献 5-19)。

除了辐射热暴露外，确定间距和装置布置时还应该考虑其他因素，包括地形、蒸气/气体正常和意外泄漏时的主风向、液体意外泄漏时的液体排放路径、消防设备的位置，以及应急车辆的可达性。针对有毒物质，扩散模型可用于帮助选择建筑物的位置，并确定是否需要设立就地避难场所(参考文献 5-20)。

5.6.2 单元布置

单元布置是指现场特定区域内设备的布置。工艺单元通常比辅助设施更危险，一般采取分区域布置。单元布置还要看单元属于单流程还是多流程操作。装置设备或管道的未来扩建空间和安装通道是单元布置的另一个考虑因素。需要频繁维修或清洁的大型容器和设备应该位于单元边缘区域，以便起重机械进入。需要拆卸内件的装置设备(如换热器和反应器)应该预留必要的空间和吊装区域。在得克萨斯城曾发生过一起事故，一台换热器在被吊装到有毒物质储罐上方时坠落，导致大量有毒物质泄漏到场外。

单元布置还需要考虑以下几个方面：

- 火焰加热炉与易燃物料单元的位置关系。
- 如果无法加大间距，对可能引发爆炸的设备(如化学反应器)采用防爆墙隔离。
- 易燃物料泵的位置。这些设备是常见的泄漏源，不应该集中在一个区域内，也不应该布置在容器、空冷器或管廊下方。
- 通常通过模型审查(已建或三维 CAD 模型)进行布置和间距的审查。

设计时还应该考虑拥塞和受限空间对爆炸升级的影响。为此，最好尽可能将设备分开布置，并在可能的情况下避免封闭(例如，使用格栅地板而不是实心地板)。

尽管加大间距会增加管道成本(原则上会增加可能最初泄漏的表面积)和土地成本，但是更大的间距可以提高应急响应人员的通行能力、方便人员从危险中逃生等。确定单元布置时应该考虑定期停车检修和大修期间的间距需求。通常需要额外的设施堆场、临设场地和清理空间，以减少这些周期性工作期间设备和材料的大量移动。

5.6.3 储存设施布置

需要十分注意危险化学品储存设施的布置。通常，储存设施中存放的物料量远远大于工艺装置中存在的物料量。储存设施的选址、设计、制造和操作在《剧毒危险品安全处理和储存指南》(*Guidelines for Safe Handling and Storage of High Toxic Hazard Materials*)(参考文献 5-21)和《工厂选址与布局指南》(*Guidelines for Facility Siting and Layout*)(参考文献 5-18)中得到了全面阐述。储存设施布置的几个重要方面包括：

- 储罐应分组布置，以便每组都可以共用围堤和消防设施。
- 必须将储罐远离工艺区域，因为工艺单元中的火灾或爆炸可能会危及储罐中的大量物料。
- 应该根据 NFPA 30(参考文献 5-17)为储罐设置围堤。应该尽量减少围堤内管道、阀门和法兰的数量。阀门、总管和管道应该安装在围堤外或蓄液区外。

- 布置储罐时应考虑相邻罐体着火时热辐射强度的影响。通过对储罐外壳进行保温或防火处理并提供冷却装置，可以增加储罐对热辐射的耐受性。
- 二级围堰系统被视为被动保护系统。虽然它们不能消除或防止外溢或泄漏，但无须任何主动设备就可以极大地减轻事故影响。实际上，围堰系统可能因设计缺陷或误操作而失效。例如，围堤上可能有雨水排放阀，而该排水阀可能会发生泄漏或保持打开状态。又例如，围堰建筑物中的门可能会保持打开状态。

5.6.4 人员集中建筑物布置

许多由工艺安全事故导致的死亡和重伤不是由事故本身的直接后果引起的，而是由人员工作或聚集的建筑物(人员集中建筑物)受损造成的。因此，设施内人员集中建筑物的布置对于事故后果最小化和对人员的整体风险最小化至关重要。

应该使用 API RP 752(参考文献 5-15)、API RP 753(参考文献 5-16)和 CCPS 编写的《蒸气云爆炸、压力容器爆裂、沸腾液体膨胀蒸气爆炸与闪燃危险指南》(*Guidelines for Vapor Cloud Explosions*, *Pressure Vessel Burst*, *BLEVE and Flash Fires Hazards*)(参考文献 5-22)的方法论评估人员集中建筑物。

5.7 制造材料

设备使用寿命受到许多因素的影响，例如制造材料、设计细节、制造技术、操作条件以及检查和维护规程。材料失效虽然相对罕见，但一旦发生会有极其严重的后果，导致灾难性事故。降低材料失效风险的最佳方法包括：

- 充分了解内部工艺、外部环境和失效模式；
- 根据预期应用选择合适的材料；
- 采用适当的制造技术和控制措施；
- 采用优良的维护、检查和修理技术。

腐蚀是指材料因化学侵蚀而退化或分解。在选择材料时，腐蚀是最重要的影响因素之一，同时也是最难预测的。通常可以根据特定环境中特定材料的普遍腐蚀数据来预测设备的使用寿命。然而，局部腐蚀不可预测且难以检测，会大大缩短使用寿命。更隐蔽的是表面层以下腐蚀现象。API RP 571《炼油行业固定设备损伤机理》(*Damage Mechanisms Affecting Fixed Equipment in the Refinery Industry*)详细讨论了关于腐蚀机制(参考文献 5-23)。

5.7.1 材料性质

材料选择的依据是材料在设计条件下的性能，即材料在工艺环境中的功能，不仅包括标准操作条件下的功能，还包括开车、停车和异常条件下的功能。材料在工艺环境中的行为由其物理、化学和机械性质决定。这些性质决定了化学品将如何影响材料，以及材料将如何影响工艺过程。

了解化学和物理性质对于确定可能影响系统完整性的腐蚀反应以及适当的防腐措施非

常重要。某些性质及其影响包括：

- 热膨胀(特别是不同部件的膨胀差异；如容器和镀层)；
- 熔点或熔化范围(影响焊接性、热成型；例如，热脆性裂纹可能成为腐蚀侵蚀和机械失效的集中点)；
- 碳钢暴露于低温时的脆性断裂；
- 耐酸/碱性；
- 耐溶剂性；
- 对各种类型腐蚀的敏感性。

通常对金属和合金进行热处理来提高机械性能和耐腐蚀性或消除热应力。热处理可以在制造前进行以获得更好的机械性能(如增加延展性和冲击强度)和耐腐蚀性，也可以在冷加工/热加工后进行以减少残余应力。

5.7.2 腐蚀环境

如果工艺工程师精确规定了工艺条件的范围，材料工程师通常可以不进行额外测试就选择适当的材料。然而，大多数问题可能是异常工况、杂质、微量元素和污染物所导致；因此，应该识别出所有操作场景下与所有工艺流体、大气环境、公用工程中的杂质的潜在接触，并告知材料工程师。

需要检查与材料接触的外部(环境)和内部(工艺)条件。外部环境，即装置内的环境条件，可能具有腐蚀性。大气污染物包括腐蚀性物质以及可能对其他污染物(如煤尘)有不利催化作用的物质。与地面接触的设备或管道应该考虑土壤或地下水中的污染物以及地下水成分和 pH 值的自然变化。

内部环境由工艺过程、工艺化学品和工艺条件定义。工艺工程师应该向材料工程师提供关于工艺过程、环境条件和公用工程的相应信息，用于开车、停车以及常规操作，以确保材料选择合理，特别是对于腐蚀性环境。初步材料选择通常基于工艺条件，例如：

- 工艺化学品，包括每个工艺物流的主要和次要组分、微量污染物、pH 值、氧化剂或还原剂以及含水量。例如，苯乙烯会浸出铜，因此通常规定与苯乙烯接触的材料不含铜。此外，氯会导致不锈钢发生应力腐蚀开裂。
- 操作条件，包括温度、压力、流速和固体含量。
- 工艺变化，包括工艺化学品、温度或压力的操作偏差；与开车或停车条件相关的偏差。条件发生的顺序很重要(参考文献 5-24)，例如，用蒸汽进行吹扫/清洗可能构成温度偏差。
- 原料、工艺中间体、产品或公用工程中的污染物。由换热管或其他内件的小型或中型内部泄漏引入的污染物。污染物对垫片、填料和密封件的影响。
- 催化剂。材料中的金属离子可能影响工艺本身的化学特性或产品质量。例如，镍可以催化许多合成反应，材料中有镍会导致不需要的副反应。
- 公用工程。包括冷却水、水压试验水、蒸汽等中的微量元素。

5.7.3 材料选择的潜在问题

工艺要求通常决定了压力容器、换热器、阀门、管道、泵、储罐和仪表的材料。这些要求应该充分记录在完整的设备或仪表数据表中，并且应该规定制造和腐蚀控制技术。

特定类型的工艺设备有其特有的腐蚀问题。双金属换热器经常受到电化学腐蚀的影响，特别是在两种金属接触的部位。精馏塔或萃取塔存在腐蚀问题，这与同一个容器的不同位置存在明显不同的环境有关。泵、某些管道配置和阀门更容易受到流速(磨损)的影响。

如果进行腐蚀测试是为了给材料选择或制造技术提供依据，腐蚀测试条件应该尽可能接近实际(设计)使用环境。例如，介质的流速可能被忽视，但流速与组成、浓度、温度、压力和时间等因素同等重要。

如果操作条件或失效条件与设计条件不同，最初的材料选择可能无效。应该完整且清晰地记录设计基础并传达给操作人员(通过规程、培训等)；文件不全会导致混乱，并且会使变更管理程序无效。

为了确保材料准确无误，可能会对制造商和供应商提出要求。材料的可追溯性是个大问题。制造商可能需要提供材料认证或合格证书等文件以证明材料符合规格。如果对材料做了进一步处理，制造商可能还需要提供经过认证的材料测试报告，证明焊接或其他处理的质量。需要有识别方式(如批次号、焊接编号或炉号)，以追溯材料至制造商。《ASME 锅炉及压力容器规范》(*ASME Boiler and Pressure Vessel Code*)提供了关于材料离析、可追溯性和合金验证的指南。

5.8 材料腐蚀

腐蚀是对金属的化学侵蚀。腐蚀包括可预测腐蚀速率的均匀腐蚀、发生在金属表面的局部腐蚀和金属表面下层的腐蚀。本节对腐蚀的讨论虽然考虑的是内部环境(即工艺介质)的腐蚀，但也适用于设备和管道的外表面腐蚀。

5.8.1 均匀腐蚀与金相变化

均匀腐蚀指的是金属表面因化学或电化学反应而均匀地失去金属物质。金属与工艺介质中存在的气体发生反应，可能引起氧化、硫化、与卤素和氢卤化物的反应，以及各种其他类型的腐蚀现象。基于以往的经验，这种腐蚀速率是可预测的，可以通过在管道和设备的壁厚上增加腐蚀裕量来进行补偿。例如，根据典型的项目寿命周期，碳钢的壁厚通常会增加 1/16in(1.6mm)或更多。《美国国家压力容器检查规范》(*The National Board of Boiler and Pressure Vessels Inspectors*)(参考文献 5-25)提供了腐蚀裕量的说明和计算公式。尽管脱碳和渗碳现象没有表现出金属损失或表面变化，但也属于金相变化。

5.8.2 应力腐蚀

5.8.2.1 应力腐蚀开裂

每种合金在某些环境下都可能遭受应力腐蚀开裂(SCC)；然而，不锈钢的应力腐蚀开裂通常与氯化物有关。氯化物在水中解离出氯离子是关键因素，在流程工业中，硫化物和氯化物应力腐蚀开裂都很常见。当材料在含有硫化物或氯离子的环境中承受拉伸应力一段时间后，就可能会发生应力腐蚀开裂。例如，海水、微咸水和经过氯化处理的城市自来水中含有氯化物，在大多数情况下，不锈钢不适用于这些水质。

5.8.2.2 腐蚀疲劳

腐蚀疲劳可以定义为常规疲劳与腐蚀的结合，导致金属在远低于其持久强度极限的应力水平下发生失效。即使在低频范围内，应力循环频率的增加也会显著降低腐蚀疲劳的抵抗力。压缩应力不会引起腐蚀疲劳。腐蚀疲劳受到以下因素的影响：

- 环境因素，如温度、pH 值、氧含量和工艺流体的成分；
- 机械因素，如振动。

5.8.2.3 点蚀

点蚀由蚀坑内外氧浓度差形成电化学的电偶腐蚀造成(参考文献 5-26)。点蚀也用来泛指其他类型的局部腐蚀。

由于其局部性和深入穿透特性，点蚀是流程工业中危害较大的腐蚀类型之一。点蚀坑可以在很短的时间内穿透材料。点蚀很难通过在线监测或现场测试来检测。添加缓蚀剂(如除氧剂)可以防止点蚀。当因检验或其他原因打开容器/管道时，通常会引起或加速点蚀的发生。

5.8.2.4 晶间腐蚀

晶间腐蚀(IGC)是奥氏体不锈钢面临的一种严重腐蚀问题。晶间腐蚀由杂质(针对镍合金)或合金元素(针对不锈钢)引起，这些元素从晶粒内向晶界迁移，然后在晶界析出。这些析出物与相邻晶粒具有不同的腐蚀电位，可能成为阴极或阳极。如果析出物为阳极，则会被腐蚀；如果析出物为阴极，那么晶界附近的狭窄区域将被腐蚀。随后，沿着晶界会形成细小的裂纹，降低金属的机械性能。许多亚稳态奥氏体钢容易受到晶间腐蚀的影响。

5.8.2.5 电偶腐蚀

当两种不同金属连接在一起时，会加速腐蚀。在电偶序列中电位较低的金属会被腐蚀。适当的电绝缘可以保护金属不受电偶腐蚀的影响。此外，对电偶的阴极部件进行涂层处理可以有效地减少电偶腐蚀。

5.8.2.6 氢致损伤

氢在工艺环境(如烃类重整操作、加氢和脱氢反应)中很常见。API RP 941《炼油厂和石油化工厂高温高压临氢作业用钢》(*Steels for Hydrogen Service at Elevated Temperatures and Pressures in Petroleum Refineries and Petrochemical Plants*)(参考文献 5-27)通常被称为“纳尔逊曲线”，讨论了炼油和化工装置中使用氢气的一些相关问题。

在炼油厂操作中，硫化氢(H_2S)会显著加重碳钢的腐蚀。关于在湿 H_2S 环境中使用的材料指南，可参见 NACE MR0175/ISO 15156《石油天然气工业——油气开采中用于含硫化氢环境的材料》(*Petroleum and Natural Gas Industries - Materials for Use in H_2S - containing Environments in Oil and Gas Production*)(参考文献 5-28)和 MR0103-2007《腐蚀性石油炼制环境中抗硫化物应力开裂的材料》(*Materials Resistant to Sulfide Stress Cracking in Corrosive Petroleum Refining Environments*)(参考文献 5-29)。

5.8.3 设计考虑因素

5.8.3.1 缝隙腐蚀

缝隙腐蚀通常发生在腐蚀性流体被截留在腔体中的地方，例如垫片表面或焊接搭接头。要最大限度减少缝隙腐蚀，需要考虑以下因素：

- 尽量减少使用螺纹连接和承插焊接接头。
- 尽量减少使用法兰连接，并尽量使用焊接连接。当采用单面焊接接头时，不应该使用永久性的焊接垫板。
- 规定使用“实心”非吸水性垫片。
- 在腐蚀性环境中使用连续密封焊缝。
- 在可能的情况下，对换热器的管子与管板接头进行密封焊。
- 在精馏塔中，对塔盘支撑环的顶部周围进行全焊。

5.8.3.2 滞留液体

通过提供自流排液(经由储罐下方的倾斜地面、压力容器的排液管线、冷凝器的倾斜管、管道系统的低点排液等)，消除罐内、设备或管道中液体滞留的可能性，从而避免死区中的停滞液体引起侵蚀性腐蚀。

5.8.3.3 保温层下腐蚀

在保温层下可能发生各种类型的隐蔽性腐蚀，包括均匀腐蚀、点蚀、缝隙腐蚀和外部的应力腐蚀开裂。选择保温系统(包括不吸收水分或工艺化学品的材料，以及隔汽层和防雨罩)可以最大限度降低保温层下腐蚀的风险。有关保温层下腐蚀的进一步讨论，参见第 5.10.3 节。

5.8.3.4 阴极保护和阳极保护

电偶保护有两种类型：阴极保护和阳极保护。阴极保护是将电子从外部来源转移到金属上的过程，抑制金属的腐蚀。阴极保护通过外部电源或牺牲阳极提供电子。阴极保护仅适用于中等腐蚀性环境。这种方法广泛应用于油田、冷却水系统以及地下管道或钢结构。

阳极保护基于通过外部施加的阳极电流在金属上形成保护膜。因此，阳极保护只能应用于能够钝化的金属。

5.8.3.5 腐蚀裕量

尽管从技术上讲腐蚀裕量不是控制腐蚀的方法，但规定腐蚀裕量是解决全面(均匀)腐蚀问题的常用方法。根据以往经验预测的均匀腐蚀速率以及设备或管道的设计寿命，在壁厚上增加一定的腐蚀裕量。腐蚀裕量不能用于补偿点蚀或局部腐蚀，应该进行定期检查和壁厚测定，并进行监测，以确定何时应该降低设备或管道的等级或予以更换。

增加腐蚀裕量不适用于外部腐蚀环境。在这种情况下，正确的保护措施是采用适当的表面防护(油漆和涂层)。

5.8.4 磨损

磨损是一种机械作用，因此从技术角度不属于本节讨论的范围。但它在选择材料时是一个重要的考量因素。磨损是材料因机械能作用而逐渐损失的现象，会导致泄漏。磨损通常由固体颗粒或液滴冲击表面引起。磨损现象常见于高速浆体输送和气动固体运输，但也可能发生在更常见的场景中，如蒸汽中的固体颗粒、液体中的气泡或流动受限制的区域。

磨损问题通常出现在入口和出口管嘴、内部管道、格栅或塔盘区域、正对入口管嘴的容器壁、内部支撑梁、管道弯头和防冲挡板上。为了抵御磨损，一般会采用防冲保护措施、更平滑的曲率以及更大的腐蚀裕量。在设备选材时，应该根据预计最高工艺流速考虑工艺物流导致磨损的可能性。流速越高，磨损速度越快。硬度更高的材料对磨损有更强的抵抗力。在流动的流体中发生的气蚀现象也可能导致磨损，通常发生在节流设施的内部或下游。磨损可能会去除保护性钝化膜，从而导致腐蚀加速。

5.9　土建/结构/基础设计

土建、结构和建筑设计决定了装置的安全性。基础、墙壁或支撑结构的失效会使管道和容器破裂，进而导致有害物质泄漏。只要结构负载低于或等于设计极限，通常不会发生失效，因为“在这种情况下，结构失效概率通常比机械、电气和设备失效概率小1~3个数量级”(参考文献5-30)。在自然灾害和爆炸等罕见情况下，这些结构失效概率应该纳入风险评估(参考文献5-31)。

场地准备和分析：

场地的准备工作以总平面布置图、竖向布置图和道路及场地铺砌布置图等作为依据，确定装置的安全布置、排水、事故水收集设施的配置，并明确需要解决的环境问题。具体如下：

(1) 岩土工程勘察

岩土工程勘察将确定挖掘要求、所需基础类型和场地排水要求。在选址过程中发现的现有危险情况(如污染土壤、掩埋废物坑等)应该按照环境法规进行处理。

(2) 地面排水

地面排水有两个关键的过程安全考虑因素。一个是危险的易燃、易爆或有毒物质有可能进入正常的地面排水和收集系统；另一个是消防水的收集、处理和处置。

每个设施都应该有排水良好的作业面和排水系统，将雨水和/或泄漏物送至储存区或处理设施，应该遵循当地、州和联邦法规确定的排水或处理设施要求。这些系统的排水管线应该足够大，不仅要考虑化学物质，还要考虑雨水和可能产生的地面消防排水。应该按照NFPA指南(参考文献5-17)的要求来确定排水沟的尺寸，以承载产生的消防排水量。

(3) 基础

基础应该能将设备或结构的所有荷载和力传递到基础下方的土壤或岩石上。如果工艺使用的液体和固体的实际密度比水大，应该采用这些密度来计算荷载。还应该考虑地震和爆炸或冲击荷载。装载有害物质设施的基础设计应该解决内部和外部压力、设备荷载、振动设备的动态力以及地下水的上浮压力。

岩土工程勘察报告将确定防洪设计的考虑因素，例如降低基础的侧向压力系数或降低剪切阻力。对于埋地排水管道、地下储罐或用于维护或储存的“地下室”等大体积地下洞室，设计时应考虑浮力以确保锚固。同样，敞口的混凝土坑或蓄水池设计也必须考虑这个问题。应当研究美国石油学会(API)规定的分离器或其他混凝土池，甚至是人孔，以确保这些设施与其预期储存介质的总质量不会因静压浮力而从地面浮出或出现设计位置移位。

基础设计应由承压岩土工程勘察和测试确定。原位桩测试(试验桩)不仅应该包括承载测试，还应该包括抗拔力测试。

良好的工程实践或监管标准可能要求有害物质容器的基础设计能够收集泄漏物并进行检测。例如，环形基础可能不适用于储存有害物质的储罐，因为泄漏物可能进入地下水而检测不到。对于腐蚀性流体，设计应该包括防止液体渗透到基础周围土壤区域的措施。

与环境污染物对管道和设备选择的影响类似，应该考虑为基础、围堤和收集系统选择合适的建造材料。例如，即使强酸少量泄漏，裸露的混凝土围堤或储罐基础也会被迅速降解。可能需要采用涂层、衬里或替代建造材料以确保基础系统的长期完整性。

(4) 地下管道

1992年初在得克萨斯州休斯敦地区一周之内发生的两起地下管道爆炸和火灾事件凸显了在开始挖掘或打桩之前，确保看似干净的场地内没有危险障碍物的必要性。许多高度工业化的地区依赖地下管道作为产品运输基础设施的重要组成部分。如果产品有潜在危险，明智的做法是考虑采取有保护措施的地上输送而非地下输送。有保护措施的地上输送更容易进行泄漏检测和纠正，通常操作安全性更高。在美国很多地区，个人房地产所有者已经授予了管道“地役权”以允许这种类型的产品输送。在存在主要地役权的地方，通常会修改房地产产权文件以确保购买者知道这些使用的限制。因此，检查产权文件可能会发现附近有地下管道。

一般来说，管道地役权限制了地役权范围内的地上使用，该范围内不允许安装工艺装置。更重要的是，现场出入受到严格限制。可能禁止车辆穿越，除非是利用明确限值承载负荷的已建道路。必须精心建造和支撑新的穿越，实际上这是跨越地役权的“桥梁”，尽管这是在地面上建造的。管架和电力线等其他穿越也需要认真考虑和设计。地下穿越可能需要特别许可和文件。

沿厂界两侧的排水沟渠可能会穿过拟建场地。这些沟渠比大尺寸的管道更隐蔽，因为这些沟渠可能没有像厂界那样的文件记录。废弃的沟渠最危险，因为这些沟渠可能只是在用户端被加盖或封闭，而在地下的其他部分仍然连通使用。单个的现场界内也可能存在未被记录的地下管线，而项目开发的地方可能距离这里较远。这些“孤立”的单元可能曾与其他单元或中央的公用工程中心连通。尽管大多数管道是在地上连接，但地下管线连通的概率同样很高。

在拆除单元重新开发的旧场地最有可能存在地下管道，所幸这也是最容易预判的情况。拆除可能只限于地面以上，而地下部分并未处理。地下管道可能会遇到基础、储罐、排水池和分流井等设施，其中有一些可能与有毒或易爆化学品的工艺管线相连通。因此，对拟建场地进行地下勘查与地面勘查同等重要，甚至更为重要。对于老旧工厂仅依赖地下管线图纸并不是个好做法。很多情况下，这些图纸有重大错误和遗漏。

工艺装置中的地下管道通常是公用工程管道，包括污水和排水系统、城市和生活用水系统、消防系统，以及冷却水供水和回水系统。电力线路和压力管道也可能敷设在地下。设计时应该考虑特殊设计要素以确保安全，例如采用锚固和推力块以防止压力管道移动，采用阴极保护以防止腐蚀，以及避免将工艺水接入消防水系统或生活水系统。管线进入或离开地面的位置应加以保护，免受车辆交通影响。

这些干管或总管通常位于装置操作区外的系统管廊上，以便于维护和改造。液体管线的敷设高度应该低于附近的地下电气导管。

应该评估地下工艺排水管是否会产生或输送有害或易燃蒸气。在正常操作过程中，排水管中液体上方的空间允许产生的蒸气逸出来。这些蒸气会进入有明火或电火花的区域并引发燃烧。因此，含油污水处理系统的设计应该包括P型存水弯、淹没式出口、排气管和气体密封人孔，以防止易燃蒸气扩散成为燃烧源。监控易燃物质的浓度可能是有必要的。

在运输有害液体，特别是有害废物时，为了防止运输的物质泄漏到环境中，双防管已成为首选或必需的输送方法。双防管也用于运输剧毒气体。双防管通常由内管、外管、定位板(将内管固定在外管内)和泄漏检测系统组成。这种系统通常用在泄漏物质会构成重大健康危害的场所。设计这种系统时需要解决的问题如下：

- 内管壁、外管壁和管道支撑都应该与运输的物质兼容。
- 定位板应该间隔适当，以防止内管在定位板间隔之间下垂并破裂。
- 对于长输管道，可能需要将泄漏检测系统进行分区，以确定泄漏点的位置。

(5) 地下结构

地下工艺设施或支撑结构包括API油水分离器、泵坑、溢油池、水处理设施和集水坑等。泵坑的结构失效可能会损坏泵和相关管道，导致工艺流体不受控制地泄漏。

为了存放或隔离昂贵或有害的液体，有时可能需要将热液体或冷液体“排放”系统连接到隔离的地下罐中。排放管道从安装到实际投入使用一直处于环境温度下。引入工艺流体将导致地下管线膨胀或收缩。与地上管线一样，设计时也应该考虑这种膨胀或收缩效应。排放管道一般敷设在沟渠中，上面覆盖实心或敞开式格栅板，并在转弯处预留膨胀空间。如果由于某些原因(通常是管道深度)无法设置沟渠，则应该设置套管保护管道，通常采用大口径管道，以允许发生膨胀或收缩时管道的自由移动。

(6) 地面构筑物

初步的装置布置决定了道路和影响开挖及地下管道的其他结构的位置。例如，道路基础会对地下管道产生重荷载；破裂的管道会导致工艺介质泄漏或冲蚀，造成装置其他管道或设备的位移。通常会设定一个范围以确保管架和装置道路之间保持适当的间距。小管线与大管道一样，也可以输送易燃、有毒或腐蚀性产品。只在单线图中显示的小管道和电线应该布置在道路范围以外，如果布置在该范围内会导致电气火灾、爆炸或停电。有时，只是在审查钢结构变更或修改道路半径时才会发现这种潜在的危害。

地面(如混凝土地面、铺砌地面等)应该有足够的坡度，以避免工艺设备下方积聚泄漏的物料。控制地面径流的低围堰会导致工艺设备下方发生池火，因而大大增加火灾破坏的影响。

5.10 绝热保温

可以在表面使用绝热层以实现一种或多种功能，例如控制温度(保温或防止冻结)、保护人员安全、防止凝结或降低噪声。与绝热保温相关的主要过程安全问题包括：

- 设备和管道的火灾暴露防护；
- 潮湿保温层下的腐蚀；
- 被易燃或可燃液体浸湿的保温材料的自燃。

5.10.1 保温性能

本节讨论了保温性能(如保温功能、吸湿性和防火性)是如何影响过程安全评估的。

5.10.1.1 保温功能

保温用于防止热损失或热增益，以实现过程控制，对于工艺的正常运行必不可少。例如，如果工艺流体在管道中冷凝、冻结或汽化，可能会导致危险情况发生，包括超压、过程控制失效或失控反应。有关计算传热速率和确定热损失或热增益，已有相关指南发布(参考文献 5-32)。有些计算机程序可以帮助工程师根据预先确定的一组参数(如能源成本、当地材料利用率和投资成本)选择最优的保温层厚度。

保温也用于保护人员免受伤害。当设备和管道的外部温度超过 60℃(140℉)时，通常会进行保温以保护人员安全。

5.10.1.2 吸湿性

保温材料吸收水分或液体介质会导致危险情况发生，例如热性能下降、湿保温层下腐蚀，或者因吸收易燃或可燃液体而引发火灾。

一旦受潮，保温材料的热性能就会受损。水分通过多种途径进入保温材料，如外部防护层破损、蒸汽伴热管道泄漏或者保温系统中的工艺介质泄漏。当保温材料内部的气相空间充满了水或其他液体时，其导热性能接近于该液体的导热性(参考文献 5-33)。

5.10.1.3 防火安全

保温层的防火安全与其三大特性密切相关：

- 保温材料本身的可燃性；
- 所吸收液体的可燃性；
- 在火灾中的完整性。

为了实现最大的安全性，保温材料应该不可燃、不吸水、不熔化，并且在设施的整个使用寿命周期都得到良好的维护。应该避免使用会增加设施可燃性的保温材料。避免使用聚异氰脲酸酯型泡沫塑料保温材料。某些地方禁止使用在火灾中会释放有毒气体的泡沫塑料保温材料。按照 ASTM E84-10 标准(参考文献 5-34)对保温材料进行火焰蔓延和烟雾扩散测试。

本身不可燃保温材料如果吸收了易燃介质也会产生火灾危害。当可燃液体泄漏到多孔保温层中并达到自燃温度时，将导致保温材料燃烧(参考文献 5-35)。由碳氢化合物饱和的保温材料引发的严重火灾屡见不鲜。例如，导热油泄漏到保温材料中并自燃。

保温系统的理想特性包括能够承受高温、抵抗燃烧以及控制烟雾发展。耐火型保温材料不仅本身具有防火安全性，还能为被保温的部件提供防火保护。这种材料可以最大限度减少向被保护表面的热量传递，降低设备因过热而发生失效的风险，进而减少燃料或有害物质泄漏的可能性。防火性能可以作为喷淋系统或物理屏障等其他保护措施的替代方案，用以保护装置中的关键系统。如果从上方滴落、泄漏或溢出的碳氢化合物接触到温度高于其自燃点的热工艺表面，也可能引发火灾。

5.10.1.4 制造

有些保温材料在热性能上表现良好，但在制造过程中却存在困难。它们不易贴合基材或相邻的保温部分，或者在投用后会收缩，导致系统中出现间隙。这些间隙会导致外护层表面出现"热点"或高温工艺温度系统中出现冷点。如果选择的保温材料能够按照标准尺寸制造并且在指定的使用条件下经过线性收缩和尺寸稳定性测试，那么就可以减少不良的保温装配及其导致的问题。此外，还应该考虑管道与保温层之间的不同膨胀率。

5.10.1.5 耐久性

如果保温层在实际使用中不能保持良好的性能，整个系统的热性能乃至安全性都会受到影响。被压碎或损坏的保温层可能会形成热量传导路径，或者使设备或管道表面暴露于火源、湿气或腐蚀性环境等外部因素中。例如，如果紧挨着电缆或仪表导管的高温管道上的保温层受损，仪表导管会过热，导致仪表失效。此外，保温层在受到消防水冲击时也不应该脱落。

5.10.2 保温材料选择

保温材料选择是保温系统达到最佳热性能的关键因素，但并非简单地选择热导率最低的材料。材料工程师和管道工程师初步选定材料之后，工艺工程师/安全工程师应该从整个系统的安全角度进行考量。

通常以块状或毡状形式出现的绝热保温材料不仅提供热效率，还提供防火保护。水泥基材料通常采用湿法施工并在暴露于火灾时起作用，当正常操作中热效率不重要时，水泥基材料可用于防火。Wright 和 Fryer(参考文献 5-36)对防火材料选择作了很好的总结。

以防火为目的安装在反应性化学品管道和设备上的保温系统(包括外保护层、绑带和支撑)应该具备以下特点：

- 不可燃的无机保温材料，如硅酸钙或泡沫玻璃。
- 所有接缝错开的双层结构。
- 高熔点外保护层。
- 牢固的外保护层，通常由不锈钢带固定。

高熔点外保护层可以是不锈钢或其他作为替代品开发的低成本外护层材料。其中一种材料是涂覆耐腐蚀铝锌合金涂层的钢板产品，该涂层通过连续热浸镀工艺涂在钢板上。如果保温层用于防火保护，则不应采用铝制覆盖层。

有些保温材料可能含有氯化物等微量污染物，会在奥氏体不锈钢材料中引起应力腐蚀开裂问题。

ASTM C795 确定了适用于奥氏体不锈钢的保温材料要求，包括腐蚀测试和化学分析(参考文献 5-37)。

5.10.3 保温层下腐蚀

保温层下腐蚀(无论是潮湿还是干燥状态)是个潜在问题。腐蚀往往会引发泄漏、火灾或爆炸。由于这种腐蚀很隐蔽，发现时往往为时已晚。然而，造成腐蚀的原因和预防方法都相对简单，而且早已为人所知。选择保温材料已成为常规操作，但在制造和安装方面仍可能存在缺陷。例如，在每月都进行消防水高压喷淋测试的塔上出现了一个严重问题。金属外部保护层在设计时并未考虑向上的喷淋，导致水积聚在保温层下(参考文献 5-38)。

5.10.3.1 影响因素

管道和设备的建造材料选择通常基于内部环境(即所承载的工艺流体)。选择保温材料时也应该考虑外部环境(即雨水、工艺流体和腐蚀性气体等可能被保温层吸收的蒸气或流体)。环境中的物理和化学因素结合在一起将加速腐蚀。

5.10.3.1.1 使用温度

保温层下腐蚀的温度范围是 60~121℃(140~250℉)。在更高的温度下，即使水分更快地蒸发，腐蚀速率也会很快。高温会在蒸发点造成非常严重的局部腐蚀。即使在较低的温度下，腐蚀也会发生。因此，在所有使用温度下都需要考虑腐蚀问题。

5.10.3.1.2 间歇和循环工况(温度转变)

在高温系统中，当水分从保温层被排出时，盐分会聚积。当盐分聚积位置再次变湿时，可能会导致非常严重的腐蚀。低温系统中通常存在保持湿润的解冻区，会造成局部腐蚀。在容器和管道的管口、紧固件和裙座上存在解冻和蒸发过渡区。即使在单台设备上，温度也可能在低于冰点至高于冰点的范围内变化，形成温度转变区。

连续循环的工艺操作会加剧腐蚀问题。使用周期导致温度周期和温度转变区的形成。许多保温设备会因维护或其他原因处于停用状态。

5.10.3.1.3 设备设计

过去，设备设计通常假定保温隔汽层会保持完整，但事实并非如此。新的设计会改进隔汽层以防止水分进入，并采用排水和通风等措施让湿气逸出。管口、紧固件和保温层的连接应该设计为控制水分进出保温层。

某些设计会导致强腐蚀性环境。通风口和排水口的位置，加上密封方式不当，会导致水分进入(且通常会滞留)。塔体的缩径可能造成积水。低温制冷系统会使大气中的水分凝结并冻结，导致结冰，一旦结冰，会进一步损坏隔汽层和保温材料。

5.10.3.1.4 气候因素

与空气中的盐分接触是个严重的问题，海边的装置更容易出现此类问题。设施本身可能存在水分和污染物(如循环水塔的淋水区)。烯烃装置如果处于低于环境温度的状态，可能会导致凝结水滴落，造成不利的影响，尤其是当空气中的盐分从邻近设备被冲刷渗透到保温层中时。

5.10.3.2 材料应力条件

制造过程中产生的残余应力通常通过某种热应力消除方法来缓解。然而，某些制造技术使钢材停留在制造状态下。对于非腐蚀性条件下使用的管道(根据管道内工艺介质的性质来定义)，采用冷弯工艺可以大幅减少 *DN*200(8in)及以下管道的制造成本。但这种方法会在管道上留下残余应力，导致管道外表面在应力集中区域发生电化学腐蚀。通常不锈钢在制造过程中会产生足够的残余应力，因此氯化物在 60℃(140℉)以上时会导致其发生严重开裂。

5.10.3.3 防腐

防止湿保温层下腐蚀的主要措施包括防止水进入系统以及保护管道或设备的表面。由于没有任何保温系统可以假定为完全防水，因此保护性涂层对于防腐极为重要。减少保温层下腐蚀的方法包括：

- 通过涂覆绝缘涂层或凡士林胶带来避免不同金属之间直接接触，以最大限度减少电化学腐蚀。
- 避免主要依赖于油灰密封和填缝作为防护屏障，这些材料会随着使用年限和暴露于高温环境中而变干。
- 设计管口、人孔、梯子和起重紧固件、平台角铁支架、排气阀、管件、阀门等时，使所有连接点都在保温层外。
- 设计防水保护，能够自然排水。
- 确保有为防水结构设计的检查孔，以便对基材进行腐蚀检查。
- 在保温和密封之前对碳钢管线进行涂漆处理。
- 使用氯化物浓度低或其他可能引发不锈钢管道和设备应力腐蚀开裂的污染物浓度低的保温材料。

大多数保温材料在储存和安装时会含有或吸收水分。如果在这样的保温层上安装一层密封且不透水的防护层并且随后将其用于高温环境，则应该设置排气孔让水分蒸发出去。

在保温层的结构贯穿处和穿管处安装并维护防水板和密封胶，以防止水分在这些部位渗入。保温密封材料的状态决定了保温层下是否发生腐蚀。吸湿性保温层在接缝处需要仔细维护。尽管阻止水分进入对于防腐非常有效，但要保持这一点是非常困难的。

在操作温度范围为 60~121℃(140~250℉)有绝热保护的钢材表面上，腐蚀问题最为普遍。对于这种作业条件，外部保护涂层尤为重要。根据操作温度的不同，经常使用浸没级环氧酚醛树脂和胺固化煤焦油环氧树脂。正确地进行表面处理对于保证涂层的效果至关重要。

为了保护温度范围为 130~540℃(270~1000℉)的被保温表面，NACE 的出版物(参考文献 5-39)推荐了一些涂层系统和胶带，这些材料在化学性质上能够耐受含有氯化物和硫化物的潮湿环境。虽然在极低的温度下腐蚀可能减少，但是在-45~2℃(-50~35℉)的中温范围内腐蚀问题仍然值得关注。针对此温度段，NACE 不仅推荐了合适的涂层材料，还提供了确保涂层可靠性能所需的表面处理和应用方法。

5.11 设计中的人机因素

通过以下方式，在过程设计中适当考虑人机因素并实施对应措施可以提高过程安全性：

- 使过程及其预定的操作更容易被理解；
- 使操作规程更清晰，便于操作人员按预定要求执行；
- 限制与预期操作不同的潜在偏差发生。

应该在新建设施的设计、施工和开车阶段审查人机工程和人机因素问题。应该定期检查现有设施，以本质更安全的方式(包括过程危害分析)改善人机因素。通常，此类检查不仅包括针对整个工艺过程的定期检查，还包括针对重大改造的检查。使用人机因素检查表，如 CCPS 出版的《流程工业中提升绩效的人机因素方法》(*Human Factors Methods for Improving Performance in the Process Industries*)(参考文献 5-40)提供的信息，有助于将本质更安全设计更好地应用于在役的和改造的工艺过程。

《流程工业中提升绩效的人机因素方法》(*Human Factors Methods for Improving Performance in the Process Industries*)(参考文献 5-40)将人机因素描述为处理工作环境中人、设施及其管理系统之间相互作用的学科。本书参考了国际石油和天然气生产商协会(参考文献 5-41)适用于流程工业的人机因素模型。该模型基于三个主要领域，每个领域包含若干子课题：

(1) 设施和设备；

(2) 人员；

(3) 管理系统。

文化是凌驾于所有这些问题之上的要素，因为它定义了系统在社会和技术层面的运作规范。见表 5.1。

表 5.1 文化和工作环境

设备 & 设施	人员	管理系统
工作空间设计	人的特性及行为(生理和心理)	管理承诺
维护	健康	安全文化
物理特性	压力	规程
可靠性	疲劳	培训
		危害辨识
		风险评估

简单来说，人机因素致力于使环境以一种尽可能自然的方式为人服务。人机因素的目标是使任务和环境适应人，而不是迫使人为了完成工作而做出重大调整。这减少了引起或促成过程安全和其他类型事故的人因错误的可能性。

人机因素起源于工业革命，并在第二次世界大战期间成为一门成熟的学科。当时人们认识到，飞机驾驶舱的设计需要考虑控制和显示人机界面，以确保操作的安全性与可靠性。同样，人机因素在本质更安全设计的应用中也起着至关重要的作用。以人机因素为核心设计的系统或流程不太容易出现人为失误，从而降低了安全、过程安全或环境相关事故的风险。

《流程工业中提升绩效的人机因素方法》(*Human Factors Methods for Improving Performance in the Process Industries*)(参考文献 5-40)深入探讨了过程工业中的人机因素这一主题。该书包括了在装置及其管理系统的设计中实施此类策略的方法，还提供了人机因素工具包。

针对人机因素进行设计可以最大限度地减少发生这类错误的可能性，并提高识别和纠正错误的可能性，以尽量减轻错误的后果。

使系统本质更安全防止人为失误的指导前提是：

- *人类及其设计和构建的系统很容易出错*。通过过程危害分析(PHAs)或单独的人机因素评估等方式对新建和现有设施以及改建设施进行人机因素设计审查，以及在事故调查(特别是未遂事件)中对人机因素相关的根本原因或影响因素进行审查，有助于确定减少人为失误可能性的方法。
- *现有设施中可能存在许多会导致人为失误的隐患*。根据操作人员的反馈来识别这些潜在隐患是非常重要的，因为只有他们可能察觉这些隐患。应当同时收集资深操作人员和新手操作人员的反馈，因为新手操作人员更能发现那些资深操作人员习以为常并已形成惯性规避的隐患。消除这些隐患比培训并期望人们避开隐患更具本质安全性。操作人员和维修人员的反馈对于识别其他人机因素相关问题也非常有价值。人机因素培训通常可以帮助人员识别他们之前可能已经意识到，但无法从人机因素的角度来理解和表达的问题，以及可能导致不良安全后果的潜在错误。
- *设计人员提供的系统应便于操作人员参与工艺流程，并确保他们有适当的工作负荷*。在现代高度自动化的化工装置中，操作人员有可能过于脱离工艺过程，以至于在发生意外事件时不知道如何做出适当的应对。操作人员的工作负荷对其可靠性有显著影响。研究表明，工作负荷过大或过小都会增加操作人员出错的可能性。将操作人员的参与度和工作负荷作为工艺设计的参数可以减少操作人员的失误，并促进操作人员在应对意外事件时有更好的表现(参考文献 5-40)。

CCPS(参考文献 5-40)、Lorenzo(参考文献 5-42)和 Attwood(参考文献 5-43)详细讨论了人为失误问题。

《流程工业中提升绩效的人机因素方法》(*Human Factors Methods for Improving Performance in the Process Industries*)(参考文献 5-40)提供的工具可以用于化工过程全生命周期的每个阶段，帮助评估各种方案之间涉及人机因素的协调性。在许多情况下，设计中的低成本方案可以使操作从人机因素的角度变得本质更安全。

理想的人机工程系统可以提供本质更安全的装置设计和操作规程。在设计和建造时，对人机因素给予充分关注的装置和工艺过程比那些没有这样做的装置和工艺过程更具有本质安全性。如果我们了解人员的工作方式以及人为失误是如何发生的，我们就能设计出更好的系统用于管理、监督、设计、审查、培训、审计和监控。人机因素考虑是公司本质安全工作的一个重要组成部分。

项目管理的人机因素审查工具：

图 5.4 展示了设计用于规划、开发、详细设计和施工以及开车过程每个阶段的人机因素工具。有些工具可独立使用，工具则整合到现有关键项目工具中[如危险与可操作性(HAZOP)分析]。有关图 5.4 中各种工具的完整说明，请参阅 Attwood 的《流程工业人体工学解决方案》第 9 章(参考文献 5-43)。

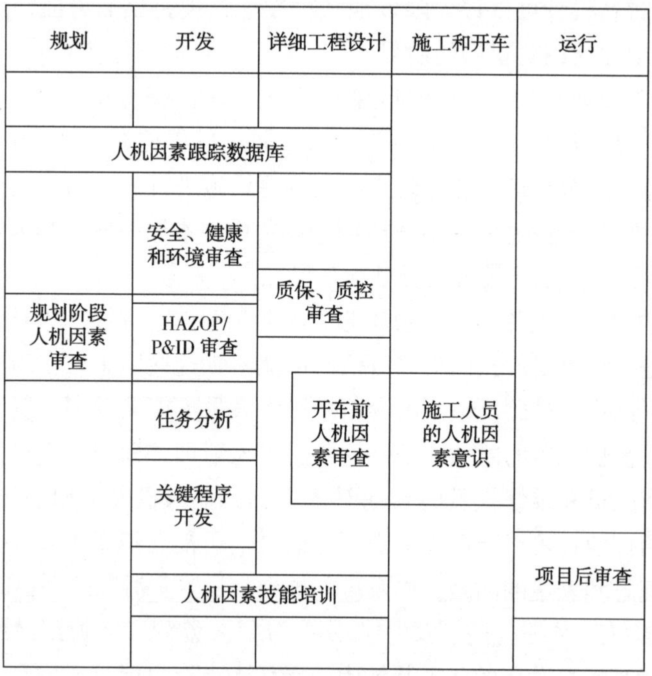

图 5.4　人机因素工具

5.12　现场安保

和过程安全措施一样，安保措施可以保护社区、公司员工和资产，并确保设施能够运营且保持盈利。有害物质泄漏等重大事故会导致人员受伤、环境破坏，并通过扰乱运营引发数百万美金的诉讼费以及昂贵的补救措施，影响员工情绪和损害公司声誉，严重损害公司利益。

虽然安保在设计的过程安全方面只占很小一部分，但这一小部分却极为重要。

CCPS 出版的《固定化工场所安全漏洞分析与管理指南》(*Guidelines for Analyzing and Managing the Security Vulnerabilities of Fixed Chemical Sites*)(参考文献 5-44)可用于确定生产设施在安保事件中的潜在漏洞。

书中详细阐述了以下关键概念：

- *保护层*：这是一种概念，通过提供几种不同的设备、系统或措施来降低不利事件发生的可能性和事件的影响程度。
- *安保保护层*：也被称作“洋葱模型保护层”，是一种建立多重独立且重叠的深度保护层的概念，通过预防和缓解措施提高安全防护的可靠性，并降低事件升级至极端后果的可能性。安保包括反监视、反情报、物理安全和网络安全等多层保护。
- *拖延*：这种安保策略是通过设置多种障碍来减缓犯罪者进入现场的速度，以防止攻击或盗窃，或减缓其离开管控区域的速度以协助抓捕和防盗。
- *侦测*：这种安保策略是识别企图实施化学安全事件或其他犯罪活动的犯罪者，以便对犯罪者的行为和身份进行实时观察和事后分析。
- *威慑*：这种安保策略是通过制造恐惧或疑虑来预防或阻止出现安全漏洞。警示标志、警示灯、穿制服的警卫、摄像头和防护栏等物理安全系统都能起到威慑作用。

5.12.1 实体防范

“实体防范”指的是设备、建筑和地面设计以及防范措施，目的是保护设施内的人员、财产或信息免受物理攻击。

用于生产设施的常用“实体防范”措施包括：

- 具有防攀爬功能的围栏；
- 夜间周边和关键区域的充足照明；
- 公路和铁路入口处上锁的大门；
- 保护工艺设备和管道免受车辆撞击的防护柱；
- 足够多的警卫或安保人员，在中央监控站值班并对设施内的关键点进行巡检；
- 电子门禁控制系统，要求在主要入口和其他适当的门上使用钥匙卡，并提供出入审查轨迹；
- 闭路电视系统，用于监控设施的关键区域。在适当的情况下使用运动传感器，标记视频记录，并在有人进入禁区时提醒安保人员；
- 包裹检查系统(使用金属探测器、X 光探测器或爆炸物探测器)。现场转移资产要求使用资产进出场证明。

新设计装置的一个主要考虑因素是确定最脆弱或最重要的位置，使入侵者难以到达。设施的管理部门应该评估其特殊的安保需求，并采取适当的安保措施。

5.12.2 网络/电子安全

在工厂设施中，保护信息和计算机网络安全不仅是为了保护公司专有信息和保障业务运行，还为了保护化工过程免受危险干扰和防止不希望的化学物质泄漏。对于入侵者来说，获取信息和网络访问权限等同于拥有了伤害公司、其员工和整个社区的力量(参考文献 5-44)。

化工行业非常清楚保护其商业机密的重要性。然而，保护那些可能对犯罪分子、示威者和恐怖分子有用的信息同样重要，他们企图策划对化工现场的攻击或获取用于制造武器的有害物质。此类信息包括：

- 工艺流程图(PFD);
- 工艺管道和仪表流程图(P&ID);
- 化学反应方程式;
- (化学)配方;
- 业主和供应商名单;
- 厂区总平面布置图;
- 描述化工设施运作的其他信息。

加强计算机和网络安全措施的重要概念包括:

- 对计算机房、电机控制中心、机柜房、服务器房、电信房和控制室进行物理保护,最好配备可以记录进出情况的电子或生物识别门禁控制系统。如果可能的话,将计算机房设置在建筑物的一楼以上,以减少盗窃和水淹的可能性。计算机房不应紧邻建筑物外墙。
- 使用防火墙、病毒防护、加密、用户识别以及消息和用户验证来保护主计算机网络以及与之连接或与外部连接的附属网络(如门禁控制系统)。
- 确定用户授权时,遵循"最小访问权限"、"按需知晓"和"功能分离"等原则,而不是基于职位或先例。

5.13 参考文献

5-1. API RP 2003. *Protection Against Ignitions Arising out of Static, Lightning, and Stray Currents, Seventh Edition.* American Petroleum Institute. Washington, D. C. 2008.

5-2. CCPS. *Guidelines for Preventing Human Error in Process Safety*, Center for Chemical Process Safety of the American Institute of Chemical Engineers. New York, NY. 1994.

5-3. EPA. *Risk Management Program (RMP)*. 40 CFR 68. U. S. Environmental Protection Agency. Washington, D. C. 1996.

5-4. MIIB. The Buncefield Incident, 11 December 2005. The final report of the Major Incident Investigation Board. 2008. http://www.buncefieldinvestigation.gov.uk/reports/

5-5. CCPS. Final Report: *Definition for Inherently Safer Technology in Production, Transportation, Storage, and Use.* Center for Chemical Process Safety of the American Institute of Chemical Engineers. New York, NY. 2010.

5-6. CCPS. *Inherently Safer Chemical Processes, A Life Cycle Approach.* Center for Chemical Process Safety of the American Institute of Chemical Engineers. New York, NY. 2009.

5-7. CCPS. *Guidelines for Safe Automation of Chemical Processes.* Center for Chemical Process Safety of the American Institute of Chemical Engineers. New York, NY. 1993.

5-8. CCPS. *Guidelines for Safe and Reliable Instrumented Protective Systems.* Center for Chemical Process Safety of the American Institute of Chemical Engineers. New York, NY. 2007.

5-9. ANSI/ISA 18.2-2009, *Management of Alarm Systems for the Process Industries.* International Society of

Automation, Research Triangle Park, NC. 2009.

5-10. Sanders, R. *Chemical Process Safety: Learning from Case Histories, 3rd Edition.* Elsevier. Oxford, UK. 2005.

5-11. CCPS. *Guidelines for Independent Protection Layers and Initiating Events.* Center for Chemical Process Safety of the American Institute of Chemical Engineers. New York, NY. 2011.

5-12. ISA 84.91.01. *Identification and Mechanical Integrity of Instrumented Safety Functions in the Process Industry.* International Society of Automation, Research Triangle Park, NC. 2011.

5-13. ANSI/ISA 84.00.01-2004 (IEC 61511 modified). *Functional Safety: Safety Instrumented Systems for the Process Industry Sector.* International Society of Automation, Research Triangle Park, NC. 2004.

5-14. ISA TR84.00.04. *Guidelines on the Implementation of ANSI/ISA 84.00.01-2004 (ISA 61511 Modified).* International Society of Automation, Research Triangle Park, NC. 2006.

5-15. API RP 752. *Management of Hazards Associated with Location of Process Plant Permanent Buildings, Third Edition.* American Petroleum Institute. Washington, D. C. 2009.

5-16. API RP 753. *Management of Hazards Associated with Location of Process Plant Portable Buildings, First Edition.* American Petroleum Institute. Washington, D. C. 2007.

5-17. NFPA 30. *Flammable and Combustible Liquids Code, 2008 Edition.* National Fire Protection Association. Quincy, MA. 2008.

5-18. CCPS. *Guidelines for Facility Siting and Layout.* Center for Chemical Process Safety of the American Institute of Chemical Engineers. New York, NY. 2003.

5-19. CCPS. *Guidelines for Fire Protection in Chemical, Petrochemical, and Hydrocarbon Processing Facilities.* Center for Chemical Process Safety of the American Institute of Chemical Engineers. New York, NY. 2003.

5-20. Hanna, S. R. and Britter, R. E. *Wind Flow and Vapor Cloud Dispersion at Industrial and Urban Sites.* Center for Chemical Process Safety of the American Institute of Chemical Engineers. New York, NY. 2002.

5-21. CCPS. *Guidelines for Safe Handling and Storage of High Toxic Hazard Materials.* Center for Chemical Process Safety of the American Institute of Chemical Engineers. New York, NY. 1988.

5-22. CCPS. *Guidelines for Vapor Cloud Explosions, Pressure Vessel Burst, BLEVE and Flash Fires Hazards.* Center for Chemical Process Safety of the American Institute of Chemical Engineers. New York, NY. 2010.

5-23. API RP 571. *Damage Mechanisms Affecting Fixed Equipment in the Refinery Industry.* American Petroleum Institute. Washington, D. C. 2007.

5-24. Hurst, L. R. *Brittle Fracture of a Brick-lined Pressure Vessel.* Materials Performance, Volume 25, No. 3, pp 24-26. 1986.

5-25. National Board Inspection Code. *The National Board of Boiler and Pressure Vessels Inspectors.* Columbus, OH. 2010.

5-26. Lees, F. P. *Loss Prevention in the Process Industries, Third Edition.* Elsevier, Inc. Oxford, UK. 2005.

5-27. API RP 941. *Steels for Hydrogen Service at Elevated Temperatures and Pressures in Petroleum Refineries and Petrochemical Plants, Seventh Edition.* American Petroleum Institute. Washington, D. C. 2008.

5-28. ANSI/NACE MR0175/ISO 15156. *Petroleum and Natural Gas Industries-Materials for Use in H_2S-containing Environments in Oil and Gas Production-Parts 1, 2 and 3.* National Association of Corrosion Engineers. Houston, TX. 2008.

5-29. NACE. MR0103 - 2007, *Materials Resistant to Sulfide Stress Cracking in Corrosive Petroleum Refining Environments*, National Association of Corrosion Engineers. Houston, TX. 2007.

5-30. Sundararajan, C. *Guide to Reliability Engineering: Data, Analysis, Applications, Implementation and Management.* Van Nostrand Reinhold, New York, NY. 1991.

5-31. Sundararajan, C. *Structural Engineering Aspects of Plant Risk Assessment.* AIChE Process Plant Safety Symposium, p. 940. American Institute for Chemical Engineers. Houston, TX. 1992.

5-32. ASTM C680-08. *Standard Practice for Estimate of the Heat Gain or Loss and the Surface Temperatures of Insulated Flat, Cylindrical, and Spherical Systems by Use of Computer Programs.* American Society for Testing Materials Philadelphia, PA. 2008.

5-33. Malloy, J. F., and Turner, W. C. *Thermal Insulation Handbook*, McGraw-Hill. New York, NY. 1981.

5-34. ASTM E 84-10. *Standard Test Method for Surface Burning Characteristics of Building Materials.* American Society for Testing Materials. Philadelphia, PA. 2010.

5-35. Britton, L. G. *Spontaneous Fires in Insulation.* Plant/Operations Progress, Vol. 10, No. 1. 1991.

5-36. Wright, J. M., and K. C. Fryer. *Alternative Fire Protection Systems for LPG Vessels.* GASTECH 81 LNG/LPG Conference, Gastech Ltd., Herts, U. K. 1981.

5-37. ASTM C795-08. *Standard Specification for Thermal Insulation for Use in Contact with Austenitic Stainless Steel.* American Society for Testing Materials. Philadelphia, PA. 2008.

5-38. Pollock, W. I., and C. N. Steely Eds. CORROSION/89 Symposium: *Corrosion Under Wet Thermal Insulation: New Techniques for Solving Old Problems.* National Association of Corrosion Engineers. Houston, TX. 1990.

5-39. NACE. *A State-of-the-Art Report of Protection Coatings for Carbon Steel and Austenitic Stainless Steel Surfaces Under Thermal Insulation and Cementitious Fireproofing.* National Association of Corrosion Engineers. Houston, TX. 1989.

5-40. CCPS. *Human Factors Methods for Improving Performance in the Process Industries.* Center for Chemical Process Safety of the American Institute of Chemical Engineers. New York, NY. 2007.

5-41. International Association of Oil and Gas Producers. *Human Factors.* London, UK. 2005. (www.info.ogp.org.uk/hf/).

5-42. Lorenzo, D. K. *A Manager's Guide to Reducing Human Errors: Improving Human Performance in the Chemical Industry.* Chemical Manufacturers Association. Washington, D. C. 1990.

5-43. Attwood, D. A., Deeb, J. M., and Danz-Reece, M. E. *Ergonomie Solutions for the Process Industries.* Elsevier, Inc. Oxford, UK. 2004.

5-44. CCPS. *Guidelines for Analyzing and Managing the Security Vulnerabilities for Fixed Chemical Sites*, Center for Process Safety of the American Institute of Chemical Engineers. New York, NY. 2003.

6 设备设计

本章表格中提出的设计解决方案已经过验证，并能有效减缓各失效场景。但这些设计解决方案需要可靠的设计和维护来保障其有效性。特别是主动式解决方案可能需要冗余(即双传感器、控制和联锁功能的独立)来提供所需的可靠性和降低风险水平。真正的冗余必须提供独立性和功能多样性(例如，独立的供电、基于不同原理运行的传感器)来避免共模失效的发生。基于风险的设计选择方法的优势在于提供了确定冗余度是否足够的方法。

设计还应考虑系统的定期检查和验证性测试。例如，安全阀(PSV)的测试校验周期可能需要比工厂计划的运行周期更短。因此，良好的工程设计解决方案是安装双安全阀，以便在规定的时间间隔内进行测试而不影响生产。

如果没有正确维护，安全设计解决方案会引起危险。尽管本书没有专门讨论系统维护，但需假定安全设备在安装后将接受维护和检查。应明确选择制造材料，尽量减少腐蚀，因为外部目视检查会很困难，而内部目视检查费用高昂且会增加停机时间。

工程设计包的重要性不言而喻。这些文件不仅在设计阶段必不可少，而且在设施的整个生命周期内对于运营和维护也至关重要。工程设计包将在第 8 章中进行详述。

还应认识到，本章表格中提出的失效场景侧重于与工艺相关的危害，不包括由维护引发的事故。在此假定设施具有充分的安全运行规程，包括动火作业许可、进入受限空间作业、点火源控制、挂牌/上锁等管理规程。

设备失效场景和相关设计解决方案的信息以表格形式进行介绍。每个部分的表格组织结构相同。表格标题描述如下。

- 事件：具体的失效机制/原因(例如，控制系统失效)。
- 后果：若起因出现而不进行干预的潜在结果。许多情况下，最终后果是泄漏。根据泄漏的物质不同，最终结果可能是火灾、爆炸、有毒物质暴露、环境影响或根本没有影响。
- 潜在设计解决方案：可以用于减少失效场景风险的潜在设计解决方案。设计解决方案分为以下三类：本质更安全/被动方案、主动方案和程序性方案。确定的设计解决方案可视为危害评估(例如，HAZOP 或 LOPA)中的保护层。

应特别注意每个设备表格中第一行的“事件/后果”均为“普遍适用”。潜在的设计解决方案与给定工艺偏差的每个事件/后果场景相关。例如，在“通用-高压”类别下，泄压装置可被视为“主动”潜在设计解决方案，因此，选用泄压装置对高压类别中所有后续“事件/后果”场景都是“主动”设计解决方案。

本书提出的设计解决方案只是降低相关失效场景风险的一些可能采取的方法。本书作者无法预见与特定设计情况有关的所有可能应用或条件。各公司不同的风险可接受性标准会影响所选择的设计解决方案，设计解决方案的成本/收益比也不尽相同。因此，建议结合第 2 章提出的设计基础选择方法使用表格，以得出针对给定应用场景的最佳设计解决方案。

使用各设备表中给出的设计解决方案应结合合理的工程判断并考虑所有相关因素。例如，假设在常压储罐上安装氮气保护系统，以降低形成爆炸性混合物导致内部爆炸的风险。通常，氮气供应压力远高于储罐的设计压力(参考文献 6-1)。因此，整个系统设计还须应对由于高压公用系统减压阀的失控开启而导致的超压风险。

上述例子说明设备失效表预期用途的一个重要方面。安全系统的设计和安装，尤其是主动解决方案，会增加新的潜在危害。因此，有必要在总体设计理念的背景下使用该表，确保已考虑到所有危害。如示例所示，这可能需要将多个场景设计解决方案结合起来，以得出最终可接受的设计。因此，在设计的各个阶段都应参考该表，以再次确认已考虑到失效机制。

针对同一场景采用多种设计方案是可能的，往往也是可取的。再次以易燃液体储罐的设计为例，针对罐体灾难性失效的后果，同时采用点火源控制(如：无飞溅进料、接地)及蒸气空间惰性化是可取的。

除了为任何失效场景提供所需的可靠性，多重保障可能是处理由不同失效场景引起的工艺偏差的最佳方法。保护层分析(LOPA)是一种确定是否有足够可用保护层的技术。第 4 章对 LOPA 分析进行了详述。

例如，假设在一个场景中，容器可能因气相空间中的爆燃而超压，而在另一个场景中，可能因失控反应而超压。爆燃事件的特征可表现为较高的压力上升速率但最高压力上升幅度不大。失控反应的特征可表现为极高的压力上升幅度但失控初期最大反应速率却不高。依据场景之间的差异，最佳的防护措施可以是提高设备对爆燃的承压能力，或对失控反应采取紧急泄压。在上述情况下，这些保障措施并非多余。

这些表格包含从各种来源和实际情况中得出的设计解决方案。许多解决方案都很容易理解。在某些情况下，需要额外的解释来充分理解这种方法。失效场景和设计解决方案部分包含有关选定设计解决方案的其他信息。信息按照表中的场景编号进行组织和交叉引用。

6.1 容器

本节介绍容器的潜在失效机制，并提出降低此类失效风险的设计替代方案。本节涵盖的容器类型包括：

- 过程容器(缓冲罐、储罐、分离器等)；
- 压力罐(球罐、圆筒形储罐)；
- 常压固定顶储罐(锥顶/拱顶)；
- 常压储罐(锥顶、内浮顶罐、浮顶罐)。

反应器和传质设备是容器设备中的一个单独分类，专门用于化学反应。由于化学反应的不同，反应器有其独特的失效场景(例如反应物积聚)，将在第6.2节进行专门讨论。本节讨论的许多通用容器失效模式，例如与腐蚀相关的失效或自聚，也适用于反应器。

6.1.1 过往事故案例

从过往错误中可以吸取重要经验教训。本章提供了几起容器失效事故的案例，以强调本章中所提出的安全设计和规范操作的必要性。

储罐分层事故(表6.1中场景5和场景24)：

乙酸酐常被作为许多化合物的乙酰化剂。当它与羟基反应时，生成副产物乙酸。纯乙酸酐会与水发生剧烈反应，生成乙酸。在典型的乙酰化反应中，使用过量的无水酸酐来促进反应达到完全转化。将过量的无水酸酐与水在接收罐中进行反应，过量的无水酸酐被转化为酸。反应过程中酸会提纯并重新转化为无水酸酐。该操作可安全执行，因为乙酸的存在使水和乙酸酐互溶，因此反应速率可以通过水的添加速率来控制。

在本案例中，由于遗漏了在低温下[-23.3℃(-10℉)]引发反应所需的强无机酸催化剂，乙酰化反应未按设计进行。因此，接收罐中不含乙酸酐和乙酸的混合物，而只含有低温的纯乙酸酐。负责加水的操作人员没有意识到组分的变化，而且在开始加水之前也并未将搅拌器打开。在添加了几分钟的水后，他发现搅拌器未打开，于是按下了启动按钮。层积在低温纯乙酸酐表面的水立刻与纯酐混合并发生剧烈反应，致使储罐内发生部分汽化，并通过敞开的人孔喷出，导致操作人员严重烧伤。

此次事故吸取的经验教训是在开始加水之前需确认搅拌器已开始转动。如果先打开搅拌器，反应速率将由水的添加速率决定。然而，瞬间以接近化学计量比的浓度加水导致了放热反应失控。

更安全的工艺设计解决方案包括：

- 不需要开口的设计(本质)。
- 具有较小开口和/或将开口位置远离操作人员位置(被动)。
- 将加水操作与搅拌器运行进行联锁(主动)。
- 将能够指示未发生乙酰化反应的参数(温度或冷却负荷)进行联锁，停止将产物输送至接收罐(主动)。

6.1.2 失效场景与设计解决方案

表6.1列出了针对容器的设备失效场景和相应的设计解决方案。

表 6.1　容器常见失效场景与设计解决方案

序号	事件	后果	潜在设计解决方案		
			本质更安全/被动安全	主动安全	程序安全
压力					
普遍适用-压力高 *(适用于所有高压场景)*			容器按最大操作压力、供应压力、上游压力设计	泄压装置 BPCS 控制回路将压力排放到安全位置 高压联锁以隔离压力源 高压联锁以切断容器入口或停高压侧进料泵 压力控制阀泄压至安全位置(火炬)	操作人员对高压报警做出响应
普遍适用-压力低 *(适用于所有低压场景)*			容器按最大真空条件(全真空等级)设计	真空释放系统 自动压力控制，以尽量减少真空 低压联锁隔离容器	操作人员对低压报警做出响应
1	高压公用工程系统开启	潜在压力升高	采取互不配套的公用工程接口，以避免与高压公用工程设施连接 公用工程站压力不超过容器最高允许工作压力		给公用工程接口打上标识 将在操作前确认压力的要求写入书面操作规程并培训
2	容器气相空间内的可燃气体	气相空间的潜在点火导致火灾/爆炸	浮顶罐代替固定顶罐(参见程序性措施) 点火源控制措施(例如，防雷保护、永久接地/等电位连接、无飞溅进料，包括浸没管、进料线流量限制或底部进料) 容器设计压力高于爆燃压力	爆炸泄放(例如，固定顶罐的弱顶设计) 气相空间可燃气体浓度控制 气相空间惰性化 检测到可燃气体，自动激发紧急吹扫和/或隔离系统	带报警装置的氧分析仪 将在雷雨天气不进行物料转移的要求写入书面操作规程并培训 将采用低流量为空罐进料，直到进料线低于液位，避免飞溅进料的要求写入书面操作规程并培训

续表

序号	事件	后果	潜在设计解决方案		
			本质更安全/被动安全	主动安全	程序安全
3	排气口路径不足或堵塞	潜在压力升高	尽量减少出口切断阀 从消除或减少堵塞可能性的角度确定排气口大小 通过通风滤网避免异物进入	排气口伴热，避免凝结和凝固	将保证阀门通过安全锁或铅封开启的要求写入书面操作规程并培训 将定期检查排气口是否存在障碍物的要求写入书面操作规程并培训 将开始进料前验证排气口路径是否畅通的要求写入书面操作规程并培训
4	混入轻组分物质	潜在压力升高	采用互不相配的接口防止意外的物料混合	爆炸泄压(例如，固定顶罐的弱顶设计)	将通过盲板、可移动管线、断开等方式隔离挥发性物料的要求写入书面操作规程并培训
5	分层物流的翻滚或塌陷	分层可能出现的压力增加或快速失控反应	容器外部设在线混合器对进料进行预混 罐进料系统设计为防止物料分层(如罐顶喷淋式进料)	机械搅拌或再循环罐内物料 提供循环回路以混合容器内物料	将进料过程中注意避免分层的要求写入书面操作规程并培训
6	上游工艺控制失效导致气相或闪蒸液相进料	潜在压力升高	控制阀大小适宜 使用限流孔板，以限制压力上升	高/低液位联锁以隔离容器 上游容器低液位联锁的冗余液位测量	操作人员对高压报警做出响应 将如何应对低液位事件的要求写入书面操作规程并培训
7	不可控的气相组分大量凝结/吸收	潜在真空度升高	容器保温 与大气连通	密封罐 带报警和联锁的温度控制器	将监测温度和物料添加速度的要求写入书面操作规程并培训 操作人员对低压报警做出响应
8	低温/激冷罐蒸气回收系统控制或设备失效	潜在真空度升高	额外的保温材料，以延长可接受的制冷中断时间	高压联锁，自动启动备用压缩机	将监测到高压时人工开启备用压缩机的要求写入书面操作规程并培训

续表

序号	事件	后果	潜在设计解决方案		
			本质更安全/被动安全	主动安全	程序安全
9	排气口/密封件在高湿度、低压条件下冻结(近常压储罐)	液位升高时可能产生高压，液位降低时可能产生真空		溢流密封件和储罐排气口的冻结保护	将操作人员目视检查(特别是在寒冷天气)的要求写入书面操作规程并培训
流量					
普遍适用-流量高 *(适用于所有高流量场景)*				由高流量触发的进料联锁 基于容器液位的进料线自动流量控制回路	操作人员对高流量报警做出响应 操作人员对高液位报警做出响应 将限制流量至最大安全值的要求写入书面操作规程并培训 将监测进料速度，防止速度过快的要求写入书面操作规程并培训
10	进料流量过高	容器内液位和压力可能增加 潜在的静电积累、潜在的火灾/爆炸	进料管线上配备限流孔板 容器和输送管线上接地和等电位连接 采用不易产生静电的材料	带有报警器和联锁装置的压力控制器	将空罐以低速率进料，直到进料线低于液位，避免飞溅进料的要求写入书面操作规程并培训
11	内部加热/冷却盘管泄漏或破裂	与容器内物料的潜在反应	电加热 外部加热器/冷却器(夹套) 与容器内物料无化学反应的加热/冷却介质 低压加热或冷却介质	外部加热背压控制/冷却循环，以避免泄漏到容器中 高温和/或高压报警和自动添加急冷/稀释液或抑制剂	
12	排空速率过高	潜在的真空、物料泄漏	容器按真空设计 管线上配备限流孔板	真空释放	操作人员对高流量报警做出响应

续表

序号	事件	后果	潜在设计解决方案		
			本质更安全/被动安全	主动安全	程序安全
13	充装液体时的静电火花放电	潜在火灾/爆炸	尽量减少静电积聚浸没进料管 容器上的静电接地和等电位连接 采用不易产生静电的材料 容器底部进料	进料前自动惰性化容器内部	将容器的手动接地和等电位连接的要求写入书面操作规程并培训 将容器进料前手动惰性化的要求写入书面操作规程并培训 将避免使用非导电性容器的要求写入书面操作规程并培训
温度					
普遍适用-温度高 *(适用于所有高温场景)*			容器设计温度为最高预期温度	高温报警和联锁隔离加热介质	操作人员对高温报警做出响应
普遍适用-温度低 *(适用于所有低温场景)*			容器设计温度为最低预期温度	低温报警和联锁	操作人员对低温报警做出响应
14	外部火灾	潜在的容器内温度和压力升高	埋地(地下或掩埋)储罐(考虑环境问题) 火灾安全阀 防火保温(限制热量输入) 定位在受火灾影响的区域外 地面坡度远离泄漏集液池 罐与罐之间拉开距离，以尽量减少火势升级	火灾检测时隔离阀的自动关闭 由可燃气体、火焰和/或烟雾探测设备激活的固定消防系统和/或泡沫喷淋系统 针对外部火灾场景设计的安全阀	应急响应计划 应急响应小组 将手动启动固定水喷雾(雨淋)和/或泡沫系统的要求写入书面操作规程并培训 将防止在容器、储罐区域内出现易燃材料(包括保温材料、围护材料等)的要求写入书面操作规程并培训
15	保温材料火灾	潜在的容器内温度和压力升高	设置封闭单元保温 在液态烃类可能浸入保温层的地方设置液体密封	由可燃气体、火焰和/或烟雾探测设备启动固定水喷雾(雨淋)和/或泡沫系统 针对外部火灾场景设计的安全阀	应急响应计划 应急响应小组 将手动启动固定水喷雾(雨淋)和/或泡沫系统的要求写入书面操作规程并培训
16	热量输入过多或冷却系统失效	可能引发热失控反应，导致压力增加	加热介质温度控制(如，用热水代替蒸汽)	添加高温急冷	

续表

序号	事件	后果	潜在设计解决方案		
			本质更安全/被动安全	主动安全	程序安全
17	过度机械搅拌	潜在的温度升高导致意外的化学反应	限制搅拌器电机或再循环泵的功率 不保温容器，允许热损失	检测到高温时关停电机	将根据高温指示关闭电机的要求写入书面操作规程并培训
液位					
普遍适用-液位高 *(适用于所有高液位场景)*			修建围堤或排放到远端集液池 溢流管线至安全位置	高液位报警和自动进料切断/隔离	操作人员对高液位报警做出响应 将在进料过程中监测液位的要求写入书面操作规程并培训 将液位达到设定点时停止进料的要求写入书面操作规程并培训 将在进料前确认储罐有足够储存空间的要求写入书面操作规程并培训
普遍适用-液位低 *(适用于所有低液位场景)*			重力进料或干式泵	低液位报警并联锁自动关闭输送泵	操作人员对低液位报警做出响应
18	液体过满	共用排气管、公共管道和其他连接设备的潜在污染	独立的排气路径		
19	液位控制阀无法关闭	容器内液位可能过高	闭环进料		
20	低液位(浮顶储罐)	浮顶可能搁置在内部支腿上，在储罐的气相空间里可能点燃易燃气体	安装液下喷嘴以维持罐内最低液位	浮顶与储罐的电气等电位连接	将定期监测储罐液位的要求写入书面操作规程并培训

续表

序号	事件	后果	潜在设计解决方案		
			本质更安全/被动安全	主动安全	程序安全
21	进料速率超过溢流管/通风口的容量	在高液位时可能使储罐超压(溢流管上的背压淹没通风口并超过储罐的最高允许工作压力)	溢流尺寸适应最大进料速率(通风管和溢流管是独立的)	高液位联锁设在溢流点以下	
设备失效					
22	容器下土壤沉降	潜在容器损坏	罐基础设计施工(打桩和土壤夯实)		将操作人员对储罐沉降指示响应的要求写入书面操作规程并培训 泄漏检测试验
23	浮顶因顶上积雪或积水或浮顶/浮筒腐蚀而下沉	潜在密封失效	为浮顶选择耐腐蚀材料 双层或浮筒浮顶 外设固定顶以保护浮顶 内部支腿或限制向下活动的装置		应急响应程序 将浮顶定期排水的要求写入书面操作规程并培训 将浮筒的定期检查和维修的要求写入书面操作规程并培训
24	搅拌器失效	潜在不溶合物分层导致产品质量差	相容/互溶物料 在进入储罐前进行外部在线混合	搅拌器监控器联锁，以停止进料流 外部混合系统自动启动备用泵 储罐内部传感器，用以监测搅拌器叶片的运动	将手动启动系统周围备用泵的要求写入书面操作规程并培训 将在检测到搅拌失效时人工关闭进料的要求写入书面操作规程并培训
25	储罐衬(涂)层失效	罐壁/罐底潜在的快速腐蚀，潜在的储罐失效	与储存物料相适应的建造材料(考虑温度因素) 耐腐蚀的二级围护空间区，包括罐体底部完整坚固的基础可作为二级围护空间区的一部分		

易燃环境点燃(表 6.1 场景 2):

当实施气相空间惰性化时，应注意需要氧气参与以减缓危害的特殊情况。例如，某些金属(如不锈钢)的腐蚀抑制机制依赖于氧气的存在；添加到反应性物料中的一些缓聚剂也需要氧气才能保持活性。在上述情况下，限制氧气浓度可以在抑制剂活性与阻燃保护之间取得平衡。

阻火器经常因为错误使用或维护不当而无法在容器事故中发挥作用。如不对阻火器进行定期检测，很容易发生堵塞(如，储存流体冷凝/腐蚀，异物进入)。如果容器没有泄压装置保护，阻火器的堵塞会最终导致受保护容器超压或真空(参考文献 6-2)。

6.1.3 设计考虑因素

6.1.3.1 工艺容器

容器的工艺条件会影响到所有有助于确保容器安全运行的活动。首先要确认工艺要求，随后进行诸如选材之类的机械设计工作，然后通过生产技术和质量保证工作，来保障工艺容器的可靠性和完整性。在容器投用后，服务要求、维护方法以及检查技术都将影响容器的使用寿命。

在设计阶段，需要特别注意正确选定容器的设计参数。尽管有一些规范和标准规定了如何确定设计压力和设计温度，但也要注意一些不太明显的设计因素，比如内部或外部腐蚀余量、流体比重、热应力以及风、雪和地震等外部负荷。

在开始机械设计工作之前，必须准确定义工艺条件(包括调试、开车、正常运行、停车和异常情况)。诸如循环压力和温度、自动制冷的可能性以及极高或极低操作温度等问题将影响容器设计。含硫和含氢环境需特别关注，必须采取措施防止容器的氢脆、分层和应力开裂(参考文献 6-3)。

需要准确定义容器的操作条件，包括最大和最小偏差以及常规要求。容器的快速循环加热是不可取的，因为可能会导致材料的局部开裂。最低设计金属温度规定了冷用材料的冲击试验要求。还应解决减压时的自动制冷问题。

设备的制造工艺和检验将极大地影响成品容器的质量。焊接不良、热处理不当、尺寸超出允许公差范围或装配不当等制造缺陷会导致压力容器出现问题。容器的制造应经过独立验证，以确保容器按技术要求制造。

如未充分考虑机械力，会导致容器失效，例如热冲击、循环温度变化、振动、压力波动、泄压装置的推力和其他外部载荷。

内部组件如挡板、搅拌器和塔盘应安装得当，以避免阻挡液体和蒸气流通，影响容器排液或排气。虽然间断焊、点焊可能为挡板或塔盘支撑圈提供足够的机械强度，但首选完整的角焊缝，这样就不会产生造成隐蔽位置腐蚀的裂隙和气穴。

搅拌器给压力容器带来一系列新的挑战。除密封泄漏、振动、对齐等常见危害外，搅拌器还对容器封头施加了除静态和动态(扭矩)之外的额外负载。正常扭矩负载与接管法兰密封面在同一平面上，由搅拌器电机的马力决定。

6.1.3.2 气液分离器

气液分离器一般通过重力或离心力将气液两相混合物中的液体分离出来。气液分离器的典型应用包括天然气-原油分离器、压缩机入口分液罐和蒸馏塔回流罐。这些设备的设计基础和设计重点都与工艺容器相同。气液分离器通常设有除沫器，以防止气相出料中夹带液相物料。此外还在底部出口管嘴上方设有防涡器，以防止液体中夹带气体(串气)。液相中夹带的气体会损坏控制阀，使下游设备超压，导致产品污染。

需要考虑的工艺变量和参数包括气相和液相流速、液位以及气相和液相密度。当气相流速远超设计流速或分离器中的液位超过气液两相流进入容器的高度时，可能会发生液体夹带。对于压缩机入口分液罐，液体夹带会对压缩机造成严重损坏。保持良好的容器液位控制可以防止液体夹带。仪表高液位报警可用于提醒操作人员并在必要时关闭关键设备(如压缩机)。

6.1.3.3 储罐和容器

要使储罐和容器更安全，首要方法是采用良好的被动安全设计，包括：

- 基础、制造技术和锚固；
- 相关管道和管件的设计需考虑到由于位移、膨胀/收缩、振动、连接、阀门和布局引起的应力；
- 辅助设备的选型，包括泵、压缩机、蒸发器等；
- 考虑运行参数范围以及如试车、停用、装置停工和罐清洗等非生产时段工况。

在许多标准的参考文献中可以找到关于储罐机械设计、制造和无损检测的详细信息。储罐和相关管道的设计在 API、ASME 和 UL 标准中均有所涉及。如想了解更多信息，参阅 6.1.4 节中的参考文献和建议补充阅读材料。

无论是在常压、低压还是高压条件下使用，容器设计的主要考虑因素都是应力，包括压应力和热应力，后者包含火灾暴露。其目标是通过提供足够的压力和真空泄放能力，将工作压力保持在允许范围内。

用于在接近大气压条件下储存液体的大型储罐有两类，一类是具有固定罐顶(锥顶、平顶或拱顶)的立式平底焊接储罐，另一类是使用浮动罐顶替代固定罐顶的焊接立式储罐。两种类型的储罐均可用于储存危险介质。在需要收集和处理罐内所有排放物或需要使用惰性气体以减少爆炸、火灾或化学反应的可能性时，通常优选固定顶罐。浮顶储罐通常用于储存液体的蒸气压力对锥顶储罐来说过大的场合，或者虽然希望控制排放但没有硬性要求的场合。应该认识到，外浮顶罐应设置排水装置以排出罐中的水，但排水装置可能会堵塞，浮顶就可能会被水淹没下沉。

为了控制环境排放，有时会使用带内浮顶的拱顶或锥顶储罐。对于许多类型的物料，特别是有机物，所使用的储罐类型将受到美国环境保护署(EPA)或各州环境当局的管制。物料的蒸气压是主要的决定因素。蒸气压力低于 10.34kPa(1.5psia)的大多数物料都可以储存在固定顶罐中。蒸气压力在 10.34kPa(1.5psia)至 75.84kPa(11psia)之间的物料应储存在浮顶储罐中。对于蒸气压力超过 75.84kPa(11psia)的物料，则储罐排放物必须回收再利用或销毁。

对于通常以加压液体形式储存的物料，如丁烷或氨，需使用压力容器。对于需要高压储存的液体或气体，可采用鞍座支撑的卧式储罐。这些罐是带有椭圆形或球形封头的圆柱形储罐。

6.1.3.4 常压储罐

与常压储罐[环境压力至3.44kPa(0.5psig)]相关的危害包括超压和真空、蒸气生成、液体溢出、罐体破裂、火灾和产品污染。此外，不均匀沉降和地震风载荷也是重要的关注点(参考文献6-1和参考文献6-4)。

内部爆燃需要关注是因为在有易燃物/空气混合物的情况下存在点火源。静电是常见的点火源，并会受到流体导电性、容器进料方式(例如飞溅进料)或内部物料混合和容器接地的影响。装有接近闪点的有机蒸气的储罐在进料、排空或罐内混合过程中容易出现可燃气/空气混合物。日常温度变化会导致空气通过呼吸阀进入罐内。含有杂质或轻组分(如石油馏分中的氢气)的储存产品在上游工艺单元出现异常时也可能形成易燃气/空气混合物。

固定顶罐可以建成“弱顶罐”，设计使其在超压时罐顶与罐壁之间的连接先于其他部位失效，在泄压能力不足时，以此种方法将压力安全释放(参考文献6-5)。避免使用弱顶罐储存有毒物质，因为储罐的破裂会将物料释放至大气中。

在固定顶罐中，当物料被迅速抽出或温度、压力突然下降时(通常由天气条件或蒸汽吹扫引起)，罐内气相体积减小，会导致真空。压力/真空(PV)释放保护应按物料最大抽出速度加上同时发生的最大温度/体积减小来设计(参考文献6-5和参考文献6-6)。真空泄放装置应位于或接近罐体的最高点。

温度变化或输送介质比设计介质更易挥发，均会导致过量蒸气产生。对于有内部加热器的储罐，应保证液位足够覆盖加热器表面，以免罐内物料过热，导致蒸气产生或达到自燃温度。应提供足够的泄压能力，以防过量蒸气生成或加热盘管破裂。

罐内物料聚合会导致超压，并伴随着罐内温度升高。在此情况下，标准泄压阀排放能力不够，一方面因为可能涉及大量的两相流，另一方面固体聚合物可能会堵塞泄压阀。在这些情况下，可使用带有通向大气管道的爆破片，将排放物引到工厂的安全区域。如果排放物料包含大量液体，则应考虑将放空物料排放至放空罐。

造成设备泄漏的常见原因包括：

- 由于操作人员失误或高液位报警失效(移动或固定式容器)的满溢；
- 储罐排气管的回流；
- 从罐底出料时缺少操作人员的监管；
- 储罐机械故障；
- 在罐顶积聚大量水、雪或冰导致坍塌，以及随后的液面暴露。

浮顶罐还有一种特殊的泄漏原因。浮顶平台可能会稍微倾斜并卡在一个位置。此时若进行进料或出料操作，会使浮顶失去支撑或使液体上升到浮顶上方，均可能导致浮顶坍塌。

避免泄漏和尽量减少损害的策略包括：

- 用于罐体高液位和流量报警及切断的仪表应与正常的液位和流量测量仪表完全分开，使用独立的传感器和控制单元。在某些情况下，质量平衡报警可能很有用。另外，可以使用许可联锁来确保正确排序，并且还应考虑对不经常使用的管线进行盲板隔离。

- 将溢流管线引至安全位置和二次存储。溢流管线的尺寸应确保在储罐溢流的情况下能够充分流动。估算溢流管道尺寸的一般经验法则是，其尺寸应至少比入口管线大一个标准管径。
- 为存储有机物料的储罐提供安全的排水方法，并从罐顶排水。
- 在储罐周围提供二次存储，以防止泄漏扩散到其他区域。可以采取围堤、双层罐或将储罐放置在混凝土池中。

由于引入不相容的或温度不合适的物料导致罐体中的物料污染，会引发失控反应、聚合、高温偏移或在罐体内产生真空。为了避免产品污染或将错误的物料输送到罐体中，管道阀门和罐体的支管应明确标记，操作规程应简单且定义明确，并应定期培训操作人员。

存放危险物料的储罐可以放置在地上或地下。地下罐为易燃和爆炸性物料提供了更高的安全性，并且只需在罐体和其他工艺设施之间保持较小的缓冲区。然而，由于地下储罐难以检查，因此增加了土壤和地下水污染的可能性。为减少泄漏的可能性，罐体应采用双层壁或放置在混凝土池中。主罐和二次存储之间的空间应配备某种形式的泄漏检测系统。对于地下设施的安装，还建议使用配有泄漏检测系统的双壁管道。

对于装有易燃液体的容器，如果容器设计压力不足以承受爆燃，或采用开放式进料方式，应考虑提供惰性气体保护(如氮气)以降低氧气浓度，防止火灾或爆炸，并在设计基础中加以记录。对于装有易燃液体的容器，设计时应考虑到防止或尽量减少液体的自由落下。一种方法是底部进料，另一种方法是使用伸到容器底部附近的浸没式进料管。

6.1.3.5 压力储罐

气体的压力储罐通常是球形或圆筒形，应符合美国机械工程师学会(ASME)锅炉和压力容器规范，以及适用的美国消防协会(NFPA)规范的所有要求，例如用于液化石油气储存的美国消防协会(NFPA)规范第 58 条(参考文献 6-7)。适用于常压储罐的许多安全考虑因素也适用于压力储罐，但设计上存在差异。例如：

- 通过泄放阀来处理超压(参考文献 6-5)。当罐内装有易燃物料时，罐内介质通常释放到工厂的火炬系统。真空通常不是问题，因为许多压力储罐也设计适用于完全或部分真空，但某些类型的罐，如大型丁烷储存球罐，在某些条件下可能会坍塌。
- 压力储罐的设计应考虑到由附近火灾造成的火焰冲击或热辐射造成的超压。储罐的保护性水喷雾装置的设计用于冷却和保护暴露的罐面，而不是扑灭来自罐本身的任何火焰。可设置泄压阀防止发生沸腾液体膨胀蒸气云爆炸(BLEVE)。

6.1.4 参考文献

6-1. API STD 650. *Welded Steel Tanks for Oil Storage*, *11th Edition*. American Petroleum Institute. Washington, D. C. 2008.

6-2. CCPS. *Deflagration and Detonation Flame Arresters*, Center for Chemical Process Safety of the American Institute of Chemical Engineers. New York, New York. 2002.

6-3. API RP 941. *Steels for Hydrogen Service at Elevated Temperatures and Pressures in Petroleum Refineries and Petrochemical Plants*, American Petroleum Institute. Washington, D. C. 2008.

6-4. API STD 620. *Design and Construction of Large, Welded, Low-Pressure Storage Tanks*, American Petroleum Institute. Washington, D. C. 2008.

6-5. API STD 2000. *Venting Atmospheric and Low-pressure Storage Tanks, 6th Edition*, American Petroleum Institute. Washington, D. C. 2008.

6-6. NFPA 30. *Flammable and Combustible Liquids Code*, National Fire Protection Association. Quincy, Massachusetts. 2008.

6-7. NFPA 58. *Liquefied Petroleum Gas Code*, 2008 Edition National Fire Protection Association. Quincy, Massachusetts. 2008.

建议补充阅读

API Publication 2210. *Flame Arresters for Vents of Tank Storing Petroleum Products, 3rd Edition.* American Petroleum Institute. Washington, D. C. 2000.

UL 525. *Flame Arresters for Use on Vents of Storage Tanks for Petroleum Oil and Gasoline*, Underwriter's Laboratory. Camas, Washington. 2008.

ANSI/API Spec 12B. *Specification for Bolted Tanks for Storage of Production Liquids, 15th Edition.* American Petroleum Institute. Washington, D. C. 2008.

API Spec 12P. *Specification for Fiberglass Reinforced Plastic Tanks, 3rd Edition.* American Petroleum Institute. Washington, D. C. 2008.

API Spec 12F. *Specification for Shop Welded Tanks for Storage of Production Liquids, 12th Edition.* American Petroleum Institute. Washington, D. C. 2008.

API Spec 12D *Specification for Field Welded Tanks for Storage of Production Liquids*, American Petroleum Institute. Washington, D. C. 2008.

ASME. *Boiler and Pressure Vessel Code*, Section Ⅷ American Society of Mechanical Engineers. New York, New York 2010.

API STD 2510. *Design and Construction of Liquefied Petroleum Gas (LPG) Installations*, American Petroleum Institute. Washington, D. C.

ASME Code for Pressure Piping B31. 3. *Chemical Plant and Petroleum Refinery Piping*, American Society of Mechanical Engineers. New York, New York.

UL 58. *Steel Underground Tanks for Flammable and Combustible Liquids*, Underwriter's Laboratory. Camas, Washington.

UL 142. *Steel Aboveground Tanks for Flammable and Combustible Liquids*, Underwriter's Laboratory. Camas, Washington.

Myers, P. *Above Ground Storage Tanks*, McGraw-Hill. New York, New York. 1997.

6.2 反应器

本节介绍反应器的潜在失效机制，并提出降低此类失效风险的设计替代方案。本节涵盖的反应器类型包括：

- 间歇式反应器；
- 半间歇式反应器；
- 连续搅拌反应釜(CSTR)；
- 平推流反应器(PFR)；
- 固定床反应器(连续)；
- 列管式反应器(连续)；
- 流化床反应器。

本节仅介绍反应系统特有的失效模式。与容器和热交换器相关的一些通用失效场景也适用于反应器。因此，本节应与第6.1节"容器"和第6.4节"传热设备"结合使用。除非特别说明，否则这些失效场景适用于多种类型的反应器。

将反应器设计为可以承受最恶劣情况下失控反应产生的最大压力，则不必再根据此场景设计紧急泄放系统。但必须彻底了解失控条件下的反应机制、热力学和动力学，以确保设计压力在所有已知反应情景下都足够高。必须了解失控反应的所有原因，并评估在失控反应所带来的高温高压下产生的所有副反应、分解以及反应路径的变化。许多实验室测试设备和程序可用于评估失控反应的后果(参考文献6-8、参考文献6-9和参考文献6-10)。

6.2.1 过往事故案例

反应器是重大工艺安全事故的主要发生场所。本章提供了若干以往发生过的事故，以强调反应器安全设计和规范操作的必要性。

6.2.1.1 反应物料爆炸

一家位于佛罗里达州杰克逊维尔的化学品制造厂在一场剧烈的爆炸中被摧毁，这场爆炸和随后发生的化学火灾导致4名员工死亡，32人受伤(包括4名员工和28名在周围企业工作的市民)。反应器的碎片在一英里外被发现，爆炸还损坏了距离设施四分之一英里内的建筑物。

事故发生时，该设施正在生产第175批甲基环戊二烯三羰基锰(MCMT)。工艺操作人员让一外操人员致电厂长报告出现冷却问题，并要求他们返回现场。在返回后，两位厂长中的一人前往控制室协助。几分钟后反应器爆裂，其内部物料发生爆炸，导致在控制室内的厂长和工艺操作人员以及正在离开反应器区域的两名外操人员死亡。

失控反应的原因可能是在工艺过程中冷却不足，进而导致反应器内压力和温度失控上升。压力导致反应器爆裂，反应器内的物料被点燃，产生了相当于635.03kg(1400lb)TNT炸药的爆炸力。

此次事故的经验教训包括未能识别与生产的甲基环戊二烯三羰基锰(MCMT)相关的失控反应危害。此外，由于设计缺乏安全余量，所使用的冷却系统容易发生单点失效，并且甲基环戊二烯三羰基锰(MCMT)反应器的泄压系统无法释放失控反应所产生的压力。

6.2.1.2 羟胺爆炸

在宾夕法尼亚州阿伦敦市附近的一家制造厂里，一个装有几百磅羟胺(HA)的工艺容器发生了爆炸。事故发生时，员工正在蒸馏羟胺和硫酸钾的水溶液，生产该厂的第一批商品。

蒸馏过程结束后，很可能是由于高浓度和高温，工艺容器和相关管道中的羟胺发生了爆炸性分解。四名员工和邻近企业的一名经理在爆炸中丧生，两名员工在爆炸中幸免于难但受了中度至重度伤害。此外，附近建筑物中还有四人受伤。爆炸还对邻近工业园区的其他建筑物造成了严重破坏，并震碎了附近几户住宅的窗户。

经验教训包括：

- 过程安全管理体系不足以正确解决 HA 制造过程中的固有危害，并确定这些危害是否构成重大风险。
- 过程安全信息的收集和分析不足，导致未能识别特定的爆炸危害。
- 基本的工艺安全和化学工程实践(如工艺设计审查、危害分析、工厂选址、纠正措施和适当技术专家的审查)未得到充分落实。

6.2.1.3 塞维索失控反应(场景 9)

1976 年 7 月 10 日，意大利塞维索的一家化工厂发生了一起事故，对许多国家的工艺安全法规产生了深远影响，特别是在欧洲。在那个周末，一批 2,4,5-三氯苯酚(TCP)被留在一个常压反应器内。介质温度为 158℃(316℉)，远低于可能触发失控反应的温度[当时认为是 230℃(446℉)，但可能低至 185℃(365℉)]。反应在真空下进行，反应器通过外部夹套中的蒸汽加热，蒸汽为温度 190℃(374℉)和压力 12bar(174psig)的透平废气。由于意大利法律要求周末关闭各种工厂，透平处于减负荷状态，蒸汽温度上升至约 300℃(572℉)。在反应器液位以下，反应器壁存在温度梯度[外部 300℃(572℉)，内部 160℃(320℉)]，因为反应器内的液体温度不能超过其沸点。在液位以上，反应器壁温度始终为 300℃(572℉)。

当蒸汽关闭 15min 后，搅拌器也关闭，热量从液位以上的热壁传递到液体顶部，使液体温度高到足以触发失控反应。这导致了二噁英(TCDD)的释放，杀死了附近的许多动物，造成约 250 人出现皮炎(氯痤疮)，破坏了现场附近的植被，并导致约 600 人被疏散(参考文献 6-11)。

从此次事故中吸取的经验教训是，应采取措施限制容器壁温度达到已知的失控反应发生温度。此外，在设计中应充分考虑开车和停车等短暂条件。

6.2.2 失效场景与设计解决方案

表 6.2 提供了来自各种来源和实际情况的反应设备失效场景和相应的设计解决方案。

6.2.2.1 搅拌/循环失效(表 6.2 场景 9)

失控反应通常是由于搅拌反应器(间歇、半间歇和 CSTR)中的搅拌失效引起的，导致搅拌失效的原因包括：电机故障、联轴器故障或搅拌器叶轮脱落。可以通过测量搅拌驱动器的电流安培数或功率来监测搅拌状态。然而，这种方法也有其缺点，因为搅拌的“测量”发生在反应器外部，有时如果反应器内介质黏度低，则无法通过电流或功率的变化检测到搅拌器叶轮脱落或腐蚀的情况。可通过使用内部流量传感器来检测叶轮的脱落。该流量传感器或类似的反应器内检测装置可以与半间歇式反应器或 CSTR 的进料或催化剂添加系统联锁，以切断进料或催化剂的添加。

表 6.2 反应器常见失效场景与设计解决方案

序号	事件	后果	潜在设计解决方案		
			本质更安全/被动安全	主动安全	程序安全
失控反应					
普遍适用 *(适用于所有失控反应场景)*			反应器设计可承受最大预期温度和压力	应急泄压装置 自动启动底部排放阀将物料倒入带有稀释剂、抑制剂或快速终止剂的倒空罐，或倒入紧急存储区 直接向反应器自动添加稀释剂、抑制剂或快速终止剂(有效混合) 在检测到反应进程异常时(例如，异常热平衡，高/低压力，高/低温度)自动切断进料 自动向排放系统泄压	操作人员对高温或高压报警做出响应 将手动启动底部排放阀，将物料倒入带有稀释剂、抑制剂或快速终止剂的倒空罐，或倒入紧急存储区的要求写入书面操作规程并培训 将手动向反应器直接添加稀释剂、抑制剂或快速终止剂的要求写入书面操作规程并培训 将检测到意外反应过程(例如，异常热平衡)时，手动关闭进料管线中隔离阀的要求写入书面操作规程并培训
1	催化剂过量(间歇，半间歇和柱塞流反应器)	潜在失控反应	专用催化剂加料罐，其尺寸仅能容纳所需的催化剂量 选择对催化剂变化问题不太敏感的反应器类型	通过流量累计器限制添加的催化剂量 高液位联锁/允许限制催化剂量	将添加催化剂的量或浓度(可以考虑由一人准备所需量的催化剂，另一人添加所需量，以双重检查类型和数量)的要求写入书面操作规程并培训 将建立预称量催化剂加料中间存放地点的要求写入书面操作规程并培训
2	反应物添加过快(间歇和半间歇式反应器)	潜在失控反应	进料系统容量限制在安全进料速率范围内(例如，用于固体的螺旋给料机或用于液体的限流孔)	自动控制进料系统，以在安全限制范围内限制进料速率	将进料速率超标或发生热事件时减慢或停止进料的要求写入书面操作规程并培训
3	添加不正确的反应物或不符合规格的进料混合物	潜在失控反应	专用于生产一种产品的进料罐和反应器 采用专门的软管和与反应物接口互不相配的接口 消除交叉连接	利用软件控制扫描正确的材料条码之前，禁止启用阀或泵的操作	反应物专用储存区/卸载设施 将仔细检查反应物标识和质量的要求写入书面操作规程并培训 将添加前验证材料(扫描条形码)的要求写入书面操作规程并培训

续表

序号	事件	后果	潜在设计解决方案		
			本质更安全/被动安全	主动安全	程序安全
4	过度活泼和/或错误的催化剂	潜在失控反应	催化剂预稀释或预热		将使用前钝化新鲜催化剂的要求写入书面操作规程并培训 将测试和验证催化剂的活性和催化剂识别的要求写入书面操作规程并培训
5	非活性和/或错误的催化剂	潜在延迟失控反应			将测试和验证催化剂的活性和催化剂识别的要求写入书面操作规程并培训
6	反应物按错误顺序添加(间歇和半间歇)	潜在失控反应		在检测到顺序错误时，联锁关闭反应物添加 通过可编程逻辑控制器进行顺序控制	根据顺序错误指示，将手动隔离进料的要求写入书面操作规程并培训
7	反应器内容物倒流	潜在失控反应	进料容器高于反应器，并在反应器上设置低于进料容器最低工作压力的应急泄压装置 使用容积式进料泵而不是离心泵	在检测到低流量、无流量或进料管线中的反向压差时，自动关闭进料管线中的隔离阀 进料管线中的止回阀 进料容器或进料管线上的应急泄压装置	
8	冷却损失	潜在失控反应	大量自然循环的蒸发冷却剂以适应放热反应	在检测到冷却剂流量或压力低或反应器温度高时，自动启用二次冷却介质(例如，自来水或消防水，或通过上部冷凝器排气进行蒸发冷却)	将手动启动二次冷却系统的要求写入书面操作规程并培训
9	搅拌失效(间歇、半间歇和连续搅拌釜反应器)	潜在失控反应	容器设计能够适应预期的最大压力 替代搅拌方法(例如，外部循环可消除搅拌器轴密封成为气相空间点火源的可能性)	搅拌器功耗或旋转指示联锁切断反应物或催化剂进料，或启动应急冷却 应急泄压装置 气相空间惰性化 在密封圈周围设置氮封区 压力或温度传感器启动底部排放阀，将物料倒入带有稀释剂、抑制剂或快速终止剂的倒空罐或紧急隔离区 电机的不间断电源备份	将定期目视检查机械密封液的要求写入书面操作规程并培训 手动启动底部排放阀，将一次投料量倒入含有稀释剂、抑制剂或快速终止剂的倒空罐或紧急控制区 手动启动惰性气体鼓入反应器液体以实现混合

续表

序号	事件	后果	潜在设计解决方案		
			本质更安全/被动安全	主动安全	程序安全
10	进入反应器前介质混合不完全	潜在失控反应	反应器前设置静态混合器		为操作员编写程序并进行培训，使其对单体乳液进料进行取样，并观察该样品在进料开始前的一段预先确定的时间内，在无搅拌的情况下是稳定的
11	过热	潜在失控反应	加热介质的温度受到限制	自动启动紧急冷却	将因为过热或不可控制的加热引发主要控制阀故障时手动关闭备用热介质阀门的要求写入书面操作规程并培训 将限制升温速率的要求写入书面操作规程并培训
12	催化剂中过热区扩展（连续填料床或填料管式反应器）	潜在失控反应	替代反应器设计（例如，流化床） 设置流量分配塔盘以尽量减少沟流 采用多个小直径床以减少分布不均 尽量减少反应器顶部空间体积以减少停留时间（部分氧化反应器）并缓解自燃	自动切换到稀释剂	将使用红外光学检测系统或其他检测方法监测外壁温度的要求写入书面操作规程并培训 将确保催化剂填充均匀性填充管的要求写入书面操作规程并培训
13	加热/冷却介质泄漏	潜在失控反应	与工艺流体不反应的传热流体 传热回路压力低于工艺压力 采用夹套设计而非内部盘管进行传热 金属材料升级		将定期检测工艺流体污染的要求写入书面操作规程并培训 将操作前进行夹套、盘管或热交换器的泄漏/压力测试的要求写入书面操作规程并培训 将使用连续性测试仪测试衬里的要求写入书面操作规程并培训

续表

序号	事件	后果	潜在设计解决方案		
			本质更安全/被动安全	主动安全	程序安全
14	停留时间不足	反应可能不完全，导致在后续加工步骤中(在反应器或下游容器中)发生意外反应	在进料管线上安装限流孔，以机械方式限制进料泵的最大流量	基于连续在线反应器成分监测的自动进料隔离	将根据连续在线反应器成分监测进行手动进料隔离的要求写入书面操作规程并培训 将手动进料前进行取样的要求写入书面操作规程并培训
15	催化剂(吸附剂)中的杂质	潜在失控反应		放空或抑制反应的自动控制 再生时切换床层的自动控制	操作人员对床层高温报警做出响应 将装入容器前对吸附剂进行测试的要求写入书面操作规程并培训 将验证吸附剂与工艺物料兼容性的要求写入书面操作规程并培训

如果搅拌对间歇、半间歇或CSTR反应器的运行至关重要，则应为搅拌电机提供独立的不间断电源备份。另外，也可以通过向反应器液体中喷射惰性气体或使用外部泵循环回路在容器内循环物料来提供一定程度的混合。

6.2.2.2 添加错误反应物(表6.2场景3)

添加错误反应物会导致失控反应。为尽量减少此类错误，可采取以下措施：

- 为间歇式反应器提供专用的进料罐(用于液体)或进料斗(用于固体)。
- 确保两名操作人员在添加反应物之前检查桶或袋子，并在日志表上签字确认。
- 对所有工艺管线进行颜色编码和标签标识，使操作人员知道管线中包含的物质。
- 为关键反应物(如环氧乙烷)设置专门的进料管线。

如果添加错误反应物的风险仍不可接受，则可采取进一步的保护措施，例如提供温度传感器来监控反应，并在检测到异常升温或异常升温速率时关闭进料管线中的阀门。

6.2.2.3 添加过度活泼、不活泼/半活泼或错误的催化剂(表6.2场景4和场景5)

向反应器中添加半活性或错误的催化剂可能会导致反应器或下游设备中的失控反应。如果催化剂是连续或以受控速率添加到半间歇式反应器中，可以通过在半间歇式反应器中安装温度传感器，并将其与反应物进料管线中的隔离阀联锁来提供保护。当传感器检测到异常温度上升时，阀门会关闭。温度传感器还可以与阀门联锁，以停止催化剂的进料。除了主动控制，还可以应用管理控制措施，如验证催化剂种类和活性的程序。

采用DIERS两相流泄压技术可以设计泄压保护系统。一种方法是使用两级压力释放：

一级用于压力测试期间可能发生的小幅度压力波动，二级用于实际反应超压情景下需要大容量压力释放的情况（通常使用爆破片）。

6.2.3 设计考虑因素

6.2.3.1 设计压力

对于金属（不包括玻璃衬里）制造的反应器，即使操作压力基本上是常压，也建议规定最低设计压力为0.34MPa（50psig）。0.34MPa（50psig）的设计压力通常也能承受一定的真空度。这为意外的压力波动（压力峰值）提供了一定的本质安全性。如果可能遇到爆炸性混合物，建议进行爆燃测试，以确定可能发生的内部爆炸压力以及设计压力应为多少。关于爆燃设计压力要求，参见NFPA 69（参考文献6-12）。

6.2.3.2 超压泄压装置

反应器应配备超压泄放保护。其泄放设计基本内容应包括审查所有反应路径（预期反应或非预期反应）以确定失控反应的可能性，失控反应通常需要比其他泄放情景更大的泄放装置。对于已知会发生失控反应的情况，泄放装置的管道可能会处理多相流（气-液或气-液-固），应首先将泄放气体引至排放处理系统（除雾器/捕集罐），以分离气相中夹带的液体。如因环境要求需要进一步处理和收集，经过除雾器/捕集罐的气体管道应直接引导至洗涤器或火炬塔。

当容器温度超过设计温度时，其最高允许工作压力会下降。位于加利福尼亚州马丁内斯的埃文炼油厂发生的一起事件就是一个很好的例子。关于该事件的更多信息，可访问www.epa.gov/osweroel/docs/chem/tosco.pdf。

对于含有可燃液体的反应器，如果反应器设计压力不足以容纳爆燃，应考虑提供惰性气体保护（通常是氮气）。

6.2.3.3 物料添加

所有易燃液体应通过浸入管或弯管进入反应器，使液体沿反应器壁流下，以尽量减少静电积聚。如果反应物或催化剂的添加速度过快会导致失控反应，应在进料管线上安装限流孔板以限制流速。如果反应物或催化剂的过量添加（添加的量太大）会导致失控反应，应考虑使用重力流高位罐，其容量仅够存放所需的量。

如果需要向含有可燃或有毒液体的间歇式反应器中添加固体物料，应通过旋转阀、锁斗或螺旋进料机添加，操作人员不必打开反应器，从而避免暴露于危险环境或化学品中。料斗或螺旋进料机还可以进行惰性化处理，以提供额外的保护层。应有仪器和程序来确保固体按预期方式添加。此外，应特别注意安全疏通阀门和管线的方法。

6.2.3.4 搅拌

由于未能及时发现搅拌停止（尽管轴仍在转动，但叶轮已经脱落或腐蚀，或者提供搅拌的循环泵停止、故障或排放管道发生堵塞），会导致失控反应。为防止这种情况的发生，可以在叶轮附近的反应器中安装故障检测器。故障检测器应配备警报，并与进料反应物或催化剂的系统联锁，以便在检测到故障时停止进料。对于关键反应（如聚合反应），应为搅拌电机提供备用电源。

6.2.3.5 失控反应

如果已知会发生失控反应且需要超大型泄压装置，还应考虑提供抑制(停止或“快速终止”)反应或淹灭(急冷)该批次物料的手段。建议将反应器中的独立和冗余温度仪表联锁，以便在特定的高温读数下启动以下任何一项补救措施：

- 添加大量冷却剂或稀释剂以降低反应速率。此措施要求工艺设计和详细设计必须考虑到以下方面：
  - 选择一种不会与反应混合物发生放热反应的适当流体；
  - 反应器中有足够的空余体积；
  - 配置管道、仪表等以便能在要求时间内注入流体。
- 如果反应器处于压力下，应迅速使容器泄压。
- 添加抑制剂以停止反应。此措施需要对反应速率如何受到影响以及是否可能实现有效的混合/抑制有深入了解。
- 将反应器内物料卸入含有冷稀释剂的容器或倒坑中。此选项还需要特别注意，确保卸料管线未被堵塞或在卸料过程中不会被堵塞。

6.2.3.6 加热和冷却系统

散热系统应在设计时考虑所有预期的异常操作条件。对于可能发生失控反应的系统，散热系统应能够在失控反应期间所能达到的温度下运行，尽管它可能没有能力停止失控反应(例如，水冷却器不应因蒸汽受阻而失效)。

6.2.3.7 搪玻璃衬里反应器

由于搪玻璃的脆弱性，应采取预防措施以避免搪玻璃衬里反应器因热冲击、机械冲击和腐蚀而受损。当选型的反应器带搪玻璃衬里时，应向容器制造商提供有关反应物、反应条件和批次循环的详细信息，便于其提供适当类型的搪玻璃。搪玻璃衬里反应器应定期检查是否存在孔洞。

当选择的反应器带搪玻璃衬里时，必须仔细考虑反应器中使用的化学品以及批处理周期中的温度。搪玻璃并非完全惰性，其表面总是发生局部化学反应。但由于其反应速率(反应动力)很低，因此含搪玻璃衬里的钢制反应器能够用于处理腐蚀性物料。腐蚀速率越慢，搪玻璃衬里的使用寿命越长。搪玻璃衬里容器会积聚静电，导致容器内部发生电弧。

酸(尤其是氢氟酸)、碱甚至水都会以不同形式和程度腐蚀玻璃。虽然看起来很奇怪，但水会导致严重的腐蚀，且水越纯净其腐蚀速率越高。腐蚀速率也会随着温度的升高而增加，并在超过沸点时达到最大。向水中添加少量酸可以大大减缓水蒸气在气相区域冷凝引起的腐蚀。这种腐蚀类型也可以通过引入惰性气体、气相空间隔热或两者结合来减少或消除。这些都是在蒸汽蒸馏过程中需要考虑的重要因素。

6.2.4 参考文献

6-8. CCPS. *Guidelines for Chemical Reactivity Evaluation and Application to Process Design.* Center for Chemical Process Safety of the American Institute of Chemical Engineers. New York, New York. 1995.

6-9. CCPS. *Guidelines for Process Safety Fundamentals in General Plant Operations*, Center for Chemical Process

Safety of the American Institute of Chemical Engineers. New York, New York. 1995.

6-10. CCPS, *Guidelines for Pressure Relief and Effluent Handling Systems*, *2nd Edition*, The American Institute of Chemical Engineers, New York, New York. 2011.

6-11. Kietz, T. A. *What Went Wrong: Case Histories of Process Plant Disasters*, *3rd Edition*. Gulf Publishing Company. Houston, Texas. 1994.

6-12. NFPA 69. *Standard of Explosion Prevention Systems*, National Fire Protection Association. Quincy, Massachusetts. 2008.

建议补充阅读

CCPS, *Problem Set for Kinetics*, Problem 16, Prepared for SACHE. Center for Chemical Process Safety of the American Institute of Chemical Engineers. New York, New York. 1995.

Benuzzi, A. and Zaldivar, J. M. (eds.). *Safety of Chemical Batch Reactors and Storage Tanks*, Kluwer Academic Publishers. Norwell, Massachusetts. 1991.

EPA Chemical Accident Investigation Report, Tosco Avon Refinery. Martinez, CA. EPA 550-R-98-0094, www.epa.gov/osweroel/docs/chem/tosco.pdf

Gygax, R. W. *Chemical Reaction Engineering for Safety Chemical Engineering Science* 43(8), 1759-1771. 1988.

Scaleup Principles for Assessing Thermal Runaway Risks, Chemical Engineering Progress. February 1990.

International Symposium on Runaway Reactions. *Cooling Capacities of Stirred Vessel*, *Unstirred Container*, *Insulated Storage Tank*, *Uninsulated 1 cu meter Silo*, *Uninsulated 25 cu meter Silo*: *65*. Sponsored by CCPS, IChemE and AIChE. Cambridge, Massachusetts. 1989.

Maddison, N. and Rogers, R. L. *Chemical Runaways: Incidents and Their Causes*, Chemical Technology, Europe. November/December, 28-31. 1994.

Noronha, J. and Torres, A. *Runaway Risk Approach Addressing Many Issues-Matching the Potential Consequences with Risk Reduction Methods*, Proceedings of the 24th Loss Prevention Symposium, AIChE National Meeting. San Diego, CA. 1990.

Wier, E., Gravenstine, G and Hoppe, T. *Thermal Runaways-Problems with Agitation*, Loss Prevention Symposium. Paper 830: 142. 1986.

6.3 传质设备

本节介绍传质设备的潜在失效机制，并提出降低此类失效风险的设计替代方案。本节传质操作类型包括：

- 吸收；
- 吸附；
- 萃取；
- 精馏；
- 洗涤；
- 抽提；
- 洗涤。

本节仅介绍传质设备特有的失效模式。第 6.1 节中介绍的许多通用失效模式也可适用于传质设备。传质设备失效也可能由相关辅助设备传热过程中的干扰引起。关于与传热设备相关的失效，参阅第 6.4 节“传热设备”。除非特别说明，否则失效场景适用于多种类型的传质设备。

6.3.1 过往事故案例

本节介绍涉及传质设备危害场景的过往案例。

6.3.1.1 蒸馏塔临界浓度

1969 年，得克萨斯州得克萨斯城的一个丁二烯回收装置发生爆炸。爆炸中心位于丁二烯精制(最终提纯)塔的下塔板段。丁二烯单元从粗 C_4 中回收副产物丁二烯。精制塔的塔顶馏出物是高纯度丁二烯产物。进料的重组分包括乙烯基乙炔(VA)，作为塔底产物被去除。底部乙烯基乙炔的浓度通常保持在约 35%。爆炸性试验表明，高至 50%的 VA 浓度在操作条件下是稳定的。但高浓度的 VA 暴露在高温下会迅速分解。

当丁二烯装置停车进行必要的维修时，精馏塔处于全回流状态。精馏塔在完全回流约 9h 后发生爆炸。过去曾多次进行该操作，没有发生过任何意外。操作人员没有观察到这种全回流操作中异常情况。随后对记录的检查表明，该塔通过塔顶管线上的一个关闭后但内漏的阀门缓慢泄漏物料。结果，在整个停车期间，回流和再沸器蒸汽流量持续缓慢下降。

丁二烯由于内漏损失导致塔下部的塔板中物料组成发生重大变化。在第十块塔板临近塔板液相中乙烯基乙炔的浓度翻了近一番，估计达到 60%。塔底液位下降导致再沸器管束露出液面，使管壁温度接近蒸汽供应温度。乙烯基乙炔浓度的增加和管壁温度的升高共同导致了乙烯基乙炔的分解，引起了随后的爆炸(参考文献 6-13、参考文献 6-14 和参考文献 6-15)。

从此次事故中吸取的经验教训包括：即使在静态或保持模式下也需要监控关键参数。通常，在正常运行条件下不需要监测的次要工艺变量(例如，密封泄漏和吹扫、空气进入真空系统)，在长时间保持期间发生积聚时，可能会导致重大问题。

6.3.1.2 乙烯净化器破裂

乙烯在含有 13X 型分子筛的床层中进行提纯。使用甲烷氢在 260℃(500℉)下对床层进行再生，然后用氮气进行吹扫。使温度降至 170℃(338℉)，而后用氮气对床层充压，继而将乙烯通入床层并置换氮气。

床层温度没有测量，温度传感器位于床层上方 50.8cm(20in)处。床层在 1.9~2MPa(280~295psig)的压力下运行 7h(预加载)后，床层温度已降至 130℃(266℉)。然后从顶部开始少量流出，乙烯从底部进料。床层温度在 3.5h 内升至 180℃(356℉)，在接下来的 4h 内，调节流量以保持该温度。不久后外壳破裂，形成了一个 1cm×81cm(3/8in×32in)的纵向孔。(泄漏出来的)气体立即起火，燃烧了 25~30min。由于高温入口阀无法关闭，火势无法控制，导致切断进料阀后的所有气体都被烧尽。

该事故的主要原因是在再生和乙烯预加载过程中未能测量床层温度。13X 型分子筛是一种聚合催化剂。由于其孔径大，还会吸附乙烯并释放热量。在床层上方测得的温度无法显示床层内部的温度，而这些放热过程就发生在床层内部。尽管这次事故中涉及的乙烯压力异常低(1.93MPa/280psig)，但显然有极大的可能性(通过吸附和聚合)产生导致容器热失效所需的温度。如果对床层温度进行了全面测量，吹扫和预加载程序中的任何失误都会及时显现出来，可以据此采取行动。这种温度测量应通过分布在整个床层的快速热电偶进行，而不是通过安装在靠近筒壁的厚热电偶套管中的热电偶进行，因为套管是有效的热绝缘体(参考6-16)。

从此次事故中吸取的经验教训是发生火灾时使用紧急隔离，以及有必要测量和报警床层温度。

6.3.2 失效场景与设计解决方案

表6.3介绍有关传质设备的失效场景和相应的设计解决方案。

表6.3 传质设备常见失效场景与设计解决方案

序号	事件	后果	潜在设计解决方案		
			本质更安全/被动安全	主动安全	程序安全
压力					
普遍适用-压力高 *(适用于所有高压场景)*			容器的设计压力适用于最大预期压力	应急泄压装置 热量输入端高压时自动停车	操作人员对差压指示做出响应 操作人员对高压报警做出响应 将异常能耗的手动停车要求写入书面操作规程并培训
普遍适用-压力低 *(适用于所有低压情况)*			容器的设计压力适用于最高真空度	真空泄压系统 在真空失效时自动隔离设备并用惰性气体吹扫	操作人员对低压报警做出响应 将手动添加破真空气体的要求写入书面操作规程并培训
1	由于内部失效导致的堵塞	潜在的压力增大	大表面积筛网以避免内部构件进入管线 支撑格栅和压紧格栅的设计以尽量减少内部构件移动		操作人员对高差压报警做出响应 将正确操作设备以防止设备内部构件损坏的要求写入书面操作规程并培训
2	填料/塔板堵塞	潜在的压力增大	内部构件的选择和设计旨在尽量减少堵塞和污垢 容器设计无内部构件(例如，喷淋塔)		将在线清洗以消除积垢物质的要求写入书面操作规程并培训

续表

序号	事件	后果	潜在设计解决方案		
			本质更安全/被动安全	主动安全	程序安全
3	真空失效	潜在的温度升高导致液体/蒸气分解		连续注入反应抑制剂 向塔中自动供应氮气	将定期测试抑制剂浓度的要求写入书面操作规程并培训
4	空气泄漏至在真空下运行的设备中	潜在的超压、火灾		氧气分析仪：检测到高氧浓度时自动启动惰性气体添加	氧气分析仪报警并在检测到高氧浓度时手动启动惰性气体添加 将启动前泄漏压力检查的要求写入书面操作规程并培训
5	不受控的冷凝	潜在的真空和泄漏		自动添加惰性气体的压力控制系统以避免真空风险	将监控条件和使用氮气或其他方法消除真空风险的要求写入书面操作规程并培训
流量					
6	吸附器内蒸气流动分布不均	可能出现过热区	吸附器的横截面积最小化 容器分配器设计以避免床层中流量分布不均的区域	连续监测床层温度或特定位置的副产品，并在高温时联锁停车和/或惰化/注水	将监测床层温度/副产品并采取适当措施(例如惰化/注水)的要求写入书面操作规程并培训 设定高流量和低流量限制，以符合设计中计算的良好分布范围
7	蒸气流量过大	物料可能被携带至错误区域	容器设计具有适当的气液分离功能(例如，低表面蒸气速度) 通过除雾器、旋风分离器或其他装置去除液体，并有开放的液体排放口	从蒸气流中去除液体，例如带自动液位控制的除沫器 根据差压指示，蒸气流量的自动减少	监测差压指示以及将减少蒸气流量的要求写入书面操作规程并培训
8	分馏塔(蒸馏塔)活性反应物质的积聚	潜在的失控反应	改变原料以避免反应性物质	在线测量(如，液位、温度、成分)和反应性物质的自动侧线引出	在线测量(如，液位、温度、成分)以及将手动去除反应性物质的要求写入书面操作规程并培训

续表

序号	事件	后果	潜在设计解决方案		
			本质更安全/被动安全	主动安全	程序安全
9	分馏不足或过度	腐蚀介质超出材料的耐蚀极限导致腐蚀加剧	选材适用于最恶劣的设计工况	在线测量(例如，腐蚀探针、流体分析、温度)和自动操作调整	在线测量(例如，腐蚀探针、流体分析、温度)以及将手动操作调整的要求写入书面操作规程并培训 独立的就地液位观察窗供操作人员进行液位验证
温度					
普遍适用-温度高 *(适用于所有高温场景)*			容器设计温度能够承受预期的最高温度	在检测到床层高温时联锁隔离进料	将再生和冷却后恢复工艺流程的要求写入书面操作规程并培训 操作人员对高温报警做出响应
普遍适用-温度低 *(适用于所有低温情景)*			容器设计温度能够承受预期的最低温度		操作人员对低温报警做出响应
液位					
普遍适用-液位高 *(适用于所有高液位场景)*			高可靠性液位设备	在检测到高液位时联锁隔离进料	操作人员对高液位报警做出响应
普遍适用-液位低 *(适用于所有低液位场景)*			高可靠性液位设备	检测到低液位时联锁停车	操作人员对低液位报警做出响应
10	界位控制失效(萃取器)	可能将不需要的物料带入下游设备	液位界面处设置溢流管或围堰控制	高/低界位报警，并带有防止进一步从容器中抽液的关闭装置	将手动控制容器界位的要求写入书面操作规程并培训
		可能超出设计压力额定值，可能导致泄漏	下游设备设计压力设置为最大压力		
组分					
普遍适用 *(适用于所有成分情况)*				检测到床层高温时自动隔离进料 检测到高温时自动紧急泄压和/或注水/惰化	将检测到床层高温时手动隔离进料的要求写入书面操作规程并培训 将检测到高温时手动紧急减压和/或注水惰化的要求写入书面操作规程并培训

续表

序号	事件	后果	潜在设计解决方案		
			本质更安全/被动安全	主动安全	程序安全
11	过早引入含有空气的工艺物流(吸附器)	填料时可能发生内部火灾	选择吸附剂以尽量减少燃烧的可能性	氧气分析仪：检测到高氧浓度时自动启动惰性气体添加	氧气分析仪报警以及检测到高氧浓度时手动启动惰性气体添加 将再生后重新引入工艺物流的要求写入书面操作规程并培训
12	碳床吸附剂入口气流中可燃物浓度高	可能出现过热区		将自动进料物流控制在可燃浓度限值范围以外 检测到高温时自动隔离进料 工艺物料的惰化处理	将手动控制进料流可燃物浓度限制的要求写入书面操作规程并培训 将检测到高温时手动隔离的要求写入书面操作规程并培训
13	碳床吸附器含水率低	可能出现过热区		在进料开始前自动注入蒸汽以重新润湿吸附床 检测到火灾时自动启动水喷雾	将投用前验证吸附剂水分含量的要求写入书面操作规程并培训 将进料启动前手动注入蒸汽以重新润湿吸附床的要求写入书面操作规程并培训 将检测到火灾时的手动水喷雾的要求写入书面操作规程并培训
维护/开车					
14	更换内部构件时暴露填料	如果材料是自燃的，则可能发生火灾	容器设计为不粘内部构件(例如，塑料填料) 容器设计无内部构件(例如，喷淋塔)		将必要时进行惰性气氛下维护的安全防护要求写入书面操作规程并培训 将打开容器之前对其进行适当清洗/冷却的要求写入书面操作规程并培训 将监测温度并采取适当措施(例如注水)的要求写入书面操作规程并培训 将打开容器之前进行化学清洗以消除危害的要求写入书面操作规程并培训

续表

序号	事件	后果	潜在设计解决方案		
			本质更安全/被动安全	主动安全	程序安全
15	吸附床未预处理（吸附器）	潜在的温度升高导致传递效率降低	选择只吸附微量氧化污染物而不吸附载气（例如，烯烃净化）的吸附剂	在启动进料前设置自动预处理顺序 具有自动关闭功能的CO监测（适用于碳床吸附器） 多点温度监测，具备自动关闭进料功能（适用于高压吸附器）	将CO监测和手动切断的要求写入书面操作规程并培训（针对活性炭吸附器） 将根据多点温度监测和手动切断进料的要求写入书面操作规程并培训（针对高压吸附器） 将吸附器床预处理的要求写入书面操作规程并培训

6.3.2.1 内部构件堵塞管线（表6.3场景1）

在非正常操作期间，传质容器中的内部构件可能会移位到工艺管线中，造成工艺管线堵塞。这种堵塞会导致容器压力增加，可能达到泄压装置定压。需要特别关注的是内部构件可能会卡在泄压装置的入口管道中，从而损害过压保护，导致压力超过容器可接受的极限。

第一级保护是设计支撑和压紧格栅，以承受压差的波动。还可以安装滤网，防止大块内部构件进入管线。对于易磨损的填料，可以采用带压差指示的双联过滤器。

泄压装置应位于潜在堵塞点的上游。例如，如果除雾器可能出现严重污垢，安全阀（PSV）的入口应位于塔顶部的除雾器下方。

6.3.2.2 填料/塔板堵塞（表6.3场景2）

由于工艺压力和结垢物料的流量波动，传质设备内部构件容易发生堵塞。当遇到结垢情况时，一个可行的解决方案是在预计结垢最严重的地方放置人字形挡板或大孔筛塔板。如果填料可能因聚合作用而堵塞，或者进料中含有固体颗粒，则应在底部填料支撑板下方的气相空间中安装泄压阀。此外，应监测压差并报警。

6.3.2.3 吸附系统（表6.3场景6、场景11、场景12、场景13、场景15）

吸附系统，如脱水器和净化器，通常需要用高温蒸汽或气体进行定期再生。如果在系统充分冷却前重新引入工艺物料，可能会导致危险情况。例如，如果过早地将含有有机蒸气的空气引入热活性炭床，则会存在着火危险。另一种可能性是会引发放热反应。使用可编程逻辑控制器（PLC）自动切换吸附床进入和退出再生工况可以降低人为错误的风险。

当存在潜在的放热反应时，就有可能产生局部较高的容器壁温度，从而导致容器的最大允许工作压力（MAWP）低于安全阀的设定压力。在这种情况下，需要采取一些措施减少容器壁应力或使反应骤冷。可选措施包括自动紧急减压、注入惰性气体或用相溶液体浸没。英国健康安全署（HSE）发布了一份关于活性炭吸附器火灾和爆炸危险的资料性文件（参考文献6-17）。

6.3.3 设计考虑因素

间歇蒸馏设备包括带再沸器、冷凝罐、接收罐和真空系统的独立式蒸馏塔以及带冷凝器的夹套反应器等。蒸馏通常涉及在工艺设备中产生可燃蒸气。这就需要将蒸气封闭在设备内，并绝氧，以防止形成可能导致火灾或爆炸的可燃混合物。由于蒸馏取决于温度、压力和组分，因此必须充分了解所涉及化学品的任何潜在热分解危害。冷凝器冻结、堵塞或气相出口堵塞会导致其他潜在危害，如果不停止向系统输入热量，会导致容器超压。重点应放在使用本质上更安全的设计替代方案上，使用以下概念：

- 将最高加热介质温度限制在安全水平；
- 选择在下一个工序步骤之前无须去除的溶剂；
- 使用传热介质防止冷凝器冻结；
- 将容器温度探头设置在底部封头上，确保即使在低液位下也能准确测量温度；
- 尽量减少塔内存量。

6.3.3.1 塔器

和其他设备一样，塔器也有各种机械设计可供选择。所有这些不同的类型都包含在标准设计规范中，如 ASME 第八篇 Rules for Construction of Pressure Vessels(参考文献6-18)。

通过具有不同操作灵活性的各种类型的内部组件，可以最大限度地减少塔内存量。内部组件的选择包括：

- 塔盘(泡罩、浮阀、筛板、挡板)；
- 填料层。

在温度和压力升高后，蒸馏塔内经常含有大量的可燃液体。可通过稳步降低操作弹性以获得最小持液量的方法降低塔内存液。不同的塔板设计和填料选择会影响持液量和塔效率。可以使用改进的进料分布、预热、塔压降或改成多个塔来提高效率。必须考虑降量率，特别是对于可能处于备用状态的大型塔器。

如果控制仪器的响应时间不能进行快速调整，那么减小塔釜存量可能会使塔对扰动更加敏感。回流量也是如此。例如，如果液位控制器无法打开，设计人员应确定在回流泵于抽前是否有足够的响应时间。操作问题包括溢流、结垢、压降过大或液体/蒸气接触效率低。由于冷却剂的损失、再沸器中的过度加热或导致的火灾，需要泄压。泄压系统的设计应考虑到所有操作工况。

有些化学品对温度敏感，塔釜应缩小尺寸，以尽量减少停留时间，例如丁二烯、环氧乙烷等。

内部支撑的设计应能承受液泛或压力波动、填料突然坍塌或塔盘失效等偏差。蒸馏塔中的工艺条件可能特别苛刻。应详细评估结构材料，以了解气相或液相以及蒸发和冷凝过程中可能发生的腐蚀机理。

应提供足够的仪器来监测和控制压力、温度、液位和组分。必须考虑传感元件与塔内件的相对位置，以便传感元件提供准确及时的信息，并与工艺物流直接接触。

对于真空塔，应考虑在真空管线中安装紧急切断阀，该阀将在选定的塔压力下停车，并用氮气吹扫塔内、破除真空。与失去真空相关的另一个危险是塔底温度的快速升高，这可能会导致不良的分解反应，具体取决于蒸馏中涉及的化学物质。

在未充分冷却的情况下打开填料塔进行维护，会导致高比表面填料(可能附着有机物或自燃物料)暴露在空气中而引发火灾。

6.3.4 参考文献

6-13. Jarvis, H. C. *Butadiene Explosion at Texas City-2*, Plant Safety & Loss Prevention, Vol. 5. 1971.

6-14. Freeman, R. H. and McCready, M. P *Butadiene Explosion at Texas City-1*, Plant Safety & Loss Prevention, Vol. 5. 1971.

6-15. Keister, R. G., et al. *Butadiene Explosion at Texas City-3*, Plant Safety & Loss Prevention, Vol. 5. 1971.

6-16. Britton, L. G., *Loss Case Histories in Pressurized Ethylene Systems.* Process Safety Progress, Vol. 13, No. 3. 1994.

6-17. HSE. *Carbon Bed Adsorbers-Fire and Explosion Hazards Report.* DIN SI5/62. Health and Safety Executive. UK. 2009. www.hse.gov.uk/foi/internalops/hid/din/562.pdf

6-18. ASME. *Boiler and Pressure Vessel Code*, Section Ⅷ, Division 1: Rules for Construction of Pressure Vessels. American Society of Mechanical Engineers, New York, NY. 2010.

6.4 传热设备

本节介绍传热设备的潜在失效机制，并提出降低此类失效风险的设计替代方案。本节涵盖的换热器类型包括：

- 管壳式换热器；
- 空冷器；
- 直接接触式换热器；
- 其他类型，包括螺旋板换热器、绕管换热器、板式换热器、刮板式薄膜蒸发器和石墨换热器。

本节仅介绍传热设备特有的失效模式。与容器有关的一些通用失效场景也可能适用于传热设备。因此，本节应与第6.1节“容器”一起使用。除非特别说明，否则失效场景适用于多种类型的传热设备。

6.4.1 过往事故案例

本节提供了涉及传热设备失效的事故案例，以加强本节中提出的安全设计实践的必要性。

6.4.1.1 换热器脆性断裂

一家烯烃厂在维修工作完成后正在重新开车。乙炔转化预热系统中一个换热器的入口法兰发生泄漏。为了堵漏，切断了转化系统进料控制阀，并对乙炔转化预热系统减压。尽管进料控制阀收到了关闭信号，但该阀仍存在小流量(控制阀不能完全关闭)。上游储罐中的高液位可能导致液体携带，从而在减压至大气压时导致了极低的温度(参考文献6-19)。

泄漏的换热器配备了旁通阀和截止阀，以隔离换热器。在绕过泄漏的换热器后，乙炔转化系统重新加压并重新投入使用。此后不久，乙炔转化器系统进料(转化器预热器)中的第一个交换器发生脆性失效，释放出大量易燃气体。随后的火灾和爆炸导致两人死亡，七人严重烧伤，烯烃装置严重受损。

转化预热器失效的直接原因是其设计时未考虑到乙炔转化系统减压引起的低温偏差。失效的换热器由 ASTM A515 G70 碳钢制成。事故发生后，对工厂中可能在低于-7℃(20℉)的温度下运行的所有工艺设备的设计进行了审查，以确定合适的低温韧性。

由此吸取的经验教训包括设备设计基础应考虑各种可能的操作条件。增加适当的设计余量，成本往往相对较低。在这种特殊情况下，在确定偏差的后果时，本应认识到上游低温条件在正常和异常操作期间可能对下游设备产生负面影响。

6.4.1.2 冷箱爆炸

乙烯装置利用一系列热交换器在许多低温物流和装置制冷系统之间传递热量。这组换热器统称为“冷箱”。在一个正在运行的乙烯装置中，冷箱中处理进料至脱甲烷塔物流的换热器需要定期加热和用甲烷反冲洗，以防止因含氮化合物积聚而导致的压降过大(参考文献 6-20)。

在一次装置异常导致工厂制冷压缩机停机期间，冷箱的温度开始升高。在这个温度瞬变期间，发生了爆炸，摧毁了冷箱，并使乙烯装置停用了约 5 个月。估计有 20t 碳氢化合物泄漏。幸运的是，碳氢化合物没有被点燃。

调查显示，爆炸是由冷箱内低温下形成的不稳定有机化合物的积聚和随后的剧烈分解引起的(一种未知的固有危险)。发现不稳定的“胶质”在短烃链上含有硝基和亚硝基成分。氮的来源被确定为来自催化裂化装置的来料中存在的氮氧化物(NO_x)。操作失误可能会导致高于正常浓度的 1,3-丁二烯和 1,3-环戊二烯进入冷箱，从而加剧不稳定的胶状物。为防止氮氧化物进入冷箱，将催化裂化装置的进料流与乙烯装置隔离。

这些事故表明，在设备设计和危害辨识阶段，有必要彻底了解工艺的固有危害和进行全面的偏差后果评估。

6.4.2 失效场景与设计解决方案

表 6.4 给出了传热设备失效场景和相应的设计解决方案。

表 6.4 传热设备常见失效场景与设计解决方案

序号	事件	后果	潜在设计解决方案		
			本质更安全/被动安全	主动安全	程序安全
流量					
	普遍适用-流量高 *(适用于所有高流量场景)*		冷热侧按最大预期压力进行设计		操作人员对高流量或高/低温报警做出响应 将冷侧无流动指示时手动隔离或使加热介质走旁路的要求写入书面操作规程并培训
	普遍适用-无流量/流量低 *(适用于所有无流量/低流量场景)*		防垢设计，如，换热管距离、挡板设计布置，具备定期清洗能力等		操作人员对低流量或高温报警做出响应

续表

序号	事件	后果	潜在设计解决方案		
			本质更安全/被动安全	主动安全	程序安全
1	控制系统失效，冷侧堵塞	潜在热量输入过多导致冷侧超压	换热器设计时存在气袋 限制加热介质的温度	泄压装置	将确保换热器不被堵塞的要求写入书面操作规程并培训
2	流量分布不均	有可能过热产生过热区	选择对流量分布问题较不敏感的换热器设计/类型		将通过床层温度分布检测流量不均的要求写入书面操作规程并培训
温度					
普遍适用-温度高 *(适用于所有高温场景)*			替代换热器设计 换热器位于火灾影响区之外 设置防火绝热结构(限制热量输入)	检测到高排气温度时自动隔离输入流量 高温时自动关闭热源 带有自动切换功能的备用冷却介质供应系统 由可燃气体或火焰探测装置启动的固定水喷雾和/或泡沫系统 高温指示报警和联锁，隔离加热介质	应急响应计划 操作人员对高温报警做出响应 将手动启动固定水喷雾和/或泡沫系统的要求写入书面操作规程并培训 将手动启动备用冷却系统的要求写入书面操作规程并培训
普遍适用-温度低 *(适用于所有低温场景)*			机械设计适应预期的最低温度	检测到低温时联锁以隔离进料	操作人员对低温报警做出响应
3	冷热膨胀/收缩差(管壳式换热器)	潜在泄漏或破裂导致低压侧超压	壳体带有膨胀节、内部浮头或U形管的设计 用其他型式替代管壳式换热器(例如，缠绕管式、板框式) 可调节的流动布置以避免热应力 低压侧设计压力提高到高压侧设计压力的10/13(ASME标准)	开车和停车时引入工艺流体的自动控制	将启动和停机时控制工艺流体的引入以减少循环的要求写入书面操作规程并培训 将定期检查/分析低压流体以检测高压流体泄漏的要求写入书面操作规程并培训(译注：一个实例就是检测循环水回水水质判断换热器是否有漏点)
4	环境温度突然下降(空冷器)	潜在的过度传热导致物料冻凝	选择不同类型的换热器以尽量减少或消除冻凝的后果	通过蒸汽预热或空气再循环自动控制进气温度 空气流量控制(如，可变挡位/速度的风扇)	将监控和手动调节进气温度的要求写入书面操作规程并培训

续表

序号	事件	后果	潜在设计解决方案		
			本质更安全/被动安全	主动安全	程序安全
液位					
普遍适用-液位高(再沸器) *(适用于所有高液位场景)*				检测到高液位时联锁隔离进料	操作人员对高液位报警做出响应
普遍适用-液位低(再沸器) *(适用于所有低液位场景)*				检测到低液位时联锁关闭热源	操作人员对低液位报警做出响应
5	釜式蒸发器中的高液位	可能将物料携带至下游设备	釜式蒸发器设计有足够的高度以实现液体分离 釜式蒸发器中安装除雾器		
6	釜式蒸发器中的低液位	潜在过热	釜式蒸发器设计带有挡板		
设备失效					
普遍适用 *(适用于所有设备失效场景)*			替代换热器设计 机械设计(例如，适当的挡板间距)适应最大预期的进料压力/速度 机械设计适应潜在的放热反应的最大预期温度和压力	应急泄压装置 检测到低压侧高压时自动停机	
7	腐蚀/侵蚀	潜在泄漏或破裂导致低压侧超压的风险	耐腐蚀材料 设计改进以减少冲蚀(例如，降低速度、入口挡板) 双管板设计 使用较少腐蚀性的传热介质 低压侧设计为高压侧设计压力的10/13(ASME标准) 低压侧回流口开放 管子与管板接头的密封焊接 无缝管与焊接管防冲击保护	泄压装置	腐蚀检测装置(例如，试片) 将定期检查/分析低压流体以检测高压流体泄漏的要求写入书面操作规程并培训 为机械完整性检查而停机 检查程序，例如基于风险的检验(RBI)

续表

序号	事件	后果	潜在设计解决方案		
			本质更安全/被动安全	主动安全	程序安全
8	管道泄漏/破裂（管壳换热器）	潜在的泄漏或破裂，导致低压侧过压风险	无缝管与焊接管 壳管式换热器的替代设计（例如，螺旋式、板式和框架式） 低压侧设计为高压侧设计压力的10/13（ASME标准） 管板接头密封焊接	泄压装置	将定期检验/分析低压流体中的高压流体泄漏物的要求写入书面操作规程并培训
		冷却塔中可能存在易燃物，可能发生火灾			操作人员对冷却器顶部气体检测报警做出响应
9	结垢，非冷凝物的积聚	潜在的热传递损失	增加空冷器的表面积以通过自然对流传递热量 非冷凝物连续开放式排放 换热器设计为合适的流速以最大限度地减少结垢 不易结垢的换热器设计（例如，直接接触）	自动调节冷却介质温度以避免管壁温度过低导致固体沉积 自动排放非冷凝物	将手动调节冷却介质温度的要求写入书面操作规程并培训 将定期清洁换热器的要求写入书面操作规程并培训 将在检测到排气温度高时手动隔离输入流量的要求写入书面操作规程并培训
10	腐蚀/侵蚀，振动或热膨胀差	潜在的管道泄漏导致流体混合，引起放热反应、相变和/或流体系统污染	双管板设计 选择与工艺物料化学相容的传热介质 管子与管板接头的密封焊接	带有浓度报警并与自动停机联锁的下游流体分析仪	操作人员对下游流体分析仪浓度报警做出响应 将定期采样和分析流体的要求写入书面操作规程并培训 将减少开车和停车时的热应力的要求写入书面操作规程并培训 将减少热循环需求的要求写入书面操作规程并培训

续表

序号	事件	后果	潜在设计解决方案		
			本质更安全/被动安全	主动安全	程序安全
11	风扇叶片失效(空气冷却交换器)	潜在的振动导致由于冲击而发生的管道破裂	被动冷却系统的设计 机械防护	带有自动关闭风扇的振动监测仪	将在出现过度振动指示时手动关闭风扇的要求写入书面操作规程并培训
12	错位或异物进入(表面刮伤)	刮板可能刺穿传热表面导致设备损坏	在换热器入口处安装筛网以清除异物	电流或功率过高时自动关闭电机	将电流或功率过高时手动关闭电机的要求写入书面操作规程并培训

6.4.2.1 传热表面泄漏/破裂(表6.4场景3、场景7和场景8)

此类常见失效情况可能是由腐蚀、热应力(包括低温脆化)或热交换器内部件的机械应力引起的。管道泄漏/破裂导致低压侧污染或超压。未能保持传热和工艺流体之间的隔离可能会导致传热设备或下游加工设备中的剧烈反应。为了使传热过程本质上更安全,设计人员必须考虑加热/冷却流体和工艺流体之间可能发生的相互作用。

对于设计压力<6.89MPa(1000psig)的设备,如果低压侧和相关设备的设计压力大于低压侧试验压力与高压侧设计压力的比值,则管道完全失效可能不是超压引起的(参考文献6-21),或者换热管的排列方式使得其完全失效也是不可能的。然而,对于设计压力大于6.89MPa(1000psig)的设备,无论压差如何,完全失效都是可能的。

双管板或密封焊接可用于处理有毒化学品的热交换器。对于涉及高反应性/有害物质的传热问题,换热器可采用三层壁面结构。这种类型的热交换器由三个腔室组成,使用中性材料在两种高反应性流体之间传递热量,或者使用两个热交换器使中性流体在它们之间循环。

已知的冷却塔火灾案例是由于管道泄漏导致冷却水被烃类污染造成的。气体探测器和分离器可安装在冷却水回水管线上或冷却塔排气流(空气)中。

可以通过限制入口和出口流之间的温差降低热应力。此外,可以通过流体分布来避免热应力过高。传热设备的热循环应保持在最低限度,以降低泄漏和破裂的可能性。

6.4.2.2 不凝气体结垢和积聚(表6.4场景9)

换热器的设计应防止结垢。足够的管侧速度可以减少结垢。然而,较高的管侧速度也可能导致腐蚀问题。在某些情况下,结垢会引起管壁温度升高,导致反应物料过热、换热管强度降低或热膨胀过大。

不凝气体的积聚会导致传热能力的丧失。冷凝器需要一个排气喷嘴或其他方式从系统中去除不凝气体。

6.4.2.3 外部火灾

紧急泄压装置的尺寸通常是针对外部火灾设计的。当涉及泄压装置的尺寸时,空气冷却器等传热设备是一个独特挑战。这些换热器设计有较大的传热面积。当暴露于外部火灾时，这种较大的表面积会导致非常大的热量输入。事实上，由于需要较大的泄压面积，安装适用于外部火灾工况的泄压装置是不切实际的。其他缓解措施，如选址在潜在火灾区外或带有坡度的围堰，可用于降低外部火灾冲击换热器的可能性和程度。替代的热交换器设计也可用于减少受到外部火灾影响的表面积。

6.4.3 设计考虑因素

传热是化工过程中应用最广泛的操作之一。传热不仅用于物理操作(蒸馏、干燥)，而且是大多数反应的必需条件。这类设备包括换热器、蒸发器、再沸器、余热回收锅炉、冷凝器、冷却器和制冷机。以下是一些设计考虑因素：

- ASME 规范(参考文献 6-22)；
- API 标准 520，*Sizing*，*Selection*，*and Installation of Pressure-Relieving Devices in Refineries*(参考文献 6-23)；
- API 标准 660，*Shell-and-Tube Heat Exchangers*(参考文献 6-24)；
- 管式换热器制造商协会标准(TEMA)；
- 换热器协会标准。

温度控制对于保持过程控制至关重要。温度失控会产生许多不利影响，包括升压、反应速率增加、腐蚀速率增加、平衡条件改变、产品破坏和产品不稳定。超出正常工作极限的温度偏差会对壳侧、管侧或两者产生过大的应力。开停车或检维修程序会出现一侧没有液体而另一侧处于极端状态的情况。

换传热设备的常见问题包括换热管破裂、泄漏、结垢、管束振动以及聚合和固化(参考文献 6-25)。传热设备失效会导致压力变化(超压或真空)和传热流体或工艺流体污染。主要危险是没有将接触时会发生剧烈反应的物料隔离开来。

传热设备的设计考虑因素包括：

- 处理有毒化学品的热交换器使用双管板。
- 选择哪个物料在壳侧或管侧。
- 放净设计，通过倾斜安装传热设备来减少腐蚀(避免挡板，因为挡板会截留流体)。
- 设计为定期清洗。
- 设计有放净、吹扫、清洗和防止/减少死区的能力，特别是在热量持续存在的情况下。
- 设计管板放空管嘴和/或从工艺系统中排出不凝气体的方法。
- 精心选择双面抗腐蚀材料。复合金属管的使用会产生一系列新的潜在问题，因为每根管的应变方式可能不同。
- 应考虑换热管间距和布置、流量分布、流体速度和温差以防止结垢。
- U 形管传热设备的 U 形管的弯制会在管材中引入残余应力，会使其更容易发生应力腐蚀开裂。U 形管传热设备管消除应力的方式取决于合金材料和使用条件(温度和成分)；事实上，消除应力会导致不良的材料性能变化。
- 必须解决冷却水中氯化物引起的外部应力腐蚀开裂问题。例如，设计人员可以考虑使用更耐氯化物腐蚀的合金。

- 选择、安装和维护隔热层，以避免隔热层下的腐蚀。
- 设计用于防止冷凝器在不慎受潮或系统温度控制低于预期时发生冰堵。

在某些情况下，可以通过使用几个较小的传热设备替代一个较大的传热设备来贯彻本质安全的最小化策略。除了减少有害物质存量，还可以在温差最大的第一个传热设备中使用耐腐蚀性更强的材料。第一交换器可以采用连续腐蚀监测下的牺牲阳极设备，也可以用耐腐蚀性更强的合金制造。

防止传热设备管泄漏污染冷却水的一种安全策略是在冷却水回水管上设置气体探测器或气体分离器。除了分析交换热量的化合物，设计人员还应考虑冷却水或传热流体中抑制剂(或其他水处理药剂)的潜在影响。

另一种保障策略是通过考虑泄漏时热交换材料之间的潜在相互作用来防止换热管泄漏。至于哪一侧是高压侧，则取决于制程化学品与加热介质之间的潜在反应。如果少量化学物质“A”通过换热管泄漏进入大量化学物质“B”，而没有发生相当大的反应，那么尝试在工艺设计时，使“A”的压力略高于“B”。如果发生腐蚀或换热管失效，那么唯一的危险就是产品质量不合格和换热不足。如果水能使催化剂中毒或与酸发生反应，则可能存在其他危险情况。

必须考虑换热管破裂的可能性，并提供尺寸适宜的泄压装置。

6.4.4 参考文献

6-19. Viera, G. A., Simpson L. L., and Ream B. C. *Lessons Learned from the Ethylene Oxide Explosion at Seadrift, Texas*, Chemical Engineering Progress. August 1993.

6-20. Price, J. H. *Cold Box Explosion at Shell Steam Cracker in Berre, France.* Paper presented at AIChE Spring National Meeting, Houston, Texas. 1989.

6-21. API STD 521. *Guide for Pressure Relieving and Depressuring Systems, Fifth Edition.* American Petroleum Institute, Washington D. C.. 2007.

6-22. ASME Section Ⅷ-DIV 1. *ASME Boiler and Pressure Vessel Code*, Section Ⅷ, Division 1: Rules for Construction of Pressure Vessels. American Society of Mechanical Engineers. New York, New York. 2010.

6-23. API STD 520. *Sizing, Selection, and Installation of Pressure Relieving Devices in Refineries*, Part Ⅰ-Sizing and Selection, Eighth Edition. American Petroleum Institute. Washington D C. 2008.

6-24. API STD 660. *Shell-and-Tube Heat Exchangers, Eighth Edition.* American Petroleum Institute. Washington D. C. 2007.

6-25. Lees, F. P. *Loss Prevention in the Process Industries, Third Edition.* Elsevier, Inc. Oxford, UK. 2005.

建议补充阅读

Kletz, T. A. *Learning from Accidents*, Oxford: Butterworth-Heinemann Ltd. 1994.

Kuppan, T. *Heat Exchanger Design Handbook*, CRC Press, Boca Raton, Florida. 2000.

McCarthy, A. J., and Smith, B. R.. *Reboiler System Design - The Tricks of the Trade*, Process Plant Safety Symposium, February 28-March 2, 1994, Houston, Texas. 1994.

Yokell, S. *A Working Guide to Shell-and-Tube Heat Exchangers.* McGraw-Hill, New York, New York. 1990.

6.5 干燥器

本节介绍干燥器及干燥系统的潜在失效机制，并提出降低此类失效风险的设计替代方案。本节涵盖的设备类型包括：

- 喷雾干燥器；
- 板式干燥器；
- 流化床干燥器；
- 传动干燥器(闪蒸、机械和气动)；
- 回转干燥器。

本节仅介绍干燥器特有的失效模式。一些与容器和传热设备相关的一般失效场景也适用于干燥器。因此，本节应与第 6.1 节“容器”和第 6.4 节“传热设备”结合使用。另外，由于干燥设备通常与固-液分离器以及固体处理和加工设备相关，可以参阅第 6.7 节获取更多信息。除非特别注明，本节失效场景适用于多种类型的干燥器。

6.5.1 过往事故案例

本节介绍一些涉及火灾和爆炸(爆燃)的案例，以强调对干燥器和干燥系统进行安全设计和规范操作的必要性。

6.5.1.1 复合肥的干燥火灾事件

处理含有单磷酸钙和重过磷酸钙以及氮磷钾混合肥料的干燥机发生火灾和爆炸。该混合物容易发生自分解，并在通过干燥器时开始分解。当混合物的温度升高至大约 130℃时，操作人员进行了干预并关闭了干燥器。随后，干燥器内发生快速放热反应，导致火灾和爆炸。事故造成 1 人死亡，18 人受伤(参考文献 6-26)。

从该事故中吸取的经验教训是对复合物料的干燥应考虑采用可更好控制温度的干燥器类型。

6.5.1.2 乙酸纤维素干燥器火灾

一台用于干燥醋酸纤维素粉的连续带式干燥器在两年内反复发生小规模的内部火灾。研究人员进行了篮式(自加热)测试以确定在不同固体深度下是否存在放热行为后，调查人员发现在温度为 223℃(433℉)的操作条件下检测到放热反应。由于干燥器使用 0.689MPa(100psig)的蒸汽加热[饱和温度为 172℃(342℉)]，最初认为这种放热行为不是火灾的原因。进一步检查发现，该特定位置的 0.689MPa(100psig)蒸汽被过热至 235℃(455℉)，远高于放热反应的起始温度。安装蒸汽减温器后，火灾隐患消除了。

从该事故中吸取的经验教训是需要了解被干燥材料的温度敏感性以及了解所使用加热介质的实际特性。

6.5.1.3 医用粉末干燥器火灾和爆炸事件

某操作人员多次测试干燥器样品。最后一次取样后，操作人员关闭了人孔盖，将干燥器置于真空状态，并启动了干燥器。几分钟后，发生了爆炸和闪燃，但火势自行熄灭。没有人员受伤。调查显示，最后一次取样后，干燥器的人孔盖未被牢牢固定。这导致干燥器将空气吸入并形成可燃混合物。点火源可能是干燥器内部衬里的静电放电。该干燥器未使用氮气惰化(参考文献 6-26)。

从该事故中吸取的经验教训包括以下预防措施，防止今后发生类似事故：

- 在干燥器填充物料或取样之前进行氮气吹扫。
- 如果绝对压力上升至约 0.028kPa(4psia)时，停止旋转，响起警报，并自动启动氮气吹扫。

6.5.2 失效场景与设计解决方案

表 6.5 提供了与干燥器相关的设备失效场景和相应的设计解决方案。

表 6.5 干燥器常见失效场景与设计解决方案

序号	事件	后果	潜在设计解决方案		
			本质更安全/被动安全	主动安全	程序安全
压力					
	普遍适用-压力高 *(适用于所有高压场景)*		干燥器设计时应考虑可承受超压工况	爆燃泄放 爆燃抑制系统 使用惰性气体	操作人员对高压报警做出响应
	普遍适用-压力低 *(适用于所有低压场景)*		干燥器设计时应考虑真空条件		操作人员对低压报警做出响应
流量					
	普遍适用-流量高 *(适用于所有高流量场景)*		替代型干燥器	失去通风或可燃蒸气浓度高时自动切断进料 在检测到管道系统中有火灾/可燃气体时，通过快速关闭阀自动隔离歧管系统 显示高速运行时自动关闭输送机 自动喷水灭火系统/二氧化碳全淹没系统 使用惰性气体保护 通风系统保持可燃浓度低于可燃下限浓度	操作人员对高流量报警做出响应 将手动启动防火/惰化系统的要求写入书面操作规程并培训 将手动等电位连接和静电接地的要求写入书面操作规程并培训 将通风失效时手动隔离进料的要求写入书面操作规程并培训
	普遍适用-无流量/流量低 *(适用于所有无流量/低流量的场景)*			检测到循环流量低时自动停机	操作人员对低流量报警做出响应

续表

序号	事件	后果	潜在设计解决方案		
			本质更安全/被动安全	主动安全	程序安全
1	干燥器和管道内积聚沉淀物	可能引燃物料导致火灾/爆炸	干燥器设计要尽量减少沉淀物的积聚（光滑表面，消除潜在的固体积聚点） 使用停留时间短的干燥器(例如，闪蒸干燥器)		定期检查和清洁 将处理多种产品时首先处理最稳定的物料以避免点燃不稳定材料的要求写入书面操作规程并培训 将确定最大可容忍的材料积聚的要求写入书面操作规程并培训
2	由于堵塞或挡板关闭导致的通风不良	潜在易燃气体后续着火导致火灾/爆炸	设计挡板时确保系统在最大挡板节流时能处理最低安全通风率 挡板应设机械限位器防止挡板完全关闭	挡板上的限位开关与引入惰性气体联锁	注意：在此应用场景中，使用快速关闭阀进行手动隔离是不切实际的
3	输送机速度增加	进料可能产生溶剂蒸气后续着火导致火灾/爆炸	按最大溶剂蒸发率设计排气系统	排气系统流速与输送机速度联锁	操作人员对输送机速度升高指示做出响应 将输送机速度高时手动停机的要求写入书面操作规程并培训
4	间歇操作导致易燃溶剂峰值蒸发率较高	潜在易燃气体后续着火导致火灾/爆炸	通风系统设计用于处理溶剂峰值蒸发率 干燥器设计采用自然循环即可将溶剂浓度保持在安全水平 使用连续或半连续的干燥器设计	检测易燃条件并调节稀释剂	将如何应对间歇操作期间的不稳定蒸发率的要求写入书面操作规程并培训
5	干燥器内循环不足	潜在易燃气体后续着火导致火灾/爆炸	干燥器设计的自然循环足以防止易燃物的积聚		将低循环倍率时手动关闭干燥器的要求写入书面操作规程并培训
6	喷嘴（喷雾干燥器）过度雾化	可能产生微粒导致粉尘/混合火灾/爆炸	加热介质的入口温度应大大低于最低点火温度	压力控制，以调节喷嘴的压力	将使用氮气吹扫管线的要求写入书面操作规程并培训

续表

序号	事件	后果	潜在设计解决方案		
			本质更安全/被动安全	主动安全	程序安全
7	多台干燥器的通风排气管路集合	火势或爆燃从一个地点蔓延至另一个地点	使用专用排气管道 在可行的情况下，设计干燥器和管道以承受超压	通过节能通风口单独排放每个干燥器以防止回流 在干燥器通风口安装阻火器	操作人员在检测到火灾/易燃环境时采取行动隔离各个管道
8	干燥器的进料速率较低	干燥器内物料温度升高 可能导致火灾/爆炸	使用的加热介质可将温度自动限制到进料的接触温度	根据进料流速自动控制干燥器的热输入 高温报警和停机系统 进料速率的自动控制	将手动控制进料速度的要求写入书面操作规程并培训 操作人员对高温指示做出响应
温度					
普遍适用-温度高 *(适用于所有高温场景)*			干燥器设计用于高温场景 设计用于控制超压的干燥器 永久的等电位连接和接地 消除易燃物 消除管道内的点火源	通风系统失效或易燃蒸气浓度高时自动切断进料 通过快速关闭阀自动隔离相关设备 在检测到管道系统内有火灾/易燃气体时通过快速关闭阀自动隔离歧管管道系统 高速指示时自动关闭输送机 自动喷水灭火系统/二氧化碳全淹没灭火系统 使用惰性气体 通风系统保持可燃浓度低于可燃极限浓度	将手动启动防火/惰化系统的要求写入书面操作规程并培训 将手动等电位连接和接地以进行原料或产品排放的要求写入书面操作规程并培训 将使用快速关闭阀手动隔离通常不实用写入书面操作规程并培训 在线易燃气体检测和手动启动二氧化碳全淹没灭火系统
9	易燃蒸气在管道中凝结	可能引起火灾/爆炸的物料着火	干燥器设计防止管道内凝结 提供管道排水设施(例如，倾斜的低点排水系统)		
10	加热介质突然失效伴随蒸气凝结	潜在的真空风险	真空系统干燥器及管道系统设计		将限制干燥器温度下降速度的要求写入书面操作规程并培训

续表

序号	事件	后果	潜在设计解决方案		
			本质更安全/被动安全	主动安全	程序安全
11	干燥器和管道系统的表面温度高	可能点燃周围的可燃物（包括干燥器的无组织排放物），导致火灾/爆炸	对干燥器外部表面进行隔热处理，将表面温度降至安全限值 将干燥器的温度限制在周围物料的安全温度限值以下 在热表面与可燃物料之间保持适当的间隙	从排气中去除细颗粒（袋式过滤器）	将保持整洁的操作环境的要求写入书面操作规程并培训
12	机械输入产生的热量（例如，旋转给料机、桨式干燥器、螺旋输送机的堵塞）	潜在的火灾/爆炸	使用可最大限度减少机械热输入的干燥器组件类型 使用不易燃/高闪点润滑剂	为机械组件提供扭矩限制器（例如，剪切销）	操作人员对机械装置高扭矩和低扭矩报警做出响应 将监测温度并在高温报警时采取措施的要求写入书面操作规程并培训
组分					
13	固体磨损导致粒度减小	潜在的火灾/爆炸	选择其他可降低损耗率/磨损率的干燥器设计		将保持粒度大小在爆炸范围之外的要求写入书面操作规程并培训
设备失效					
14	润滑油泄漏进入干燥器	潜在的火灾/爆炸	双端面机械密封 使用无机械密封的干燥器		将定期检查轴承和密封的要求写入书面操作规程并培训
15	静电火花（容器因玻璃内衬而不导电）（双锥滚筒干燥器－玻璃内衬）	潜在的火灾/爆炸		出口温度高时自动停机	
16	床层上方的易燃粉尘/蒸气（流化床干燥器）	潜在的火灾/爆炸	设计可调节的挡板以尽量减少粉尘排放		将便携设备的手动接地和等电位连接的要求写入书面操作规程并培训

6.5.2.1 干燥器/管道系统中的沉积物堆积(表6.5场景1)

有些干燥器和干燥系统(包括管道系统和相关设备，如旋风分离器、除尘器等)容易在干燥器壁和管道系统内积聚沉积物。固体物质通常会积聚在干燥器顶部的喷淋装置上，而这些位置往往是干燥器温度最高的地方。需要经常进行清洁和监测，以确保这些沉积物不会过热并自燃。应进行测试以评估粉尘沉积物的可燃性风险。沉积在设备内壁或其他表面的积聚物在持续暴露于高温或其他工艺条件下时，其物质特性会随着时间的推移而发生变化。

6.5.2.2 静电危害(表6.5场景15和场景16)

静电火花是导致粉尘和易燃蒸气爆燃的常见原因。能够产生静电的干燥器和干燥系统必须进行适当的等电位连接和接地，以消除这些电荷并尽量减少爆燃的可能性。为了防止爆燃的发生，通常需要进行惰性化处理。

6.5.2.3 复合混合物(表6.5场景6)

许多干燥操作涉及将易燃溶剂从可燃粉末中蒸发。这种易燃蒸气与可燃粉末细粉(粉尘)的组合称为复合混合物。这种混合物比单独的可燃粉尘具有更大的爆炸风险。这种增加的风险特点如下：

- 即使蒸气浓度低于其爆炸下限(LEL)，也会使复合混合物的爆炸可能比单纯的粉尘-空气混合物更严重，其最大压力和最大压力上升速率可能更大。
- 复合混合物的最小点火能量通常低于单纯的粉尘-空气混合物。
- 即使可燃蒸气的浓度低于其爆炸下限(LEL)，可燃蒸气的存在也会降低粉尘的爆炸下限(MEC)。在蒸气LEL的20%以下时，就会观察到可测量的效果。

6.5.2.4 分解(表6.5场景8和场景12)

许多粉末是热敏的，在高温下会分解，导致超压或火灾。有些干燥材料(如连二亚硫酸钠)在接触水时也会发生放热分解。确定有机粉末的热稳定性以及是否需要进行热稳定性测试，以确定干燥操作的安全操作温度是非常重要的。物料分解的能力取决于固体的特性，包括(物料所处)深度、成分、温度、暴露时间和干燥度。

6.5.3 设计考虑因素

在选择不同类型的干燥器时，通常需要根据所处理材料的化学物质及物理性质，尤其是热敏性来确定。与选择其他设备一样，设计人员应首先确认这一操作步骤是否必要；如果必要，则要进一步考虑其是不是正确的或最安全的操作步骤。

- 处理的材料是否需要去除所有液体?
- 下游步骤或用户是否可以使用液态、浆状或糊状的材料?

干燥操作中的一些危险包括：

- 易燃液体的气化；
- 可燃粉尘的存在；
- 过热导致分解；
- 惰性化导致窒息危险。

对于热敏物料，通过限制加热介质的温度和材料的停留时间可防止分解。应尽量减少危险物料的库存。预防措施包括充分通风和爆炸泄放、抗内爆、爆炸抑制、惰性化、消除点火源和蒸气回收。仪表包括氧气分析仪和用于温度、湿度等的传感器。应监测排放气体的可燃性极限。处理可燃粉尘设备的设计考虑因素(参考文献6-27)包括：

- 设计可承受粉尘爆炸的设备。
- 尽量减少粉尘悬浮物的体积。
- 尽量减少(监控)机械失效和过热(轴承、滚筒、磨机等)。
- 消除静电和其他点火源。
- 通过隔离设备来尽量减少燃烧粉尘的通过。
- 提供爆炸预防(如惰性化)和保护(如抑制、排气或隔离)。
- 提供防火保护。

6.5.4 参考文献

6-26. Drogaris, G. *Major Accident Reporting System: Lessons Learned from Accidents Notified.* Elsevier Science Publishers B. V. Amsterdam. 1993.

6-27. CCPS. *Guidelines for Safe Handling of Powders and Bulk Solids.* Center for Chemical Process Safety of the American Institute of Chemical Engineers. New York, New York. 2005.

建议补充阅读

Abbot, J. *Prevention of Fires and Explosions in Dryers-A User Guide, Second Edition.* The Institution of Chemical Engineers, London. 1991.

Bartknecht, W. *Dust Explosions: Course, Prevention, Protection.* Springer-Verlag. New York. 1989.

Chatrathi, K. *How to Safely Handle Explosible Dust-Part* Ⅰ. Powder and Bulk Engineering, p22-28. January 1991.

Chatrathi, K. *How to Safely Handle Explosible Dust-Part* Ⅱ. Powder and Bulk Engineering, p12-18. February 1991.

Ebadat, V. *Testing to Assess Your Powder's Fire and Explosion Hazards.* Powder and Bulk Engineering, p19-26. January 1994.

Garcia, H. and Guarici, D. *How to Protect Your Drying Process from Explosions.* Powder and Bulk Engineering, p53-64. April 1995.

Gibson, N., Harper, D. J. and Rogers, R. L. *Evaluation of the Fire and Explosion Risk in Drying Powders.* Plant/Operations Progress, p181-189. 1985.

NFPA 654: *Standard for the Prevention of Fire and Dust Explosions from the Manufacturing, Processing, and Handling of Combustible Particulate Solids.* National Fire Protection Association, Quincy, Massachusetts. 2006.

Palmer, K. N. *Dust Explosions and Fires (Powder Technology).* London: Kluwer Academic Publishers. 1993.

Palmer, K. N. *Dust Explosions: Initiations, Characteristics, and Protection.* Chemical Engineering Progress. p24-32. March 1990.

6.6 流体输送设备

本节介绍流体输送系统的潜在失效机制，并提出降低此类失效风险的设计替代方案。本节涵盖的流体输送设备类型包括：

- 鼓风机；
- 泵；
- 压缩机。

本节仅介绍流体输送系统特有的失效模式。与容器有关的一些通用失效场景也适用于流体输送系统。因此，本节应与第6.1节“容器”一起使用。除非特别注明，否则失效场景适用于多种类型的流体输送系统。

6.6.1 过往事故案例

本节提供了涉及流体输送系统失效的案例，以强调本节所介绍的安全设计规范的必要性。

6.6.1.1 启动并联离心泵(表6.6场景1)

为了将有机酸物料从蒸馏单元输送到同一装置内相隔1.5mile(约2414m)的生产单元，某装置配备了并联运行的高扬程离心泵。由于蒸馏单元和目标生产单元都有大量物料存量，且备泵的投用时间并不关键，可以接受短暂的运行中断，所以并未设置备泵自启。在一次切泵操作中，由于主泵没有被正确的隔离和排空，导致当备用泵启动时，主泵的出口阀门仍为开启状态，泵密封无法承受排出压力的突然冲击，导致密封失效。直到备泵被关停时，已有约2.2m^3(500gal)的物料泄漏至防溢区。

从此次事故中吸取的经验教训是：为减少这种情况发生的可能性，应在每个泵的排放管线上都配备一个止回阀。设备设计基础应考虑包括开车、停车和意外操作在内的一系列条件。

6.6.1.2 连续磺化爆炸

一连续磺化某芳香族化合物的装置，在其开车阶段，泵和其循环管线发生了热爆炸。尽管造成了设施损坏和生产中断，但所幸没有造成人员伤亡。

事故调查表明，启动反应物料再循环时，泵和管线出现了堵塞情况。堵塞清理完毕后，重新启动再循环，但却在4h后发生了爆炸，导致泵密封件爆裂，循环管线也随即破裂。

进一步调查发现，在清理堵塞管线的过程中，一些保温材料被拆除，导致部分管线失去保温覆盖，从而引起了反应物料的缓慢固化，最终导致泵出口憋压(堵转)。基于泵数据的计算表明，在泵发生出口憋压(堵转)后的5min内，泵出口温度可达到比工艺温度高出60℃(140℉)。

从此次事故中吸取的经验教训是必须持续监控泵的循环，并使用直接的温度或压力测量来检测是否有失控情况。

6.6.2 失效场景与设计解决方案

表6.6提供了针对流体输送设备的设备失效场景及相应的设计解决方案。

表 6.6 流体输送设备常见失效场景与设计解决方案

序号	事件	后果	潜在设计解决方案		
			本质更安全/被动安全	主动安全措施	程序安全措施
压力					
普遍适用-压力高 *(适用于所有高压场景)*			设计下游管线使其可以承受出口憋压(堵转)压力	设紧急泄放装置 高压停机联锁	操作人员对高压报警做出响应
普遍适用-压力低 *(适用于所有低压场景)*			有效气蚀余量(NPSH)最大化 对于接近沸点的液体,将上游储罐位置抬高	低压停机联锁	操作人员对低压报警做出响应
流量					
普遍适用-流量高 *(适用于所有高流量场景)*					操作人员对高流量报警做出响应
普遍适用-无流量/流量低 *(适用于所有无流量/流量低的场景)*				流量低/压力低联锁停泵	操作人员对低流量报警做出响应 将启动备用泵/备用压缩机的要求写入书面操作规程并培训
1	出口控制阀关闭;下游截止阀关闭;开车时未打开盲板;出口堵塞	堵出口憋压(堵转),超压和/或过高的温度、密封失效、介质泄漏的可能性	设置最小流量循环管线以保证泵的最小流量(由孔板控制流量)	(某些场景下)备泵自启 局部火灾防护 低流量/低功率停机联锁 最小流量循环管线(流量自动控制)	将避免泵/压缩机出口憋压(堵转)的要求写入书面操作规程并培训
2	吸入口阻塞(入口阀门关闭、过滤器堵塞)(离心泵)	离心泵入口流量低导致气蚀、过度振动和泵密封可能受损	消除吸入口异物	高振动停机联锁 局部火灾防护 低流量停机联锁	操作人员对低流量指示和/或高振动做出响应
3	吸入口阻塞(入口阀门关闭、过滤器堵塞)(离心压缩机)	离心压缩机低流量导致喘振,从而引起高振动和压缩机可能受损	非离心式压缩机设计	自动防喘振(循环系统) 高振动停机联锁 低流量停机联锁	

续表

序号	事件	后果	潜在设计解决方案		
			本质更安全/被动安全	主动安全措施	程序安全措施
4	泵停	可能通过泵体和循环线逆流	使用容积式泵 出口管线安装止回阀	泵故障停或压力高时激活出口自动隔离阀	将隔离非运行并联设备的要求写入书面操作规程并培训
5	离心压缩机停机	可能通过循环线逆流，导致压缩机低压段超压	提高低压段设计压力	低压段的紧急泄压阀应按照最大回流量设计 限制回流的措施	
6	转速控制系统失效(压缩机)	可能导致压缩机转速过高，损坏设备	整体式转子　非套装式转子	高转速报警和压缩机高转速停机系统	
7	液体进入压缩机	可能导致压缩机损坏	采用对液体容忍度更高的压缩机类型(比如液环式压缩机) 压缩机入口分离罐设计用于液体的正确分离	入口分离罐至压缩机入口管线伴热 入口分离罐设置自动排液和高液位开关用于关闭压缩机 在线振动监测配备自动停机	操作人员对分离罐中高液位报警做出响应
温度					
普遍适用-温度高 *(适用于所有高温场景)*			根据可能发生的最高温度设计选材	高温停机联锁	操作人员对高温报警做出响应
普遍适用-温度低 *(适用于所有低温场景)*			根据可能发生的最低温度设计选材	低温停机联锁	操作人员对低温报警做出响应
8	压缩机级间冷却中断	上游级间冷却中断导致压缩机下一级的入口温度升高，从而造成压缩机损坏		冷却剂流量低自动停机	将冷却剂流量低时手动停机的要求写入书面操作规程并培训
9	在没有足够冷却的情况下进行全量回流操作	温度可能升高		在循环线上设置冷却器	

续表

序号	事件	后果	潜在设计解决方案		
			本质更安全/被动安全	主动安全措施	程序安全措施
组成					
普遍适用（适用于所有和组成相关场景）			根据预期压力针对所有组分进行设计	紧急泄放装置	
10	流体组成变化	潜在的出口压力高		检测到排放压力高时自动停泵/压缩机	操作人员对高压指示做出响应
11	进料中的颗粒物	可能导致密封损坏	双端面密封或串联密封 采用颗粒容忍度更高的泵（比如隔膜泵） 入口安装滤网或过滤器	自动滤网反冲洗 检测到密封液泄漏时自动停泵 局部防火	操作人员对密封液泄漏检测报警做出响应 将手动启动远程操作隔离阀的要求写入书面操作规程并培训 将手动清洁滤网/过滤器的要求写入书面操作规程并培训 将定期检查轴密封的要求写入书面操作规程并培训
设备失效					
普遍适用（适用于所有设备失效场景）				爆炸抑制系统 阻火器 惰化系统或气体富集系统	
12	风机/压缩机入口侧泄漏	可能导致空气进入系统产生可燃环境	保持系统正压	高氧测量时，自动氧气监测与鼓风机和/或隔离阀联锁 自动压力控制从而限制氧气渗透率或负压	将设备启动前对吸入/抽吸系统进行泄漏测试的要求写入书面操作规程并培训 将在高氧气测量时，与鼓风机和/或隔离阀联锁的手动氧气监测的要求写入书面操作规程并培训 将限制氧气渗透速率或负压的手动压力控制的要求写入书面操作规程并培训
13	风机/压缩机润滑油损失	失去润滑油可能导致轴承/密封失效、升温		高轴承高温停机联锁 润滑系统压力低/液位低停机联锁	操作人员对轴承高温指示/报警做出响应 操作人员对润滑油泵出口压力低报警做出响应

续表

序号	事件	后果	潜在设计解决方案		
			本质更安全/被动安全	主动安全措施	程序安全措施
14	泵的密封冲洗失效	可能导致泄漏	使用不需要密封冲洗的泵	密封冲洗失效时联锁停泵 局部防火	将密封冲洗失效时手动停泵的要求写入书面操作规程并培训
15	泵密封油雾逸出	可能导致泄漏	无须油雾的泵密封	油雾逸出时联锁停泵 局部防火	将油雾逸出时手动停泵的要求写入书面操作规程并培训
16	压缩机密封冲洗失效	可能导致泄漏		密封冲洗失效时联锁停压缩机 局部防火	操作人员对密封冲洗流量低/压力低报警做出响应

6.6.2.1 出口憋压(堵转)与设备隔离(表6.6场景1)

泵和压缩机系统的设计应尽可能地减少其出口憋压(堵转)的可能性。泵的出口憋压(堵转)会导致高温、高压，或同时导致高温和高压。如果正在输送的流体对冲击敏感或容易放热分解，泵的出口憋压(堵转)尤其危险。由于容积式泵和压缩机的出口憋压(堵转)会导致极高的压力累积，因此必须配备相应的防超压手段，比如，配备泄压阀，当超压时可泄压至泵的上游容器。当泵可以被远程启动，并可能在隔离(指其入口或出口阀被关闭)条件下长时间运行时，泵的隔离也可能导致非常严重的泵失效场景。

6.6.2.2 气蚀/喘振(表6.6场景2和场景15)

泵的气蚀会导致泵叶轮和密封件遭受严重损坏，从而造成物料泄漏。泵的设计必须满足其气蚀余量(NPSH)的要求来避免泵的气蚀。避免气蚀现象发生的设计方案有：

- 尺寸适当的入口管径；
- 上游容器的气封；
- 泵入口足够的高差；
- 泵吸入口安装细过滤器和粗过滤器。

压缩机的喘振会导致其过度振动、轴承温度高以及大规模的机械损伤。这种风险可以通过配置自动防喘振系统和振动监测系统来控制。

6.6.2.3 逆流(表6.6场景4和场景5)

多种泵/压缩机配置会导致逆流发生。在设备并联配置下，两台或多台设备向共用管线输送流体时，流体可能会向未运行的设备逆流，导致离心泵叶轮损坏。制定备用设备的隔离程序有助于预防此类问题发生。此外，在出口管线上安装止回阀可以降低流体通过备用设备或联锁停机设备的逆流概率。但一些止回阀可能无法完全关闭，这时就需要串联安装止回阀来提高可靠性。在结垢或回流后果严重的情况下，需要通过自动隔离阀提供额外的防回流保护。

6.6.2.4 密封泄漏(表6.6场景11、场景13、场景14、场景15和场景16)

密封泄漏是一大令人担忧的问题，尤其是在处理有毒或易燃物料时。在处理高度危险的介质时，可以使用带有双重机械密封的离心泵、隔膜泵以及各类无密封泵。更多详细信息，可参阅 Grossel(参考文献6-28)。

6.6.3 设计考虑因素

市场上有多种类型的泵可供选择，如离心泵、容积式泵、液动或气动喷射泵，以及气体增压或真空吸送系统。在设计时还需考虑的其他重要指标包括：材料选择、用于检测泵组件失效的仪表、泵输送有毒介质的封闭方法，以及控制泄漏和泄放的方法(参考文献6-28)。

泵送系统应设计成能防止泵运行时在极短时间内发生出口憋压(堵转)。泵的出口憋压(堵转)会导致超温，从而引起蒸气压力增高或分解反应，使泵体炸裂。对于泵送热敏物料的工况，除维持和检测泵的最小回流流量和升温的常规方法外，还需配备相应的停机联锁。已经发生了多起由于泵内介质过热引发的泵爆炸事故。泵的出口憋压(堵转)会导致泵过热，轴承烧毁，泵内液体闪蒸，而且如果管道未按泵的出口憋压(堵转)压力设计，可能造成下游管道破裂。如果出口憋压(堵转)会导致严重问题，则应对泵设计提供最小流量循环。

要知道，绝大多数事故，如泵起火，是由泵轴承的灾难性故障引起的，而轴承故障又会导致灾难性的密封故障。串联密封或双密封(尽管是一种可行的保障措施)并不能减少由轴承故障引起的密封失效的可能性。应将缓解措施集中在预防灾难性轴承故障上，如：

- 限制最小流量；
- 轴润滑油雾润滑轴承；
- 纠正设计缺陷，例如管道应力、泵底座设计不良等；
- 在线振动监测；
- 确保适当的气蚀余量(NPSH)。

离心泵在极低的流量下运行会导致过度振动，损坏驱动机、管道和相邻设备。应安装最小流量循环管线以避免由低流量引起的不稳定现象。大型离心泵必须进行最小流量控制，以防止泵叶轮出现气蚀并对泵造成后续损坏。最小回流不应在未考虑冷却的情况下直接从泵出口返回至吸入口。过度的热量积累会破坏最小回流的作用，即防止气体吸入造成气蚀进而导致泵的机械损坏。通常，最小回流线会从出口管线返回至吸入容器。泵壳体的温度传感器和轴承的振动传感器应在泵温度过高或振动过大时联锁停电机。密切关注泵密封设计和配置对于减少正常磨损和易燃、有毒介质的泄漏非常重要。正确的轴对中可将机械密封失效的可能性降至最低。

容积式泵在排放侧会堵塞，需要一个压力泄放装置，建议使用外置泄压装置(参考文献6-28)。

隔膜泵不含有泄漏风险的动密封元件。气动隔膜泵可以在出口憋压(堵转)情况下运行而不会对泵造成损坏。处理高毒性流体时应使用双隔膜泵，并对隔膜之间的容积进行监测并设置报警。

为了防止工艺介质损失，离心泵应设有一个密封系统，该系统由双端面密封或串联机械密封组成，并在密封之间设有隔离液以及密封失效报警。如果允许收集泄漏的密封液，通常在主密封外部会设置一个带有排风和密封压盖的二级密封，以有效收集泄漏的流体。这个二级密封除了可在一级密封失效时提供保护，还提供惰性气体防护。

尽管近年来已取得了很大的改进，机械密封失效仍时有发生。在化工厂的泵维修中，机械密封问题位列第一，远超出位列第二的轴承故障(参考文献 6-29)。某些情况会增加密封失效的频率，例如，热量、压力、腐蚀、气蚀和产品特性。其他条件如颗粒碎片、轴偏移、轴承磨损、振动和安装不当，也会影响密封寿命，但一般可以通过正确的泵选型、仔细的安装和适当的维护来将这些问题最小化。在泵吸入管道中使用过滤器，可以最大限度地减少颗粒碎片，尤其是在设备开车期间；建议使用 T 形过滤器，因为这种过滤器可以在泵运行时方便地移除和清洁。轴对中不良也是失效的主要原因。应在启动前使用适当的对中技术检查泵，如果泵持续出现轴承或机械密封问题时，应重新检查轴对中。

高温会降低润滑性，导致摩擦增大和热积聚，加速密封面的异常磨损。可设置密封冲洗系统，通过过滤后的冷流体实现降温。应检查泵的运行特性，确保使用适当类型的润滑。

几台泵并联运行时，可能会导致其中一台泵出现出口憋压(堵转)、逆流或推力轴承失效的情况。如果泵以并联方式运行，则应考虑在每台泵的排放端安装流量控制阀。

应确认密封液与工艺介质的相容性。根据所使用的密封系统(串联或双端面)不同，会发生工艺介质和密封液互窜的情况。

液压或安装不当造成的过大密封面比压，都会减少密封面润滑，增加摩擦热积聚，并导致密封面变形。自动阀门造成的压力波动和水锤也会缩短密封寿命。因此，应仔细考虑系统水力学。酸性条件下会形成酸性金属盐，这种盐会磨损密封面，所以应配备密封冲洗系统。

系统中磨料颗粒(比如热传递流体热分解后产生的颗粒)，特别是 200 目以下的，会导致密封失效。通常会在泵入口处安装过滤器过滤掉颗粒碎片，保护泵免受流体中固体碎片的影响，尤其在开试车阶段。然而，过滤器滤网会增加总体压降，降低泵入口处的有效气蚀余量(NPSH)。如果评估不当，这种压降会引起气蚀从而损坏泵的内件或降低泵容积。气蚀会导致压力变化、轴偏移、振动和机械冲击，损坏密封组件。通过合理的泵系设计，注意气蚀余量(NPSH)、避免夹杂气体，通常可以避免气蚀问题。

无密封泵，比如屏蔽泵和磁力泵，完全避免了密封问题。这些类型的泵由泵和外部转动电机之间的磁力耦合驱动。磁铁附着在泵轴和电机轴上，两者之间隔有非磁性屏蔽套。磁力泵使用永磁体，屏蔽泵使用电磁体。几乎所有的泵制造商现在都可生产磁力泵，包括离心泵和齿轮泵。

屏蔽泵和磁力泵并非没有任何安全隐患。大多数无密封泵的失效是由于转后损坏轴承引起的。此时低沸点液体可能会闪蒸，所以此类泵需要配备逆流循环系统或旁路(参考文献 6-29)。如果冲洗液的温度升高，蒸气压力上升，导致液体闪蒸，套筒轴承干转，固体颗粒会磨损磁力泵的轴承或者堵塞屏蔽套间隙。高温会降低磁体的强度。

无密封泵配备有更复杂的液压系统，包括套筒轴承和其他部件，要想保持泵的良好运行状态，就必须注意维护好这些部件。比热容和蒸气压变化率是设计泵时必须考虑的两个关键物理因素。

6.6.3.1 压缩机

压缩机种类繁多，包括小型、无油、小功率往复式压缩机及大型的涡轮驱动多级压缩机。压缩机的典型用途包括压缩工艺气体、供应工厂用压缩空气、压缩用于加热炉的空气或用于流化床燃烧、排气、通风和曝气的空气。《佩里化学工程师手册》(*Perry's Chemical Engineers, Handbook*)(参考文献 6-30)一书中有对活塞式和离心式压缩机的全面论述。

压缩机有几个涉及安全的设计问题：气体的潜在超压和过热、振动、密封泄漏以及液体进入压缩腔。以上所述问题都会引起压缩机和其配套管道的材质失效，导致气体释放到大气中。对于往复式压缩机来说，超压情况较为特殊。不同于离心式压缩机在压缩机出口憋压(堵转)时会达到最大压力，往复式压缩机可以继续增加压力，直到材质无法承受或电机过载和过热为止。因此，往复式压缩机配有安全阀。为了防止以上这些潜在问题的发生，应考虑以下设计要求：

- 使用入口分离罐、旋风分离器或入口加热器，以防止液体进入压缩腔；
- 选择大小合适的密封进行安装——对于大型机组，包括带有循环润滑油系统、脱气罐和将脱气罐气体排至回收或处理系统的管道；
- 管道设计，包括选用合适建造材料、通风和排放管线材料，并使用减振接头；
- 使用适当的报警和停机仪表，包括振动开关、出口压力高/低、发动机转速超速、排气温度过高和油压过低；
- 使用大小合适且安装合理的泄压装置。

决定压缩机安全运行和维护的工艺变量和参数包括：气量、吸入和排出压力、转速、气体分子量、绝热常数(c_p/c_v)、吸入和排出温度。通常情况下，在恒定转速下稳定运行时，离心式和轴流式压缩机的压力差随着气量的增加而减小。当压降一定时，气量随着转速的增大而增加。同样，当气量恒定时，压差随着转速的升高而升高。

高吞吐量压缩机运行的潜在危险，通常被称为“石墙区域”，是由于功率/扭矩限制的极限流量和压缩机产生的压差不足，以至于无法满足下游工艺的压力要求。而低气量运行被称为“喘振区域”。当气量降至临界值以下，即喘振极限时，压缩机叶轮无法持续地为压缩气体提供足够的动能，从而诱发压力和流量的自激振荡，导致逆流(或压缩机内部滑动)。在严重喘振情况下，压缩机会出现高频振动和推力轴承高温，导致永久性机械损坏。当压缩机处于调节控制下并在接近喘振极限附近运行时会迅速进入喘振状态。

压缩机的控制系统通常包括基本过程控制、防喘振控制、压缩机优化控制和压缩机停机系统。第一组控制旨在控制排出和吸入压力。第二组采用能快速作用的控制，以在接近压缩机喘振区域时取代调节控制。压缩机优化控制通常是基于计算机的高级监管控制，在满足工艺和设备约束的条件下，按照调节控制的设定点最大限度地降低压缩机的能源消耗。

离心式压缩机需要最小流量控制以防止其进入喘振状态而导致压缩机的机械损坏或破

坏。流量测量应安装在入口管道，因为吸入侧流量与压缩机性能曲线的喘振线的相关性比排出流量更好。流量测量时应确保测量处有足够的直管段，并考虑使用永久性压头损失更小的装置，如文丘里管、低损耗流量管、流量喷嘴或平均皮托管，以减少能量消耗。

调节压缩机气量和压力差是消除喘振的常规做法。在压缩机开始出现喘振现象时，可以通过排出部分气体控制喘振。但这并不适用于污染物或有回收价值的气体。这种情况下，可以将部分压缩机排出物循环回压缩机吸入口，以维持最低的压缩机流量。在正常运行中遇到的喘振可以有效地通过前馈(预测)控制系统和超驰(检测器)控制系统来控制。喘振前馈控制使用预测模型来预测喘振的开始，并通过调节压缩机循环流量采取纠正措施。喘振超驰控制是通过喘振检测器，根据压力差和气量的时变率进行操作。一旦检测到喘振，它必须能迅速打开压缩机的防喘振阀。

6.6.3.2 真空设备的考虑因素

真空设备，如液环泵、机械泵和喷射器，在许多化学工艺中广泛应用。很多用于带压设备的设计考虑因素同样适用于真空设备，但以下对真空设备特有的设计安全考虑因素仍需注意：

- 系统可能需要密封，以防止空气渗入真空系统，产生潜在的易燃或反应性混合物。
- 设备不仅需要针对真空进行设计，还需要针对真空泵失效时设备可能承受的最高压力进行设计。如果系统中是有毒物料，则设备和管道设计压力需要既适用于高压也适用于真空；如果处理的物料危险性较低，可以使用安全阀、爆破片或爆破板。
- 系统应设计成防止真空段的上游设备在上游压力装置失效时出现真空，或上游装置的设计也适用于真空。
- 真空系统的尾气在最终排放至大气之前需要经过处理，将来自系统的有毒介质或易燃气体中的物质进行回收或无害化处理。
- 液环真空泵中使用的液体在释放到大气之前也需要处理(例如，它吸收了易燃工艺介质)。
- 应提供仪表以控制和监测压力(真空)。
- 备用动力蒸汽会导致喷射器内压力过高。
- 冷凝器冷却介质中断会导致系统压力过高。

Ryans 和 Roper(参考文献 6-31)对真空系统和设备的设计与操作进行了详尽的讨论。

干式真空泵与其他机械真空泵相比结构紧凑且能效高，因为其无须工作流体产生真空，因此没有工作介质能接触到被加压的气体。干式真空泵被成功应用于抽吸腐蚀性气体和易燃气体。干式真空泵有罗茨风机、爪式压缩机和螺杆压缩机等形式。这三种都有一些共同点。过小的间隙会导致这些泵在运行时发热以及过热的可能性，这是干式真空泵在设计之初所固有的问题，所以需要温度控制以散发压缩产生的热量。通常，温度控制是通过使用水套或将冷却的工艺气体或氮气注入泵的工作容积来完成的。有时，两种方法同时使用。

在泵送易燃蒸气和气体时，安全是一个问题，因为有可能发生爆炸，例如转子和机壳之间接触产生的火花可能引发爆炸。干式真空泵制造商在一定程度上通过设计出能控制内部爆炸的泵来解决此安全问题。在启动泵之前先用氮气或其他惰性气体进行惰化，可以最大限度地减少火焰传播。

自燃也是一个需要考虑的问题。干式真空泵运行温度高，螺杆压缩机的排放温度有时可达662~752℉(350~400℃)。为应对这一问题，最新一代的干式真空泵设计为在更低的温度下运行，并具有精确的温度控制。

6.6.4 参考文献

6-28. Grossel，S. S. *Highly Toxic Liquids-Moving Them Around the Plant. Part 1.* Chemical Engineering. 1990.

6-29. Reynolds，J. A. *Canned Motor and Magnetic Drive Pumps.* Chemical Processing，No. 12. 1989.

6-30. Green，D W. and Perry，*R. H. Perry's Chemical Engineers' Handbook*，Eighth Edition，McGraw-Hill. New York. 2008.

6-31. Ryans，J. L. and Roper，D. L. *Process Vacuum System Design and Operation.* McGraw-Hill. New York. 1986.

建议补充阅读

Bloch，H. P.，Cameron，J. A.，James，Jr.，R.，Swearinger，J. S.，and Weightman，M. E. *Compressors and Expanders.* Marcel Dekker，Inc. New York. 1982.

Bloch，H. P.，and Budris，A. *Pump Users Handbook*：*Life Extension*，*Third Edition.* Fairmont Press. 2010.

Bloch，H. P. Pump Wisdom：*Problem Solving for Operators and Specialists.* John Wiley & Sons，Hoboken，New Jersey. 2011.

Eierman，R. B. *Improving Inherent Safety with Sealless Pumps.* Proceedings of the 29th Annual Loss Prevention Symposium，July 31-August 2，1995，Boston，Massachusetts. 1995.

Karassik，I. J et al. Pump Handbook，*4th Edition.* McGraw-Hill，New York. 2008.

Kietz，T. A. *Lessons from Disaster.* Gulf Publishing Company，Houston，Texas. 1993.

Kletz，T. A. *Learning from Accidents.* Butterworth-Heinemann Ltd.，Oxford. 1994.

Ryans，J. and Bays，J. *Run Clean with Dry Vacuum Pumps.* Chemical Engineering Progress，pp. 32-41. October 2001.

Tuma，C. *Pumping Potentially Explosive Atmospheres.* The Chemical Engineer(IChemE)，pp. 30-31. May 2005.

6.7 流-固分离器

本节介绍流-固分离器的潜在失效机制，并提出降低此类失效风险的设计替代方案。本节涵盖的设备类型包括：

- 离心机；
- 过滤器；
- 除尘器；
- 旋风分离器；
- 静电除尘器。

本节仅介绍流-固分离器所特有的失效模式。一些适用于容器的通用失效场景也会适用于流-固分离器。因此，本节应与第6.1节“容器”结合使用。固体-流体分离设备通常也与干燥器及固体处理和加工设备相关联。有关这些类型设备的更多信息，参见第6.5节和第6.8节。除非特别注明，否则失效情景适用于多种类型的流-固分离器。

6.7.1 过往事故案例

本节介绍几起涉及火灾和爆炸(爆燃)的历史案例，以强调流-固分离器安全设计和规范操作的必要性。

6.7.1.1 间歇式离心机爆炸(表6.7场景9)

某结晶产品在间歇式离心机分离过程中发生了爆炸。该产品在与甲醇/异丙醇混合物分离之前已被冷却至-7℃(19℉)，随后用预冷却至-9℃(16℉)的异丙醇对其进行冲洗。此混合物在离心机中旋转了大约5min后发生爆炸。离心机的机盖被炸飞，爆炸产生的巨大冲击波震碎了附近(最远20m)的玻璃管道和窗户，但附近的工厂没有受损。此次事故是因为在离心分离过程中未使用氮气进行惰化，且离心机因吸入足够量的空气而形成了一个可燃环境。摩擦生成的热量将预先冷却的溶剂介质温度提高到其闪点以上。因为离心机转筒上的特氟龙® 涂层已经磨损，所以可燃气体混合物也可能是被转筒和离心机底部出口槽之间的金属间接触摩擦产生的火花所点燃的。静电放电也可能是点火的原因。自事故发生以来，该公司已要求在所有温度下离心分离易燃液体时使用氮气进行惰化(参考文献6-32)。

从此次事件中吸取的经验教训是应在惰化的同时监测氧气浓度，并密封底部出口以尽量减少空气进入。由于点火源不确定(静电放电、摩擦热)，这一事件说明了为什么在做与易燃介质相关的设计时，通常要慎重地假定存在的点火源。

6.7.1.2 除尘器爆炸

用于从锤式磨机/闪蒸干燥操作中收集药品的除尘器发生了爆炸。在冲击式锤磨机运行了大约10min后，操作人员听到磨机内部传来异常的摩擦声。听到声音后操作人员立刻关闭了磨机，但就在他关闭的瞬间，位于建筑物二楼内的除尘器发生了爆炸。

压力波导致除尘器的爆炸泄压口(铰接板)打开，爆炸产物和未燃尽的粉末通过泄爆导管被排放到建筑物外部。但由于管道末端安装了防鸟网，当泄爆板向上向外摆动时撞击到防鸟网无法进一步打开。据估计，防鸟网遮挡泄爆板打开对泄爆量的影响不超过50%。由于排放口部分受阻，除尘器的检修门在压力下发生破损，并向建筑物内释放了一团粉尘云。火焰前锋随着粉尘云在排放口和检修门两处起火，导致两个位置都出现了火球。此外，在一楼还看到一个火球从除尘器底部的旋转阀出口附近喷出，该出口为筛分机供料。事发后，两个楼层的窗户都被震碎，但一楼和二楼都没有发生二次爆炸。除尘器内部着火烧毁了滤袋和料斗中剩余的粉末，但火灾很快被除尘器内部的自动喷水灭火系统扑灭。

事后调查显示，进料器(向锤磨机输送湿粉料)内部的碳钢螺栓落入了锤磨机。螺栓在3600r/min的磨机内被旋转摩擦，升温至粉末的点火温度以上，点燃了磨机中的部分粉末，这些粉末随后被气动输送至除尘器中。在除尘器内，吹扫环(脉冲除尘器)产生的粉尘云被锤磨机输送来的热粉末点燃。事后检查进料器时发现，共缺少了6个3/8in的碳钢螺栓和螺母。

此事件表明，设备设计应假定粉尘环境存在点火源，类似于易燃液体和气体，并提供泄放保护。在设计过程中应在安装图纸上标注爆炸泄压口，并附上说明文字，说明防爆泄压口动作和火球衰减所需的净空间。尽管除尘器在此次事件中不幸受损，但由于平时良好的清洁维护减少了二次爆炸所需的粉尘，避免了更多伤害。转动设备内部的螺母和螺栓松动可能造成严重损害。应考虑使用点焊、铁丝固定件或其他方法防止其在运行中脱落。

6.7.2 失效场景与设计解决方案

表 6.7 提供了针对流–固分离器的设备失效场景及相应的设计解决方案的信息。

表 6.7 流–固分离器常见失效场景与设计解决方案

序号	事件	后果	潜在设计解决方案		
			本质更安全/被动安全	主动安全措施	程序安全措施
压力					
普遍适用–压力高 *(适用于所有高压场景)*			过滤器设计可适应最高预期压力	紧急泄压装置 泄压阀上游应有爆破片和爆破片泄漏检测装置	操作人员对高压报警做出响应
普遍适用–压力低 *(适用于所有低压场景)*			过滤器设计可适应最低预期压力	真空泄压阀	操作人员对低压报警做出响应
1	失去真空(带式真空过滤器、盘式真空过滤器、旋转式真空过滤器)	可能释放有毒或易燃气体至大气	全封闭、气密型过滤器 接地且等电位连接	蒸气检测报警时自动关闭操作 现场排气口(排气冷凝器、吸附器、洗涤器或焚烧炉)与控制系统相连	将蒸气检测报警时手动停机的要求写入书面操作规程并培训
2	过滤器上的泄压装置堵塞	可能导致压力升高	泄压装置入口处接吹扫冲洗线	泄压装置入口处接吹扫冲洗线 泄压装置加伴热和绝缘	将手动定期用吹扫液冲洗泄压装置入口的要求写入书面操作规程并培训
3	管板两侧压差高	管板可能弯曲，可能泄漏	管板按可能出现的最高压差设计	过滤器入口处安装泄压阀 入口压力高或压差高报警/联锁	
流量					
普遍适用–流量高 *(适用于所有高流量场景)*				自动惰化系统	
普遍适用–流量低 (适用于所有无流量/低流量场景)				自动惰化系统	

续表

序号	事件	后果	潜在设计解决方案		
			本质更安全/被动安全	主动安全措施	程序安全措施
4	旋风分离器、除尘器、静电除尘器壁面上的沉积物(焦油状或黏性粉尘)	潜在的火灾	采用不同类型的分离器(比如，湿式除尘器或洗涤器) 使用阻燃滤袋或陶瓷滤芯	防火/防爆	将定期清理积聚的易燃粉尘沉积物的要求写入书面操作规程并培训
5	进料中断(澄清器，离心分离机，即蝶式、喷嘴式、腔室式、除渣式、开口式)	振动可能导致设备损坏	使用可承受进料中断的设计(如推料式离心机)	在紧急停机条件下进料减少时，自动供应充足的冲洗液或水	将在紧急停机的情况下进料减少时手动补充充足的冲洗液或水的要求写入书面操作规程并培训
温度					
普遍适用-温度高 *(适用于所有高温场景)*				检测到高温后自动启动灭火系统 配备外部自动火灾抑制系统	将检测到高温后，操作人员启动灭火系统的要求写入书面操作规程并培训 将手动启动外部灭火系统的要求写入书面操作规程并培训
组成					
6	在间歇式过滤器中处理自燃物料	当过滤器被打开时，滤饼暴露在空气中可能引发火灾	通过旋转盘片或液体冲洗的方式移除滤饼的过滤器(这样就不必打开过滤器)	自动固定喷水 惰化	将确保在过滤器打开前滤饼已被彻底水洗的要求写入书面操作规程并培训 将手动操作固定式水喷雾系统的要求写入书面操作规程并培训
设备失效					
普遍适用 *(适用于所有设备失效场景)*			根据预期的最大压力设计离心机 去除易燃溶剂 根据预期的最大压力设计设备 永久接地和等电位连接	可自动开启的外部火灾抑制系统 自动惰化系统通过快关阀或化学屏障(火焰抑制剂)自动隔离相关设备 爆燃泄放 内部自动火灾/爆炸抑制系统	将间歇式离心机启动前预惰化和手动启动外部火灾抑制系统的要求写入书面操作规程并培训

续表

序号	事件	后果	潜在设计解决方案		
			本质更安全/被动安全	主动安全措施	程序安全措施
7	静电（离心机）	可能导致易燃气体着火爆炸	避免使用非导电内衬的离心机 使用导电冲洗液 使用不易挥发/不易燃冲洗液 使用不易燃或高闪点溶剂	氮气压力低或流量低时联锁关闭过滤器或离心机	将氮气压力低或流量低时手动关闭过间歇式离心机的要求写入书面操作规程并培训 将手动接地和等电位连接的要求写入书面操作规程并培训
8	机械摩擦，例如，离心机转筒失去平衡与机壳摩擦或底部出口槽压力过大	易燃气体被点燃导致火灾/爆炸		接近/振动式传感器异常触发离心机自动停机联锁 惰性气体压力低/流量低自动联锁停离心机	将振动超标时手动关停离心机的要求写入书面操作规程并培训 将惰性气体压力低/流量低手动停离心机的要求写入书面操作规程并培训
9	来自上游设备的静电火花放电或炽热颗粒（旋风分离器、除尘器和静电除尘器）	压力升高导致火灾/爆炸	采用不同类型的分离器（比如，湿式除尘器或洗涤器） 用氮气作为输送气体	通过在线氧分析仪自动引入惰性气体 惰化	将在线氧分析仪氧含量高时手动引入惰性气体的要求写入书面操作规程并培训
10	轴承失效（离心机）	可能导致设备损坏和泄漏		振动超标时联锁停离心机 润滑油压力低联锁停离心机 轴承温度传感器温度高时联锁停离心机	将轴承温度传感器温度高和润滑油压力低时手动停离心机的要求写入书面操作规程并培训
11	转筒失衡（间歇式离心机）	振动导致设备损坏	采用其他固体/液体分离器 采用连续式离心机 弹性连接降低振动	使用控制系统确保在加速期间能以适当流量和适当时间进料 振动传感器联锁停离心机	将控制进料速率以避免转筒失衡和振动的要求写入书面操作规程并培训 将振动超标时手动停离心机的要求写入书面操作规程并培训
12	速度失去控制（离心机）	振动导致设备损坏	其他固体/液体分离器设计	达到转速超速设定值后速度仪联锁停离心机	将检测到超速后停离心机的要求写入书面操作规程并培训

续表

序号	事件	后果	潜在设计解决方案		
			本质更安全/被动安全	主动安全措施	程序安全措施
13	垫片泄漏(压滤机)	易燃或有毒介质泄漏	使用垫圈数量更少的别的类型的过滤器/离心机 过滤器封装在防飞溅护罩内 过滤器放置在泄漏收集槽或密封容器内 更高完整性和密封性的垫圈		将引入工艺介质前用水测试过滤器密封性的要求写入书面操作规程并培训 将介质和垫圈材料相容性检测的要求写入书面操作规程并培训

6.7.2.1 粉尘燃爆

在旋风分离器和除尘器中，由于湍流作用易于形成爆炸性粉尘云，因此可能发生粉尘燃爆。当除尘器滤袋进行振动或脉冲清灰时，会不断产生粉尘云。在收集可燃性粉尘时，可以考虑使用氮气而非空气作为气流输送气体，已经有一些公司采用了这种做法。由于粉末在气力输送至流-固分离器过程中常常产生静电，因此分离器必须充分接地且等电位连接以防止静电火花。上游操作所产生的炽热颗粒如果被带入分离器，会成为点火源。由于旋风分离器和除尘器中极易形成粉尘云，因此通常采用爆燃泄放或爆燃抑制系统对其进行保护(参考文献 6-33 和 6-34)。

如果敲打极板和电极去除静电除尘器中的颗粒可能形成易燃粉尘云，那么应设置爆燃泄放装置。当易燃粉尘的干燥浓度可能超过爆炸下限时，不建议使用静电除尘器，因为除尘器中可能产生电弧点火。

6.7.3 设计考虑因素

6.7.3.1 离心机

鉴于离心机有所有转动设备的固有风险，设计人员首先应评估是否可采用其他更安全的分离技术(如沉降式离心机或静态过滤器)。如果确定必须采用离心机，则应仔细审查设计方案，以确保其尽可能安全可靠。

与离心机相关的潜在问题包括：由轴承引起的机械摩擦；振动、密封件泄漏；静电以及超速等。振动既可以是导致其他问题的原因，也可以是其他原因导致的后果。与其他旋转设备(如泵)相比，不平衡负载的潜在破坏力导致对振动幅度设定了较低的停机限制。因此，对于工艺和公用工程管线而言，为防止这些振动问题传递至连接的设备，柔性连接成为必要之选。采用有同心波纹(波纹管类型)内衬的柔性软管可避免螺旋金属内衬固有的尖锐点。通过避免这些尖锐点，内衬就不易割伤外部覆盖层。

所有设备组件，包括内部旋转部件必须接地，并定期进行接地效果的检验。相较于通过轴承系统和润滑介质实现接地，更推荐使用接地刷或其他直接接触方式进行接地(除非使用了导电性润滑脂)。使用非导电溶剂会增加消除静电问题的难度。在可行的情况下，应考虑采用导电溶剂或抗静电添加剂。

在处理易燃和/或有毒物质时，应对带压系统采取全面预防措施。例如，离心机在加压操作时，即便所使用的加压介质为惰性气体，也必须配备超压保护装置。此外，还应考虑将压力释放至封闭系统或安全区域。

使用易燃溶剂时，须对离心机进行惰化处理以防止火灾和爆炸的发生。Grossel(参考文献 6-35)探讨了离心机的各种惰化方法。

许多企业在处理易燃液体离心机的进料和冲洗管线上都安装了熔断阀。一旦离心机或其周边区域发生火灾，火焰的热量将熔化易熔连接件(通常由铅制成)，进而关闭阀门。

6.7.3.2 过滤器

过滤器的主要问题是在处理易燃和有毒介质时发生泄漏，以及在设备频繁开启和关闭过程中操作人员的安全性(例如，更换过滤元件或移除滤芯)。应考虑采用本质更安全的工艺替代方案以消除或减少过滤需求。对于自燃或有毒物料，应考虑使用自清洁、自动反冲洗或水力冲洗过滤器，因为在清除滤饼时无须打开或拆卸过滤器。固-液分离过滤器可以是压力过滤器，也可以是真空过滤器。液体过滤器应根据需要配备火灾泄压阀，并制定停用状态下的安全操作规程。处理具有毒性或其他危害健康属性的混合物的固-液过滤器应气密且全封闭。这种设计有多种类型的过滤器可供选择。处理含易燃液体混合物的过滤器可能需要进行惰化。

对于需频繁清洗或更换的过滤器，应考虑设置并联过滤器或旁通管路。设计应具备以下功能：使过滤器离线操作、配备符合上锁/挂牌要求的隔离装置，同时能够泄压并将残留液体排放至安全位置。

袋式除尘器通常为低压设备，其操作工况既可以是高温且化学性质活泼的介质，也可以是低温且化学性质稳定的介质。高温物料可能会超出除尘器的材质温度等级，甚至引发袋滤器着火。与所有过滤器一样，不超过设计的最大压差对工艺的稳定性和安全性都很重要。固体颗粒从气流中分离后会进行回收或处理，所以所有关于粉尘、粉末和其他固体物料处理的常规做法和注意事项同样适用于袋式除尘器。系统应通过安装泄压装置或抑制设施预防发生粉尘爆炸的可能。这些类型系统的安全注意事项在《粉尘防爆与防护》(*Dust Explosion Prevention and Protection*)(参考文献 6-36)中有详细讨论。

6.7.4 参考文献

6-32. Drogaris, G. *Major Accident Reporting System: Lessons Learned from Accidents Notified.*: Elsevier Science Publishers, B. V, Amsterdam. 1993.

6-33. NFPA 68. *Standard on Explosion Protection by Deflagration Venting*, 2007 Edition. National Fire Protection Association. Quincy, Massachusetts. 2007.

6-34. NFPA 69. *Standard of Explosion Prevention Systems*, National Fire Protection Association. Quincy, Massachusetts. 2008.

6-35. Grossel, S. S. *Inerting of Centrifuges for Safe Operation.* Process Safety Progress. R4: Issue 4, pp. 273-278. 2003.

6-36. Barton, J. *Dust Explosion Prevention and Protection-A Practical Guide*. Gulf Publishing, Woburn, Massachusetts, 2002.

建议补充阅读

CCPS. *Guidelines for Safe Handling of Powders and Bulk Solids*, Center for Chemical Process Safety of the American Institute of Chemical Engineers. New York, New York. 2005.

ASTM 1986. *Industrial Dust Explosions*. Symposium on Industrial Dust Explosions. Pittsburgh, Pennsylvania. June 10-13, 1986.

IChemE. *Dust and Fume Control*: *A User Guide*. Second Edition, Institution of Chemical Engineers. London, 1992.

6.8 固体物料处理与加工设备

本节介绍固体物料处理与加工设备的潜在失效机制，并提出降低此类失效风险的设计替代方案。本节涵盖的设备类型包括：

- 机械输送机；
- 气力输送系统；
- 粉碎设备(研磨机、磨粉机、破碎机)；
- 筛分设备；
- 粉末搅拌机(混合机)；
- 固体给料机(旋转阀、螺旋给料机等)。

本部分只阐述固体物料处理与加工设备特有的失效模式。一些适用于容器和固体-流体分离设备的相关失效场景也可适用于固体物料处理与加工设备。因此，本部分内容应与第6.1节“容器”和第6.7节“流-固分离器”结合使用。除非特别注明，否则这些失效情景适用于多种固体物料处理与加工设备。

有一种造粒工艺叫“喷雾干燥造粒法”，其工艺过程是将液体分散成细小液滴并喷洒至塔顶，这些液滴随后与空气或惰性气体逆流接触下落。在下落过程中，液滴主要通过冷却固化，部分通过干燥(涉及热量和质量传递)固化，形成直径为0.2~4.0mm的球形粒子或球状颗粒。这是处理如硝酸铵、尿素等具有低黏度、低熔点和高表面张力材料的传统做法。

造粒塔中曾发生过粉尘爆炸事故，这些事故正是由这种微型球粒引起的。

设计时应考虑以下因素：

- 在产生粉尘的产品加工区安装用于除尘抽提、捕集和过滤系统。
- 利用袋式除尘器和旋风分离器，防止从物料转运、筛分、包装等环节排放含尘空气。
- 通过采用微滴分离技术去除粉尘，如编织丝网除雾器、波纹板分离器和纤维分离器。
- 在排放至大气之前，利用填料塔、文丘里洗涤器和洗涤筛板等洗涤设备用工艺冷凝水对废气进行洗涤。在湿式洗涤器中使用中和技术。
- 安装能利用自然通风冷却的造粒塔，而不采用需强制通风冷却的造粒塔。

- 采用封闭式造粒工艺替代传统的造粒工艺以减少粉尘排放。

6.8.1 过往事故案例

本部分通过介绍多起固体物料处理与加工设备失效的事故案例来强调在本节中提出的安全设计和规范操作的重要性。

6.8.1.1 粉尘爆炸和火灾

在一家制糖厂发生的一系列糖粉尘爆炸事故导致14名工人遇难，36名工人严重烧伤，部分工人造成永久性伤害。这些爆炸及其引发的火灾破坏了制糖厂的包装码垛车间和料仓，严重损毁了散糖装车区以及糖精炼工艺部分区域。

该制糖厂内设有将生蔗糖转化为粒状糖的精炼设施。一系列螺旋输送机、带式输送机和斗式提升机将粒状糖从精炼车间运送到三个约32m(105ft)高的糖储存料仓。然后这些糖通过输送机和斗式提升机运送到特殊糖处理区和粒状糖包装机。糖产品在环绕料仓的四层装包厂房内完成包装，或者在散糖装车区被装入铁路货车和槽车。

第一次糖粉尘爆炸发生在位于糖仓下方的封闭式钢带输送机内。近期安装在该输送机上的钢制盖板使得糖粉尘能够在封闭空间内积聚至爆炸浓度，随后被未知的点火源引燃，导致了剧烈的爆炸。爆炸将积聚在地面和高处的糖粉尘扬起，进一步在建筑物内部引发了连续的糖粉尘爆炸。随后在包装厂房和精炼工艺部分区域以及散糖装车区发生了二次糖粉尘爆炸。爆炸产生的压力使厚重的混凝土地板隆起、砖墙倒塌，阻塞了楼梯间和其他逃生路线。由此引发的火灾摧毁了包装码垛厂房、料仓，并严重损坏了精炼工艺和散糖装车的部分区域。

从此次事故中吸取的经验教训包括：

- 蔗糖和玉米淀粉输送设备的设计和维护没有最大限度地限制糖粉尘的逸出。
- 清洁管理措施不足，导致可燃的颗粒状和粉末状糖以及可燃性糖粉尘在包装间的地面和高处表面上大量积聚。
- 空气中的可燃性糖粉尘在封闭的输送机内积聚超过了最低爆炸浓度的水平。

6.8.1.2 硅研磨机火灾与爆炸(表6.8场景6)

一家生产硅基化学品的装置在磨粉设备中发生了火灾和爆炸事故。硅原料为25.4~50.8mm(1~2in)大小的块状物，在作为化工原料进料前需要被研磨成200目的粉末。从磨粉机排出的硅粉被气力输送至旋风分离器再送至袋滤器。在该系统内发生了爆炸并引发火灾。由于该系统只配备了爆炸泄压装置，未安装喷淋系统，只能使用消防水管灭火，导致火势在15min后才被扑灭。

通过调查显示该事故是由磨粉机部件与设备内部摩擦产生的局部过热引起的。通过事故发生前磨粉机电机电流过大的监测结果分析证实了这一结论。

从此次事故中吸取的经验教训包括，需对电流消耗进行监测，并在可能的情况下将电流消耗与电机或启动自动喷水灭火系统联锁。

6.8.1.3 发泡剂搅拌机操作爆炸(表6.8场景3)

在偶氮二甲酰胺(AC)与盐类水溶液混合以制备AC配方产品的过程中，一台3.7m^{3}的锥形轨道螺旋搅拌器内部发生爆炸。在间歇混合的过程中，热水[80℃(176℉)]在搅拌器夹套中循环数小时，并通过氮气吹扫来释放搅拌器中的真空。(译注：本搅拌器采用间歇混合，配置冷却室夹套和氮气密封系统。)

爆炸导致搅拌器破裂，顶部的两大段被彻底撕裂并撞坏上层楼板，而锥体部分向下冲击至下方料斗中。建筑物遭受了大面积破坏，90m 范围内的窗户被压力波击碎，而抛射物最远飞到了 120m 外。

后续实验测试显示，爆炸是由分解反应引起的，由于达到了临界的拥塞程度，分解速率很高。分解的起始源未能明确识别，但推测可能是机械摩擦产生的热，例如桨叶与搅拌器内壁的摩擦。另一种可能性是小金属零件进入搅拌器并卡在桨叶和内壁之间(参考文献 6-37)。

从此次事故中吸取的经验教训包括在设计阶段需要充分了解物料反应性质。爆燃抑制系统虽可以防止爆炸的发生，但前提是需要了解分解速率和分解产物的相关知识。

6.8.1.4 螺旋输送机爆炸(表 6.8 场景 3、场景 11、场景 13)

螺旋输送机的机壳发生变形，导致螺旋叶片与机壳摩擦产生了摩擦热和火花，点燃了输送机内部的粉尘。第一次爆炸炸裂了螺旋输送机外壳，将大量新增粉尘从刚装满的进料料斗散布到空气中。第一次爆炸的火焰随后引发了二次爆炸(参考文献 6-38)。在一起涉及脱脂奶粉的爆炸事故中，三名员工遇难，两人受重伤，整个厂房被彻底摧毁。该流程中的奶粉从进料料斗被送入螺旋输送机，随后被输送至搅拌器。

从此次事故中吸取的经验教训包括在设计阶段需要对物料反应性质有充分的理解。爆燃抑制系统虽可以防止爆炸的发生，但前提是需要了解分解速率和分解产物的相关知识。

6.8.2 失效场景与设计解决方案

表 6.8 提供了有关固体物料处理与加工设备所特有的失效场景及相应的设计解决方案。

表 6.8 固体物料处理与加工设备常见失效场景与设计解决方案

序号	事件	后果	潜在设计解决方案		
			本质更安全/被动安全	主动安全措施	程序安全措施
压力					
普遍适用-压力高 *(适用于所有高压场景)*				压力泄放装置	操作人员响应压力高报警
普遍适用-压力低 *(适用于所有低压场景)*				真空泄放装置	操作人员响应压力低报警
流量					
1	挤出机模板堵塞	可能导致上游设备压力增高		过载时自动关闭电机 检测到模板高压时自动停机	将过载时手动关闭电机的要求写入书面操作规程并培训 将检测到模板高压时手动停机的要求写入书面操作规程并培训

续表

序号	事件	后果	潜在设计解决方案		
			本质更安全/被动安全	主动安全措施	程序安全措施
温度					
普遍适用-温度高 *(适用于所有高温场景)*					操作人员对高温报警手动关闭电机并激活紧急冷却系统做出响应
2	堵塞和摩擦加热(旋转阀)	潜在火灾	确保除尘滤袋和支撑件充分固定，以防止内部零件落入旋转阀 在旋转阀入口处设置格栅筛网 使用外置轴承以防止因固体污染导致故障	旋转阀电机过载时自动停机	将确保除尘袋和袋笼安全固定的要求写入书面操作规程并培训
3	摩擦加热(螺旋输送机)	潜在火灾	不同类型的输送机(例如，振动输送机) 利用重力和布置	螺旋杆驱动电机过载时自动停机	
4	摩擦加热(挤出机)	潜在火灾		驱动挤出机螺杆的电机过载时自动停机	
设备失效					
普遍适用 *(适用于所有设备失效工况)*			杜绝使用易燃溶剂(比如，水性溶剂) 设备按预期出现的最高压力设计 使用厚壁管道和法兰代替管子和接头，以便系统能够承受预期的最大爆燃压力 永久接地和等电位连接	自动火灾抑制系统在启动水喷雾时联锁关闭输送带的驱动器 防火隔断 在从造粒机或涂层机到下游设备(除尘器、洗涤器)的路径上设置爆燃屏障(快速关闭隔离阀或抑制剂) 爆燃抑制系统 将爆燃释放到安全位置	将进行良好卫生管理减少粉尘环境的要求写入书面操作规程并培训 将手动启动火灾抑制系统的要求写入书面操作规程并培训 手动接地和等电位连接 将定期检查和清理墙面上可燃物的要求写入书面操作规程并培训(卫生管理)

续表

序号	事件	后果	潜在设计解决方案		
			本质更安全/被动安全	主动安全措施	程序安全措施
5	在气力输送系统的末端设备(料仓、旋风分离器、除尘器)发生静电火花放电	可能导致爆燃和介质泄漏	使用氮气代替空气进行气体输送(闭环系统) 使用密相输送代替稀相输送 以颗粒形式而不是以微粒或粉末形式进行输送。但要避免输送含有易燃细粉的颗粒 使用具有高燃点的添加剂 在需要柔性连接时使用导电橡胶套		制将手动跨接那些潜在的不连续点(比如不导电橡胶)的要求写入书面操作规程并培训
6	机械能或静电火花(磨机、磨粉机以及其他粉碎设备)	潜在粉尘爆燃	使用惰性气体代替空气作为气流磨介质 安装可移除杂散金属和其他外来物质的筛网	配备能自动连续移除杂散金属和其他外来物质的磁铁	将手动移除杂散金属和其他外来物质的要求写入书面操作规程并培训
7	柔性套筒破裂(回转式筛分机)	潜在粉尘爆燃	使用非回转式(旋转式)筛分机 外置轴承以避免潜在的点火源	回转式筛分机设置在独立房间并配备泄爆墙(爆燃泄压口) 在真空下操作避免粉尘逸散到建筑物内	将高频例行检查和定期更换套筒的要求,写入书面操作规程并培训
8	由输送带或链条打滑产生摩擦热(斗式提升机和埋刮板输送机)	潜在粉尘爆燃	以颗粒形式而不是以微粒或粉末形式进行输送	对安装在建筑物内的斗式提升机使用负压以使粉尘泄漏最小化 热物料检测与自动冷却系统	将高频例行检查和定期更换输送带和链条的要求,写入书面操作规程并培训
9	静电火花放电或摩擦热(螺纹螺杆或螺带与容器壁摩擦) 超压(螺旋混合机、流化床混合机或螺带混合机)	潜在粉尘爆燃	增加粒径	惰化 螺杆的电机过载联锁停机	将充分吹扫底部轴承的要求写入书面操作规程并培训

续表

序号	事件	后果	潜在设计解决方案		
			本质更安全/被动安全	主动安全措施	程序安全措施
10	使用易燃或可燃溶剂（喷雾造粒机和涂覆机）	潜在粉尘爆燃或火灾	高闪点溶剂	内部喷淋系统	将进行多种产品的生产时，优先处理最稳定的物料，以免引燃不稳定物料的要求写入书面操作规程并培训
11	火灾（螺旋输送机或挤出机）	潜在设备损坏	不同类型的输送机（例如，振动输送机） 采用移除杂质的筛网	螺杆的电机过载联锁停机 输送机筒体或料槽中安装温度传感器，高温自动触发电机停机、启动水喷雾系统或蒸汽灭火	操作人员对输送机筒体或料槽内高温报警做出响应并启动喷淋系统或蒸汽灭火 将手动清除混入的铁质金属杂质的要求写入书面操作规程并培训
12	在动滚筒或传送带被卡住，同时驱动滚筒仍继续运转（带式输送机）	潜在火灾	阻燃传送带 不同类型的输送机（例如，振动型） 密封式滚动轴承尽量避免固体物料进入	传送带速度检测和低速停机联锁	将检测到低速后手动停机的要求写入书面操作规程并培训
13	静电火花引发着火（带式输送机）	潜在输送带着火	采用防静电材料制成的输送带 提高最小点火能 被动式静电消除装置（例如，导电棒）	离子风机用于消除静电	
14	泄漏（斗式提升机、螺旋输送机）	潜在可燃或有毒粉尘排放到大气中或建筑物内	防尘设计 采用其他类型的输送机（例如，整体输送机）	负压通风以捕获任何排放物	将定期检测区域污染情况的要求写入书面操作规程并培训

6.8.2.1 气力输送系统（表 6.8 场景 5）

由于静电火花、粉尘爆燃常常发生在气力输送系统的末端设备上（如料仓、除尘器、旋风分离器）。物料颗粒在气力输送管道内相互摩擦，在粉末上产生静电，然后释放到末端设备中，而末端设备中往往会形成粉尘云，从而引发粉尘爆燃。为了预防这类事故发生，通常会采取以下防护措施：使用氮气代替空气作为输送气体；使用密相输送代替稀相输送以尽量减少粉尘摩擦；为末端设备配备爆燃泄压或爆燃抑制系统，并对输送管道和设备进行良好的接地和等电位连接。其他可采取的措施包括改变被输送固体的物理特性，例如增加颗粒大小(制成粒料)或使固体物料不易碎裂。此外，通过快速切断阀或抑爆剂阻断将末端设备与气力输送管道隔离，以防止末端设备中形成的火焰反向传播至输送系统的上游设备，这一防护措施也很重要。

Eckhoff(参考文献 6-39)探讨了物料回收桶、料仓及相关设备中的静电点火机制。英国标准协会的 BS-5958 标准(参考文献 6-40)中描述了推荐的预防和保护措施。

6.8.2.2 磨粉机及其他粉碎设备(表 6.8 场景 6)

粉碎设备，例如研磨机和磨粉机，在操作过程中会产生湍流粉尘云，会引发粉尘爆炸(爆燃)。使用气流粉碎机替代如锤式粉碎机等高冲击设备可将这一风险降至最低。气流粉碎机利用气体，如空气或氮气(本质更安全的流体)，来减小固体物料的尺寸。某些类型的粉碎机采用耐爆结构设计，此类设备应优先选用。同时必须注意防止金属杂质和其他杂质进入粉碎设备，可以在粉碎设备的入口安装筛网或磁选器。

6.8.2.3 回转式筛分机(表 6.8 场景 7)

粉尘爆炸(爆燃)在回转筛分机中时有发生，这是因为其操作特性很容易形成粉尘云。回转式筛分机通过柔性软连接(如橡胶套筒或衬靴等)与工艺设备相连，以适应其振动。如果发生爆燃，这些柔性套筒很可能会破裂，从而将燃烧的粉尘云喷射至房间或建筑物中，进而引起二次爆炸。要将这种危害降至最低，可以采取以下几种措施：

- 将回转筛分机安装在有泄爆外墙的房间内。
- 使用不产生振动的旋转式筛分机来替代回转式筛分机。
- 在可行的情况下，使用氮气惰化。

由于筛分机中粉末的剧烈运动可能导致静电产生，所有金属部件，包括筛面，均应进行接地和等电位连接，并考虑使用导电或抗静电的柔性套筒。同时，对于最小点火能(MIE)较低的粉尘，建议为操作人员配备抗静电鞋具(参考文献 6-40)。

回转筛分机的柔性套筒若发生泄漏，会导致粉尘逸散。通过将筛分机与除尘器相连，并在微负压条件下运行，可以减少甚至消除泄漏发生。

6.8.2.4 斗式提升机和埋刮板输送机(表 6.8 场景 8)

斗式提升机和埋刮板输送机的输送带或链条会松动并与外壳摩擦，产生火花或摩擦热，进而可能诱发粉尘爆炸。进入埋刮板输送机的外部金属杂质也会引起摩擦热，成为爆炸的能量源。可以安装物料温度传感器，检测到高温时联锁启动冷却系统以熄灭高温固体。此外，防止粉尘爆炸产生的火焰传播到与输送设备相连的上游和下游设备也很重要。可以在输送机的进料口和出料口安装旋转阀和螺旋给料机这样的给料阻断装置。已有研究表明，给料阻断(粉末阻断)可以抑制火焰(参考文献 6-38 和参考文献 6-39)。快速切断阀和抑爆剂阻断也可用于将输送机与上游和下游设备隔离。

6.8.2.5 带式输送机(表 6.8 场景 12)

如果粉末的最小点火能(MIE)较低，在带式输送机上输送时会被静电火花点燃。这类静电火花通常由输送带自身产生，采用抗静电(导电性)材料的输送带有助于尽量降低电火花产生的可能性。此外，通过电离化空气或感应式静电中和器，比如静电梳和导电带，也能有效减少静电积聚(参考文献6-41)。

6.8.3 设计考虑因素

固体物料处理涵盖了粉碎、研磨、混合、筛分和输送等多种单元操作。其中许多操作会生成可燃性粉尘。由于机械故障，所有固体物料处理方法(包括粉碎、研磨、混合、筛分等)和输送方法都有过热风险。此外，上述方法中还会产生静电。

可燃性粉尘的两个主要危害是火灾和爆炸。可燃性粉尘往往很容易被点燃，且难以扑灭。通过收集和清除可燃性粉尘，尽量减少其积聚，使其含量低于爆炸下限(MEC)；以及控制火源，并提供惰性气体环境，可以防止火灾和爆炸的发生。

采取适当的预防措施可以将火灾和爆炸的危害降至最低，具体措施包括：

- 提高粉末的粒度。较大的粒度可以提高最小点火能(MIE)，并降低粉尘爆炸的压力上升速率。
- 采用密相气流输送代替稀相输送，可以减少输送过程中固体的磨损。密相输送可减少单位质量的静电产生，并可能在输送管线中形成非易燃混合物。
- 使用低速磨机以减少粉尘云的形成，并降低金属之间高能量接触的可能。
- 采用气流粉碎机替代高冲击力研磨设备(如锤式粉碎机)；使用氮气而非空气作为粉碎介质，在大多数情况下会使操作本质上更为安全。
- 在可行的情况下，利用电离喷雾来消除静电。
- 设计采用密闭系统，尽量减少粉末和固体泄漏到周围可能积聚的地方。

许多化学品是以粉末或粉尘的形态进入工艺流程的。悬浮粉尘爆炸、起火和粉尘层的火灾并不罕见。设计者可以通过改变工艺流程来避免产生可燃性粉尘，例如采用湿法工艺。在为物料选择粉碎设备之前，应进行物料的冲击敏感性测试以确定其特性。

CCPS(参考文献6-42)和NFPA 654(参考文献6-43)探讨了在处理散装固体和粉末时的安全考虑因素。

以下是一些适用于处理可燃性粉尘的设备的通用原则：

- 设计可承受粉尘爆炸冲击的设备。
- 尽量减少悬浮粉尘占据的空间。
- 尽量减少(并监测)机械故障和过热现象(轴承、滚筒和磨机)。
- 尽量降低静电的产生。
- 尽量减少燃烧粉尘的传播。
- 提供预防爆炸的措施(例如，通过惰性化处理)和保护措施(例如，抑制、隔离)。预防胜于保护。
- 提供消防保护措施以抑制或扑灭火灾。
- 保持设计操作条件。
- 消除点火源。

6.8.3.1 储存

储存容器包括用于储存固体物料如粒料、颗粒或粉尘的料仓和料筒。料仓中的主要危险来自物料上方形成的爆炸或可燃性气相粉尘空间，一旦被点燃，将导致火灾和爆炸。由于无法避免粉尘产生，因此必须使用其他爆炸预防措施。应尽量减少点火源，并考虑对容器(包括料仓排气过滤器或袋式除尘器)进行爆炸泄压设计。在设计料仓时，应注意减少料仓内部的水平表面，以防止在水平表面堆料并在打开料仓进行维护时造成危险。据了解，曾有在料仓内日常检修时，料仓上方空气发生爆炸的案例。

此外，储存容器可以通过类似于常压储罐所采用的方法进行惰性化处理(参见第6章6.1.3.4)。固体的气力输送介质可采用惰性气体或低氧浓度气体，并采用闭路系统返回至供气罐。还可以为料仓和筒仓提供抑爆系统，以预防爆燃。在反应器和容器上提供惰性化处理的主要原因之一是希望消除易燃的蒸气-空气混合物，这些混合物可能是由检修孔进入的物料、具有低燃点的物料、或易自燃的物料产生的。此外，气力输送的物流可先被送至料仓顶部的旋风分离器，然后通过有气锁作用的旋阀缓慢地进入筒仓。这样可以最大限度地降低料仓内形成粉尘云的风险。

6.8.3.2 研磨设备

研磨设备常用于减小粒度或减少产品结块的系统中。在研磨过程中，特别是当产品流经研磨机的流量大幅减少或中断时，物料的温度会升高(其他固体处理操作也存在类似问题，如混合；以及问题程度较小的粒度分离操作，如筛选或筛分)。这可能导致可燃或不稳定物料的起火或分解，从而在研磨设备中引发火灾或爆炸。此外，如果存在其他点火源，研磨设备中的可燃性粉尘也可能引起火灾或爆炸。其他问题还包括操作人员暴露于化学危害环境的潜在风险。在研磨可燃或温度敏感物料时，设计考虑因素包括：

- 研磨温度监测。
- 使用轴速传感器来监测磨机内部是否堵塞。
- 通过仪表监测或定期检查以确保产品流动状态，从而将物料的温度升高控制在安全范围内。
- 关注静电问题，正确的接地和等电位连接。
- 正确的划分电气危险防爆区。
- 轴承的正确选型、定位和维护。
- 清除研磨设备进料中的杂质。
- 避免研磨冲击敏感物料。

6.8.4 参考文献

6-37. Whitmore, M. W., Gladwell, J. P. and Rutledge, P. V. *Journal of Loss Prevention in the Process Industries*, p169-175, 1993.

6-38. Field, P. *Dust Explosions*. Elsevier Scientific Publishing Company. New York, 1982.

6-39. Eckhoff, R. K. Third Edition. *Dust Explosions in the Process Industries*. Butterworth-Heinemann. Boston, 2003.

6-40. BS-5958. *Code of Practice for Control of Undesirable Static Electricity*: *Part 1*, *General Considerations*, and Part 2, *Recommendations for Particular Industrial Situations*. British Standards Institute. London, 1992.

6-41. NFPA 77. *Recommended Practice on Static Electricity*, 2007 Edition. National Fire Protection Association,

Quincy, Massachusetts, 2007.

6-42. CCPS. *Guidelines for Safe Handling of Powders and Bulk Solids*, Center for Chemical Process Safety of the American Institute of Chemical Engineers. New York, New York, 2005.

6-43. NFPA 654. *Standard for the Prevention of Fire and Dust Explosions from the Manufacturing, Processing, and Handling of Combustible Particulate Solids.* National Fire Protection Association, Quincy, Massachusetts, 2006.

建议补充阅读

ESCIS. *Milling of Combustible Solids: Safety, Evaluation of Feed Materials, Protective Measures with Mills.* Booklet No. 5 (English Edition). Expert Commission for Safety in the Swiss Chemical Industry, Baske, Switzerland, 1994.

FM Global. Property Loss Prevention Datasheet 7-11. *Belt Conveyors.* Factory Mutual Glabal, Norwood, Massachusetts, 2009.

6.9 明火设备

本节介绍明火设备的潜在失效机制，并提出降低此类风险的替代设计方案。本节涉及的明火设备类型包括：

- 工艺加热炉；
- 锅炉；
- 反应焚烧炉(氧化炉)；
- 催化焚烧炉。

本节仅介绍明火设备特有的失效模式。考虑到容器和传热设备相关的一些通用失效场景也适用于明火设备。因此，本节应与第 6.1 节“容器”和第 6.4 节“传热设备”一起使用。除非特别注明，本节失效场景适用于多种明火设备。

6.9.1 过往事故案例

本节通过讲解几起明火设备的失效案例，强调安全设计规范的必要性。

6.9.1.1 点火失误

某设备关闭后，其燃烧器供气管线上的安全阀仍处于打开状态，且没有任何指示器能够显示阀门处于打开还是关闭状态。启动时，操作人员在燃烧器点燃之前打开了供气总阀，导致点火时发生了闪爆。

通过本案例可以吸取的经验教训是，燃烧器和安全截止阀之间要进行安全隔离并确认阀位，确保安全点燃设备中的燃烧器。

6.9.1.2 乙烯裂解炉过烧

在乙烯装置运行期间，各种低热值废气会被收集并循环到燃料系统中。在开车或其他一些情况下，一旦装置生产的燃料气不能满足裂解炉的需求时，可将液化石油气输入燃料系统以满足裂解炉对热值需求。

裂解炉燃烧控制系统通常采用沃泊指数分析仪，根据热值调整燃料量。但装置操作人员禁用了沃泊指数分析仪，同时也禁用了与燃料气控制阀压力控制器与盘管出口温度之间的串级控制。

在使用热值较低的轻质副产品废气运行裂解炉时，装置运行异常导致裂解气压缩机跳闸。裂解炉仍在工作，裂解气被输送至火炬。随后，由于没有裂解气流向下游分离设施，装置产生的废气产量减少，液化石油气被自动添加到燃料气体系统中。随着液化石油气的加入，燃料气的热值显著增加，导致裂解炉超负荷(增加过多热量)，盘管和相关支架严重损坏。

从此次事故中吸取的经验教训是，设置独立于过程控制的盘管出口温度测量，并根据该测量结果提供裂解炉紧急关闭功能会更有优势。

6.9.1.3 加热炉盘管系统失效

加热炉设置有泄压阀保护，该阀门位于低流量报警仪表和切断阀下游。加热炉出口处的管路堵塞导致泄压阀打开，进而导致通过炉管的流量急剧下降。由于低流量报警器/流量联锁控制出现故障未正确反映低流量报警，因此加热炉继续运行，最终导炉管过热破裂(参考文献 6-44)。

这一事故说明，在设计阶段必须仔细确定安全仪表的位置，尤其要考虑可能导致错误或不准确测量的上下游条件。

6.9.2 失效场景与设计解决方案

表 6.9 提供了明火设备的常见失效场景和相应的设计解决方案。

表 6.9 明火设备常见失效场景与设计解决方案

序号	事件	后果	潜在设计解决方案		
			本质更安全/被动安全	主动安全	程序安全
压力					
普遍适用-压力高 *(适用于所有高压场景)*			按最大压力设计	泄压装置 爆燃或爆炸抑制器	操作人员对燃烧器高压报警做出响应 操作人员对炉膛高压报警做出响应 将炉膛压力过高指示时手动停炉的要求写入书面操作规程并培训
普遍适用-压力低 *(适用于所有低压场景)*			按真空压力设计	真空泄压装置	
1	燃料气压力高	可能导致火焰脱火，出现脱火后，如果燃料气再次进入，就有可能出现闪爆	采用更宽调节比的燃烧器 长明灯需要设置独立的燃料气管线 长明灯燃料气管线需要从主截止阀上游引出	炉膛压力过高或烟囱温度过高时加热炉自动停炉 燃气压力过高时自动停炉	操作人员对高压报警做出响应

续表

序号	事件	后果	潜在设计解决方案		
			本质更安全/被动安全	主动安全	程序安全
2	燃气压力低	如可能导致熄火，出现熄火后，如果燃气再次进入，就有可能出现闪爆	长明灯需要设置独立的燃料气管线 长明灯燃料气管线需要从主截止阀上游引出	在火焰熄灭时，火焰监控系统关闭加热炉 燃气压力低时，加热炉自动停炉	操作人员对燃料气压力低报警做出响应
流量					
普遍适用-流量高 *(适用于所有高流量场景)*			限流孔	燃料气流量高时加热炉联锁停炉	将防止燃料流量过高的要求写入书面操作规程并培训
普遍适用-无流量/流量低 *(适用于所有无/低流量方案)*				工艺介质流量低时加热炉自动停炉(总流量或单路支线流量)	将工艺流量较低时手动停炉的要求写入书面操作规程并培训
3	快速重新输送空气，以纠正空气不足的情况	炉膛可能闪爆		将燃料和空气供应进行联锁，当空气断供或显著减少时将切断燃料气供应 “超前-滞后”点火控制系统，可以实现在没有足够空气的情况下避免点火	将根据空气供应情况来决定燃料是否点火的要求写入书面操作规程并培训 将空气流量不足时控制空气输送率的要求写入书面操作规程并培训
4	焚烧炉废气供应集管	供气管线可能发生回火	其他废气处理方法(如吸附法)	自动控制废气浓度 自动将废气临时采用替代处置方式	将手动控制废气浓度的要求写入书面操作规程并培训 将临时采用其他处理方式手动处理废气的要求写入书面操作规程并培训
5	烟气风门挡板关闭或引风机跳闸	炉膛可能爆炸	炉膛的压力设计要考虑鼓风机切断时的压力 设置机械限位，防止挡板完全关闭 考虑不使用引风机和/或风门挡板的自然通风设计	炉膛压力高或烟囱温度高时自动停炉 氧气浓度低时自动停炉	操作人员对高压报警做出响应 操作人员对低氧浓度报警做出响应

续表

序号	事件	后果	潜在设计解决方案		
			本质更安全/被动安全	主动安全	程序安全
6	氧气不足(焚烧炉)	危险物料销毁不彻底的潜在危害	危险物料的替代处理方法 增加烟囱高度，降低危险物料在地面的浓度	氧气或一氧化碳浓度低时自动停炉 在点火确认系统未确认长明灯已点燃之前不允许点燃主火焰	操作人员对低氧气或低一氧化碳浓度报警做出响应 将对焚烧炉废气进行人工采样以检测有害物质浓度的要求写入书面操作规程并培训
7	燃料气流量低或降为零(焚烧炉)	危险物料销毁不彻底的潜在危害	危险物料的替代处理方法 增加烟囱高度，降低危险物料在地面的浓度	引入备用燃料供应	将对焚烧炉废气进行人工采样以检测有害物质浓度的要求写入书面操作规程并培训
8	加热炉各路介质(工艺侧)流量分布不均	潜在的炉管破裂导致炉膛外着火	强化炉管金属材质 增加壁厚 利用孔板或文丘里管均化平行管道流量	自动控制流向加热炉各路介质的流量	
9	锅炉补给水停止(锅炉汽包)供应	潜在的炉管破裂	对流段炉管按“干式”运行设计	设置联锁系统，在锅炉给水流量低时，关闭点火装置	操作人员对流量报警做出响应
10	长明灯未点燃时，供应主燃料气	炉膛可能发生闪爆	设置带有独立燃料源的点火器 长明灯燃料源均来自主燃料截止阀的上游		将如何完成加热炉点火的要求写入书面操作规程并培训
温度					
普遍适用-温度高 *(适用于所有高温场景)*				在工艺出口温度高或炉膛温度高时自动停炉 烟囱出口温度高时自动停炉 烟道温度高时自动停炉 自动控制燃烧或出口温度	操作人员对烟囱温度高或炉膛温度高报警做出响应 将在炉膛温度高或工艺出口温度高时手动停炉的要求写入书面操作规程并培训 将调整燃烧器以消除火焰冲击的要求写入书面操作规程并培训 将在烟气温度过高时手动停炉的要求写入书面操作规程并培训 将防止燃烧速率过快的要求写入书面操作规程并培训

续表

序号	事件	后果	潜在设计解决方案		
			本质更安全/被动安全	主动安全	程序安全
普遍适用-温度低 *(适用于所有低温场景)*				自动控制燃烧或出口温度	操作人员对低温报警做出响应，并手动切断焚烧炉的气体流入 将燃烧温度低时手动关闭焚烧炉的要求写入书面操作规程并培训
11	火焰冲击炉管	炉管可能破裂，导致炉膛着火	强化炉管金属材质 增加管壁厚度 间接燃烧		操作人员对管壁温度报警响应 将对炉管进行目测检测(是否出现)过热区的要求写入书面操作规程并培训
12	炉管过度燃烧	炉管破裂，导致炉膛外可能发生火灾	强化炉管金属材质 增加管壁厚度 间接燃烧	烟囱高温联锁 加热器上的氧气分析仪带有低氧警报器	操作人员对高温报警做出响应 操作人员对管壁温度警报做出响应 将目测炉管局部过热区的要求写入书面操作规程并培训
13	在空气不足的情况下燃烧	对流段和烟气系统中的二次燃烧会导致加热炉损坏		安装“超前-滞后”点火控制系统以避免在空气不足的情况下点火	将出现烟气温度过高或烟囱氧气浓度过低指示时采取纠正措施或停炉的要求写入书面操作规程并培训
组成					
普遍适用 *(适用于所有组成场景)*				烟囱温度过高时自动关闭焚烧炉	将在废气温度过高时手动关闭焚烧炉的要求写入书面操作规程并培训
14	燃料气热值迅速增加	炉管可能破裂，导致炉膛外可能发生火灾	提供热值恒定的燃料气	根据工艺出口温度和燃料热值自动调整点火(在线量热仪)	将加热炉的正确操作的要求写入书面操作规程并培训

续表

序号	事件	后果	潜在设计解决方案		
			本质更安全/被动安全	主动安全	程序安全
15	进料中的液体进入催化焚烧炉	催化剂床层升温，可能导致高温或火灾	替代焚烧炉设计	给进料加热以汽化夹带的所有液体 对进料系统进行伴热 液体闪蒸罐的排液采用自动模式	将从液体闪蒸罐中手动清除液体的要求写入书面操作规程并培训
16	燃料气中夹带液体	气体复燃时火焰可能熄灭并可能发生闪爆	带独立燃料气线的长明灯 从主截止阀上游为所有燃烧器提供燃料气	火焰熄灭时，火焰监控系统控制加热炉停工 对燃料气系统进行伴热 液体闪蒸罐的排液采用自动模式	操作人员对液体闪蒸罐高液位警报做出响应并手动操控排出液体
17	空燃比失调，多台设备共用通风口、烟囱、余热回收系统等	爆炸气体达到一定比例可能导致爆炸和火灾	每个明火设备都有独立的通风/排气系统(包括独立的火炬、洗涤器、吸收器、烟囱、热回收等)	安装测量系统和停机联锁装置，用于检测混合前的配比误差(位于足够远的上游，以防止在共用通风口产生混合性爆炸物)	
设备失效					
18	点火延迟、燃料漏入炉膛或炉膛吹扫不充分	炉膛可能出现闪爆	所有燃烧器连续点火(监控和报警)	允许确保燃料和助燃空气控制器处于适当的点火开度，然后才能进行点火程序 可靠的燃料气隔离措施(例如，双重阻断和放气) 在点火前进行定时吹扫，并配有联锁装置，以确保所有燃料供应阀门关闭	设置单独的燃烧器点火开关，以便每次只能点燃一个燃烧器，以尽量减少点火前燃料积聚 将确保燃料和助燃空气控制装置在点火程序开始前处于正确位置的要求写入书面操作规程并培训
19	腐蚀/侵蚀	炉管可能破裂，导致炉膛外着火	使用不带液的燃烧器以消除液体对燃烧器的影响 强化炉管金属材质 增加管壁厚度 使用无硫燃料	燃料气露点测量	将防止酸性露点腐蚀的要求写入书面操作规程并培训 操作人员对烟囱低温报警做出响应
20	强制通风扇停机	炉膛可能闪爆	根据引风机产生的最小压力设计炉膛 无通风扇的替代设计	自动转为自然通风运行模式	

6.9.2.1 炉膛空气供应(表6.9场景3)

在任何热负荷条件下，向火焰加热炉输送充足的助燃空气对它的安全运行至关重要。在空气不足的情况下，炉膛中会出现未燃烧的燃料，有可能导致后续燃烧失控。燃烧需求增加时，燃烧控制系统应使空气“超前于”燃料增加；燃烧需求减少时，空气“滞后于”燃料减少。不过，即使采用了“超前-滞后”系统，由于鼓风机停机等原因，也可能导致空气输送量不足。因此，安装氧气高浓度和低浓度分析报警仪是一项重要的安全保障措施。

为避免未燃烧燃料的积聚以及由于空气快速送入炉膛中造成的压力冲击，需要对空燃比进行检测，如果比值较低则联锁停机。如果采用自动供气恢复响应策略，例如自动启动备用风机，应采用适当的系统动态响应分析，以确保供气突然中断时可被有效管控。

有关明火设备燃烧控制的更多信息，参阅 *Instrument Engineers Handbook*：*Process Control*(参考文献6-45)和 API RP 556 *Instrumentation and Control Systems for Fired Heaters and Steam Generator*(参考文献6-46)。

6.9.2.2 炉管破裂(表6.9场景8、场景9、场景11、场景12、场景14和场景19)

炉管破裂是明火设备第二常见的失效模式。炉管过热会大大缩短其使用寿命。压力容器可能能够承受其设计压力的几倍值，但炉管可能只能承受其设计温度增加几个百分点(参考文献6-44)。

6.9.2.3 烟囱风门挡板关闭(表6.9场景5)

在运行期间烟囱风门挡板关闭或引风机停工会引起炉膛内压力升高，造成火/气体从炉内喷出，导致设备损坏，人员有暴露风险。为了防止出现这种情况，最好在风门挡板上设置一个限位器保持烟道通畅。有必要还需提供备用的引风机或将加热炉设计为自然通风。如果没有这些替代方案，则应在检测到炉膛压力过高时停炉。

6.9.3 设计考虑因素

工艺焚烧炉(热氧化炉和催化氧化炉)、加热炉和燃烧锅炉的两个主要问题是炉膛闪爆和介质管道破裂(参考文献6-46)。可通过监测流量或管道过热时的温度来检测管道破裂。在(动力)锅炉和余热回收锅炉中，锅炉水位不足的后果可能是灾难性的。因此，可靠的水位监测和控制以及锅炉给水的持续供应设计都至关重要。

6.9.3.1 腐蚀

腐蚀是造成火焰加热炉炉管破裂问题的主要原因。炉管和炉膛中其他设备的外部腐蚀可能由以下原因造成：

- 温度；
- 炉管上的腐蚀性沉积物；
- 烟气成分；
- 灰烬下层和灰烬表层沉积物的物理条件。

造成炉膛内腐蚀的主要原因是燃料油气中的氧气和污染物，而不是燃料本身。有害污染物是碱金属(Na、K)、硫和钒。虽然加热炉管通常在更低的金属温度下工作，但在选择管材时，必须考虑工艺介质的腐蚀性、典型金属温度以及点燃加热器所用的燃料性质。

当温度低于烟气露点时，对流段就会发生腐蚀。执行正确的操作/停炉程序是避免对流段腐蚀的最有效方法。

6.9.3.2 工艺控制仪表

火焰加热炉广泛应用于流程工业。典型的加热炉包括常压分馏加热炉和再沸炉、蒸汽发生器、反应进料加热炉和热解反应器。《佩里化学工程师手册》(*Perry's Chemical Engineers' Handbook*)(参考文献 6-47)中对火焰加热炉进行了全面讨论。火焰加热炉中加热的通常是易燃工艺介质。辐射或对流段的炉管失效会导致严重的火灾和爆炸危险，并损坏炉膛内部构件。炉膛内部燃料不完全燃烧会导致可燃气体(未燃烧的燃料或一氧化碳)积聚，当氧气充足时，这些气体可能会被点燃，从而导致炉膛发生闪爆。

决定加热炉安全的工艺变量和参数包括盘管出口温度(COT)、介质出口温度(POT)、烟气中的氧气量、烟气中的可燃气体量、烟气不透明度、炉膛压力、燃烧速率(炉管热通量)、结焦、烟囱和桥墙温度以及燃烧效率。合理的控制方案必须能够提供充足的空气以促进完全燃烧，确保安全运行和维护。将盘管出口温度(COT)维持在指定目标，均布各烧嘴的燃烧，保证相同的介质出口温度(POT)，限制加热炉的燃烧速率以避免烟囱、炉管或对流段的温度过高，并长期监测结焦迹象。

在设计安全控制系统时，对工艺变量加以限制的目的是确保装置安全高效运行。过高的温度会降低加热炉钢结构中使用的碳钢和合金材料的强度，并可能导致过早失效。可在加热炉的关键区域安装热电偶，以便显示超过安全操作条件时的温度。使用的限制控制装置应能涵盖加热炉热负荷或盘管出口温度，使加热炉保持在金属允许使用温度范围内。

在工艺装置中，加热炉和锅炉等明火设备是必不可少的。必须对燃烧过程进行控制，以保持所需的热负荷，保持燃料的高效燃烧，并在所有运行阶段保持安全的状态。这些燃烧控制通常是基本工艺控制系统的一部分，通常包括以下部分或全部控制功能：

- 燃烧速率需求控制；
- 助燃空气流量控制；
- 燃料流量控制；
- 空燃比(过量空气)控制；
- 抽力控制；
- 给水流量控制(仅限蒸汽锅炉)；
- 蒸汽温度控制(仅限蒸汽锅炉)。

有关明火设备控制的更多详细信息，参见 API RP 556(参考文献 6-46)。

6.9.3.3 炉管破裂

“局部过热”(局部金属温度过高)是导致工艺加热炉炉管失效的一个主要原因。过热区通常是由于燃烧器调整错误、热负荷过高和/或炉管内表面结焦或结垢过多、管内工艺介质流量损失(或极小)而导致火焰冲击造成的。加热炉仪表应能检测失效并自动停炉，以尽量减少二次损坏。烟囱温度升高、管内介质压力和/或流量损失和出口温度下降等参数变化可用于检测炉管失效。

6.9.3.4 设计考虑因素

工业炉和加热器的设计考虑因素包括：

- 提供蒸汽或氮气灭火装置，以控制可能发生的管道破裂事件；
- 为长明灯提供独立的燃料系统，以防燃料供应出现故障；
- 为燃烧器提供回火保护，包括所有可能的温度、压力和气体成分范围；
- 提供防止凝液进入燃烧器的方法，例如，提供足够的冷凝罐；提供用于清除凝液的聚结器；提供伴热线并使其与闪蒸罐隔离；遵守正确的启动、运行和关闭程序；
- 防止火焰冲击炉管、管架或耐火材料；
- 提供安全的炉膛吹扫顺序；
- 提供燃料关闭和启动检查顺序；
- 在紧急情况下，系统需要转为自然通风，并在失去空气预热器或风机时运行；
- 在室外安装。

有关加热炉的更多信息，参见 API RP 560(参考文献 6-48)。

6.9.4 参考文献

6-44. Kietz, T. A. *Lessons from Disaster*. Gulf Publishing Company. Houston, Texas 1993.

6-45. Liptak, B. G. *Instrument Engineers Handbook*: *Process Control*, *Fourth Edition*. Radnor, Pennsylvania: 2005.

6-46. API RP 556. *Instrumentation and Control Systems for Fired Heaters and Steam Generators*. American Petroleum Institute. Washington D. C. 1997.

6-47. Green, Don W. and Perry, R. H. *Perry's Chemical Engineers' Handbook*, *Eighth Edition*, McGraw-Hill. New York, New York. 2008.

6-48. API RP 560. *Fired Heaters for General Refinery Service*, Fourth Edition. American Petroleum Institute. Washington D. C. 2007.

建议补充阅读

Ghosh, H. *Improve Your Fired Heaters. Chemical Engineering*, 1992.

NFPA. *Standard for Ovens and Furnaces*. NFPA 86. National Fire Protection Association. Quincy, Massachusetts, 2011.

6.10 管道和管件

“压力系统的泄漏一般不是来自压力容器，而是来自管道和管件。因此，管道与容器同样重要”(参考文献 6-49)。本节目的是根据 ASME B31 规范(参考文献 6-50)，在管道和阀门规格、管道柔性分析、管道支撑、特殊管道的材质和维护等方面提供有关安全工程实践的详细信息。本节重点介绍输送危险物料的工艺管线。

尽管一些操作规范和标准明确了常见问题的解决方案，但只规定了满足一般用途下设计、制造、测试和检验的最低要求。如果要保证管道系统安全运行，并在合理的范围内免于频繁维护，许多与用途、操作、材料、制造和检验或特殊设计有关的情况都值得特别关注。

与管道安全设计有关的标准和操作规范包括以下由美国机械工程师学会(ASME)发布的规范(参考 6-50);同时获得美国国家标准协会(ANSI)批准的规范会以星号标出:

- B31.1* 动力管道;
- B31.2 燃料气体管道;
- B31.3* 化工厂和炼油厂管道;
- B31.4* 碳氢化合物、液化石油气、无水氨和酒精的液体输送系统;
- B31.5* 冷冻管道;
- B31.8* 气体输送和配汽(气)管道系统;
- B31.9* 房屋建筑用户管道;
- B31.11* 稀浆输送管道系统;
- API 5L,管线钢管规范。

这些规范根据用途和行业经验为压力管道系统提供了不同的安全系数。

6.10.1 过往事故案例

本节介绍几起管道和管件失效案例,以强调本节介绍的安全设计规范的必要性。

6.10.1.1 化学品储存

一个储罐废气收集系统发生火灾后,火焰通过复杂的管路蔓延引发了一系列爆炸;第一次爆炸发生在一个装有丙烯腈的储罐中。事故的起因是压力-真空(PV)排气孔中的阀板在维护期间被移走,没有更换新的。相互连接的管道导致火势迅速蔓延。

通过本案例吸取的经验教训是,当需要减少 PV 排气口排放至大气的气体同时保持设备的吸入能力时,会在压力相对较低的储罐上开其他通气口并接入废气收集系统。这些排气管线可以安全地配备防爆轰阻火器,因为如果阻火器被堵塞,在 PV 排气口仍可使用的情况下,储罐是不会被抽瘪的。

6.10.1.2 管线堵塞

用于吹扫湿烃的一根 *DN*450(18in)管线被内部形成的冰水合物堵塞。由于外部蒸汽的作用,堵塞物松动,在其上方压力的作用下,堵塞物发生移动并导致管线在三通处破裂。

通过本案例吸取的经验教训:需要考虑管线中可能形成的水合物以及消除堵塞的方法。设计时可考虑通过设置坡度管来减少堵塞的可能性,以及通过添加化学试剂防止水合物形成。

6.10.1.3 外部腐蚀

液化丁烷管线上的一个 *DN*250(10in)阀门被设置于一个地坑中。该地坑中积存的雨水被附近一管线泄漏的硫酸所污染。阀盖上的螺栓受腐蚀并脱落,造成大量丁烷泄漏。随后发生的爆炸导致 7 人死亡,并造成了巨大的破坏。

通过本案例吸取的经验教训是在设计时需要考虑到潜在的外部腐蚀源,既包括环境问题,也包括邻近设备失效。

6.10.2 失效场景与设计解决方案

表 6.10 提供了针对管道和管件的组件设备失效场景和相应的设计解决方案。

表 6.10 管道和管道组件设备失效场景与设计解决方案

序号	事件	后果	潜在设计解决方案		
			本质更安全/被动安全	主动安全	程序安全
压力					
普遍适用-压力高 *(适用于所有高压场景)*			所有管道和设备均按最大预期压力设计	泄压装置 检测到高压时自动隔离	操作人员对高压报警做出响应
普遍适用-压力低 *(适用于所有低压场景)*				检测到低压时自动隔离	操作人员对低压报警做出响应
1	堵塞管路中的液体发生热膨胀	管线可能超压，导致密封失效	通过拆除阀门和其他封闭装置(如盲板)消除堵塞的可能性	膨胀罐	将停机期间排空所有堵塞管路的要求写入书面操作规程并培训 将保持管线一端打开的要求写入书面操作规程并培训
2	管道发生爆燃和爆炸	可能导致密封失效	在不相容材料可能混合的地方使用专用排气管路 避免或尽量减少会导致湍流，从而使火焰加速的弯头和管件 限制温度、压力或管道直径，防止发生爆燃转爆轰(如乙炔)	在受保护设备和潜在火源之间安装爆轰阻火器或适当的爆燃阻火器 采用气体火焰探测器启动快速切断阀或抑制系统 利用水封罐隔离点火源(如火炬) 在管道的适当位置设置多个爆破片/泄爆口 在易燃范围外操作，如氧气分析仪或烃类分析仪控制惰性气体吹扫或富集气体的添加	将启动前采取惰性净化的要求写入书面操作规程并培训
3	管道、阀门(手动)堵塞	系统内压力可能增加，最终导致密封失效	阀门铅封开	采用许可系统，防止出现排队/堵流情况	将正确校准阀门的要求写入书面操作规程并培训
4	阻火器中的固体聚集	系统内压力可能增加，最终导致密封性失效	平行开关式阻火器 管道系统的大小由所需最小速度决定，以避免物料沉积	从工艺物流中清除固体(分离罐、过滤器等)，并自动排放固体 管道伴热以尽量减少固体沉积 检测阻火器上的压差并设置高压差警报	将从工艺物流中清除固体(分离罐、过滤器等)并手动排出固体的要求写入书面操作规程并培训 将定期手动清洁系统的要求写入书面操作规程并培训 将通过冲洗、排污、内部管线清洁装置(如“清管器”)进行定期清洁的要求写入书面操作规程并培训

续表

序号	事件	后果	潜在设计解决方案		
			本质更安全/被动安全	主动安全	程序安全
5	管路中的阀门快速关闭	可能发生水锤导致管道破裂，密封失效	缓慢手动关闭阀门(例如，用闸阀代替转舌锁)	通过适当的齿轮比限制电动阀的关闭速度 通过气路中的节流孔板限制气动阀的关闭速度 避雷器	将缓慢关闭阀门的要求写入书面操作规程并培训
6	自动控制阀打开	下游管道和设备可能出现高压	利用限位装置或限流孔板防止控制阀完全打开		注：情况发生得太快，操作人员无法采取行动
7	泄压装置入口或出口的阀块关闭	可能丧失泄压能力	消除泄压路径上的所有截止阀 在入口处安装带有三通截止阀的第二个溢流阀		按照适用的规范将溢流阀上游和下游的所有截止阀密封打开或锁定打开，并提供管理程序以规范此类阀门的打开和关闭，将此要求写入书面操作规程并培训
8	高压管线接至低压管道/储罐(译注：高压管线接入低压管道/储罐时，接点下游存在切断阀时，切断阀关闭将导致接入点至切断阀断阀段压力超过设计压力)	低压管道、管嘴等失效	在低压隔离处安装高压阀门和法兰(例如：在敞口常压罐上安装 600lbf/in^2 的法兰和隔离阀) 取消高压隔离后的阀门(例如，排放到罐顶)	止回阀用于防止回流通过泵流至低压入口侧 低压管道上的泄压阀 泵上的防倒流装置或自动启动器以降低因泵失效而导致倒流的频率	
9	泥浆或聚合物容积泵的排出管路堵塞	管道系统超压失效		高/低电流电机停机联锁(溢流阀可能因堵塞而失效) 低/无流量停机联锁	
流量					
普遍适用-流量高 *(适用于所有高流量场景)*				检测到高流量时自动隔离	操作人员对高流量报警做出响应

续表

序号	事件	后果	潜在设计解决方案		
			本质更安全/被动安全	主动安全	程序安全
普遍适用-无/流量低 *(适用于所有无/低流量场景)*					操作人员对低流量报警做出响应
10	固体积聚(聚合、凝固)导致泄压装置堵塞	可能导致泄压能力丧失	泄压装置入口处的吹扫接头 对泄压装置进行伴热和隔热	自动吹扫泄压装置入口 单独使用爆破片或与安全阀结合使用，并配备适当的爆破片泄漏检测装置	将用吹洗流体定期手动或连续冲洗泄压装置入口的要求写入书面操作规程并培训
11	流体流速高	可能发生侵蚀，尤其是在两相流动或存在研磨性固体时，导致密封失效	尽量减少使用接头，因为接头处可能发生侵蚀 增加三通、弯头和其他高磨损点的壁厚 选择耐侵蚀的材料 选择限制流速的管道尺寸 在含有磨蚀性固体的场景中使用三通或长半径弯头，而不是90°弯头 导电线路		将限制流速的要求写入书面操作规程并培训 将定期检查高磨损点的要求写入书面操作规程并培训
		一定条件下，静电积聚可能导致火灾/爆炸	根据最大预期流速估计管线尺寸 线路和设备的等电位连接和接地(可能不适用于非导电材料)		将限制流速的要求写入书面操作规程并培训
12	逆流	连接管路、排水口或临时连接处的压差导致产品倒流，引起不良反应或过量装填等	用不兼容的管件以防止连接出错 减少并管，采用分离管线输送物料	检测到压差低时自动隔离 低压管路上安装止回阀防止逆流	将正确隔离相互连接的管线的要求写入书面操作规程并培训 将检测到低压差时进行手动隔离的要求写入书面操作规程并培训
13	意外流量(1/4转阀门打开)	可能导致泄漏	锁定手柄 椭圆形/圆形手柄		

续表

序号	事件	后果	潜在设计解决方案		
			本质更安全/被动安全	主动安全	程序安全
14	未关取样器连接管线、排水口和其他管件上的阀门	可能导致泄漏	排净阀(自动关闭)阀门 阀门上的锁定手柄设计可防止意外打开	自动闭环取样系统	将双截止阀和放气阀、阀塞、阀盖、百叶窗等写入书面操作规程并培训 将立即重新安装阀盖和法兰的要求写入书面操作规程并培训
15	视镜或其他玻璃部件破损	潜在的密封失效	避免使用玻璃部件 玻璃连接中采用限流孔 防止损坏的物理保护(如装甲视镜) 视镜的压力等级超过最大预期压力	过流止回阀限制玻璃失效导致的排放	将不使用时通常隔离视镜的要求写入书面操作规程并培训
温度					
普遍适用-温度高 *(适用于所有高温场景)*				响应高温警报的自动操作	操作人员对高温报警做出响应
普遍适用-温度低 *(适用于所有低温场景)*				响应低温警报的自动操作	操作人员对低温报警做出响应
16	伴热故障	温度可能升高,形成过热区,导致放热反应和泄漏	伴热与管道之间的隔热材料(夹层伴热)	带温度限制控制装置的电伴热装置 接地故障指示(GFI)保护装置	
17	夹套管道出现温度控制失效(手动或自动)	温度可能升高,出现过热区,引起放热反应和泄漏	传热介质的最高温度控制在安全范围内(套管)		
18	控制阀压降过高	潜在的闪蒸/振动导致密封失效	多个中间泄压装置(阀门或孔口) 安全固定管道 尽可能让阀门靠近容器入口 适合高压降和闪蒸用途的阀门类型		

续表

序号	事件	后果	潜在设计解决方案		
			本质更安全/被动安全	主动安全	程序安全
19	外部火灾	潜在的意外工艺反应（如乙炔分解）	连续焊接管道 由不锈钢护套和钢带制成的防火层	带自动喷水的火灾检测系统 检测到火灾时隔离阀自动关闭	操作人员响应火灾探测系统并启动手动喷水装置
20	环境温度低	积水可能会被冻结或者物料在管线或者盲管处固化	倾斜排放管线以避免积水 消除集水点或盲管 给工艺管线加保温层	潜在积水点自动排水 自动注入化学品以减少冻结 管线伴热	将保持最小流量通过管线的要求写入书面操作规程并培训 将对潜在积水点进行手动排水的要求写入书面操作规程并培训 将手动注入化学药剂以减少冻结的要求写入书面操作规程并培训
21	寒冷天气下蒸汽凝结	潜在的积水会导致蒸汽锤和管线破裂	牢固固定管道	对管线进行伴热 安装冷凝水/蒸汽疏水阀以控制蒸汽集管中的冷凝水	将缓慢预热下游管道的要求写入书面操作规程并培训
22	热应力过大	潜在的密封失效	提供额外支撑以防止下垂 膨胀回路和接头 管道膨胀节隔热		
设备失效					
23	垫片泄漏	潜在的密封失效	双层管道 尽量使用全焊接管道 尽量减少使用不必要的管件	确保使用适当的垫片材料	将定期检查泄漏的要求写入书面操作规程并培训
24	法兰泄漏	潜在的密封失效	避免使用地下管道 双层管道 尽量使用全焊接管道 尽量减少使用不必要的管件 安装防物理碰撞屏障 管道支架的正确设计和位置 在法兰处安装防护装置，防止操作人员接触	自动化泄漏检测与切断系统	通过程序限制来避免损坏（起重机限制、攀爬限制） 将定期检查泄漏的要求写入书面操作规程并培训

续表

序号	事件	后果	潜在设计解决方案		
			本质更安全/被动安全	主动安全	程序安全
25	阀门泄漏	密潜在的封失效	正确设计和选择阀门	可在火灾条件下自动关闭的熔断阀	通过程序限制来避免损坏(起重机限制、攀爬限制) 将定期检查泄漏的要求写入书面操作规程并培训
26	输送软管泄漏	潜在的密封失效	消除软管连接(采用硬管道) 完整性更高的软管(如金属编织管) 压力等级更高的软管	软管上游的溢流止回阀和下游的止回阀 紧急隔离阀门(EIV)安装在软管两端	将使用前对输送软管进行压力测试的要求写入书面操作规程并培训 将定期更换软管、垫圈和O形圈的要求写入书面操作规程并培训
27	管道/软管内衬破损	潜在的密封失效	无须衬里的管道材质 半导电内衬，以减少因静电积聚而导致的性能下降 加厚内衬材料 限制流量以避免静态针孔		将定期检测金属管壁厚度的要求写入书面操作规程并培训 将定期分析工艺物流中金属含量的要求写入书面操作规程并培训
28	绝缘层下腐蚀或外部腐蚀	潜在的密封失效	通过涂层和隔热层设计尽量减少隔热层下的腐蚀 对管道材料进行升级，以解决潜在的外部腐蚀问题		将定期检测金属管壁厚度的要求写入书面操作规程并培训
29	盲管	潜在的密封失效	拆除盲管	给盲管伴热	将定期检测金属管壁厚度的要求写入书面操作规程并培训 将识别盲管的要求写入书面操作规程并培训
30	埋地线路失去阴极保护	腐蚀可能加剧，导致密封失效	管道位置移到地面以上		将定期检测金属管壁厚度的要求写入书面操作规程并培训 监控阴极保护并在检测到系统故障时发出警报

续表

序号	事件	后果	潜在设计解决方案		
			本质更安全/被动安全	主动安全	程序安全
31	混合点	潜在的腐蚀加剧导致密封失效	通过对混合点设计以避免湍流 材质升级		将操作人员检查混合点的要求写入书面操作规程并培训
32	注入点	潜在的腐蚀加剧导致密封失效	通过注入点的设计以尽量减少应力/疲劳		将操作人员检查注入点的要求写入书面操作规程并培训

6.10.2.1 泄压通道堵塞(表6.10场景7和场景10)

可能会超压的工艺系统绝不能与足够的超压保护隔离开来。相较于在安全泄压装置的进出口提供单独的隔离阀，本质更安全的设计选择是提供一个并联泄压路径。

并联泄压路径使用冗余的安全泄压装置和一个三通阀，从而确保总有一条泄压通道始终处于打开状态。值得注意的是，位于泄压路径中的阻火器也可能成为堵塞源，特别是存在工艺流体结垢或可能凝固或聚合的情况时。

6.10.2.2 爆燃到爆轰的过渡(表6.10场景2)

含有易燃混合物的管道，无论是在正常情况还是在异常情况下，都可能需要配备能够限制点火危害的设备。当管道将大型流程或储存设备连接在一起时，最重要的是防止火焰通过连接管道蔓延。由初始点火源产生的爆燃火焰在通过管道时速度通常会增大；三通、弯头和其他流动限制组件产生的湍流会增加火焰的蔓延加速度。火焰经过一段距离的蔓延后，会出现爆燃转爆轰(DDT)，表现为火焰速度和压力突然增加。随着火焰速度的增加，熄灭火焰变得更加困难；对于快速火焰和爆轰，需要使用特殊的熄火装置。总体干预策略在很大程度上取决于具体情况，应尽早在设计阶段加以考虑。

通过设计和控制，避免使用易燃混合物是本质上更安全的选择，通常与阻火装置一起使用。易燃混合物控制一般是通过维持低于 NFPA 69(参考文献6-51)所述的极限氧浓度(LOC)或燃烧下限(LFL)来实现的。在某些情况下，如气相控制系统，使用甲烷等富集气体在燃烧上限(UFL)以上运行更具有优势。在这些策略中，低于燃烧下限(LFL)的操作可能是最安全的，因为空气可能会泄漏到系统中(例如，在鼓风机进气处)，从而增加氧气浓度。考虑启动、停机和可能发生的异常条件下产生易燃混合物的影响很重要。如果运行条件不能排除易燃操作的可能性，则应安装阻火装置。

气体系统包括液封、爆燃和爆轰型阻火器、抑制系统和快速切断阀等装置，其中前三种装置最为常见。爆燃型阻火器仅在特定情况下使用，如安装在放空管末端，未保护侧不会发生爆燃转爆轰(DDT)。管线内的阻火器通常必须是经过实际使用条件认证的防爆轰型阻火器。这些装置在安装成本、有效性(如在干扰条件下发生故障的风险)和可操作性(如背压、仪表和维护需求)方面各有利弊，在最终确定工艺设计之前，应综合考虑(参考文献6-52)。

6.10.2.3 泄漏(表6.10场景23~场景30)

管道和管件是最常见的易燃和有毒物质泄漏源。据美国化学工程师协会报告，40%的泄漏是管道失效导致的。针对管道和管件的设计制定了若干规范(参考文献6-50)。为减少泄漏的可能性，应尽量减少使用管件和玻璃转子流量计，并在可行的情况下取消现场测量仪表。对于危险工况，管道焊接时尽量减少法兰，并且不要使用螺纹管件。在需要维护和检查的法兰处，正确选择法兰和垫片可以降低泄漏风险。

6.10.2.4 热应力(表6.10场景22)

考虑到热膨胀，必须特别关注管道支撑和管道柔性。设计必须解决热应力引起的膨胀或收缩问题，还必须考虑蒸汽吹扫、水压试验、启动、关闭、循环条件等方面的要求。必须通过合理设计锚固件、支撑件和膨胀节来保证管道柔性。膨胀节本身容易受到侵蚀和开裂。

6.10.3 设计考虑因素

6.10.3.1 管道规格

大多数企业和工程设计公司都有详细的管道规范。这些规范包括：

- 工艺流体/物料(影响施工的材料、垫片、接头设计、密封材料等)；
- 温度和压力范围(影响管道法兰等级、管壁厚度、施工材料、垫片、密封材料、管道柔性等)；
- 流动条件或标准，例如两相流、高压降阀门(考虑噪声和振动)、腐蚀性或侵蚀性流体特性或流速较高的情况；
- 特殊阀门需求(如旋塞阀或旋转式控制阀以及挥发性有机化合物排放控制阀)；
- 配件、垫片、紧固件(螺栓和螺母)。

对于新建项目，经验丰富的工艺工程师应与管道和材料专家一起审查工艺流程图，以便在制定详细设计之前尽可能多地考虑各种因素。然后，管道材料专家可以通过详细的物料代码在管道规格中明确规定管道系统的具体细节，这样可确定采用的特殊垫片、密封或内件材料、特殊弯管或分支连接等。

管道中使用的某些金属的屈服强度会随着温度的升高而降低。许多工程师并不十分了解不保温管道在火灾条件下的脆弱性。受火焰影响的管道可能会在大约20min内发生故障。

通常会制定管线表，其中包含所有系统运行条件和条件组合，如正常、启动、关机、待机、异常/故障、紧急和测试，这些都必须考虑在内。有些系统可能有几种不同的运行模式，并且可能暴露在不同的条件下，这取决于系统配置和装置运行阶段。在启动、关闭或重新配置过程中，可能会产生运行瞬态，如压力骤增或热应力。

6.10.3.2 流速标准

工艺管道和公用工程管道的尺寸通常是根据经济标准(最佳速度和压降)确定的。不过，为了避免因以下情况而造成的危险，通常必须对速度加以限制：

- 腐蚀；
- 侵蚀；

- 振动；
- 噪声；
- 水锤；
- 静电。

6.10.3.3 阀门

针对阀门的标准要求包括 ANSI/ASME B16.34(参考文献 6-53)、ANSI/ASME B16.5(参考文献6-54)，以及美国阀门及配件工业制造商标准化协会(MSS)标准(参考文献 6-55)。

阀门安全选型及安装的关键在于工厂整体编制的通用规范，其中仅为明确的目的制定具体要求。在编制这些规范时应考虑的因素如下：

- 阀门的用途(开/关、节流、防回流等)，包括压降和通过阀门允许的泄漏量，这些因素将决定可选用的阀门类型(闸阀、球阀、隔膜阀等)。
- 需要能够直观地确定阀门的操作状态(开/关)。
- 阀门需适应的工艺介质条件[化学物质、介质相态(含固体)、温度、压力和流动速率]将决定其压力和温度等级、端面连接形式和阀体、内部构件、阀座、阀芯以及密封/垫片的制造材料，还应考虑腐蚀/侵蚀和热应力的影响。

阀门蒸气泄漏的法规限制决定阀杆填料的要求。对于蒸气压很小或没有蒸气压的材料，可使用标准的可压缩绳型填料。可通过填料函和阀杆或柔性石墨填料来解决气相泄漏问题。将阀门后置可以减轻填料的负荷。当需要完全不使用填料时，可指定使用波纹密封型阀门。

正常和紧急操作的阀门应能从同一平面接近，特别是用于紧急隔离的阀门。紧急隔离阀不应位于管架内。更多信息参见第 7.4.1 节。

单向阀可防止逆向流动，例如从储存容器流入装置、逆向流经泵以及从反应器逆向流出的物流。选择单向阀时要考虑其使用场景。可选项包括球阀、活塞阀、弹簧片阀、摆动阀、斜盘阀和本征阻尼阀。单向阀的可靠性和性能较差。危险场景(逆流可能造成危险情况)不应完全依赖单向阀。危险情况下需要使用一些主动的防倒流装置，如仪表防倒流装置(如完全切断控制阀或刀闸阀)。

控制阀可能有故障保持(阀位)、故障开、故障关三种状态。在设计过程中，应仔细设计故障阀位状态，以确保系统在故障时处于安全状态。

“管道支架”一词通常用于包括一系列整体和非整体管道附件、可变的和固定弹簧吊架、滑动支架、杆吊架、减振器、锚、管道支架框架等。管道支架的目的是将作用在管道系统上的载荷传递到建筑结构或其他结构。设计师还应考虑特殊情况下的柔性要求：

- 蒸汽吹扫，可能与标准操作条件不同；
- 加氢测试；
- 启动，当温度可能高于运行温度时；
- 启动，当附属设备处于冷态时；
- 停机；
- 循环条件；

- 工艺偏差;
- 蒸汽伴热;
- 排放物对容器的反作用力(反冲力);
- 泄压装置的反作用力。

6.10.3.4 热膨胀

充满设备或管道的静止液体会因温度升高而发生液压膨胀，因此需要超压保护。导致热膨胀的热源包括太阳辐射、伴热、加热盘管、来自大气的热传导或其他设备。造成超压的另一个原因是热交换器冷端堵塞，而热端继续流动。低温系统尤其容易发生此类失效。

6.10.3.5 法兰

法兰用于管段连接或将阀门连接到管道上。法兰连接有多种类型和设计，特别需要注意的是长螺栓[长度超过76.2mm(3in)的螺栓]的使用。长螺栓会受到火焰的直接冲击，并在受热时膨胀，从而导致法兰泄漏并引发火灾。焊接管道接头是首选；其次是标准法兰接头，最后才考虑使用长螺栓法兰。

6.10.3.6 膨胀节

通过在管道系统中专门设计用于通过其部件变形吸收膨胀引起的管道运动的机械装置，可以提供柔性(变形能力)。

膨胀节的使用很普遍。膨胀节的设计需要考虑温度和压力变化的影响。膨胀节和柔性接头的设计寿命周期是有限的，之后很可能出现疲劳失效。柔性膨胀节难以测试和检查。

应该注意的是，只有当所有试图通过修改管道布置来获得足够管道柔性的措施都失败时，才可考虑将膨胀节作为最后的手段。在这种情况下，必须密切监控接头的状况。膨胀节的注意事项如下:

- 当膨胀节用于吸收较大的横向挠度时，容易产生裂缝。
- 膨胀节需要额外的固定和导向装置来控制热运动。
- 考虑到侵蚀问题，尽管衬套可以缓解侵蚀的影响，但也不应在颗粒含量较高的水流中使用膨胀节。
- 对于处理危险材料的膨胀节，应考虑使用具有空间位置监测功能的双层膨胀节。

6.10.3.7 振动

振动可能会使部件因位移而产生应力，导致部件失效。此外，振动还会传递到其他设备和结构。管道和部件的振动可分为稳态振动和瞬态振动。瞬态振动可由水锤、地震、活塞流或泄压阀推力引起。受脉动流影响的机械设备，如往复式压缩机和泵等，产生的压力脉动、阀门颤振或湍流工况都可能导致稳态振动。

如果存在振动，则应进行应力分析，以评估振动对系统寿命的影响。应力分析是计算部件中的应力，并与安全极限值进行比较。极限值与时间或频率有关，并取决于材料的特性。设计疲劳耐久曲线是显示材料特性的重要方法之一。简而言之，疲劳耐久曲线显示的是基于循环的失效极限(应力值)。应力值越低，循环次数越高；换句话说，应力值越高，循环寿命越短。

6.10.3.8 伴热

伴热系统可能会退化或发生故障。这会导致局部过热和隔热层火灾。电伴热系统中应设计过流和过温保护装置。

6.10.3.9 特殊情况

某些化学品或操作情况需要特殊的管道系统。特别注意要尽量减少泄漏(尤其是管道连接处和阀门处)和避免起火。管道应力一般不受特定化学品的影响。不过，特定化学品对温度和压力的要求可能会影响制造材料的选择。这一决定通常由材料专家做出。氯气协会(the Chlorine Institute)和国际氨制冷学会(IIAR)等行业组织提供了与特定化学品相关的设计、施工、检查等相关注意事项。这些化学品包括:

- 氟化氢。
- 氨气。
- 氧气和富氧空气。
- 氯气。
- 光气和其他有毒化学品。
- 氢气。

考虑因素包括:

- 化学兼容性(内部耐腐蚀性、腐蚀率和剩余使用寿命)。
- 垫圈系统(耐化学性、性能局限和使用寿命)。
- 制造材料使用场景和服务场景。例如:
  - 不锈钢在某些低温工况下性能良好，但会出现氯化物应力开裂，因此不太适合氯液化工况。
  - 在相对较低温度的情况下，碳钢可以耐氢氧化钠和氢氧化钾等溶液腐蚀，但根据浓度的变化，在60℃(140℉)以下会出现碱性应力腐蚀开裂。

在特殊情况下，往往需要仔细考虑可能遇到的意外情况。例如，对装有液化气体的管道进行排空时，其温度可能会比"正常"温度低得多，因此排空和不排空的材料选择不同。

6.10.3.10 热塑性、衬塑和玻璃纤维增强塑料管道

热塑性、衬塑和玻璃纤维增强塑料管道广泛用于化工过程工业，处理腐蚀性化学品(酸和碱)以及碳氢化合物和有机化学品。本节探讨这些类型管道的潜在问题，以及如何消除或尽量减少出现这些问题的一些建议。

6.10.3.10.1 热塑性管道

热塑等特殊材料的使用应仅限于不会出现极端温度和压力的场景。使用非金属管道需要考虑以下因素:

- 温度:
  - 请勿在极端高温或低温地区施工。
  - 黏合剂的涂抹技术和接头的构成会受到温度的影响。
  - 对于易燃流体设计，可使用玻璃纤维增强塑料管道(管件除外)。

- 压力：
  - 防止压力波动。
  - 提供真空和过压释放。
  - 不得用于地面压缩空气。
- 其他注意事项：
  - 与振动设备隔离。
  - 防止阳光照射(紫外线辐射影响)。
  - 为设计和/或检验制定的标准数量有限。
  - 由非金属材料制成的管道可能需要更多的支撑；这需要其他设计小组的参与。
  - 安装可能还需要特殊的准备和处理，以防止损坏。
  - 可能需要特殊的接头、连接器和黏合剂。

Mruk(参考文献 6-56)探讨了热塑性管道的设计、应用和安装。玻璃纤维和热塑系统也可用于二次存储(参考文献 6-57)。

6.10.3.10.2 衬塑管道

使用衬塑管道需要考虑以下问题：

- 真空。
- 安装/连接技术。
- 防火。
- 无损检测(NDE)，如目测、液体渗透和泄漏测试。

衬塑管道的两个可能导致火灾和爆炸的潜在问题：

- 法兰和渗漏口处可能会严重泄漏。
- 法兰垫片可能在火灾中损坏。

不过，一种可用于衬塑管道的连接系统可以解决这些潜在的危险，是一种“高完整性法兰”，可以限制和引导渗透排放。法兰垫片上还有一个防火金属垫圈。

在真空条件下，如果衬塑管道的额定真空度不符合要求，内衬可能会和外管分离。这可能导致管道堵塞和上游设备超压。这种情况在大型管道中更为常见。大多数制造商都提供衬塑管道的额定真空度值。

6.10.3.10.3 玻璃纤维增强塑料管道

玻璃纤维增强塑料管道的设计实践包括：

- 管道应远离交通繁忙的区域，因为车辆和设备的撞击可能会损坏管道。
- 尽量减少法兰接头。法兰价格较高并且是泄漏点。
- 在每个高点设置通风口，以便在测试和系统启动前排出系统中的空气。
- 在每个低点或凹槽处设置排水口。带有盲法兰的排水口可在需要维修时排出管路中的水。
- 确保在水压试验前安装好所有支撑、锚固和导向装置十分重要，因为如果没有适当的管道支撑，管道系统可能会受到严重损坏。

- 系统中的所有阀门、阀门操作器和其他组件都必须独立支撑。
- 需要高扭矩才能打开和关闭的阀门应固定好，以免高扭矩损坏管道。
- 垂直管道的立管支撑应采用导向或横向约束，以减少振动和风荷载的影响。应避免垂直管道承受不必要的荷载。在可能的情况下，应为垂直管道提供压缩支撑。
- 避免点荷载。
- 提供最小支撑宽度承载应力<0.586MPa(85psi)。
- 避免不必要的弯曲。

6.10.3.11 两相流管道

以下类型的两相流动经常在工艺装置中出现：

- 气体/气液体混合物。
- 固液混合物。
- 固体气体混合物。

以下各节将讨论两相流中遇到的危险以及消除或尽量减少这些危险的推荐做法。

6.10.3.11.1 气体/气液混合物

在设计气体/气液混合物的工艺时，合理的方法是选择一种流动稳定和压降最小的流态。关键是要在危害最小的流态下运行，例如，避免可能导致管道损坏的振动或其他流动现象。

每次流体方向改变时都可能出现段塞流，并可能导致腐蚀或侵蚀加剧。如果段塞流进入蒸馏塔，气体和液体的成分和密度的交替变化会导致塔内成分和压力梯度循环。这种循环会导致产品质量和过程控制问题，进而可能损坏连接设备。为了避免在段塞流状态下操作，需要使用流态图来显示流动状态。

气体或气液混合物通常是饱和的(处于或接近沸点)，例如蒸馏塔的进料。进料管路中通常还有一个控制阀，用于控制物料进入精馏塔的流量。将控制阀安装在精馏塔进料喷嘴处是明智的做法，这样在到达进料喷嘴之前，进料管道本身不会出现闪蒸。这可以避免进料管道中的振动，否则会导致管道损坏或失效。

6.10.3.11.2 固体-液混合物(浆液)

考虑到泥浆的性质，正确的管道布置、机械设计和选择管部件(弯头、三通、阀门等)对于防止管道出现堵塞和侵蚀等操作问题(可能导致安全隐患)至关重要。

可通过以下方法避免或尽量减少管道堵塞：

- 选择大于泥浆沉积速度的流速，但又不能高到造成侵蚀的程度。操作经验表明，对于厂内管道(非输油管道)，如果流速低于约3m/s(10ft/s)，则侵蚀(磨损)造成的金属损失微不足道。
- 尽量减少死角并使用垂直接管。
- 注意阀门选型，使其从机理上不会被固体堵塞(例如，不带内堰的隔膜阀、夹阀和带空腔填料的全端口球阀)。
- 为阀门提供冲洗接口。

- 将泥浆管道向接收设备方向设置坡度以防堵塞。
- 提供清理接口和排水口，便于维护和清洗泥浆管路。

以下注意事项可以最大限度地减少腐蚀：

- 将厂内泥浆管道的流速限制在3m/s(10ft/s)以下。
- 使用平缓的弯管，而不是弯头(即使是长半径弯头)。建议弯管半径与管道直径之比为3∶1~5∶1(基于工业经验)。考虑使用耐腐蚀或耐侵蚀性更强的材料制作弯管。
- 当已知或怀疑泥浆具有高侵蚀性时，应使用壁厚更厚的管道。许多公司根据渣浆的侵蚀性和所需的管道寿命，使用Schedule 80或Schedule 160碳钢管和Schedule 20或Schedule 40不锈钢管。还应考虑使用带有特殊耐磨涂层的管道。

6.10.3.11.3　固体-气体混合物

固体-气体混合物的气动输送系统发生火灾和爆炸的风险很高(通常发生在下游设备中)，原因如下：

- 固体颗粒之间以及颗粒与管道壁之间的接触会产生静电。
- 气固分离点(如筒仓、旋风分离器、袋式除尘器)的粉尘浓度可能达到爆炸极限。
- 研磨或干燥过程中产生的高温颗粒可能会被带入气动输送系统，并由于高速气流而被激发成炽热状态。这些颗粒会在气动输送机末端的储存或收集系统中引起燃烧。气动输送系统中的杂质金属在通过系统时也可能引起摩擦生热或产生火花。
- 输送管道或软管的各段之间可能会出现电气隔离，输送线段和附近的导电部件之间电位不同，可能会产生火花。
- 带电粉末可能会从接头处泄漏至大气中，从而产生静电火花，导致爆炸。

《粉末和散装固体安全处理指南》(*Guidelines for Safe Handling of Powder and Bulk Solids*)(参考文献6-58)讨论了为避免或尽量减少火灾和爆炸的发生而应该考虑的气动输送系统的设计和操作建议及实践。

6.10.4　参考文献

本书编写时的有效版本如下。由于标准和规范会不断修订，因此建议用户只采用最新版本。

6-49. Lees, F. P. *Loss Prevention in the Process Industries*, *Third Edition.* Elsevier, Inc. Oxford, UK, 2005.

6-50. ASME B31. *Standards of Pressure Piping.* American Society of Mechanical Engineers. New York, New York. 2010. www.asme.org

6-51. NFPA 69. *Standard of Explosion Prevention Systems.* National Fire Protection Association. Quincy, Massachusetts, 2008.

6-52. CCPS. *Deflagration and Detonation Flame Arresters.* Center for Chemical Process Safety of the American Institute of Chemical Engineers. New York, New York. 2002.

6-53. ANSI/ASME B16.34. *Valves-Flanged*, *Threaded*, *and Welding End.* American National Standards Institute and American Society of Mechanical Engineers. New York, New York. 1996.

6-54. ANSI/ASME B16.5. *Pipe Flanges and Flanged Fittings.* American National Standards Institute and American Society of Mechanical Engineers. New York, New York. 2009.

6-55. MSS SP-6-2007. *Standard Finishes for Contact Faces of Pipe Flanges and Connecting-End Flanges of Valves and Fittings.* Manufacturers Standardization Society of the Valve and Fittings Industry. Vienna, Virginia, 2007.

6-56. Mruk, S. A. *Thermoplastic Piping.* Chapter D1 in *Piping Handbook*, *6th Edition*, M. L. Nayyar, editor. McGraw-Hill Book Company. New York, New York. 1992.

6-57. McCallion, J. *Secondary Containment Takes Off.* Chemical Processing. p. 33-38. March, 1990.

6-58. CCPS. *Guidelines for Safe Handling of Powder and Bulk Solids.* Center for Chemical Process Safety of the American Institute of Chemical Engineers. New York, New York. 2005.

建议补充阅读

ANSI/API STD 603. *Corrosion-Resistant, Bolted Bonnet Gate Valves-Flanged and Butt-Welding Ends, Seventh Edition.* American Petroleum Institute. Washington, D. C. 2007.

ANSI/API STD 607. *Fire Test for Soft-Seated Quarter-Turn Valves, 5th Edition, Includes Errata.* American Petroleum Institute, Washington, D. C. 2005.

ANSI/API STD 609. *Butterfly Valves: Double Flanged, Lug-and Wafer-Type, 7th Edition.* American Petroleum Institute. Washington, D. C. 2009.

ANSI/API STD 610. *Centrifugal Pumps for Petroleum, Petrochemical and Natural Gas Industries, 10th Edition.* American Petroleum Institute. Washington, D. C. 2004.

ANSI/API STD 618. *Reciprocating Compressors for Petroleum, Chemical and Gas Industry Services, 5th Edition, Includes Errata 1 and 2 (2009 and 2010).* American Petroleum Institute, Washington, D. C. 2007.

ANSI/ASME B16. 10. *Face-to-Face and End-to-End Dimensions of Valves, 2009 Edition.* American National Standards Institute and American Society of Mechanical Engineers. New York, New York. 1986.

ANSI/ASME B16. 20. *Metallic Gaskets for Pipe Flanges: Ring-Joint, Spiral Wound and Jacketed.* American Society of Mechanical Engineers. New York, New York. 2007.

ANSI/ASME B16. 24. *Bronze Pipe Flanges and Flanged Fittings, Class 150 & 300.* American National Standards Institute and American Society of Mechanical Engineers. New York, New York. 1998.

ANSI/ASME B16. 25. *Buttwelding Ends.* American National Standards Institute and American Society of Mechanical Engineers. New York, New York. 1997.

ANSI/ASME B16. 36. *Orifice Flanges.* American National Standards Institute and American Society of Mechanical Engineers. New York, New York. 1996.

ANSI/ASME B16. 47. *Large Diameter Steel Flanges.* American National Standards Institute and American Society of Mechanical Engineers. New York, New York. 1996.

ANSI/ASME B36. 10M. *Welded and Seamless Wrought Steel Pipe.* American National Standards Institute and American Society of Mechanical Engineers. New York, New York. 2010.

ANSI/ASME B36. 19M. *Stainless Steel Pipe.* American National Standards Institute and American Society of Mechanical Engineers. New York, New York. 2010.

ANSI/AWWA. C500-09. *Metal-Seated Gate Valves for Water Supply Service.* American National Standards Institute. New York, New York; American Water Works Association. Denver, Colorado. 2009.

ANSI/AWWA. C504-00. *Rubber-Seated Butterfly Valves.* American National Standards Institute. New York, New York; American Water Works Association. Denver, Colorado. 2001.

ANSI/AWWA. C507-05. *Ball Valves, 6 in. through 48 inches.* American National Standards Institute. New York, New York; American Water Works Association. Denver, Colorado. 2005.

API 941. *Steels for Hydrogen Service at Elevated Temperatures and Pressures in Petroleum Refineries and Petrochemical Plants, 5th Edition.* American Petroleum Institute. Washington, D. C. 1997.

API SPEC 6FC. *Specification for Fire Test for Valves with Automatic Backseats, 4th Edition.* American Petroleum Institute. Washington, D. C. 2009.

API STD 594. *Check Valves: Flanged, Lug, Wafer and Butt-welding.* American Petroleum Institute. Washington, D. C. 2004.

API STD 600. *Steel Gate Valves-Flanged or Butt-Welding Ends, Bolted Bonnets, 12th.* American Petroleum Institute. Washington, D. C. 2009.

API STD 602. *Steel Gate, Globe and Check Valves for Sizes DN100 and Smaller for the Petroleum and Natural Gas Industries, 9th Edition.* American Petroleum Institute. Washington, D. C. 2009.

ASME. *Boiler and Pressure Vessel Code, Section 8, Division 1.* American Society of Mechanical Engineers. New York, New York. 2007.

ASTM A105/A105M-10. *Standard Specification for Carbon Steel Forgingsfor Piping Applications.* American Society for Testing and Materials. Philadelphia, Pennsylvania. 2010.

ASTM A182/A182M-10. *Standard Specification for Forged or Rolled Alloy and Stainless Steel Pipe Flanges, Forged Fittings and Valves and Parts for High-Temperature Service.* American Society for Testing and Materials. Philadelphia, Pennsylvania. 2010.

ASTM G-88-05. *Standard Guide for Designing Systems for Oxygen Service.* American Society for Testing and Materials. Philadelphia, Pennsylvania. 2005.

Beard, C. S. *Final Control Elements: Valves and Actuators.* Chilton Co. Philadelphia, Pennsylvania. 1969.

Branan, C. R. *Rules of Thumb for Chemical Engineers, 4th Edition.* Gulf Professional Publishing, Elsevier, Oxford, UK. 2005.

CGA, *Accident Prevention in Oxygen-Rich and Oxygen-Deficient Atmospheres.* P-14. Compressed Gas Association, Inc. Arlington, Virginia. 1992.

CGA, *Oxygen Compressor Installation Guide, Third Guide.* Publication G-4. 6. Compressed Gas Association, Inc. Arlington, Virginia. 2008.

CGA, *Oxygen, 10th Edition.* Publication G-4. Compressed Gas Association, Inc. Arlington, Virginia. 2008.

CGA, *Safe Handling of Cryogenic Liquids, 4th Edition.* Publication P-12. Compressed Gas Association, Inc. Arlington, Virginia. 2005.

CGA, *Acetylene, 12th Edition.* Publication G-1. Compressed Gas Association, Inc. Arlington, Virginia. 2009.

CGA, *Cleaning Equipment for Oxygen Service, 6th Edition.* Publication G-4. 1. Compressed Gas Association, Inc. Arlington, Virginia. 2009.

CGA, *Oxy-Fuel Hose Line Flashback Arrestors, 5th Edition.* Technical Bulletin TB-3. Compressed Gas Association, Inc. Arlington, Virginia. 2008.

CGA, *Standard for Hydrogen Piping at Consumer Locations, 4th Edition.* Publication G-5. 4. Compressed Gas Association, Inc. Arlington, Virginia. 2010.

CGA, *Industrial Practices for Gaseous Oxygen Transmission and Distribution Piping Systems.* Publication G-4. 4.

Compressed Gas Association, Inc. Arlington, Virginia. 2003.

CGA HB, *Handbook of Compressed Gases*, *4th Edition.* Compressed Gas Association. Van Nostrand Reinhold. New York, New York. 1999.

Chlorine Institute. *Chlorine Pipelines*, *6th Edition.* Chlorine Institute. Washington, D. C. 2007.

Chlorine Institute. *Piping Systems for Dry Chlorine.* Pamphlet No. 6. Chlorine Institute, Washington, D. C. 1989.

Coker, A. K. *Ludwigs Applied Process Design for Chemical and Petrochemical Plants*, Volume 1, *4th Edition.* Elsevier, Oxford, UK. 2007.

Danielson, G. L. *Handling Chlorine-Part 1*, *Tank Car Quantities.* Chemical Engineering Progress. 60(9)86. 1964.

EJMA (Expansion Joint Manufacturers Association, Inc.). *9th Edition EJMA Standards* (*Included one copy of Practical Guide*). White Plains, New York. 2008.

Grossel, S. S. *Improved Design for Slurry Piping.* Chemical Engineering Progress, pp. 114-117. April 1998.

Helguero, V. *Piping Stress Handbook*, 2nd Edition. Gulf Publishing Co. Houston, Texas. 1986.

Kannappan, S. *Introduction to Pipe Stress Analysis.* Wiley. New York, New York. 1986.

Lyons, J. L. *Encyclopedia of Valves.* Van Nostrand Reinhold. New York, New York. 1975.

Mallison, J. H. *Corrosion-Resistant Plastic Composites in Chemical Plant Design.* Marcel Dekker, Inc. New York, New York. 1988.

MSS SP-43-2008. *Wrought and Fabricated Butt-Welding Fittings for Low Pressure*, *Corrosion-Resistant Applications.* Manufacturers Standardization Society of the Valve and Fittings Industry. Vienna, Virginia. 2008.

MSS SP-53-1999. *Quality Standard for Steel Castings and Forgings for Valves*, *Flanges and Fittings and Other Piping Components Magnetic Particle Exam Method.* Manufacturers Standardization Society of the Valve and Fittings Industry. Vienna, Virginia. 1999.

MSS SP-67-2002a. *Butterfly Valves.* Manufacturers Standardization Society of the Valve and Fittings Industry. Vienna, Virginia. 2004.

MSS SP-70-2006. *Gray Iron Gate Valves*, *Flanged and Threaded Ends.* Manufacturers Standardization Society of the Valve and Fittings Industry. Vienna, Virginia. 2006.

MSS SP-71-2005. *Gray Iron Swing Check Valves*, *Flanged and Threaded Ends.* Manufacturers Standardization Society of the Valve and Fittings Industry. Vienna, Virginia. 2005.

MSS SP-72-2010. *Ball Valves with Flanged or Butt-Welding Ends for General Service.* Manufacturers Standardization Society of the Valve and Fittings Industry. Vienna, Virginia. 2010.

MSS SP-85-2002. *Cast Iron Globe & Angle Valves*, *Flanged and Threaded Ends.* Manufacturers Standardization Society of the Valve and Fittings Industry. Vienna, Virginia. 2002.

MSS SP-88-2010. *Diaphragm Valves.* Manufacturers Standardization Society of the Valve and Fittings Industry. Vienna, Virginia. 2010.

MSS-SP-58-2009. *Pipe Hangers and Supports-Materials*, *Design*, *Manufacture*, *Selection*, *Application and Installation.* Manufacturers Standardization Society of the Valve and Fittings Industry. Vienna, Virginia. 2009.

Nelson, H. P. Handling Chlorine-Part 2, Barge and Pipeline Safety. *Chemical Engineering Progress*, Vol. 60, No. 9, p. 88. 1964.

Smith, P. R., and Van Laan T. J, *Piping and Pipe Support Systems.* McGraw-Hill. New York, New York. 1987.

Sweitzer, R. A. *Handbook of Corrosion Resistant Piping*. Robert E. Krieger Publ. Co., Inc., Malabar, Florida. 1985.

The Crane Company. *Flow of Fluids through Valve, Fittings, and Pipe*. Technical paper No. 410. Crane Company, Chicago, Illinois. 1988.

Zappe, R. W. *Valve Selection Handbook*. Gulf Publishing Co. Houston, Texas. 1981.

6.11 物料后处理及仓储设施

本节介绍物料后处理和仓储设备的潜在失效机理，并提出了降低此类失效相关风险的设计替代方案。本节涵盖的设备类型包括：

- 装载/卸载；
- 装桶；
- 仓库。

本节仅介绍物料后处理和仓储设备特有的失效模式。与其他设备相关的一些通用失效场景也适用于物料后处理和仓储。

物料后处理的工作流程要基于工序。工序保障和人机工程设计的重要性在减少危害方面发挥着重要作用。

6.11.1 过往事故案例

本节介绍了几起涉及装卸设备失效的事故案例，以强调本节中提出的安全设计的必要性。

6.11.1.1 油罐车灾难性事故

操作人员先将 *DN*80(3in)的卸料软管连接到卡车和装置卸料泵上，再将 *DN*20(3/4in)的氮气软管从公用工程站连接到拖车后轮正前方的歧管上。有人改造了卡车的氮封系统，并在卡车上安装了一个歧管，这样就可以连接氮气软管，而无须爬上卡车油箱上的梯子。该歧管由 30 英尺或不到半英寸的管道组成。

操作人员打开工厂氮气压力调节器上游和下游的氮气阀，为卡车充压。右后轮前方的卡车歧管包含一个压力表，其预期读数为 20psig(1.36bar，0.136MPa)。操作人员打开液体输送阀，启动卸料泵，然后离开去处理其他杂务。司机按照正常程序留在卡车上。

此时，卸载活动似乎正常。不到 1h 后，卡车司机检查了卡车上的视镜，并通知控制室卡车是空的。忙碌的操作人员经过，发现卸货软管仍在振动，表明油罐车并没有完全卸完。

当地人报告说听到了巨大的声响，部分员工目睹了油罐车的抽瘪事故。所幸没有人员受伤，没有危险物质泄漏，也没有对接收原料的工厂造成损坏。

经工程师认定，连接到油罐拖车歧管上的氮气阀虽然打开，但是罐顶还有一台关闭的阀门，导致氮气未进入罐内。事故原因可能是罐车司机并不清楚这个氮气歧管最近被改造过，进而导致这台手动球阀未被打开。

从该事故中吸取的经验教训是，对改造设施应进行严格的变更管理，并向操作和维护人员提供相关变更培训。

6.11.1.2 硝酸输入错误储罐

在司机和工厂员工发现化学反应之前，$15m^3$(4000gal)的硝酸中约有$10m^3$(2600gal)已经被加注到$62m^3$(16500gal)的硫酸中。商业级硝酸含有35%的水，硫酸对水有很强的亲和力。混合引起放热反应，原本常温的酸液温度飙升至71℃(160℉)。热硝酸释放出二氧化氮，形成了一片8m(25ft)高的蓝白色云雾。事故发生后，附近社区的居民被疏散至紧急避难所。

从该事故中吸取的经验教训包括正确标记卸料接头、提供不同类型的接头或加大类似接头的安装距离。

6.11.1.3 罐车卸货事故

一辆带有正确交货文件、标签和特殊软管接头的氢氧化钠罐车抵达卸货点，然而操作人员误以为罐车内是酸性物质，并花费大量时间改造一个适配接头，以便将物料泵入酸罐中。

从该事故中吸取的经验教训包括正确标记卸料接头，提供不同类型的接头或加大类似接头的安装距离。

6.11.1.4 硫酸卸载

由于现场管理不善，各类软管随意放在地上，供水软管被司机误认为是压缩空气软管，错误地用来给拖车加压输送酸性物质。所幸，在公用工程站阀门打开之前，一名警惕的操作人员发现了潜在的危险。

相关技术人员都很清楚，将水和98%的硫酸混合会因为溶解放热而引发严重事故。产生的热量会导致压力积聚，而泄压装置可能无法及时泄压。即使容器没有破裂，硫酸喷雾也会对卸载作业附近的人员造成严重烧伤。

从该事故中吸取的经验教训是正确标记公用工程软管，提供不同类型的接头或色标软管。

6.11.1.5 储罐的虹吸破坏

一家化工厂使用邻近河流的大量微咸水作为直接冷却介质，导致排放的河水中不时会出现微量的氢氧化钠，因此该公司担心pH值会波动。

工艺工程师设计了一个系统，可将足够的盐酸注入污水中，以中和残余氢氧化钠，形成更环保的氯化钠。安装了一个直径约2m(8ft)、高约2m(8ft)的轻质玻璃纤维罐，以及相关的管道和控制装置。此次改造的目的是接收、储存和计量盐酸，以控制污水的pH值。常压固定顶罐有两个顶部管口。

在正常运行期间，该容器会通过厂内管道接收盐酸，也配备了通过槽车接收盐酸的设备。其中一个顶部管口是进料线，另一个通过管道连接到一个小型通风洗涤器，以消除灌装操作过程中释放的烟雾。改善环境的意图是好的，但简单的通风系统设计存在一个未被发现的缺陷，一个轻微的过载工况就会导致该储罐被摧毁。

该系统投入使用约一年后，储罐采用槽车加注来取代通常的管道加注。当槽车卸料时，小储罐中的酸液位上升。公司代表想加满储罐。在槽车未完成卸料前，储罐酸液通

过 DN150(6in)的管线溢出流入洗涤器。卡车司机迅速作出反应，关闭卡车上的卸料阀。出乎意料的是，溢出液体的虹吸作用产生的真空超过了储罐的设计压力，储罐被完全摧毁。

从该事故中吸取的经验教训是，对改造设施应进行严格的变更管理，并向操作和维护人员提供相关变更培训。

6.11.1.6 仓库火灾

英国的一个仓库储存了大量装有袋装农药的金属桶。为了方便快捷地开袋检测，在金属桶的底部钻了孔。虽然有助于现场管理，但破坏了桶的封闭功能，导致袋子在火灾中融化，杀虫剂污染了消防用水，造成了严重的环境问题。

从该事故中吸取的经验教训是，对改造设施应进行严格的变更管理，并向操作和维护人员提供相关变更的培训。

6.11.2 失效场景与设计解决方案

表 6.11 提供了针对装载、卸载和装桶的常见设备失效场景和相应的设计解决方案。

表 6.11 装载、卸载和装桶的常见失效场景与设计解决方案

序号	事件	后果	潜在设计解决方案		
			本质更安全/被动安全	主动安全	程序安全
装卸					
压力					
普遍适用-压力高 *(适用于所有高压场景)*			以泵出口憋压(堵转)压力为参数设计的管道/软管 以最大预期供应压力为参数设计的容器	罐车、铁路槽车或海运船舶上的 PSV	操作人员对高压报警操作做出响应
普遍适用-压力低 *(适用于所有低压场景)*			以全真空状态为参数设计的接收罐	罐车、铁路槽车或海运船舶上的真空泄压装置	操作人员对低压报警操作做出响应
1	来自罐车、铁路槽车或海运船舶的堵塞或未连接排气管道	罐车、铁路槽车或海运船舶潜在出现真空，潜在的外壳破裂		保持调节垫压力，以补偿传输速率	将确保通风管道连接正确的要求写入书面操作规程并培训
2	使用高压惰性气体将物料从罐车、铁路槽车或海运船舶中转移出来	罐车、铁路槽车或海运船舶可能出现超压，导致设备泄漏	限流孔	惰性气体管道上的 PSV	将监控罐车、铁路槽车或海运船舶压力表的要求写入书面操作规程并培训

续表

序号	事件	后果	潜在设计解决方案		
			本质更安全/被动安全	主动安全	程序安全
3	输送泵出口憋压（堵转）压力超过输送软管或管道设计压力	潜在的设备泄漏	泵的出口憋压（堵转）压力低于软管或管道的设计压力	在出口憋压（堵转）条件（例如，低流量、低安培数、低功率）下关闭泵	将确保在输送前正确校准阀门的要求写入书面操作规程并培训
4	储存罐或运输容器过满	超压导致容器失效或泄压阀启跳（尤其是液化气体）	隔离	如果涉及毒物或易燃物，则将泄压阀的排放口引向二次存储、洗涤器、火炬等处 可靠的液位过满保护系统 体积、质量测量	将确定最大装载体积/质量的要求写入书面操作规程并培训（适当时需要考虑装载温度和压力）
5	容器最终压力过低	过载流量可能无法运行		惰性气体填充规定	将确定装运的最低最终压力的要求写入书面操作规程并培训
流量					
普遍适用-流量高 *（适用于所有高流量场景）*			节流孔限制	高流量报警自动响应	操作人员对高流量报警操作做出响应
普遍适用-无/流量低 *（适用于所有无流量/低流量场景）*					操作人员对低流量报警操作做出响应
6	进料率过高	潜在静电积聚、潜在的火灾/爆炸	限流孔	氮气接收罐	
7	与错误的储罐/容器连接	可能发生不慎混入、可能发生失控反应、可能导致设备泄漏		自动卸载管路阀门（只有在操作人员允许的情况下才能打开所需的阀门）	将核实卸载前的连接情况的要求写入书面操作规程并培训
8	输送的物料数量大于储罐/容器的容量	储罐/容器可能过满，可能导致设备泄漏	储罐设计容量大于输送容器的容量	高液位报警自动关闭输送	将输送前核实容量的要求写入书面操作规程并培训
9	输送系统的手动阀关闭	输送泵流量可能降为零，导致设备泄漏	泵的出口憋压（堵转）压力低于软管或管道的设计压力	在出口憋压（堵转）条件下关闭泵（如低流量、低安培数、低功率）	将确保在输送前阀门正常打开的要求写入书面操作规程并培训

续表

序号	事件	后果	潜在设计解决方案		
			本质更安全/被动安全	主动安全	程序安全
液位					
普遍适用-液位高 *(适用于所有高液位场景)*				高液位报警时输送操作自动关闭	
组分					
10	收到错误的物料	潜在的不相容性、潜在的失控反应、潜在的设备泄漏		罐体高温或高压时自动关闭输送	将输送物料前核实提货单上的物料正确的要求写入书面操作规程并培训 将接收物料前对原物料进行抽样测试的要求写入书面操作规程并培训
设备失效					
11	输送软管泄漏/破裂	潜在的设备泄漏		安装溢流阀(软管上游) 装载软管/管道两端设置自动关闭装置 供应/灌装管线上安装低压联锁装置	将确保在适当的时间间隔内检查和/或更换软管的要求写入书面操作规程并培训 确保在使用前对软管进行适当目视检查的程序 预装压力测试/泄漏检查程序 将确保在使用软管前对其进行适当的目视检查的要求写入书面操作规程并培训
12	容器移动导致输送软管/管道失效	潜在的设备泄漏		溢流阀(软管上游) 装载软管/管道两端设置自动关闭装置 容器移动联锁装置 供料/装料管线上的低压联锁装置 带内部隔离装置的断开连接	将控制卡车、轨道车、容器定位、移动、固定等的要求写入书面操作规程并培训
装桶(桶和散装货箱)					
压力					
普遍适用-压力高 *(适用于所有高压场景)*					操作人员对高压报警操作做出响应
普遍适用-压力低 *(适用于所有低压场景)*					操作人员对低压报警操作做出响应

续表

序号	事件	后果	潜在设计解决方案		
			本质更安全/被动安全	主动安全	程序安全
13	输送泵的设计压力超过料桶的设计压力	可能导致料桶超压，可能导致设备泄漏	输送泵的设计压力不超过料桶或容器的设计压力	设定泄压阀压力低于料桶设计压力	将确保通风口打开或气相控制系统在运行的要求写入书面操作规程并培训
14	加注前未取下排气塞帽	料桶可能超压，导致设备泄漏	料桶放置在围堰内或有槽盖的底盘上方 容器控制		将确保在灌装之前取下排气塞帽的要求写入书面操作规程并培训
15	排气系统无法运行或堵塞	料桶可能超压，可能导致设备泄漏	封闭式	如果通风许可无效，则自动关闭输送	将确保灌装前通风系统可操作且未堵塞的要求写入书面操作规程并培训
16	料桶密封不严	可能导致设备泄漏	料桶放置在围堰内或有槽盖的底盘上方 容器		将确保料桶密封良好的要求写入书面操作规程并培训
流量					
17	操作人员未停止向料桶输送	可能过度填充料桶，导致设备泄漏		红眼高级检测系统自动关闭灌装操作	将监控灌装时料桶液位的要求写入书面操作规程并培训
18	静电放电	潜在火灾	电气接地和等电位连接（允许启动流体输送） 尽量减少自由落体液体（底部填充或浮管）	惰性化	
组分					
19	桶内污染物/异物	可能在桶内发生反应，导致设备泄漏			将使用清洁桶和散装容器的要求写入书面操作规程并培训
20	爆炸性/反应性污染物的积累	爆炸、腐蚀、失控反应导致设备泄漏、火灾等	需要关注进料、放空、排气的设计，以防有害污染物积聚（如惰性气体填充与压缩气体填充等） 上游设计考虑消除/减少微量污染物、吸收或夹带污染物等	进料系统设计（无油、干燥、惰性等） 进料系统进气口应远离潜在的污染物排放口	将控制输送方法（如惰性气体填充压缩气体填充）的要求写入书面操作规程并培训 将测量原材料、最终产品、储存容器中不希望存在的污染物的要求写入书面操作规程并培训

6.11.3 设计考虑因素

6.11.3.1 装载/卸载

原材料和成品的装卸是一项常见的活动，需要采用开放式设备对气体、液体和/或固体进行处理，包括从桶中抽出液体或将固体从其他容器倾倒入敞口容器中，将物料铲入干燥器中，或在软管站等处进行临时连接。

主要问题包括：泄漏和操作人员暴露于危险物料的可能性；其他潜在危险，如火灾或爆炸；以及操纵大型重型容器所特有的人机工程学问题。前两个问题在间歇操作中尤为重要，因为操作人员通常比连续操作更频繁、更直接地暴露。

一些常用的控制措施包括：

- 在可行的情况下，提供封闭式装卸系统；
- 使用局部通风；
- 正确选择和使用个人防护设备；
- 使用机械辅助装置搬运桶和其他容器；
- 制定安全操作规程并培训；
- 联锁容器开口，防止容器加压时打开。

卸料时同样存在许多危险，还应考虑其他特有的因素，包括对大型物体的搬运、容器破损、衬里受损的可能性。装桶阶段存在的一些危险有可能导致化学品泄漏和操作人员暴露于危险环境。装桶压力不足或装桶后发生不受控制的反应导致潜在的火灾或爆炸。需要特别考虑对冲击或热敏感的物料以及随时间降解的物料。

现场运送危险物料可采用人工搬运和管道输送。输送方式取决于工艺和库存要求、接收或运输危险品的容器类型以及安全考虑因素。

6.11.3.2 人工搬运

与散装化学品相比，由于危险品普遍具有危险性，通常以小数量和小容量进行包装。因此，通常需要人工搬运小纸箱、圆桶或搬运箱等容器。然而，人工搬运与管道运输的事故隐患不同，操作人员与危险物料的距离很近，搬运过程中容易掉落或碰撞，而管道运输存在泵出口憋压(堵转)或物料堵塞等可能性，这两种方式有截然不同的考虑因素。因此，一些公司避免人工搬运某些高度危险的物料。以下章节探讨人工搬运危险品的行业惯例。

6.11.3.2.1 手推车托盘

对于大多数危险品来说，采用手动叉车搬运纸箱、麻袋或桶是常见的做法。对于不需要高层堆放或叉车无法到达的区域，可以使用手动叉车或由操作人员引导自驱式托盘搬运车。这些类型的车成本较低，并且在碰撞和易燃蒸气着火方面的危险性更小；一般来说，只适用于相对较短距离的单栋建筑内。

6.11.3.2.2 叉车托盘

叉车比手推车更常用，例如用于将桶或纸箱从卸货码头转移到仓库存储，从存储区转移到加工区，从包装区转移到产品库存存储，以及和/或从存储区运输到装货码头。必须确保每辆可能用于装卸特定物料的叉车都有与该物料相关的适当防护措施，例如选用防爆叉车，以尽量减少泄漏或溢出易燃物料着火的可能性。

最好用叉车搬运密封的桶或纸箱包装的危险品。一些公司要求在移动之前打开并重新密封每个桶的盖子(缓慢操作，同时使用适当的个人防护设备)，目的是检测桶内是否有异常的压力积聚。但对于某些类型的危险品，如过氧化物成型剂，以及除了反应性外还具有显著毒性和挥发性的物质，应避免开盖。

6.11.3.2.3 其他类型的叉车

叉车也用于搬运其他类型的危险品或转运集装箱。特别是，气瓶、搬运箱、集装袋、特殊构造的橇装容器以及直接与叉车连接的移动式容器都与危险品一起使用。某公司使用更大的便携式罐体运输自燃性物料，通过吊耳连接到起重机上进行搬运。当然，如果用于危险品的场外运输，所有转运容器都需要满足容器设计的监管要求。

6.11.3.2.4 辊道输送机

有些设备使用辊道输送机短距离输送纸箱或桶，例如在桶装站。使用辊道输送机输送必须仔细设计该系统并全面审查操作流程，以尽量减少发生事故的可能性，例如桶在翻转后可能会产生足够引燃易燃蒸气和可燃粉尘的静电。

6.11.3.2.5 小容器运输

当不需要满容器运输时，可将一定数量的高度危险物料转移到较小的容器中进行现场运输，以减少运输量。但应避免在存储区内转移到较小的容器中。危险品有可能溢出，进而引发整个存储区的事故。

6.11.3.3 管道规格和布置

与人工运输相比，使用管道系统运输危险物料的设计需要考虑更多的因素。第6.10节给出了几种特定危险物料的管道规格和布置细节。管道系统的设计应确保为日常维护提供隔离、放净和吹扫的措施。

几乎所有液态危险化学品管道都有几个常见的布置要求。管道和总管要做坡度设计，以使管道完全排净，不留死角。需要注意的是，储罐回流会污染大部分储存物料。在操作过程中，逆流进入含有危险物料的设备可能会导致不受控制的反应和严重后果。需要安装失效安全控制系统来防止回流，例如安装带有双截止阀和放空阀系统的止回阀(有时是两种形式的串联)或设置双重仪表。工艺布置和管道走向应尽量减少装置之间的管道长度。管道的布线必须防止受到现场卡车或起重机等外力的影响，并且应在管道可能容易受到此类外力影响的地方安装屏障。对于关键管道的安装，不仅要审查工艺管道和仪表流程图(P&ID)上的管道设计，而且将审查管道布置图或三维模型(计算机生成模型或缩尺模型)上显示的实际管道布置作为设计过程和/或过程危险分析的一部分。

6.11.3.3.1 管件和接头

管道系统失效几乎总是发生在接头、柔性软管或小直径管道上。应尽可能避免螺纹连接，以及潜在的易损点，如视镜。应尽可能使用全焊接连接，以降低泄漏和管线失效的可能性，并在存在静电的管道系统中保持良好的电气连续性。如果需要法兰连接，可以使用更高磅级的法兰来提高管道系统的完整性(例如法兰从150磅级升至300磅级)。可能需要在每个法兰上安装接地夹和/或进行电气连续性检查，以避免静电积聚。

6.11.3.3.2 防喷溅保护

如果所处理的危险品是带压的液化气体或腐蚀性液体，需要在法兰和阀杆上安装防溅环，以尽量减少法兰泄漏或垫片、密封件或填料失效时对操作人员的伤害。有必要在泵密封处采取防喷溅措施，以减少密封失效时操作人员暴露的可能性；也会减少形成气溶胶或液化气体冷凝。

6.11.3.3.3 卸料管线和软管

软管为卸载连接和其他经常断开的线路提供了很大便利。然而，对于一些安全关键的设施，避免使用柔性连接而是使用硬连接。硬连接或柔性连接都可以采用特殊设计的接头，如无滴接头或分离式密封件。对于危险性较低的材料，可以使用快接接头等功能。

化学软管必须针对特定操作进行设计。软管用于输送压缩气体、泥浆、石油产品、溶剂、散装化学品，如酸和碱，以及可能表现出易燃、有毒、腐蚀性、低温或各种其他危险的化学品。化学软管用于卡车、罐车、驳船和船舶的装卸。它们也可绕过已经停用的设备。

按照美国标准制造的软管具有3.5∶1的压力设计安全系数。这意味着最大允许工作压力(MA WP)必须是软管最小爆裂压力的四分之一。该额定值的对应温度为22℃(72℉)，许多用户不知道的是，随着工作温度的升高，软管组件的最大允许工作压力(MA WP)会降低。相关数据可从软管供应商处获得。

在使用柔性软管时，一般使用钢丝或不锈钢编织物进行加固。危险化学品操作中的柔性卸载软管通常在每次使用前进行目视检查，并定期进行整体更换，例如每季度或每年更换一次。在存在静电问题的系统中，应确保柔性连接的电气连续性。卸车接头有可能引起物料交叉污染和错装。在一些担心污染或不兼容的设施中，宜使用专用的接头和软管进行装卸；例如，酸、不饱和有机物和其他化学物质会引发某些有机过氧化物分解。在存在多个卸载连接的情况下，清晰明确的管线走向和接头标签也非常重要。

软管组件通常是管道系统中最薄弱的环节，因为它们通常由柔性材料制成。毫无疑问，刚性系统比柔性系统更耐用。然而，软管组件必须具有柔性，以适应管道错位，提高多头连接的效率，或充当隔振器和阻尼器。

软管选型有许多要求。一些软管标准包括尺寸、输送温度和最大压力、流体的化学性质、软管材料和端部管件。化学软管的主要部件是端部接头、内芯、压力/真空加强件和保护性外罩。详细的选型要求不在本文阐述范围内。

每次使用前应仔细检查软管。如有明显的损坏迹象，必须立即处理，如凸起、扭结或外壳破损。当然，还应观察软管端部接头的密封性。如果输送物料易燃或剧毒，则应在每次使用前对软管进行测试。软管应适当固定以防脱落。如有可能，优先使用硬管而不是软管。

6.11.3.4 储存和仓储

工厂的存储区域通常包含大量危险物料。储存区域经常含有易燃液体或液化气体。此类液体储存装置设计的主要关注点是通过减少泄漏量、控制泄漏和控制点火源来降低火灾危险。减少危险物料的数量是减少火灾或爆炸危险的最佳方法，这一点怎么强调都不为过。尽量减少存量也可以降低大规模泄漏和进一步损坏的可能性。若采用可靠的管道进料，则无须较大存储区域。

固体化学品可以散装堆放或储存在箱子、料斗、容器中。液体化学品可以储存在储罐、储液罐或指定的运输容器中。气体可以储存在低压储气罐、高压罐或气瓶中，也可以在压力、制冷或两者兼而有之的情况下以液体形式储存在罐或容器中。如果容器失效，储存的压力和温度会极大地影响液体或蒸气的扩散/排放。距离分隔和围堰分隔是重要的考虑因素。

当危险品储存在容器中时，大量搬运容器的车辆及人员流动外加不断搬运是主要安全问题。存储区域的设计应确保交通顺畅，无须频繁操作叉车或卡车。储存区应与工艺装置分开，并安排人员定期检查所有容器是否泄漏或有其他损坏。压缩气体和易燃易爆液体的储存应符合当地建筑规范的要求。

不相容的物料应分开存放，以避免溢出物混合。在货架区域储存集装箱需要专门的消防系统，如单独的喷淋管线，将水或泡沫直接输送到每个货架层。在分装化学品的区域，容器可不遵循相同严格的存储规范，但仍需要满足所有相关的安全要求。工艺容器区域需要设置防撞措施、配置便携式容器收集泄漏、设置通风系统控制烟雾、设置双阀或阀门和管帽以尽量减少容器的泄漏。

在操作过程中，大多数物料需要在进入储罐或容器前进行一个或多个步骤的分拣或其他储存。这种类型的货物可以存储在仓库或建筑物内（有屋顶和墙壁）、露天、棚下（没有墙壁）、帐篷里或充气围栏中，或者只是在堆放区。特别是危险品的大型仓库储存，会对人员、环境或工厂运营构成危险。大多数欧洲地区对仓库防火都有严格的要求，在北美地区也需要二次评估。需要评估与在某些仓库中储存大量危险品有关的火灾及消防应对措施和后果，以确定消防应对措施是否合适。

储存和入库对安全和经济运行有重要作用，合理的方案能以最低的成本实现较优的质量控制。标签验证和其他质量保证措施可以提高人们对正确化学品到货的可信度，从而有可能避免使用错误的化学品。错误运达的化学品可退还给制造商，操作人员只需承担最低或无须承担任何费用。该做法与所有工艺生产活动一样，应用本质安全原则是至关重要的，特别是最小化和减缓原则。

可相互反应的物料应存放在隔离区域。需要特别注意腐蚀性材料，这些材料从最里层容器（如塑料袋）泄漏后，会腐蚀其主容器以及相邻区域装有不同化学品的其他容器。需要制定并遵循适当的物料处理程序，并使用正确的工具。例如，可以考虑使用带圆形叉头的叉车来避免刺破桶/袋。应当认识到装载收缩膜包装袋的堆叠托盘存在的安全隐患——当盛装散流物料的包装袋发生破损时，可能导致堆垛整体坍塌。应定期检查储存区域，工作人员应使用适当的个人防护装备（PPE）隔离并妥善处理损坏的袋子、桶和其他类型的容器。

危险化学品通常储存在惰性材料或大气中，以低浓度形式储存，或通过化学添加剂稳定。如下情况需要特别注意：

- 在储存过程中，溶剂的挥发会使碱金属暴露在湿气中。

- 稀释溶剂的蒸发会将危险化学品的浓度增加到不安全的水平。
- 低温会导致稳定溶液发生相分离，在这种情况下，一种相态可能缺乏稳定剂并发生失控反应。丙烯酸可以从稳定的溶液中结晶出来，随后这些纯丙烯酸晶体的解冻会引发失控反应，通常会带来严重的后果。结晶（冷冻）物料的解冻需要使用解冻箱或类似装置中的既定程序来完成。如果没有既定程序，则需要在解冻材料之前进行安全审查并制定程序。
- 热敏材料的储存需要远离热源，如加热器和太阳辐射的窗户。
- 稳定剂或抑制剂的保质期可能有限。
- 一些稳定剂或抑制剂需要在储罐顶部气体中含有一定浓度的氧气时才能发挥作用。在需要惰性化的地方，需要仔细控制以保持惰性气体中的最低氧气浓度，同时仍保持在燃烧所需的最低氧气含量以下。
- 相变也意味着需要考虑压力和/或真空释放，以保持容器的机械完整性。

需要确定正确的储存要求、程序（如先进先出）和条件，例如包括隔热、冷却、加热和通风在内的温度控制问题，并遵照执行。

需要通过适当的等电位连接、接地和防雷来消除或隔离潜在的点火源（参考文献 6-59）。良好的施工现场卫生、安全和秩序管理是防止混淆和意外不良后果的另一个重要因素，例如阴燃脏抹布引起的火灾。

6.11.4 参考文献

6-59. NFPA 780. *Standard for the Installation of Lightning Protection Systems*. National Fire Protection Association. Quincy, Massachusetts. 2011.

建议补充阅读

参考文献部分提供了一些由 NFP A 和 API 等组织颁布的规范、标准、指南和建议实践。适用于仓储的其他指南包括：

CCPS. *Guidelines for Safe Storage and Handling of Reactive Materials*. Center for Chemical Process Safety of the American Institute of Chemical Engineers. New York, New York. 1995.

CCPS. *Guidelines for Safe Storage and Handling of High Toxic Hazard Materials*. Center for Chemical Process Safety of the American Institute of Chemical Engineers. New York, New York. 1988.

6.12 公用工程系统

本节介绍了公用工程系统的潜在失效故障，并提出了降低此类失效故障的设计可选方案。本节涵盖以下系统：

- 电力；
- 应急电源；
- 蒸汽/凝液；
- 冷却水；

- 惰性气体；
- 仪表风；
- 燃料；
- 导热流体；
- 工艺放空和放净。

6.12.1 过往事故案例

本节描述了几起因明火设备失效而引发事故的案例，这些案例强调了本节所介绍的安全设计必要性。

6.12.1.1 将氮气作为压缩空气备用

曾经发生过这样一起事故。一名员工在小型封闭操作间内点不着香烟，开始对周围环境感到猜疑。因为几个月前，有人为了解决操作间室内闷热问题，安装了一台直接利用操作间内的压缩空气作为驱动的小型气动风扇。由于在装置空压机停车期间，压缩空气系统改由氮气供气，导致了操作人员暴露在低氧环境中。

这个事件的教训是氮气和空气管道之间不能交叉连接(例如，采用不同的管件)。

6.12.1.2 氢气反串至氮气系统

在聚合物装置停车期间，操作人员应当拆除管帽将氮气吹扫软管直接连接到降压系统的隔离阀下游，但操作人员错误地将氮气吹扫软管连接到切断阀上游的350PSI(2.41MPa)氢气系统的加压管件上。2h以后，可燃气体分析仪在没有可燃物的地方偶然探测到可燃物。操作人员和主管处理报警时也没有发现任何烃类。在失误操作两个半小时后，装置的最后脱气仓发生了爆炸，触发了自动喷淋系统进行灭火。

这家公司采取的做法与上述事故有所不同。该聚合物装置采取的一项措施是强制要求所有临时管道与含有可燃物的管道连接时，必须安装止回阀以防止反向流，且止回阀的压力等级必须能够承受两种流体中的最高工艺设计压力。

此事的教训是工艺管线和氮气之间不应直连。如确实需要直连，应该对线路进行专项确认。

6.12.2 设计考虑因素

本节不介绍设备失效场景以及针对公用工程设计的解决方案。因为装置的公用工程系统设计已经在标准中涵盖。本节将重点说明因公用工程失效或者功能故障导致的泄漏。

6.12.2.1 电力

电力有各种用途，包括驱动设备和机械、运行仪表和控制系统、为工艺操作加热以及管道伴热等。

工艺设备失去动力相当危险。控制温度和压力的冷却风扇或加热环管发生故障，会导致没有风来阻止易燃气体的积聚，产生其他重大危害。备用电源通常属于装置设计内容。电气系统的危害在于形成潜在的点火源。电气爆炸危险区划分是将易燃物料与点火源分开，电气爆炸危险区划分在第7章中讨论。

重大的危险包括以下方面：

- 常见的故障，例如，断电、冷却水泵故障、装置公用工程故障等。

- 泵和压缩机故障。
- 关键仪表、应急照明、计算机控制系统和润滑油泵的故障可能是灾难性的。应采用不间断电源和应急发电机来解决。

有时需要设置应急或备用电源系统以保护人员安全及装置完整性。这类系统的设计应能够进行可靠性和随时启用的测试。

6.12.2.2 应急电源

应急电源供电可用于工艺单元或装置的安全停车，但也可人为中断。IEEE 446(参考文献 6-60)涵盖了大量的应急电源系统的应用和设计。柴油发电机应每周至少运行一次，每次全负荷大约运行半小时，如果运行失败应发出警报。

不间断电源(UPS)主要用于控制系统以及需要连续供电的其他系统，UPS 设计是关键负载的主要电源。UPS 不仅为关键负荷提供连续电能，还可实现与交流主回路的完全隔离(通过整流逆变回路)，并经逆变器获得稳定的交流输出。UPS 与其他备用电源的不同之处在于它是真正不间断的，因为它提供"在线"的连续电源供应。包含切换装置的其他备用电源系统，其切换时间通常由几个周波至几秒钟或更长时间不等。因此，UPS 是化工装置关键工艺和安全停车系统的推荐电源。UPS 系统出现故障应发出警报。

不间断电源(UPS)应用的一个重要方面是选择关键负荷。安全系统、安保系统以及操作系统中需要连接到 UPS 供电系统的设施包括以下方面：

- 分布式控制系统(DCS)工艺计算机及相关的视频显示装置、打印机等；
- 工艺包装单元计算机系统；
- 装置停车系统(DCS 和 SIS)；
- 相关安全仪表(气体分析器、色谱仪)；
- 关键控制和联锁；
- 火灾报警和探测系统；
- 通信系统；
- 大型旋转设备现场控制盘。

当发生电力故障时，电动泵和电动压缩机将停止运行，工艺操作将开始偏离正常值。这时可能需要启动工厂紧急停车预案。装置停车需要可靠的、持续的供电以使工艺达到稳定的状态，确保安全且不会危及设备的完整性。应识别在紧急情况下需要运行的所有仪表和控制设备，并由不间断电源(UPS)供电，以使装置能够有序的停车或维持装置的安全备用状态。

普遍认为，从 UPS 总线为人员安全以及工厂完整性的监控设备供电是合理的。火灾报警和探测系统也属于这一类。现代工艺单元设备包，如用于氢气回收的变压吸附(PSA)单元，配备了单独的工艺计算机来调控阀门、产量参数以及安全程序。建议采用 UPS 给这一负荷供电。

应当慎重选择不间断电源(UPS)的设备规模及其应用范围，确定必须保持连续运行的关键流程以及安全相关系统，而不要让不太重要的负荷给不间断电源(UPS)带来过重的负担，因为其他备用电源系统同样能够满足这些非关键性负荷的要求。

另一种情况是晃电。在这种情况下，仪表可能会通过打开或关闭阀门对断电做出反应。电力恢复后，当这些控制器试图恢复正常运行时，可能会造成严重的工艺紊乱。气动系统尤其如此。

6.12.2.3 蒸汽/凝液

蒸汽经常被用作化工过程的一部分，例如驱动机械，为工艺提供热源或伴热，以及作为安全措施通过熄火来控制工艺反应和吹扫操作。对失去加热蒸汽的场景应进行分析，如：反应物变冷是否会产生冷凝或凝固导致不安全状态。蒸汽经常作为电机的安全备用。如果不能通过高可靠性的设计来保证，一旦断电，整个装置范围就会紧急停车。考虑断电时采用蒸汽系统操作是一种常见的设计原则。

蒸汽系统设计需要考虑以下因素：

- 热膨胀回路。
- 蒸汽冷凝时可能产生的真空(体积减小 1599 倍)。
- 蒸汽系统开停车时产生的液压水锤(潜在能量)。
- 蒸汽加热器的凝液需要排放和回收。
- 蒸汽和凝结水主管在装置界区线或其他重要部位处设置隔离切断阀的作用。
- 为人员安全防护设置蒸汽管道保温隔热。
- 蒸汽管道和伴热管道设计应考虑热膨胀，并避免出现液袋。
- 一台锅炉失效的备用问题。

由于装置蒸汽中断造成的问题如下：

- 吸热反应失去热量。
- 储罐蒸汽盘管失去热量导致物料凝固。
- 采用蒸汽驱动泵和喷射器的工艺驱动力中断。
- 蒸汽伴热管和排放口冻结。
- 失去吹扫蒸汽。
- 火炬单元失去稀释蒸汽。

6.12.2.4 冷却水

冷却水发生故障可能导致严重的过程危害。通常配置备用电源或备用泵(蒸汽和电驱动)，以允许仅损失部分冷却水。当一台泵故障时可开启备用泵。

添加缓蚀剂或除氧剂，或者调节 pH 值，通常可以防止冷却水系统的腐蚀问题。需要特别考虑装置或工艺中的异常环境条件(如使用高盐度海水进行冷却)。由于设备冷却主要靠冷却水系统带走工艺热量，因此必须保持冷却水的清洁和无污垢，以避免设备或冷却水系统自身出现问题。需要考虑工艺物料泄漏到冷却水中的可能性，造成冷却塔可能出现有毒、易燃或腐蚀性物料。高温储罐中的加热盘管漏水可能会导致沸溢。应考虑冷却塔的防火问题。冷却塔在运行中曾经发生过火灾，即使当时还有水在流动。

通常为单台设备配置隔离阀，一旦发生泄漏不需要整个系统停止运行。隔离阀在排除故障时也很有用，可以确定是哪个传热设备发生了泄漏。

6.12.2.5 惰性气体

为了降低爆炸危险，用惰性气体替代空气可以将氧气浓度降至最低，从而避免形成爆炸性混合物。气体控制用于反应器、储罐、火炬总管、离心机、干燥器和气流输送系统。

惰性气体系统的设计应确保在所有可能偏离设计条件的情况下气体浓度都在可燃极限范围之外。为确保系统的安全运行应监测氧气含量，并配备联锁装置，以便在氧气含量上升时关闭系统。最好使用不同类型的分析仪来重复监测吹扫系统的气体组分含量。颗粒物、凝结蒸汽和腐蚀性气体会影响氧气传感器的正常运行，因此需要过滤去除(参考文献 6-61)。

惰化系统的安全设计考虑因素(参考文献 6-62)贯穿于装置设施的全生命周期，主要包括以下方面：

- 惰化设备的压力指示；
- 防止回流和污染的止回阀；
- 采用流量指示以验证泵运行期间惰化过程是否充分；
- 定期测试系统的能力；
- 真空系统应设置氮气破真空阀和氮气源切断阀；
- 用于火炬系统的不燃性气体(弛放气)或蒸汽，以防止回火；
- 设定炉体吹扫定时器，保证吹扫炉膛体积的 4~6 次。

氮气和二氧化碳等气体经常被用来代替氧气维持工艺压力稳定。考虑到工艺原因，通常需要采用无反应性气体，例如聚合反应。在某些情况下，氮气可能会参与反应，此时应使用氩气代替。需要保证激活阻聚剂的最低氧浓度，例如在反应单体系统中。

在装置开车前，应用氮气、二氧化碳或来自惰性气体发生器的气体来置换空气。设备联机的过程十分复杂，需要整合多个系统以避免再次引入空气或水。

惰化可防止在罐体气相空间中形成易燃蒸气混合物，从而降低固定顶储罐发生火灾的可能性。惰性气体(通常是氮气或二氧化碳)被用来置换罐体气相空间中的空气，去除火灾燃烧所需的氧气。将惰性气体送进储罐通常采用两种方法：加压系统或恒定流量调节法。必须小心确保惰化系统的尺寸能够提供操作过程中所需的最大气体流量，以防止罐内出现真空。此外，还必须考虑惰化系统在关闭位置发生故障时会出现的情况。如果不引入额外的危险因素，可以考虑安装真空安全阀，用空气作为惰性气体的备用气源来防止罐体坍塌。不过，有些公司宁愿让罐体坍塌也不愿意将空气引入装有易燃物料的罐体。另一种方法是使用气囊罐作为备用。

惰化系统的设计应确保在压力调节器下游的惰性气体供气管上没有低点。还必须注意的是，对储罐惰化并不能阻止物料蒸气释放到罐体的气相空间。物料蒸气会扩散到惰性气体中直到形成平衡状态，就像在空气中一样。在设计储罐吹扫系统及评估装置有毒和挥发性有机化合物(VOCs)物料排放时，这一点非常重要。

惰化的另一个目的是控制氧浓度，适用于那些可能形成过氧化物或氧化生成不稳定化合物(例如金属羰基化物等)的工艺物料，或者用于工艺物料会被空气中氧气降解的地方。必须确保有足够的惰性气体供给，且必须连续监测供给压力。

设计人员应考虑是否需要采取额外措施来供给惰性气体。必须特别注意以下情况：在局部氮气消耗量较大的情况下(例如，对一个大型釜进行惰化处理)，主管道中的压力可能会大幅下降，导致主管道可能会被同时连接的其他设备中的气体或蒸气所污染。根据应用场合的要求，惰性气体的成分(如含水量、污染物)对工艺安全非常重要。必须通过技术和管理措施确保达到所需的惰化水平。例如采取以下措施：

- 惰性气体流量和压力的控制与监测；
- 连续或间歇测量氧浓度；
- 在标准的操作规程或工艺计算机程序中明确正确的操作信息，以达到足够的惰化程度；
- 当需要人员进入处于惰化状态的储罐和反应器进行操作时，应控制对操作人员氮气窒息的健康危害。

6.12.2.6 仪表风

为确保仪表和控制系统正常运行需要高质量的仪表风。特别是湿度必须降到非常低的程度，以避免腐蚀和冻结问题。压缩空气系统也必须无油。如果空气系统没有充分干燥而含有水分，可能导致管道和仪表内部腐蚀和锈蚀故障。

采用另一种适用的流体作为仪表风的“备用”经常被认为是有效益的。通常选择氮气作为备用流体。这不会给仪表带来严重问题。然而，从人员安全角度来看，在控制室、建筑物或容器等封闭空间中的氧浓度可能降低至威胁人员生命安全的水平，这是一个鲜为人知但重大的危险。当氧气浓度低于16%时，人会出现呼吸困难的症状(参考文献6-63)。此外，吸入两口纯惰性气体也可能致命。老旧控制室的气动设备由于采用连续泄漏的仪表风运行，因此特别容易受到影响。

如果采用惰性气体作为仪表风的备用气，则设计应提供以下措施：

- 标明仪表风管道中同时含有惰性气体和空气；
- 启动备用气时发出适当的报警。

随着电子仪表和分布式控制系统仪表的发展，与采用气动仪表相比，中央控制室更不容易受到气体这种危险因素的影响。新装置建设中的主要问题通常发生在小型建筑中，如分析小屋。这类建筑平时无人值守，仪表系统是按照“气候控制型”环境，但通常没有专门的暖通空调系统；没有采用通常“改变”内部气候条件设计的小型单元设备。与其增加一个备用系统，不如认真设计一套足够安全的仪表风供给系统。

在设备维护期间，有时会通过鼓风机或引射器将工厂仪表空气通入容器或其他密闭空间，以保障内部空气流通。在寒冷天气里，工厂风的湿度必须很低，仪表风和工厂风系统是相同的。仪表风的备用系统由空气钢瓶组成。如果需要大量用风可采用氮气，但必须有规定确保安全呼吸的空气环境。

多年来，已经提出了许多方案来解决将可靠性很高的氮气系统产生的气体作为压缩空气系统的备用。根据系统的设置，可采用多种不同的有效方法安全地处理。在现代装置中，一些小型现场建筑中放置的色谱仪和其他仪器由于各种原因需要使用压缩空气(包括吹扫外壳)。如果这些建筑是用氮气作为备用气源应设置一系列检查程序，并配有明亮醒目的灯光报警，当临时使用氮气时发出警报。此类系统必须经过非常严格的工程设计和全面审查，并定期审查执行程序的符合性。

某公司采用压缩氮气为压缩空气系统备用时，遵守了这样一个由来已久的程序：当切换供气系统之前，操作员对失效的供气系统进行监控，并鸣响区域疏散警报。警报提醒所有非必要人员立即离开，特别是使用压缩空气的几座小型专业建筑内的所有工作人员。操作员应迅速前往每个小型封闭的仪表建筑，并确保建筑内没有人。然后操作员把房门锁上直到解除警报。此外，每个靠近入口门的建筑外墙上都安装氧气监测器。

6.12.2.7 燃料

燃料系统(工艺气、天然气、废物流等)的故障将影响许多需要控制温度和压力的工艺。受影响的系统可能包括以下方面：

- 锅炉；
- 加热炉；
- 发动机驱动；
- 压缩机；
- 燃气轮机；
- 燃烧式再沸器。

常规设计一般包括了这些燃料的易燃危害防范措施，但经常忽视临时操作或紧急操作时候的措施。为此，可采取多重联锁、严格无空气操作以及其他控制措施，使操作燃料系统尽可能成为失效安全型。另外，可燃气体或氧气分析仪也经常可以为装置操作人员提供必要的信息。

6.12.2.8 传热流体

传热流体在化工、石油和太阳能领域有着广泛的应用。传热流体的操作温度范围适用于加热和冷却过程的热传递，与蒸汽或水相比，传热流体的传热范围更广。传热流体被用于许多场合的传热优化过程，例如在高温下需要精确控制温度的场合，或者是必须防止水(或蒸汽)与工艺化学品接触的场合。此类工艺的例子包括有机化学品、药品、树脂和塑料的反应容器；胺和乙二醇再生的再沸器；注射和挤出塑料的模具，以及固体干燥剂的再生气体。

这些传热系统具有潜在的巨大破坏性，因为涉及在泵输送热易燃液体的同时还存在一个或多个不利因素。例如，传热液体温度高于其闪点；系统存在大量滞留和高流速物料；管道和用户设备遍布整个装置；管道和用户设备毗邻其他重要设备或附近的可燃物。虽然传热流体比其他流体具有更好的传热控制能力，但一旦泄漏的流体(即使是微量的)接触到工艺设备上暴露的热表面时也会造成严重后果。装置设计应评估工艺流体倒流到导热流体系统(或反之)的情况。

熔盐技术是一个笼统性术语，包括各种多样化的技术，如电化学、传热、化学氧化/还原浴和核反应堆。所有这些技术都与熔盐的以下特性有关：

- 可用作溶剂；

- 具有良好的传热特性(热容量);
- 功能类似于流体;
- 能达到非常高的温度;
- 能导电;
- 有些熔盐具有化学催化性质。

根据熔盐成分不同，其温度范围也不同。不过，大多数熔盐在801℃(1474℉)左右熔化成液体。这种液体很稳定，比热容类似于水(按体积计算)，流动性也与水相似。两者的主要区别在于，熔盐状态下可达到明显更高的温度，而且当熔盐凝固(冻结)时会收缩，而不是像水一样会发生膨胀。因此，管道中凝固的熔盐不会像水凝固那样把管道撑破。

钠和氯都是众所周知的反应性物质。钠是带正电的，是最易失电子的物质之一，而氯是带负电的，是最易得电子的物质之一。这两种相反的物质很容易相互结合，通过强离子键形成稳定的氯化钠。

6.12.2.8.1 系统设计考虑因素

传热流体系统的设计取决于工艺设计。例如间歇式与连续式工艺、工艺控制原理等。传热流体的选择需要考虑温度范围、峰值温度和峰值负荷，也应该考虑可利用蒸汽或其他公用工程的温度。防止泄漏和温度调节是关键的设计原则。导热液体的最终应用可参考制造商资料。

用于传热流体系统的仪表和控制系统与常规工艺控制系统相似。大多数仪表系统用于加热器或蒸发器以及用能单元的加热或冷却控制机制。加热器的控制系统根据流体流量或出口温度调整点火嘴比例。在某些情况下，控制可以简化为开/关或高/低机制，取决于工艺要求的精确程度。然而，由于热传导流体操作中最关键的变量是温度，通常建议单元配备调节式温度控制器。在每个用户处安装单独的温度控制器可进一步实现适当的输送能量，也可以咨询制造商文献了解更多信息。

随着流体的降解通常会降低流体的闪点、燃点和自燃温度，这将导致危险性增加。正如 Ballard 和 Manning 所讨论的(参考文献6-64)，对流体进行定期分析非常重要。对于其他传热流体的特殊分析可咨询制造商。应考虑使用自动取样装置。为了针对每个特定系统建立降解曲线，在初始阶段需要频繁地进行测试。从根本上说，流体是否需要更换必须根据具体情况决定。继续使用降解的液体可能会造成灾难性的后果，例如传热表面出现无法修复的污垢。另一方面，废弃可用的液体也是一种浪费。了解加热器性能下降的速度和液体降解的程度是决定何时需要更换流体的关键因素。

从正常维护和检查的角度来说，无论系统的设计运行时间多长都必须不定期的清空(排空)和消除(清洗)碳氢化合物。系统设计应使"常规"设备，特别是循环泵也可用于清空。不过，系统中的某些组件，特别是过滤器和循环泵，必须更频繁地进行排空，而系统的其他部分可继续运行。除了考虑适用于整个系统外，还需要考虑对这些设备专门进行清空和清理的操作。

在渗漏和压力测试完成后应选择和使用非吸收性隔热材料。在可能发生泄漏的地方，或者是不使用隔热材料而使用非吸收性隔热材料、防喷罩，或者是采用经过处理的可防止传热液体渗透的隔热材料。

6.12.2.8.2 传热系统安全设计的考虑因素

需要考虑的其他因素包括:

- 系统中的挥发物。开车时应缓慢加热使挥发物(如水)排放出来。
- 与工艺流体的相容性/反应性。设计中可考虑采用焊接管板或其他的专用设计。
- 使用导热液体回路伴热需要专门的应用技术,可查阅制造商资料。传热流体回路属于ASME第1节“锅炉规范”的范畴,需要额外的泄压设计。
- 乙二醇(或丙二醇)/水系统需要更详细的设计标准,因为管束腐蚀可能会导致交叉污染。可能需要防冻保护。
- 分解产物可能会在金属传热表面形成沉积物,导致局部过热和金属失效。
- 除了水压测试外(参考文献6-65),还应考虑进行专门的泄漏测试。详细测试程序请咨询制造商。

6.12.2.9 工艺放空和放净

工艺放空口和排水口,包括排放控制设备经常被忽视,但却是间歇式系统安全操作的重要因素。如果对这些位置关注不够,可能会导致系统内不相容的物料形成可燃气体环境,或使排放控制设备超载。需要特别注意的项目有:

- 消除管道中的积液或疏水阀;
- 识别所有可能同时向公共管道或设备排液或排气的工艺流体或设备;
- 与其他流体混合之前预先清洗;
- 选择适当的制造材料;
- 确定是否需要排气水封罐。

6.12.3 参考文献

6-60. IEEE 446. *Recommended Practice for Emergency and Standby Power Systems for Industrial and Commercial Applications.* The Institute of Electrical and Electronics Engineers, Inc. New York, New York. 1995.

6-61. Halpern, G. S., Nyce D., and Wrenn. C, *Inerting for Safety*, 20th Annual Loss Prevention Symposium, Paper No. 82C, New Orleans, American Institute of Chemical Engineering. New York, New York, 1986.

6-62. CCPS. *Guidelines for Technical Management of Chemical Process Safety.* Center for Chemical Process Safety of the American Institute of Chemical Engineers. New York, New York. 1992.

6-63. AIGIH. *Industrial Ventilation, A Manual of Recommended Practice for Design, 27th Edition*, ASHRAE/American Conference of Governmental Industrial Hygienists. New York, New York. 2010.

6-64. Ballard, D., and Manning W. P., *Boost Heat Transfer Systems Performance*, Engineering Progress, Vol. 86, No. 11. p 51-59, 1990.

6-65. FM Global. *Heat Transfer by Organic and Synthetic Fluids.* Property Loss Prevention Data Sheet 7-99. Factory Mutual Global. Norwood, Massachusetts. 2009.

建议补充阅读

Cadick, J., et al. *Electrical Safety Handbook.* McGraw-Hill. New York, New York. 2005.

IChemE. *Hazards of Electricity and Static Electricity.* BP Process Safety Series. Rugby, U. K. 2006.

7 保护层

所有工艺设计都存在发生故障的可能性。最令人担忧的过程安全事故通常涉及设备泄漏，有害物质的泄漏可能导致火灾、爆炸或有毒物质释放，对员工、公众或环境构成潜在威胁。

本章介绍了工程设计中的保护层概念。值得注意的是，人员干预同样可以提供一道保护层，需要通过制定规程和培训来实现其效果。然而，在许多情况下，由于需要快速反应，自动化响应机制是必需的，也就是说，操作人员的反应速度不够快。

预防性安全措施是指在事件引发原因发生后阻止特定损失事件的发生，即在事件序列中介入引发原因和损失事件之间的保障性措施。减缓系统设计用于降低事故后果，以维持工厂的安全性和可操作性。减缓系统是在设备泄漏已经发生或者事故发展到预防性安全措施不起作用时发挥保护作用。保护层的概念如图 7.1 所示。

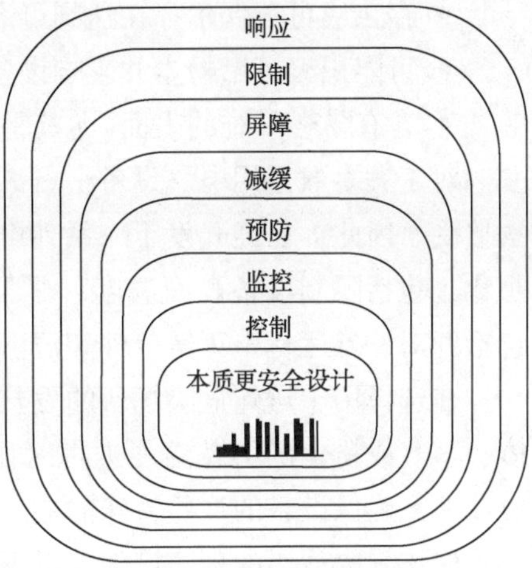

图 7.1　保护层的概念

本章讨论了预防性保护层和减缓性保护层。举例如下：

- 安全仪表系统(SIS)用于根据预设的工艺条件关停工艺过程，例如，当反应器内温度过高时，系统会关闭加热并启动冷却。
- 泄压系统用于防止设备超压或产生真空。例如，当压力容器顶部的控制阀故障关闭时，泄压阀将打开，将压力释放到安全地点(如火炬系统)。
- 当发生泄漏时，设备隔离和排放系统用于限制泄漏的物料量。例如，当泵密封泄漏时，可以远程关闭泵入口处的远程控制阀。
- 检测与报警系统用于检测易燃或有毒物质泄漏并发出报警，以便操作人员或应急响应人员能够及时采取行动。
- 耐火保护用于保护框架构件，确保发生火灾时结构支撑不会倒塌。
- 爆炸抑制与隔离系统用于检测内部火灾或爆炸并发挥熄火或隔离作用。
- 消防用于控制火灾和灭火。
- 排放控制用于管理和控制液体溢出或蒸气排放，并确保危险废物得到妥善处理。

7.1 点火源控制

7.1.1 电气爆炸危险区划分

许多生产设施中都存在着易燃液体、蒸气和气体、可燃粉尘和可燃纤维等危险物质。这些物质对于生产过程是必需的，是在生产过程中产生的，或者是不可避免的副产品。

人们早就认识到电气设备可能成为此类物质的点火源。点火能量主要以火花形式产生或者因设备运行温度而造成。建立电气爆炸危险区和区内分级的概念是为了根据区域内存在易燃混合物的概率对发生点火事件的风险进行分级衡量。

包含以下任何一种情况的空间都属于爆炸危险场所：

- 存在或可能偶尔存在达到可燃浓度的易燃气体、蒸气或粉尘的环境；
- 可能积聚可燃粉尘并影响设备散热的电气设备；
- 含有易燃纤维的表面(尤其是水平表面)。

对于大多数通用电气设备，点燃达到易燃浓度的蒸气、粉尘和纤维的概率高到令人无法接受。因此，已经开发了一系列电气设备，通过特殊设计和结构特点将这种点燃概率最小化，包括限制设备表面温度、尽量减少产生火花的可能性以及控制蒸气进出电气外壳，包括针对设备运行不正常条件和清洗/检修条件。

在选择用于爆炸危险场所的发热电气设备时，应该将其最热外表面工作温度与周围气体、蒸气或粉尘的引燃温度进行对比。应该考虑干燥或碳化的有机粉尘会降低引燃温度。应该注意确保设备的这些特殊功能与其可能接触物质的易燃性和点火特性相匹配。

应该采取适当的预防措施，以不破坏保护完整性的方式来维护爆炸危险场所内的设备。应该遵循制造商、代理机构或 NFPA 70B(参考文献 7-1)的指导。

在实际可行的情况下，应该通过以下方式降低电气设备点燃可燃气体、蒸气或粉尘的可能性：

- 杜绝使用有害物质，通过更换工艺或物质替代可实现这一目标。
- 维持工艺设备的机械完整性，防止物料泄漏到工作场所。
- 采用正压、通风、隔离、封闭或其他适当的手段对爆炸危险区加以限制。
- 将电气设备布置在爆炸危险场所之外，或者用手动或气动操作代替电气操作。

根据所使用物料的特性及其周围大气环境对场所进行划分。影响危险区划分的要素包括存在的易燃或爆炸性物质、操作温度和压力、闪点、自燃温度、物料的蒸气相对密度、粉尘或纤维的电阻率、爆炸压力、粉尘层引燃温度、开式或闭式管道，以及通风情况。易燃液体和可燃液体的定义见 NFPA 30(参考文献 7-2)。

在确定危险区划分时，必须分别考虑每个房间、局部或区域。排液、断开软管连接、装桶和取样等正常活动会影响电气爆炸危险区划分。还应该考虑区域的整体划分情况，例如考虑处理单元内的控制室。尽管处理单元可能被划分为电气爆炸危险区，但控制室可能是正压的，应划分为非危险区。

7.1.1.1 传统的美国电气爆炸危险区划分系统

爆炸危险场所传统上采用分类、分级和分组。按照危险区划分要求来选择指定区域内使用的设备并设计系统。NEC 第500条(参考文献7-3)和API 500(参考文献7-4)对这种方法进行了定义。

爆炸危险场所分为三类:

- Ⅰ类危险区：特征是含有从易燃或加热的可燃液体中逸出的易燃蒸气，以及含有易燃气体。
- Ⅱ类危险区：含有在空气中悬浮的可燃粉尘或可燃粉尘积聚，会干扰电气设备散热或被电气设备点燃。
- Ⅲ类危险区：含有纤维积聚。

对于Ⅰ类和Ⅱ类危险区，1级场所在正常操作期间可能包含危险情况，或由于维修经常包含危险情况。2级场所仅在异常情况下(如工艺故障或设备失效)才可能包含危险情况。这两个级别是基于大气中存在危险的可能性划分的，控制或规定该区域内设备的设计、施工和操作特性。工程实践允许在危险物质存在可能性较低的地方采用较低级别的保护。因此，1级场所的设备制造标准高于2级场所的设备制造标准。

对于Ⅲ类危险区，区域分级是基于该区域是用于加工还是储存。制造区可能是1级场所，仓库可能是2级场所。

设备的保护特性还取决于设备所面临的危害程度或严重性。为方便起见，Ⅰ类危险物质通常根据其物理性质和特性分为四组。粉尘是Ⅱ类物质，也根据危害程度进行类似分组。

7.1.1.2 设备

一旦划分了爆炸危险场所，就应该为该区域选择合适的电气设备。通常，设备在该爆炸危险区中的使用必须获得批准。测试实验室，如美国安全试验所(UL)，按照其注册代码来测试、标记、列表或批准适合安装的设备。

应该对列入爆炸危险区的设备标注代码，以表明其所适用的环境。这些标记通常包括正常工作条件下的设备最高表面温度。

众所周知，适用于危险场所的电气设备类型是防爆电气设备。这种设备适用于某些Ⅰ类1级场所和Ⅰ类1区场所(当注明适用于这些场所时)。防爆设备不适用于可能长期存在达到可燃浓度的气体或蒸气的Ⅰ类1级场所，或者Ⅰ类0区场所。防爆设备适用于遏制爆炸，不允许释放足以点燃该区域内危险大气的能量。

近年来，电气爆炸危险区的划分更为关注释放风险以及与释放点的距离，而不是易燃蒸气/空气混合物的风险。因此，建筑物或单元内的设备类型并非全部防爆，通常是混用的。

适用于Ⅱ类1级场所的类似设备被称为防粉尘点燃设备。防尘密闭设备设计用于Ⅱ类2级场所。这些术语不应该与标有“防尘”的设备混淆。防尘设备的构造或保护措施使粉尘不会干扰其正常运行。这个术语并不意味着设备适用于爆炸危险区。

防爆和防粉尘点燃外壳最常用于危险区，非危险区内的电气设备可以采用美国全国电气制造商协会(NEMA)的其他类型的外壳。

7.1.2 吹扫外壳和正压通风外壳

另一种允许在危险区使用传统(非本质安全型)电弧设备的方案是借助干燥空气或氮气吹扫和正压通风系统创建一个危险性较低(或非危险性)的外壳。吹扫安排见 NFPA 496(参考文献 7-5)。NFPA 70 第 500 条(参考文献 7-3)讨论了正压通风。应该提供适当的防护措施，防止通风系统失效。

例如，大型工艺压缩机的就地控制盘可能需要大量电气元件(如继电器、开关和按钮)，这些元件无法装入铸造金属外壳。有效的替代方案是设计一个正压金属板外壳，并在外壳内形成并维持非危险环境。NFPA 496(参考文献 7-5)和表 7.1 描述了几种类型的吹扫外壳和正压通风电气设备外壳(称为 X 型、Y 型、Z 型)。

表 7.1　吹扫电气设备外壳和正压通风电气设备外壳

类　型	描　述
X 型	将外壳分级从 1 级降至非危险级
Y 型	将外壳分级从 1 级降至 2 级
Z 型	将外壳分级从 2 级降至非危险级

吹扫外壳有以下要求：

- 需要清洁、干燥空气源或惰性气源(如氮气)。
- 采用压缩机(或压缩气瓶)或机械通风系统维持外壳内的正压。
- 设置通电联锁装置，防止在吹扫外壳之前通电运行，并在压力降到安全值以下时切断系统电源。
- 有措施能确认有足够的吹扫压力(如转子流量计、仪表等)。
- 有措施能检测到失去正常最低吹扫压力并报警。

吹扫外壳维护起来较为困难，因此应该作为最后的安全措施。NFPA 496(参考文献 7-5)解释了根据危险区等级降至低危险区或非危险区而采用的不同类型吹扫系统。

正压通风主要用于体积较大的区域，如控制室或配电室。在这种情况下，新鲜空气进口的位置应该确保空气清洁。用一台抽风机来维持建筑物内的正压。

7.1.3 危险场所的低能量电气设备

适用于危险场所的另一种电气设备是那种可能输出的最大能量不足以点燃危险物质的设备。应该用专门设计的电气隔离来控制此类设备的供电。此类电气设备应该具有兼容性。

本质安全型设备和配线被定义为在标准温度和压力下不能释放出足够的电能以点燃处于最易点燃浓度的特定危险物质。本质安全型设备主要限于低能耗的过程控制仪表。此类别中的几种商业设备已被列入美国安全试验所(UL)和美国互助保险公司(FMEC)的名单。需要注意的是，安装本质安全型设备及其相关配线时，应该用不透气的屏障将其与非本质安全型电路隔开(参考文献 7-1)。

随着手机、无线电等手持电子设备时代的到来，这些设备应该具有本质安全性或者针对其使用的电气爆炸危险区进行设计，这一点非常重要。

本质安全型系统的设计测试和评估见ANSI/UL 913(参考文献7-6)。NFPA的美国国家电气规范(参考文献7-3)总结了此类设备安装的注意事项。允许使用通用外壳作为本质安全型配线和设备的外壳，而不是传统(非本质安全型)的电弧设备必须使用的更昂贵的防爆或防粉尘点燃外壳。这是一种改进，在提供安全系统的同时，避免了采用防爆配件和防爆箱体或防粉尘点燃外壳带来的长交货期和高成本问题。

在正常工作条件下，非易燃设备和配线无法释放足够的电能或热能来点燃特定危险大气环境的混合物(参考文献7-1)。

美国国家标准协会(ANSI)/UL 913(参考文献7-6)定义了允许在Ⅰ类1级区域使用的低能量本质安全型电气设备和相关设备。2级场所允许使用非易燃电气设备。本质安全型和非易燃设备及允许用途见表7.2。

表7.2　本质安全型和非易燃设备

类型	描　述	使用区域
本质安全型	在正常条件下最高能量的1.5倍、最不利单一故障能量的1.5倍以及两种故障的最不利组合的能量下，不会点燃形成易燃浓度的有害物质	Ⅰ类1级 Ⅰ类0区 Ⅱ类1级 Ⅲ类场所
非易燃	在正常条件下，不会点燃形成易燃浓度的有害物质	Ⅰ类2级 Ⅱ类2级 Ⅲ类场所

需要注意的是，获准在欧盟使用的本质安全型设备可能无法通过UL 913本质安全测试。这些标准类似，但并不完全相同。除非得到具有相应资质的电气工程师批准，应该避免采用按照不同规范或系统组合的部件。

适用于爆炸危险场所的电气设备可能价格昂贵且维护困难，有时可以采用其他方案作为替代，包括消除危险物质、将危险场所与电气设备隔离，或把电气设备移出危险场所。通常可以将大部分设备布置在危险性较低或无危险的场所，从而减少所需的特殊设备数量。

需要采用特殊预防措施来维护爆炸危险场所中的设备，示例见NFPA 70B(参考文献7-1)。如果维护造成某一设备的防爆认证失效，则该设备不应该在爆炸危险区内重新通电使用。应该采用替代设备。完成维护后，应该特别注意更换和正确拧紧外壳螺栓、盖子和其他紧固件。

7.1.4　通风/排气

应该对所有可能存在易燃环境的封闭空间进行通风，最好换气次数不少于每小时6次。低位排气通风对于最大限度降低蒸气积聚可能性非常重要。设计经验是每平方英尺地面面积的排气量为1立方英尺每分钟(cfm，1ft^3/min)，排气点距离地面不超过30cm(12in)。应该按照 NFPA 30(参考文献 7-2)设计通风系统。

当安装通风系统是为了降低电气爆炸危险区分区时，根据 API RP 500(参考文献 7-4)，通风良好区域的换气率应该不少于每小时 12 次。应该通过适当计算得出需要的换气次数。如果包含点火源的区域(如控制室和配电室、燃气轮机隔音罩和发电机)位于电气爆炸危险区，应该按照 NFPA 496(参考文献 7-5)进行正压通风。

7.1.5 静电

静电是由相互接触的两种不同物质分离时发生电子转移而引起的。当两种物质紧密接触时，电子倾向于在界面上重新分布，当达到平衡时，就会形成一种吸引力。当这两种物质分开时，会做功抵抗吸引力。消耗的能量转化为两个表面之间电压的增加。如果电荷存在于非导体表面上且无法逸出，这种电荷就被称为静电。同样，如果物体本身是导电的，但只与非导体接触，导致电荷无法逸出，该电荷也被称为静电。电荷可能是正电荷，也可能是负电荷，取决于电子是过剩还是不足(参考文献 7-7)。

静电放电和意外电流作为潜在的点火源往往被忽视，应该对此加以控制。以下这些情况可能导致足够强烈的放电或电弧：

- 管道中的液体流动；
- 粉尘、粉末或颗粒物的气流输送；
- 储罐、设备或容器进料产生的飞溅或自由下落；
- 粉末的混合与掺混；
- 使用湿蒸汽；
- 移动的非导电橡胶输送带，如传送带或电机皮带；
- 人员穿着非导电鞋；
- 服装产生的静电；
- 雷击；
- 来自故障设备、使用不当的电焊条或其他来源的杂散电流。

静电电荷不断地从带电体中逸出。这个消散过程在电荷产生后立即开始，并且在电荷停止产生后继续。当静电电荷的生成速率超过其消散速率时，静电电荷积累。电荷从液体消散的能力受以下多种因素影响：

- 被处理产品的电导率；
- 容器的电导率；
- 容器向大地放电的能力。

甲醇等导电流体的放电速度明显快于甲苯。对于设计工程师来说，了解工艺过程中物料的静电特性非常重要。

只要有物料输送，就可能产生静电。某些物料相比其他物料更容易产生静电。当物料具有易燃性时(如易燃蒸气或易燃/可燃粉尘)，在设计和操作阶段就需要采取相应措施以降低风险。当易燃液体和可燃粉尘流动时，主要的风险控制措施是防止电荷的积累。这一点对于开放式物料输送系统尤为重要，因为有可能存在物料/空气的混合物。

在物料输送过程中，液体自由落入设备或容器中会产生静电。使静电最小化的两种主要方法如下：

- 将进料管浸入液体中[通常距离底部15.24cm(6in)以内]；
- 考虑从容器底部进料。

混合物的最小点火能取决于其组成，许多常见烃燃料的最小点火能可能低至0.2mJ，乙炔等活性烃的最小点火能甚至更低。这个低能量阈值意味着即使是很小的电火花或静电放电也会点燃烃类蒸气云。

船舶、驳船、罐车和槽车的装卸作业或者固体物料料斗车或卡车的装卸作业都容易产生静电。进料操作应该采用降液管或者沿容器壁流下来，以避免飞溅导致静电。从桶罐向小容器的转移以及在敞开式容器中进行的某些加工操作也可能存在风险。

更多信息参阅2003版API推荐做法《防止静电、闪电和杂散电流引燃的措施》(2003 *Protection against Ignitions Arising Out of Static, Lightning and Stray Currents*)(参考文献7-8)以及《化工操作静电点火危害预防》(*Avoiding Static Ignition Hazards in Chemical Operations*)(参考文献7-9)。

7.1.5.1 接地和等电位连接

静电电荷可以去除或消散。防止电荷积累的主要方法是等电位连接、接地或两者的结合。其他方法包括避免液体或固体在空气中自由下落。

工艺框架及其包含的设备和容器应当有效接地，以确保在正常和异常操作期间以及遭受雷击时静电、杂散电荷和感应电荷能够消散。工艺设备、容器和管道之间应该等电位连接并各自接地。露天地面加工区域的设备和容器应该有自己的接地系统。布置在多层工艺钢构架上的设备和容器通常利用该结构进行接地(参考文献7-8和参考文献7-9)。

关键是接地和等电位连接系统的设计要确保接地或等电位连接路径的长期完整性。问题在于随着时间推移在各种环境条件下接地路径的完整性，而不是导电能力。地坪下的连接通常采用硬导体。绞合导体或编织导体用于需要频繁移动或插拔导线的场合。为了便于检查接地导体的完整性，建议使用裸导体。此外，应该设置多个冗余的接地路径。卡车装载或卸载时都应该接地。

绝缘法兰是对同时具有埋地钢质管道要求的密封性能和电化学腐蚀管道要求的电绝缘性能的管道法兰接头的统称，包括一对钢质法兰以及两片法兰之间的绝缘密封件，两头分别与两片法兰焊接。绝缘法兰是专门为石油、化工等行业设计和制造的。

当带电液体被倒入、泵送或以其他方式转移到储罐或容器中时，液体内同极性的单位电荷会因相互排斥而向液体外表面迁移。与容器壁接触的表面以及靠近空气空间的上表面(如果有的话)将聚集这些电荷。后一种电荷通常被称为表面电荷，是人们最关注的问题。如果液体表面任何部位与金属罐壁之间的电位差高到足以导致空气电离，则可能发生电击穿，产生的火花可能跳至罐壁。火花穿过液体表面通常是在有易燃蒸气-空气混合物存在的区域。储罐或容器的等电位连接或接地无法消除内表面电荷(参考文献7-7)。

7.1.5.2 进料速率

API RP 2003(参考文献 7-8)推荐采用慢速启动方式[流速限制在 0.914m/s(3ft/s)],直到进料管出口被覆盖到推荐的深度。由于这通常需要操作人员来控制流量,因此在进料初期可能难以完全避免物料飞溅,需要通过操作规程和培训来减缓此风险。然而,在有足够深度的液体覆盖进料管之前,仍可能发生飞溅。

原则上,可以用主动控制系统替代程序要素,通过监测储罐内的液位来控制流速。避免物料飞溅的完全被动系统通过适当抬高产品出口管道来维持罐内的最低液位。然而,即便储罐专用于单一产品且可维持最低工艺液位,因产品质量原因,储罐底部存在的滞留物料可能会使该解决方案难以应用。

7.1.6 雷电

雷击曾导致工艺设施发生火灾,也可能引起电气和计算机控制系统故障,导致工艺过程中断。

敞开式钢结构工艺框架通常不需要专门进行防雷保护,因为柱、梁、桁架和支撑均为金属材质且保证电气连通,并按照要求与建、构筑物的接地系统等电位连接。砖石结构建筑或采用非金属外墙覆层或非金属屋顶或顶层楼板的钢框架建筑通常需要防雷保护。

不导电的建筑结构可以配备接闪器(“避雷针”)和接地装置,以将雷电安全导入大地。设计阶段的建筑物应该利用导电的建筑支撑或混凝土墙体和楼板中的钢筋提供导电路径。防雷接地电阻应该小于 1Ω。有关防雷保护的更多指导,见 NFPA 780(参考文献 7-10)。

可能遭受直接雷击的处理易燃或Ⅱ类可燃液体的储罐、容器和设备,如果其金属壁厚不小于 4.8mm(3/16in),通常不需要防雷保护,前提是储罐底部接地,且定期检查、测试、并在性能退化时更换接地导体。即便如此,如果接地路径在任何点中断,罐壁的高电荷状态仍会产生电弧。如果是在易燃蒸气空间内,产生的电弧很容易引起着火。例如,雷击曾点燃因浮顶罐的密封维护不善而泄漏的蒸气。厚度小于 4.8mm(3/16in)的薄钢板可能会被严重的雷击击穿(参考文献 7-10)。工艺框架已经接地,因此不需要防雷保护。

7.2 仪表化安全系统

流程工业采用自动化技术来提升产品品质和生产效率、降低人为操作失误的可能性并减少对资源的需求。工艺过程自动化包括设计用于控制工艺过程和确保安全运行的不同仪表系统。这些系统类型多样,从简单的硬线连接系统到复杂的可编程电子系统。最新的仪表和控制系统一旦实施,对维护的需求量相对较少,但增加的复杂性可能需要在评估、设计、检验、测试和维护阶段给予更多的关注。

仪表化安全系统(ISSs)执行的功能应该在开展 PHA 时确定。这些功能在 ISA 的最新标准中被称为仪表安全功能(ISF)。相关标准 ISA 84.91.01《过程工业中仪表安全功能的标识和机械完整性》(*Identification and Mechanical Integrity of Instrumented Safety Functions in the Process Industry*)(参考文献 7-11)规定了识别仪表化安全保障措施,并确保这些措施通过足够的机械完整性来实现降低风险的要求。

如果对基本过程控制系统(BPCS)进行的设计和管理分析证明它能够达到安全要求，则可以在 BPCS 中实现某些 ISF。然而，安全仪表功能(SIF)是国际标准 IEC 61511(参考文献 7-12)以及美国标准 ANSI/ISA 84.00.01—2004(参考文献 7-13、参考文献 7-14 和参考文献 7-15)定义的特殊类型 ISF。SIF 在安全仪表系统(SIS)中实现，该系统的设计和管理旨在达到指定的安全完整性等级。这些标准要求 SIS 独立于 BPCS，以确保在 BPCS 失效的情况下能够起到保护作用。

7.2.1 安全仪表系统

2003 年，国际电工委员会(IEC)发布了关于 SIS 的首个国际标准 IEC 61511。国际自动化协会(ISA)采纳了这一标准，并以美国国家标准的形式发布，即 ANSI/ISA 84.00.01—2004。该标准遵循过程安全管理的生命周期，详细规定了如何实现并保持 SIS 的性能。ISA 还发布了 ISA TR 84.00.04《美国国家标准协会(ANSI)实施指南》(*Guidelines for the Implementation of* ANSI/ISA 84.00.01—2004)(参考文献 7-16)，为实施该标准提供了实用的指导，也提供了执行特定生命周期活动的具体示例。

ANSI/ISA 84.00.01(参考文献 7-13、参考文献 7-14 和参考文献 7-15)/IEC 61511(参考文献 7-12)要求对 SIS 实施一套管理体系。该管理体系定义了业主或运营商如何在 SIS 的整个生命周期内确保其性能。应该明确与 SIS 相关的各种人员的职责，必要时应该制定程序，以支持他们始终如一地履行职责。

ANSI/ISA 84.00.01/IEC 61511 标准建立了一个衡量 SIS 性能的量化指标，即安全完整性等级(SIL)，并规定了如何设计和管理 SIS 以达到目标 SIL。为了达到目标 SIL，需要进行严格的分析、设计、运营、维护、测试和管理。

7.2.1.1 SIS 生命周期概述

SIS 的生命周期可以通过多种方式呈现。图 7.2 是 ANSI 的 ISA 84.00.01/IEC 61511 定义的生命周期流程，涵盖了业主或运营商如何计划进行评估、设计、工程、验证、安装、调试、确认、运行、维护和持续改进其 SIS(参考文献 7-12)。由于覆盖面广，该标准有许多一般性要求，共分为 19 个条款。

生命周期包括以下 10 个步骤：

第一步：建立管理体系(第 5 至 7 条款)；

第二步：开展危害和风险分析(第 8 条款)；

第三步：为保护层分配安全功能(第 9 条款)；

第四步：设计和开发分配给非 SIS 层的安全功能(第 8 和 9 条款)；

第五步：制定 SIS 的安全要求规格书(第 10 和 12 条款)；

第六步：SIS 的设计与工程(第 11 和 12 条款)；

第七步：安装、调试和确认(第 14 和 15 条款)；

第八步：运行和维护(第 16 条款)；

第九步：变更(第 5 和 17 条款)；

第十步：停用(第 18 条款)。

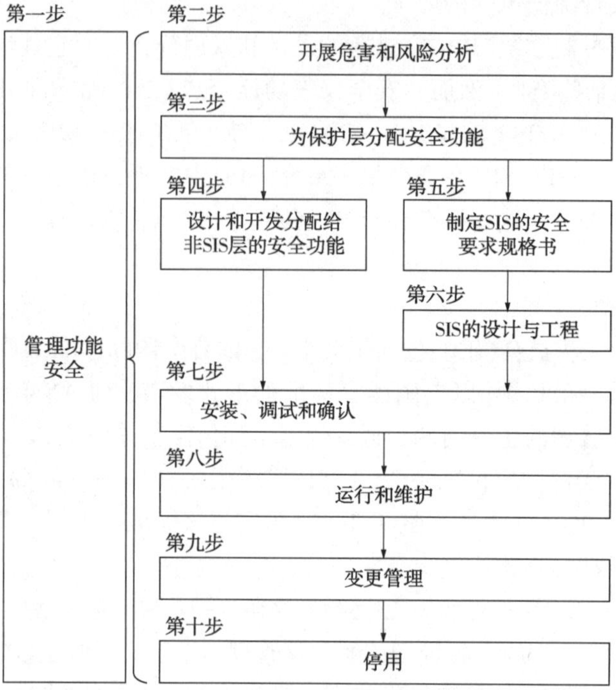

图 7.2　ISA 84.00.01/IEC 61511 生命周期流程

7.2.1.2　安全完整性等级

当危害分析确认需要采用 SIS 时，也需要确定该系统的 SIL。SIL 是基于 SIS 的需求失效概率(PFD)的量级指标，例如，SIL 1 级别的 PFD 值在 0.01~0.1 之间，SIL 2 级别的 PFD 值在 0.001~0.01 之间，SIL 3 级别的 PFD 值在 0.0001~0.001 之间。PFD 反映了当发生需求时，SIS 无法按设计方式实现其功能的概率。PFD 值越低，SIS 按设计方式实现其功能的可用性越高。

应用可靠性分析技术，可以通过数学量化计算 SIS 的整体有效性来验证分配的 SIL 等级的实现程度。此方法需要系统地计算 SIS 的所有可能状态(组合)，从完全运行到部分故障再到完全故障。虽然可以进行手工计算，但是有许多计算机程序可用于减少计算所需时间并降低出错的可能性。ISA TR 84.00.02《安全仪表功能的安全完整性等级验证》[*Safety Integrity Level(SIL) Verification of Safety Instrumented Functions*](参考文献 7-17)为验证计算提供了指导。

如果不进行定期检测、预防性维护和测试，SIS 的性能会随着时间的推移而变差。因此，需要对 SIS 进行定期测试。最低测试周期通常在 SIL 验证过程中确定，但选定的测试周期必须足以确保 SIS 在操作环境中达到所要求的风险降低。ISA TR 84.00.03《安全仪表系统(SIS)的机械完整性》[*Mechanical Integrity of Safety Instrumented Systems(SIS)*](参考文献 7-18)为开发和执行 SIS 的机械完整性程序提供了指导。

7.2.2　仪表化安全系统的工程设计

采用自动化系统[如仪表化安全系统(ISSs)]实现所需的风险降低和可靠性，需要采用全生命周期方法以及多学科合作。在设计阶段只进行部分生命周期活动，包括：

- 危害和风险分析(第7.2.2.1节)；
- 制定工艺要求规格书(第7.2.2.2节)；
- 制定安全要求规格书(第7.2.2.3节)。

7.2.2.1 危害和风险分析

根据开展危害和风险分析的时机，可利用信息的差异很大。危害和风险分析方法的选择通常受到可利用信息的影响。在研究和开发阶段，信息可能是初步的(如工艺流程图以及物料和能量平衡)，而在运行阶段，可以得到完整的设计包[如竣工图版的工艺管道和仪表流程图(P&IDs)、保护系统的设计依据以及操作和维护程序]。

在项目规划和前期设计阶段，对设计或保护层进行变更的成本相对较低，这一时期可以评估多种降低风险的方案。随着项目逐步进入全面实施阶段，任何变更都会使成本急剧增加，变更方案大幅减少。因此，在项目生命周期的初期开展危害辨识非常重要，可以尽早发现降低安全运营成本的方案。

在工艺设计过程中，在实际可行的情况下，应该通过本质更安全的设计来降低与潜在危险事件相关的风险。工艺设计者应该考虑本质更安全的设计策略(如最小化、替代、减缓和简化)以降低风险或消除潜在事件。

工作流程(见图7.3)依靠一个团队来识别危险事件，并制定和验证风险降低策略。为此，该团队应包括对工艺单元及其保护层操作有专业知识的人员。危险事件可能由工艺过程内部或外部的事件引起，包括因未能将工艺保持在安全操作限值内而导致的危险事件。有关危害评估的更详细指导，参阅《危害评估程序指南》(*Guidelines for Hazard Evaluation Procedures*)(参考文献7-19)。

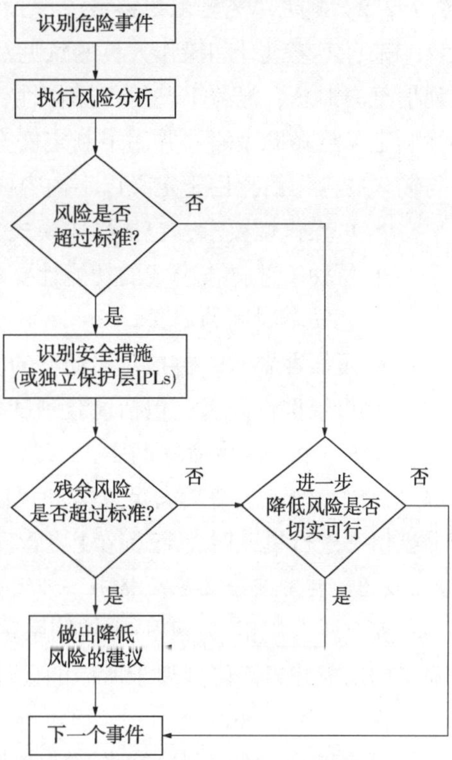

图7.3 危害和风险分析工作流程

生命周期剩余阶段的成功执行取决于对IPL的适当识别。对于每个危险事件，都应该考虑初始原因与保护功能之间或不同保护功能之间的潜在共因失效。当保护层共享管理系统、设备、控制器、支持系统、公用工程、界面等时，就会产生共因。

保护层分析(LOPA)用于评估保护层在降低危险事件频率和/或后果严重程度方面的有效性。LOPA是ANSI/ISA 84.00.01/IEC 61511推荐的风险分析方法之一，用于确定是否需要SIS。

有些保护层在降低风险方面比其他保护层更有效。某个保护层虽然可以降低事件的严重程度，但只能部分减缓，结果并不理想。在检测和响应特定类型的事件方面，有些保护层不够有效。其他保护层能够基于经过验证的设计和管理实践实现可预测的风险降低。保护层被称为 IPL，其设计和管理具有以下三个核心属性：

- 独立性：保护层的性能不受危险事件的初始原因或其他保护层失效的影响。
- 可靠性：在规定条件下指定时间内，保护层按预期运行的概率。
- 可追溯性：能够通过检查信息、文件和程序，来证明设计、检验、维护、测试和运行实现核心属性的能力。

有关保护层的更多信息，可参见《保护层分析：简化的过程风险评估》(*Layer of Protection Analysis：A Simplified Risk Assessment Approach*)(参考文献 7-20)和《独立保护层和初始事件指南》(*Guidelines for Independent Protection Layers and Initiating Events*)(参考文献 7-21)。

7.2.2.2 制定工艺要求规格书

来自工艺设计和操作人员的意见对于正确规定 ISSs 至关重要。工艺要求规格书是一系列信息的汇总，涵盖工艺的可操作性、功能性、可靠性和可维护性要求。这个工作流程最终确定风险降低策略，并用于制定安全要求规格书。过程安全信息、危害及风险分析结果与输入的操作信息用于定义以下内容：

- 可操作性要求，包括操作模式、工艺组成、操作条件、外部条件和关键等级。
- 每种工艺操作模式的功能性要求，包括对工艺测量、安全状态动作、工艺动作和工艺安全时间的定义。
- 可靠性要求，包括对误动作的敏感性。
- 可维护性要求，包括检验测试条件和补偿措施可用性。

在工艺和 ISS 生命周期中，工艺要求不断深化。在设计阶段进行验证是项目执行的一部分，以确保工艺持续满足危害和风险分析结果的要求。在 ISS 生命周期中，当对工艺要求规格书进行更改时，应遵循变更管理(MOC)。

7.2.2.3 制定安全要求规格书

安全要求规格书(SRS)由控制系统或仪表工程师编制，记录 ISS 实现危害和风险分析中确定的功能和风险降低要求所需的设计基础，然后将 SRS 交给设计人员去实施。

在开始编制 SRS 之前，应该审查工艺单元的危害和风险分析，以理解引发危险事件的初始原因和用于将过程风险降至风险准则以下所采用的保护层。ISS 应该独立于该初始原因和在同一事故场景中用于降低风险的其他 IPL。SRS 应该符合推荐了 ISS 的危害和风险分析团队的意图，并且满足工艺要求规格书要求。

相关人员应与工艺人员一起审查工艺要求，确保满足可操作性、功能性、可维护性和可靠性。根据分配给 SIF 的风险降低要求得出 SIF 及其设备的 SIL 要求。ANSI/ISA 84.00.01/IEC 61511 为 SIF 达到特定 SIL 值提供了具体要求。

将工艺要求规格书提供的一般性功能描述转化为构成 ISS 架构的元件。每个元件由硬件和软件组成，配置有特定的功能和/或物理特性。这些元件通过物理方式组织、互连或集成到整个系统架构中。

通常实施的三个主要子系统包括：

1. 现场传感器；

2. 逻辑运算器；

3. 最终元件。

ISS 现场传感器检测工艺条件。逻辑运算器处理可用信息，并根据检测到的条件执行决策。最终元件对工艺过程采取行动。

图 7.4 是典型的 ISS 元件构成方式示例。ISS 由输入子系统(如单个的传感器或表决开关)、逻辑(如离散的、计算的)和输出子系统(如泵电机控制回路或双切断阀)组成。ISS 采取的行动可以是手动的(如对安全报警的响应)或自动的(如通过 SIF)。

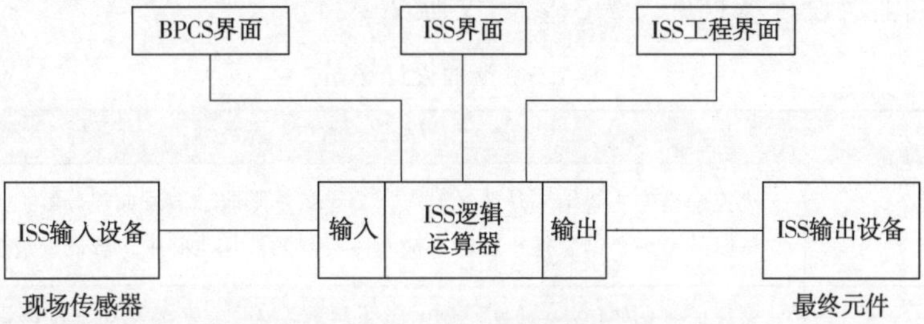

图 7.4 ISS 元件

如图 7.4 所示，ISSs 是由多个设备组成的复杂系统，这些设备必须在需要时能够正确运行。为了达到降低风险的目标，可能需要冗余子系统。冗余涉及使用两个或多个设备来执行相同的功能，例如采用多个传感器来检测相同的工艺条件。为确保足够的性能，ISSs 的实施应该使用已被证明能在操作环境中工作的设备。ISF 应该设计为失效(如失去信号、超范围值、通信中断、电力失效、仪表风失效以及其他公用工程失效)时进入安全状态。

完成的 SRS 应定义以下方面：

- 架构和配置要求；
- 机械完整性要求；
- 用于检测 ISS 故障的手段，以及系统和操作人员对检测到的故障的预期响应；
- 安全旁路 ISS(包括超驰控制或手动操作)所需的条件，以及在旁路期间应该采取的补偿措施；
- 安全复位 ISS 所需的条件。

7.2.2.4 ISS 文档管理

与过程安全系统一样，应该维护并保持最新的文档。应该编制完整的设计档案，说明 ISS 的所有方面，并分发给运行和维护管理层。

7.3 压力/真空泄放系统

紧急泄放装置和系统旨在防止因设备超压或真空而导致的设备灾难性事故。所有保护层的防护设计目标是减少泄放装置启动的次数。本节讨论超压的原因、可用的泄放装置以及确定泄放系统尺寸时遇到的问题。

设置安全阀和泄放装置的前提是被保护设备的最大允许工作压力(MAWP)和设计温度适当。泄放装置的设计应该与系统的设计温度和设计压力一致。

7.3.1 泄放设计场景

超压保护系统的设计者应该考虑当前条件下构成危害的所有场景，并根据产生的压力和/或流体应该泄放的速率对其进行评估。考虑的场景可能引起单个设备或者多个设备泄漏。超压可能由单一故障或多个故障引起，设计时应该考虑导致泄放的多个事件同时发生的概率。

导致超压的泄放设计场景见表7.3(参考文献7-22)。

表7.3 泄放设计场景

场　景	描　述
外部火灾	火灾暴露的主要结果是热量输入，会导致热膨胀、蒸发或热分解，造成压力上升。火灾暴露的另一个结果是在容器未被液体浸湿的气相空间中，容器壁过热到高温
出口堵塞	操作或维护错误(尤其是在工厂检修后)会堵塞工艺设备的液体或蒸气流出口，导致超压
操作失效	通常处于关闭状态用以隔离工艺设备和/或物流的手动阀门被无意打开，导致高压流体的释放或产生真空。 装有液体的高压容器下游的控制阀故障打开，导致过量液体进入下游容器，产生大量蒸气。 控制阀即便是按照故障安全设计，当控制模式从自动切换至手动时，若发生监管疏忽，将导致下游设备持续积聚超压风险
设备失效 (硬件失效， 如爆管或控制系统失效)	传热设备和其他容器应该配备有足够泄压能力的装置，以防止在内部失效时发生超压。 常见的空冷器失效有两种：风扇失效或百叶窗失效。 控制阀在全开位置时发生失效会导致高压流体进入低压系统。
工艺过程异常， 例如失控反应或过度放热反应	反应器的温度和压力失控可能由多种因素造成，包括冷却、进料或急冷的失效、进料速度过快或温度过高、聚合失控、污染物、催化剂问题，或仪表和控制系统失效(如搅拌失效)。 位于离心泵下游的设备的设计压力通常基于泵的关闭扬程与最大吸入压力。然而，如果下游设备设计压力较低，或者采用容积式泵，可以按照设备的设计压力设置安全阀，安全阀尺寸根据泵的容量确定。 级间分离器和循环气回路的设计压力及其相关泄放需求取决于所使用的压缩机类型、压缩机性能曲线、防喘振控制、滞止压力考虑因素以及采用的压缩机级数。 强制通风炉的炉膛设计压力应该能够承受当烟道挡板完全关闭时风机产生的超压

续表

场景	描述
公用工程失效	超压的最常见原因之一是冷却水失效。应该根据冷却水失效是影响单台设备(或工艺单元)还是整个装置来考虑该事件的不同场景。 电力失效会关闭所有电机驱动的旋转设备，如泵、压缩机、空冷器和反应器搅拌器。与冷却水失效一样，电力失效可能对装置内其他设备和系统产生联锁负面影响。应该根据电力中断是影响局部(单台设备)、单元变电站还是整个装置来考虑该事件的不同场景。 评估仪表风失效后果时，应该结合控制阀执行器的失效模式。不能假设控制阀会有正确的仪表风失效响应(故障开、故障关或保持位置不变)。 分馏塔失去回流或循环流量通常是因泵电力失效、泵跳车或控制阀故障关闭引起的。应该基于分馏塔的热平衡分析泄放速率，并考虑此热量丧失。 惰性气体系统失效可能导致设备超压，应该在泄放计算中予以考虑
热膨胀	充满液体的设备或管道在无流动条件下因温度升高而体积膨胀，造成超压，因此需要超压保护。热膨胀的热源包括太阳辐射、伴热、加热盘管、来自大气或其他设备的传热
真空	使用蒸汽作为动力源的喷射器，在维修期间可能造成真空
常压操作或接近常压操作的储罐	NFPA 30(参考文献 7-2)和 API Std 2000(参考文献 7-23)为此类超压保护设计提供了指导。特别是，NFPA 30 侧重于易燃性问题，而 API Std 2000 侧重于压力和真空排放要求。常见的储罐失效场景是排放能力不足(无论是压力还是真空)无法满足所有操作情况，再加上快速的气候变化。建议遵守 API Std 2000

7.3.2 压力泄放设施

最常见的超压保护方法是使用安全泄压阀和/或爆破片将压力泄放到敞开系统(即大气)、密闭容器或诸如火炬或洗涤器之类的处理系统中。以下各节提供了关于压力泄放设施的简要描述以及基于其性能和服务特性的使用指南。

7.3.2.1 安全泄压阀

通用式安全泄压阀用于排放背压不超过设定压力 10%的系统中。安全阀的弹簧设定值因预期的附加背压而下降。如果排放背压过高，可能导致阀门连续泄放能力的完全丧失。设计者应该检查连接到总管的其他泄放设施对每个阀门的影响。ASME 规范(参考文献 7-24)中介绍了通用式安全阀的一些机械考虑因素；具体细节应咨询制造商。

平衡式安全泄压阀可用于排放和/或附加背压很高或变化的系统。在背压上升到设定压力的大约 30%之前，平衡式安全泄压阀的能力不受背压影响。大多数制造商将平衡式安全泄压阀上的背压限制在不超过设定压力的 45%~50%。设计时应当注意，在较高的设定压力下，背压不要超过波纹管的机械极限。这可能会限制在某些情况下允许使用的最大背压。

7.3.2.2 先导式泄压阀

在先导式泄压阀中，主要泄放装置(主阀)与自作用泄压阀(先导控制单元)组合并由其控制。导阀是可以感应工艺压力的弹簧阀，通过降低主阀的不平衡活塞、隔膜或波纹管顶部的压力来打开主阀。相反，一旦工艺压力降低到回座压力，导阀会通过增加主阀顶部的压力来关闭主阀。

先导式泄压阀通常用于那些排放或附加背压过高(50%)以至于通用式或平衡式安全泄压阀无法使用的场合，也可用于需要在高设定压力下有较大泄放面积或操作压力接近设定压力的场合。实际上，当操作压力与设定压力之差在5%以内且有低泄漏要求时，经常选择先导式泄压阀。先导式泄压阀的主要缺点是通常受到橡胶或塑料活塞密封材料的温度限制，并且仅限于非腐蚀性和非结垢的场所。先导控制单元及其导管很容易被脏污或结垢的物料堵塞。

7.3.2.3 爆破片

爆破片是一种不能重新关闭的、由进口静压启动的装置，通过爆破片的破裂来实现泄压功能。爆破片由一个薄的圆形膜片组成，该膜片由金属、塑料、石墨或多种材料组合制成，并牢固地夹在夹持器中。爆破片在压差达到特定值时发生破裂，被保护系统中的压力得以释放。爆破片可以单独安装或与其他压力泄放设施组合使用。爆破片可以安装在压力泄放设施的前面以防止堵塞。如果爆破片安装在压力泄放设施之前，应该安装压力指示器，以提醒操作人员爆破片已经破裂。

爆破片有几种类型和设计可供选择，可用于压力或全真空状态。选择爆破片类型应该基于安全和操作考虑，并仔细评估供应商的替代方案。

设定压力高于0.276MPa(40psig)时，爆破片装置的爆破压力允差通常规定为5%，而当设定压力高于0.482MPa(70psig)时，泄压阀的允差为±3%。然而，对于特殊应用场合，可以定制允差要求更严格的爆破片。另外，制造过程中存在的误差可能会影响爆破片上标定的爆破压力值。由于金属在高温下强度会降低，需要考虑操作温度对爆破片定压的影响。出于担心会过早失效，需要谨慎选择图形和刀片形爆破片。

7.3.2.4 液封

液封是一种用于设计压力略高于大气压力系统中的U形液压回路。这种密封通常用于防止氧气渗入接近大气压力、超压和真空条件下操作的设备里面。为了确保在所需的设计压力下实现预定的泄放速率，密封高度和直径需要经过精确确定。设计液封时应该遵循以下标准：

- 密封回路应该充满水、油或其他与工艺物料兼容的流体，并有液位监测方法。
- 应该提供连续的密封流体以确保足够的密封，特别是在发生放空以后。密封流体的排放去向应该能够处理由于释放蒸气的污染而引起的毒性、易燃性等。
- 如有必要，应该采取防冻措施。
- 密封高度应该超过预期的系统最大压力，留有适当的余量允许压力波动。

液封的缺点是液体的惯性。液体密封不应该用于压力快速变化的情况。

7.3.2.5 压力-真空泄放阀

在某些应用场合(主要是常压和低压储罐)，用压力-真空安全阀(PVRVs)来实现压力泄放功能。这种设施将压力泄放阀和真空泄放阀组合成一个部件安装在罐顶的一个管口上。这些阀门通常在低压差的储罐正常工作条件下运行，但其尺寸也应该满足储罐的最大可能压力要求。确定尺寸时可以参考 API Std 520（参考文献 7-25）和 API Std 2000（参考文献 7-23）。为了应对紧急压力泄放，可以在储罐上增加一个安全泄放阀。

7.3.2.6 真空泄放装置

容器在某些情况下可能会由于过度冷凝或工艺条件异常而出现真空状态，所以应当防止真空造成的设备塌瘪。为此，设计工程师可以选择按照全真空或部分真空来设计容器，或者安装真空泄放装置，或者允许空气、氮气或燃料气进入容器以避免真空形成。如果真空泄放来自总管，应该确保总管中不含可冷凝的蒸气。在实践中，按照全真空设计通常被认为是一种本质更安全的方案。Glinos 和 Myers（参考文献 7-26）讨论了常压蒸馏塔真空泄放阀尺寸的设计。

7.3.3 确定压力泄放系统尺寸

设计的一个关键点是确定泄放系统应该按照单相流还是两相流设计。两相流通常出现在失控反应期间，然而，即便在不太复杂的系统设计中，也可能需要考虑两相流的情况，例如装有气体分布器的容器，或者在架起的设备底部发生火灾时。

7.3.3.1 蒸气工况

API Std 520 第一部分（参考文献 7-25）推荐了气体或低压蒸气泄放阀排放面积的计算公式。明显偏离理想气体定律行为的异常工况应该参阅 API Std 520 第一部分。

7.3.3.2 液体工况

需要确认液体泄压阀的排放量。排放量确认程序包括确定在 10%超压下液体泄放阀的排放系数。按照 ASME 规范确定排放量的阀门可以采用 API Std 520 第一部分给出的公式确定尺寸。

当充满液体的设备可能发生堵塞并且无法避免持续的热量输入时，应该提供压力泄放设施（热泄放）。这对于可能被太阳加热的长管道尤其重要。膨胀率主要取决于热量输入率和液体特性。在确定用于保护传热设备、冷凝器和冷却器免受残留液体热膨胀影响的泄压装置尺寸时，液体膨胀率可以使用 API Std 520（参考文献 7-25）中的公式来近似计算。

7.3.3.3 液体闪蒸工况

Simpson（参考文献 7-27）和 Leung（参考文献 7-28）提出了两相流（包括闪蒸流）的安全设施尺寸确定方法。紧急泄放系统设计院（DIERS）也开发了用于两相流的泄放系统尺寸确定方法（参考文献 7-29）。

7.3.3.4 确定泄放阀进出口尺寸

泄放阀进口管道的设计应避免有过大的压力损失，过大的压力损失可能导致阀门发生颤振。泄放阀进口管道的设计标准可见相关标准规范。典型的进口管道尺寸设计应该限制摩擦损失小于定压的 3%。此外，进口管道上不能有限制排放的设施，进口管道尺寸不能小于泄放阀的入口尺寸。关于管道尺寸和限制的基本要求，参阅 ASME 规范（参考文献 7-24）；其他信息参阅 API Std 520 的第二部分（参考文献 7-25）。

泄放阀排往大气的出口管径设计通常依据背压值、流速限制和环境因素确定。泄放至封闭系统(如火炬)的泄放阀尺寸主要受背压的影响。出口管道尺寸的设计应该限制摩擦损失在定压的10%以内，并考虑多个装置同时泄放，因此应该进行充分的背压计算。其他信息可以参考《工艺排放口和排放控制系统安全设计与操作》(*Safe Design and Operation of Process Vents and Emission Control Systems*)(参考文献7-30)。

爆破片的进出口管道应当与爆破片尺寸相同。

7.3.4 确定爆破片尺寸

爆破片尺寸的确定方法与泄放阀类似。当爆破片与泄放阀一起使用时，必须使用同一个尺寸因子来计算爆破片/泄放阀组件的有效泄放能力。设计者应该咨询爆破片制造商或参照工程标准以获得此因子。

7.3.5 其他考虑因素

7.3.5.1 位置

通常，泄放阀安装在容器的顶部，在考虑了一些因素后，可以将泄放阀安装在容器的出口管道上。对一些处理腐蚀性或脏污流体的塔器，由于存在塔堵塞的潜在风险，建议将泄放阀安装在填料或塔板下方。除此之外，可以将泄放阀安装在塔上，安装位置应为泄放提供最有利的温度、相态或密度，从而避免可能的泄放物处理问题。

设计泄放保护时也应该考虑泄放设施排放点的位置。不合适的位置可能存在重大危害。

设计应考虑何时可以泄放到大气中，何时需要泄放到排放处理系统以及何时可以泄放到建筑物内部或外部等。例如：

- 氯气蒸发器泄放到碱性洗涤器。
- 精馏系统泄放到安全位置，例如易燃物的火炬系统。
- 含氟制冷剂泄放到封闭建筑物的外部。
- 避免蒸汽泄放阀在人员头部高度处排放至通道或建筑物，以避免可能造成的危害。

7.3.5.2 备用

设置备用泄放阀可作为一种方案，允许通过阀门切换对泄放阀进行在线维护。备用泄放阀的使用应该受到以下限制：

- 在并联的泄放阀进出口处安装全通径阀、三通阀或换向阀起到隔离作用。也可以采用全通径切断阀来隔离并联安装的泄放阀。
- 在泄放阀与进出口切断阀之间安装放空阀。
- 设置锁开/锁关或铅封，以确保正确的隔离顺序。锁开/锁关或铅封应该按管理政策和程序获得批准。
- 程序应该确保阀门泄压并使用备用阀后检查泄压阀门的性能。

在下列情况下，可以使用一个泄放阀保护通过管道连接的多台设备：

- 各设备与泄放装置之间的泄放路径上没有切断阀(除非是铅封开的)或可能出现的堵塞。

- 在泄放时，应该确保受同一安全阀保护的所有设备压力均不超过 ASME 规范所规定的超压限制。

7.3.6 两相流的超压保护

泄放系统按照单相流(蒸气或液相)还是两相流(蒸气和液相)设计是一个特别重要的考虑因素。紧急泄放系统设计院(DIERS)开发了何时可能出现两相流的预测方法以及在紧急泄放系统设计中确定尺寸的方法(参考文献 7-29)。关于这些方法的详细信息，参阅 DIERS 项目手册(参考文献 7-31)。

DIERS 最重要的发现是，在紧急泄放情况下非常容易产生气-液两相流，需要采用更大的泄放系统(2~10 倍)。

两相流的形成取决于多种因素，包括被排放物料的物理特性(如表面张力、固体含量)、生成蒸气的容器的热输入速率(和气泡上升速率)以及容器内的液位。失控反应时经常出现两相流，一些不太复杂的系统中也需要考虑这个问题，如配备了气体分布器的容器或特殊火灾工况。当排放时，在泄放系统中也可能形成气液混合物。另外，在泄放过程中也可能间歇出现两相流。

DIERS 方法在解决两相流等复杂情况中起着重要的作用。然而，由于应用这些技术确定泄放系统尺寸时存在不确定性，对于设计者来说，谨慎的做法是采用最保守的计算方法。《泄压和排放处理系统指南》(*Guidelines for Pressure Relief and Effluent Handling Systems*)(参考文献 7-32)提供了一些计算方法，用于选择泄放设施的尺寸、预测流体流动特性等。

7.4 设备隔离/排放

7.4.1 设备隔离

在燃料停止流入、燃料完全耗尽或火灾被扑灭之前，工艺火灾将持续燃烧并可能升级。隔离阀用于减少或隔离易燃气体或液体的物料存量。

隔离阀可以安装在装置界区、工艺单元边界或容器的液体出口处。所有进出设施的危险物料管道上都应该安装阀门，以确保在发生泄漏或火灾时可以隔离设施。出于同样的原因，同时为了安全和容易接近，阀门应该安装在每个单元的界区处或附近或防火堤外部。

界区单元的隔离阀应该清晰地标识出来，并安装在容易接近且与潜在火源有一定安全距离的位置。通常，可接受的间隔距离是 8~15m(25~50ft)。这些隔离阀也可用于维修，最好安装在靠近地面的位置。

如果紧急隔离阀安装在泵和压缩机的入口处或者可能积存大量易燃液体的容器上，那么应该为紧急隔离阀配备遥控启停功能。通常可接受的间隔距离是 15m(50ft)。考虑到辐射热负荷，安装位置也应该考虑遥控操作开关的能力。另外，也可采用故障安全型阀门。

泵、压缩机、储罐和存有大量易燃气体或液体(>5000gal、约 19m^3)的容器应该配备设备紧急隔离阀，以便在发生泄漏时切断物料。例如，确定是否在压缩机的进出口处增加紧急隔离阀取决于气体的易燃性、压力以及相关管道和容器内的气体量。

隔离阀可以远程或就地操作，自动或手动操作，但应该安装在操作人员和应急响应人员可以安全操作的位置。

应该用标志、颜色或其他方式清晰且明显地对所有隔离阀进行标识。

7.4.2 减压

当容器暴露于外部极端热源而内部与蒸气接触时，即使容器压力还没有超过泄压阀的设定值[对于普通碳钢，这个温度约为482℃(900℉)]，容器金属达到的温度也可能降低容器的抗拉强度而造成破裂。减压是通过降低存在的压力为工艺单元提供火灾保护，其降压速率特点如下：

- 显著降低暴露于火灾的钢制压力容器破裂的机会。
- 迅速降低压力喷射火焰的动力。
- 降低液体泄漏的泄漏率，可以遏制池火。

减压也可以用作开车、停车和短期故障期间的保护措施，通过降压来减少泄压阀的排放次数。然而，不应该将减压作为经常性的操作手段来纠正工艺过程的不正常状态。减压有以下几个优点：

- 在压力容器中可能产生自冷冻效应，为容器内的液体提供冷却。
- 不需要液体排放系统。通过在容器保留液体作为吸热剂，减小湿壁的温升。

需要注意的是，当容器的设计压力低于690kPa(100psig)时，减压可能不可行，因为阀门和管道可能变得过大和投资过高；或者当泄压阀和火炬总管尺寸是由蒸气减压负荷决定时，减压也是不可行的。参阅ANSI/API Std 521，《泄压和减压系统》(*Pressure-Relieving and Depressuring Systems*)(参考文献7-22)以及《暴露于火灾的压力系统保护指南》(*Guideline for Protection of Pressurized Systems Exposed to Fire*)(参考文献7-33)。

7.4.2.1 设计

减压设计应考虑的因素包括：

- 当壁厚不小于25.4mm(1in)的容器暴露于池火时，应该在大约15min内将容器减压到设计压力的至少50%。当暴露于喷射火时，需要更快的减压速度。
- 壁厚较薄的容器通常需要更高的减压速率。
- 基于壁厚、初始金属温度以及火灾的热输入速率确定减压速率百分比(参考文献7-22)。
- 工艺单元中被蒸气减压保护的不保温压力容器可能不需要固定水喷雾系统的保护。

有些公司将减压应用限制在操作压力超过1724kPa(250psig)的设备，而其他公司则允许对所有轻烃工艺进行减压。

7.4.2.2 减压流量

要计算实现减压所需的蒸气流量，初始压力一般为容器的最大预期工作压力，最多15min后的最终压力为设计压力的50%或690kPa(100psig)的较低者(参考文献7-22)。为确定减压阀和管道尺寸而估算流量时，重要的是考虑以下问题：

- 初始减压速率对密闭压力泄放系统和火炬的影响；

- 用于确定减压时间的平均减压速率；
- 减压期间温度、压力、蒸气组成的变化以及可能携带入泄放系统的液体。

7.5 排放处理系统

休斯敦附近一家化工厂的废气焚烧炉最近发生了回火现象，吸入式烟气系统中产生压力波，对阻火器、风机、阀门和焚烧炉管道造成了严重破坏。设计良好的系统被一系列意料之外的失效组合攻破，破坏了已经设置好的安全防护措施。供给空气中的有机排放物浓度设计值低于燃烧下限。通过对废气进料的自动控制和操作人员的响应，富燃料流突然进入了焚烧炉，形成了一个“燃料块”。火焰前端产生的压力波随后将阻火器、风机、阀门和管道吹垮。这起事件表明，即使是设计良好的系统也可能会被攻破。已有的安全防护措施使确定实际故障模式更为复杂。更重要的是，这证明了需要考虑采用管道爆轰阻火器或防爆式排放口，以确保对火炬、焚烧炉和排放系统的蒸气管线的被动保护。

处理系统的选择取决于排放物的特性，如物理状态(气/液/固)、压力和温度、沸点、定量因素(如流量、排放持续时间、排放物料总量)、危险特性(毒性、易燃性、悬浮性)、扰人因素(噪声、气味)以及处理系统的位置(与气象条件、当地居民及地方法规和条例相关)。无毒的排放物可以排放到大气中，但是许多无毒物质不应该直接排放到大气中，因为这可能导致环境被破坏、火灾、爆炸、气味或噪声。可能需要根据《清洁空气法——新源性能标准》(*Clean Air Act's New Source Performance Standards*)进一步处理。

紧急泄放系统或挥发性有机化合物(VOC)排放控制的标准由美国联邦法规(CFR)根据《清洁空气法——新源性能标准》(*Clean Air Act's New Source Performance Standards*)制定。EPA 规定，符合这些条件的火炬应有98%的有机物料处理率。

这些标准在 40 CFR 60.18 中有详细说明，包括以下要求：

- 非辅助和蒸汽或空气辅助火炬的火炬气最小 Btu 值；
- 火炬头最大流速，随火炬气 Btu 值变化；
- 持续监测火炬头是否有火焰。

7.5.1 火炬

建造和操作火炬需要有联邦、州和地方的许可。许可过程需要的信息至少包括火炬正常和设计的最大流速、估计的气体组成和 Btu 值、正常火炬头最大出口流速、火炬头点火监测系统说明以及火炬的位置和高度。在某些情况下，监管机构可能要求将火炬排放对环境空气的影响进行建模研究。监管机构还可能要求火炬的无烟(零可见排放)操作达到最大设计排放量的一定百分比。航标警告灯是另一个监管要求。

市场上有几种类型的火炬可供工艺装置使用。流程工业中最常用的四种火炬类型如下(参考文献 7-23)：

- 高架火炬；
- 地面火炬；

- 低压火炬；
- 燃烧坑。

设计者需要考虑以下火炬系统通用设计标准：

- 有毒、腐蚀性和易燃物质排放的监管限制；噪声、烟雾(联邦、州或地方排放许可)。
- 与工艺单元、储存区、地面标高和人员相关的位置和间距，基于火炬辐射热通量和火炬气燃烧产物中有毒或腐蚀性组分的落地浓度。
- 去除火炬气中夹带液体的能力。
- 防止氧气进入系统，特别是通过泄放装置。防止空气进入系统的泄放阀维修程序。
- 回火保护，以防止在产生易燃蒸气-空气混合物的情况下发生内部爆炸。热工艺气体(热气流)释放后，空气可能从烟囱或进口管道回流。
- 点火系统及其控制装置的安全位置。
- 用燃料气体或惰性气体吹扫火炬干管的措施。
- 优先考虑为含氧流体设置单独的火炬系统，以避免将含空气或氧气的物流引入主火炬干管。这种做法避免了在可能达到易燃浓度时发生爆炸。
- 出口速率；出口速度过高可能导致火焰分离或熄火。
- 应该考虑火炬的制造材料，特别是当涉及低温或腐蚀性或高反应性化学品时。

高架火炬的设计由地面辐射热和产生火雨的可能性决定。高架火炬的尺寸确定标准和计算，详见 ANSI/API Std 521(参考文献 7-22)。

虽然泄压阀的尺寸是根据单个峰值泄放负荷设计的，但泄放系统的设计要求确定同时排放的阀门的累积泄放负荷。该负荷用于确定泄放系统中的背压、泄放干管各部分的流体速度和火炬头流体速度，以及地面上的热辐射和噪声水平。由于背压可能影响泄压阀的性能，泄放干管系统(PSV 排放管、支管和主火炬干管)的尺寸要考虑泄放阀背压的要求，从而维持泄压阀要求的排放量。最大允许背压是泄压阀类型及其设定压力的函数。在泄放阀出口处获得的实际背压是泄放干管系统各段管线尺寸及其相关泄放率的函数。泄放干管各段的流量不同，这取决于预期同时排入泄放干管的各泄压阀的位置、数量和排放量。

典型的共模失效(如火灾、冷却水失效和电力失效)通常涉及多个泄放装置的同时排放。因此，在设计火炬干管和系统中的设备时，应该评估这些紧急情况之一所产生的控制负荷。应该进一步分析失效的原因，以确定其影响是全厂性的还是局部的、是否有其他备用设备可以继续服务、是否有自动启动的备用设备或者是否有备用电源。偶然事故(如冷却水失效或电力失效)的泄放负荷可能不可叠加，因此，适当的动态分析可以降低总的火炬负荷。

应特别考虑泄放装置可能排放闪蒸液体或者冷液体与热蒸气的排放组合可能导致液体蒸发的情况。这些情况可能产生额外的蒸气负荷，超出了与泄放负荷对应的蒸气负荷。应该考虑由于热应力不均匀而引发的机械效应。

通过仪表联锁切断设备和热源可以显著减少火炬的设计负荷。这不仅可以减少与火炬或吹扫相关的环境问题，也可以减少工厂故障期间浪费的化学品成本。当考虑是由仪表联锁产生的泄放负荷时，可以假定所有的联锁都能够起作用。然而，在实际设计中通常假定产生最大的非累积性泄放负荷的一个设备联锁失效。建议采用可靠性定量评估来证实这个原则。

7.5.2 火炬设计考虑因素

7.5.2.1 火炬干管设计

以下是火炬干管设计的一般原则(参考文献 7-34)：

- 应该采取措施避免火炬干管和相关管道中出现袋状积液。
- 管道(排放管道、支管和干管)应该能自流排入分液罐。
- 如果火炬塔架设置在工厂的偏远地区，考虑在工艺单元内或附近设置分液罐。
- 分区不是必需的。为了避免出现阀门维护问题以及可能的误操作或故障，有些组织不会划分区域。需要时可以用管道盲板进行分区。
- 如果不慎将大量液体排入火炬干管，超过了管道支架的支撑能力，火炬干管可能会垮塌。为了防止此类事件，建议设计时进行规定(例如规定管道内装有一半的液体)，或以其他方式确保干管能够支撑液体的质量并减轻液体冲击的影响。
- 压力泄放干管不应该从操作区穿过操作人员经常进行维护的其他区域。
- 处理来自多个泄放阀的可燃气体的火炬不能用于在开车期间排放空气或蒸汽，也不能在任何可能失去火焰的情况下排放。
- 避免液体(如水、高凝点或高黏度油、聚合物或其他材料)在低温下冻结或固化，可能需要伴热和排净。

7.5.2.2 分液罐

火炬分液罐收集泄放负荷，并将液滴从泄放的蒸气中分离出来。根据其成分，分离出的液体可以返回工艺单元进一步回收，或者进行蒸发，排放至火炬。ANSI/API Std 521(参考文献 7-22)和《工艺排放口和排放控制系统安全设计与操作》(*Safe Design and Operation of Process Vents and Emission Control Systems*)(参考文献 7-30)提供了化学工业中使用的分液罐以及其他类型的排放/分液罐和气液分离器的尺寸确定方法。设计分液罐时还需考虑以下因素：

- 需要时，在分液罐中设置蒸汽盘管、夹套或其他加热方式，以防止高黏度液体变得过于黏稠而无法排放或泵送。
- 分液罐应坡向液体出口管口。
- 在寒冷地区，如果分液罐分离出水分，建议采取防冻措施。
- 应该考虑所有可能存在的化学物质的反应性，特别是采用外部加热时。
- 如果分液罐流速过高或停留时间过短，应该考虑液体进入火炬的问题。

7.5.2.3 火炬筒

确定火炬尺寸需要根据排放最大负荷确定火炬筒的直径和高度。确定排放最大负荷是个复杂的问题，需要了解各排放负荷之间的关系，并采用一致的设计原则。影响火炬筒尺寸的因素包括速率、可用的压力降、风影响、易燃和/或有毒气体的扩散以及地面的辐射热量。ANSI/API Std 521(参考文献 7-22)给出了火炬筒尺寸的详细计算示例。

7.5.2.4 火炬系统安全

火炬设计中的安全问题涉及因火炬设计或操作不当而引起的爆炸或火灾风险。应该认真考虑维护和操作期间的常见场景，以避免泄放系统被氧气或反应性物料污染，这些物料可能会迅速聚合，释放大量热量或堵塞火炬。应该认真记录这些场景，用于操作和维护人员的培训。

火炬是一种明火，也是辐射能量的主要来源。火炬的位置应该尽量减小储罐泄漏或单元破裂时产生的易燃蒸气与火炬接触的可能性。火炬的位置和高度应该尽量减小储罐、工艺单元和工作区人员受到的热辐射暴露风险。

空气夹带入火炬干管可能导致总管中的蒸气燃烧或爆炸，造成工艺系统着火或破裂。使用水封罐、分子密封和气体吹扫可以防止空气沿管线流动，将空气夹带和随后的回火可能性降到最小。

为了防止火炬爆炸，可以通过水封罐、总管吹扫或使用干式密封(如分子密封)来提供保护，特别是当火炬气比空气轻时(例如氢气)。可以在火炬系统总管中安装阻火设施，以防止可能发生的回火蔓延。

有些储罐、废水处理设施和其他单元可能不使用泄放阀而是连续向火炬排放。低压储罐和压力泄放装置直接排放至火炬干管很危险，在紧急情况下，可能会造成其他设备超压或排放的气体回流至低压储罐。设计火炬干管时应该确保这些单元以及带有低压泄放阀的单元在大量泄放期间不会超压和破裂。某些情况下，可能需要将个别单元的压力等级提升至高于火炬排放期间所能达到的压力，或使用单独的低压火炬系统。

尺寸不合适的分液罐可能导致在高负荷火炬排放期间火炬头出现液体。这种危险情况可能造成火炬头爆炸、使火焰熄灭或将燃烧的液体喷射到空气中。

应该提供一种监测长明灯的方法和重新点燃长明灯的可靠系统。长明灯失效的最常见原因是管道或过滤器堵塞导致失去燃料气。应该提供确保燃料气清洁并且检测燃料气进入长明灯的措施。火焰熄灭的另一个原因是低压火炬在大风中被吹灭。

7.5.3 排放系统

需要对因装置出现紧急情况而产生的可凝蒸气、污染水溶液和各种其他液体物流进行处理。“排放”系统包括装置含油污水、化学污水、易燃液体或特殊材料的密闭式排水干管系统、急冷水排放罐、排液罐、废水分离罐或其他能够处理超负荷排放的设施。本节不包括常规放空系统。

处理方法取决于这些流体的危险性，例如毒性、温度、黏度、固化性和水溶性。排放系统的设计目标是在解决问题时不带来新的问题。常用的排放系统描述如下。

排放罐的主要安全考虑是能够承受由于持续的失控反应或外部火灾可能导致的超压。NFPA 69(参考文献 7-35)说明了承受爆燃的容器设计。常用的工程设计做法是将排放罐的最小设计压力设定为 0.345MPa(50psig)(参考文献 7-22)。

7.5.3.1 设备排水系统

在发生故障或停车期间，应该将工艺设备内排空，以便人员安全进入。对小批量流体物料的处理取决于其挥发性和毒性。无危害或无毒的物料通常排放到污水管或大气中。考虑相容性至关重要。

7.5.3.2 分离设施

如果工艺侧压力高于公用工程侧压力，使用冷却水或蒸汽的换热管破裂会导致公用工程系统被工艺有机物或其他液体污染。这些公用工程系统在回收再利用之前应该进行处理。采用专门的分离罐对受污染的各公用工程系统进行处理。分离罐通常在常压下操作，轻组分会闪蒸并且安全排放(可能排到火炬系统)，类似的处理是必要的。

以下是分离罐的设计指导原则：

- 进液管尺寸基于进罐液体的最大速率。
- 蒸气出口尺寸根据储罐最大进料量闪蒸产生的蒸气负荷确定。这些蒸气可能会排放到火炬系统或在安全地点排入大气。
- 罐最小设计压力应为 0.345MPa(50psig)(参考文献 7-22)。
- 应设置高液位报警。
- 应撇除冷凝的有机物，并泵送至合适的回收系统。
- 罐中液体的停留时间由液-液(有机物/水)的分离要求决定。

7.5.3.3 急冷罐

急冷罐用于冷却并部分冷凝从泄放装置排放的蒸气。采用方法是将水或其他合适的液体直接喷洒到气流中。通过冷凝有机物，这类急冷罐可以降低火炬负荷和其他下游设施的蒸气负荷，并减少所携带的反应物质量。急冷罐用于减少有机物排放量，以满足联邦、地方或州法规的要求。冷凝液体可以用泵送回到工艺单元进行处理或回收。排出的蒸气(不可冷凝部分)可以排放到火炬系统、洗涤器或在适当情况下直接排放到大气中。

急冷罐的缺点是需要大量的液体。这会增加罐的尺寸并产生大量的受污染急冷液。急冷罐的使用受到排放物中有机物类型的限制；也就是说，急冷罐不能用于水溶性有机物、低沸点液体或低于0℃(32℉)的流体。

以下是急冷罐的设计指导原则：

- 一个急冷罐可用于多个工艺单元。当该罐不工作时，应考虑化学相容性和工艺操作的连续性。
- 来自不同装置位置的单个或多个干管可以进入急冷罐。密闭的液体干管应该分别进入急冷罐。
- 急冷液体不应当与泄放的热流体发生反应。
- 急冷液体量取决于热平衡，假设冷凝流体的最终温度比冷凝温度低-6~12℃(10~20℉)。热平衡还应考虑急冷罐内的连续反应。
- 急冷罐主体材料的选择应该基于泄放流体和急冷介质的腐蚀性以及操作温度。
- 急冷罐内可设置加热盘管，以防止低温下冷凝物质的固化或低沸点蒸气使水结冰。
- 应该设置压力、温度和液位控制仪表。
- 确定进入急冷罐的蒸气和液体负荷是基于工艺单元的所有泄放装置仅在一个事故情

况(如冷却水失效或断电)下排放的。

- 急冷罐的最小设计压力为0.345MPa(50psig)。
- 急冷罐的操作压力应该基于排放系统的水力学和下游要求，以便将蒸气排放到火炬或其他系统。
- 急冷罐作为压力容器应设置超压保护装置。
- 急冷罐持液体积的确定应该考虑急冷液体、收集的凝液和收集的携带液体的膨胀。

7.5.4 焚烧系统

焚烧是在严格控制条件下密闭系统中的废物燃烧，如焚烧炉。该工艺的效率是通过对有毒或有害组分的破坏程度来衡量的。焚烧技术已应用于处理液体、污泥、固体和气体废物。联邦、州和地方监管机构正在考虑或已经实施了管理焚烧炉安全、设计和排放限制的法规。相关标准见40 CFR 264第0子部分(焚烧危险废物的焚烧炉)、40 CFR 761.70[含有多氯联苯(PCBs)的废物焚烧]以及40 CFR 266第H子部分(焚烧危险废物的锅炉和工艺炉)。

热氧化器用于处理含有各种浓度有机蒸气的排放物流。热氧化器包括一个衬有耐火材料的腔室，一端设有一个或多个燃气或燃油烧嘴。烧嘴用于将气流加热至材料氧化所需的温度，通常为704~982℃(1300~1800℉)。排放的气流通常不会直接进入这些烧嘴，除非一部分气流用来提供燃烧所需的氧气或燃料。

设计系统的依据是根据焚烧废物的数量和类型确定的废物热负荷和物料平衡。系统的热平衡应该与物料平衡一样完整。同时应该认识到，焚烧系统处理的负荷随焚烧物的数量和成分而变化。在许多工业应用中，高Btu废物很常见。限制焚烧单元的因素是系统热负荷，而不是进入的物料。

设计应包括在排放处置/处理设施无法运行时的排放物处理措施。还应该考虑运行计划(如间歇式或连续工艺)以及焚烧系统产生的废料负荷处理程序。

焚烧炉的危害与附近布置的易燃物料的燃烧过程危害类似。物料(特别是液体和污泥)储存区应该设计为防止易燃或爆轰物料与点火源(包括焚烧炉本身)接触。火灾探测和保护设备应该与装置区其他部分使用的设备相同。还应该注意确保不相容的废料不会混入一个容器中。这是多起废料储存发生火灾的原因。

在所有情况下都应该考虑安装爆轰阻火器，作为防止蒸气管线爆轰和爆燃的最后一道被动防护。

7.5.5 蒸气控制系统

蒸气控制系统旨在收集输送或储存过程中物料产生的蒸气。这类系统的使用日益增多，主要是为了满足环境要求。经济因素决定了是处理还是回收这些收集到的蒸气。回收需要增加设备和管道，例如冷冻并回收冷凝蒸气。如果装卸系统处理多种流体，可能需要为每种蒸气分别设立回收系统，否则回收的蒸气可能是无法使用的混合物。

通常，蒸气控制系统的设计和安装应该最大限度地消除潜在的逸出危害、超压和真空危害以及点火源。没有消除的每个剩余危险源都应该在保护系统设计和操作要求中具体解决。更多信息见《泄压和排放处理系统指南》(*Guidelines for Pressure Relief and Effluent Handling Systems*)(参考文献7-32)。

7.6 应急响应报警系统

厂区人员和消防队以及外部救援人员的通知和警告系统对于任何规模的现场/厂区都非常重要。装置规模会影响系统的复杂性。

该系统的设计应尽可能地简单，以尽量减少在紧急情况下造成混乱的可能性。首选设计是在控制室或其他24h有人值守场所报警的组合式报警系统，该系统可启动频闪灯或消防应急照明指示设备等可视装置以及通信和有声通知设备。

在设计可靠的探测和报警系统时应考虑以下因素：

- 电源性质和配置数据；
- 探测和报警系统覆盖范围；
- 探测和报警系统失效时的报警功能；
- 探测设备对所涉及风险的适用性；
- 确保探测和报警系统可靠性的测试和维护程序；
- 基于探测启动或停车的探测和报警系统；
- 误报的后果。

如果探测系统是自动固定式灭火系统的一部分，则系统间的兼容性至关重要。

选择适用于最可能发生事故类型的探测设备非常重要。否则，要么会导致延迟响应，要么可能出现大量误报。如果探测系统用于启动固定式灭火系统或自动关闭工艺过程，更应避免大量误报。

主要组成部分包括消防控制设备、应急报警设施、监控设备以及声光报警器。上述系统可用于处理所有类型的内部紧急情况，如火灾、爆炸、蒸气泄漏、液体溢出和伤害。

报警系统应根据装置可利用的人力资源进行选型。对于持续有人值守的设施，首选专用监控系统。对不能持续有人值守的设施，通常考虑采用远程监控站或中央控制报警系统。在这些系统中，由外部公司或当地消防部门负责监控报警并通知相关人员。

制定适当的逃生路线和/或应急响应程序很重要。应急响应预案包括如下要点：

- 逃离火灾危险的紧急出口和安全疏散路线，包括两个出入口；
- 应急行动程序及程序培训；
- 远离潜在火灾危险处的清点人员数量集合点；
- 发出火灾报警的方式和通知员工采取行动的方法。

紧急报警系统的设计与安装应符合NFPA 72(参考文献7-36)。火灾报警系统的电气应按照NFPA 70(参考文献7-3)设计与安装。当设备位于爆炸危险区时，应满足该爆炸危险区适用的电气要求。

7.6.1 装置应急报警和监控

报警与监控系统是防护体系的重要组成部分，其主要功能如下：

- 通知发生紧急事件。
- 能够由事故现场人员手动启动。
- 能够自动启动保护系统。
- 通知现场人员发生紧急情况及需要采取的行动。
- 对着火设施进行监控。
- 通知场外应急响应组织。

对火灾没有及时报警可能会导致更大的损失。更重要的是可能延误向受影响人员的报警。报警和监控触发应急响应，对控制财产损失、人员安全和周边社区具有重大影响。报警和监控的关键组成部分如下：

- 持续有人值守的场所接收和处理报告的事故和紧急情况。
- 向连续监控的厂外中央报警站发出信号的自动探测和保护系统。
- 主电源发生故障时可启动紧急报警系统的备用电源。
- 向有人值守的站点报告事件和紧急情况的报告系统，包括“消防按钮盒”、内部电话或广播系统。
- 报警系统，用于通知人员正在发生的紧急情况并传达所需采取的行动，提供信息、就地避难或疏散。报警系统包括铃铛、警报器、报警哨、喇叭或公共通信系统。
- 程序文件用于定期和系统地测试报告和报警系统，以确认其功能。
- 通过资源配置、程序和设施设计性能确保设施监控能力符合需求。

每种类型的紧急报警或信号都应明确告知现场人员需要采取的行动。需要对人员进行培训和对报警系统进行测试，以便人员能够识别报警并采取适当的行动。部分报警是自动的。例如，保护系统或探测系统自动触发信号，而不是人员手动触发信号。这个报警信号不仅可以向邻近区域的人员报警，也可以向所有设施的人员和社区消防部门报警。

报警和监控程序也应说明如何使用警报和报警设备，包括电话、报警器、蜂鸣器、灯光、喇叭、公共广播系统、无线电和寻呼机等。程序应包括报警信息是如何传递的简单流程图、紧急呼叫记录表以及法规要求的报告表。

其他信息见 NFPA 72(参考文献 7-36)和 NFPA 101(参考文献 7-37)。

7.6.1.1 疏散

根据事件的严重程度决定是否需要疏散人员。疏散可以是部分设施的人员疏散，也可以是全部设施的人员疏散。进行疏散时应包括的程序如下：

- 向建筑物内外的人员发出警告；
- 引导人员按疏散计划前往指定集合地点；
- 紧急出口和安全疏散路线；
- 有助于疏散的应急行动程序和培训；
- 清点建筑物内人员的计划。

7.6.1.2 就地避难

就地避难这一概念指的是当发生有毒气体泄漏时，人员因为事件发生太快而没有时间疏散的情况。就地避难是利用建筑物、车辆或其他封闭空间来提供防护，防止暴露于有毒气体或蒸气环境中。在大多数情况下，当建筑物或车辆内的人员处于泄漏下风向时，应留在建筑物或车辆内(就地避难)，并采取行动，通过关闭门窗、关闭新鲜空气进口和其他与室外相通的开口，尽量减少蒸气进入。

如果现场建筑物用于就地避难，则应制定书面程序，指导人员进入避难场所并确保安全。应维护执行程序所需的设备。就地避难建筑设计的考虑因素包括以下方面：

- 进入和离开临时避难场所的提示信号；
- 必需的通信设备；
- 每个场所维护的设备，包括通信设备(无线电或电话)和避难场所的安保器材；
- 采暖、通风和空调(HVAC)系统能够根据情况关闭系统或设置为循环模式；
- 密封所有的窗户、门和缝隙。

应急响应计划应包括所有经批准的就地避难建筑物清单、清点就地避难建筑物内人员的程序，以及事故扩大后的评估方法。

7.6.2 气体/火灾探测

在可能发生易燃或有毒化学物质泄漏的地方，通常会建立一个可燃或有毒气体报警系统作为工厂紧急报警系统的一部分。最佳实践要求以不同方式发出不同类型的报警，包括听觉和视觉的。例如，有毒气体报警站可以配备蓝色灯光，以区别于红色的火灾报警站。全厂应采用一致的灯光颜色系统。

以下是典型的气体探测器的选型依据：

- *人员安全*：这些系统通常超出监管机构的要求，旨在：
  - 确保人员暴露于空气中污染物的浓度维持在健康暴露指数内；
  - 提醒人员注意发生了泄漏。
- *财产保护*：提供这种保护是为了探测并避免可能导致火灾或爆炸的情况。在有些情况下，可用于控制其他财产损失，如空气中污染物造成的过度腐蚀。
- *管理监测*：确保或证明空气中污染物浓度保持在低于规定要求的水平，以保障人员安全或减少对社区的影响。
- *社区影响*：安装探测设备用于探测或防止大量泄漏，降低对设施和环境围墙外公众的影响。

事先根据需求进行研究，使公司或装置设施可根据客观的技术优势做出气体检测决策。如果适当使用此信息，将有助于以下方面：

- 验证目标泄漏源是否具备高检出概率。若无法满足要求，便会自然转向预防性监测技术或其他探测技术以优化风险处置。
- 确保对目标泄漏场景和响应计划是匹配的。例如，穿戴适当装备的人员进入有毒环境进行手动隔离小泄漏的操作，这是完全可以接受且安全的。但是，如果希望派遣人员在被点燃前进行 10t 易燃气体泄漏的隔离操作，可能是不可接受的。

- 应当认识到气体检测系统存在着探测局限性。可通过提高人员的预防意识来最大限度地减少对气体探测系统的过度依赖。

气体探测系统使用多种传感器。典型的传感器包括:

- 电化学传感器;
- 红外(IR)传感器;
- 催化燃烧式传感器;
- 光电离子化探测器(PID);
- 热导率(TC);
- 比色法。

有关传感器类型的更多信息，请参阅《危害物质泄漏的连续监测》(*Continuous Monitoring for Hazardous Material Releases*)(参考文献 7-38)。

7.6.2.1 探测器安装

气体探测的布置位置对有效探测泄漏非常重要。然而，常规布置并不总是有效的，如探测物质比空气轻，气体探测器应布置在高处;探测物质比空气重，气体探测器应布置在低处。

在选择系统时要考虑气体和蒸气探测系统的一些重要特性，包括自检测、自动校验或自诊断功能，以及传感器停用或故障报警。

探测器布置通常采取以下配置:

- *开路式气体探测器(OPGDs)*产生一个红外(IR)光束，该光束定向穿过监测区。采用两个或更多频率对接收到的光进行分析，其中有些被目标气体吸收;参考的频率则不会被吸收。根据初始和最终强度，计算并传输路径中气体的平均浓度。
- *点式可燃气体探测器(红外 IR)*用于探测特定位置存在的气体(例如，工厂拥挤区域或小风道内)。

7.6.2.2 火灾探测器指导

火灾探测器通常分为以下三类:

- *感温*: 感温探测器感应火灾产生的热量。
- *感烟*: 感烟探测器探测火灾的燃烧产物。
- *火焰*: 火焰探测器通过感应火焰发出的红外或紫外光来识别火焰。

如果工艺设备配备了固定式感温探测器，这些探测器应尽可能布置在靠近潜在火源处。例如，安装在易燃液体泵密封的上方、紧靠溶剂抽取点上方，或安装在原油罐搅拌器填料函上方。通常，只有在预计工艺设备会出现特定火灾时，才考虑将固定式感温探测器定位在可能的危险处。优先采用固定式感温探测器，因为校验和维护工作量较少。

感烟探测器主要用于可能发生阴燃火的场所以及室内电气设备场所。包括办公室、宿舍、计算机房、控制室、配电室等。

火焰感应探测器有紫外线(UV)、红外(IR)探测器或两者的组合，以及监控闭路电视

(CCTV)。这些探测器是探测火焰发出的特定波长的光束，适用于快速产生火焰的火灾风险场合，例如闪燃。

7.6.2.3 可燃气体探测器指导

设置区域气体探测系统的目的是探测大体积气体云，一旦被点燃，可能会导致闪燃或爆炸超压造成的破坏。探测气云的大小取决于区域的体积、建筑物的封闭程度和设备的拥塞程度。在评估安装可燃气体探测的必要性和价值时，应考虑以下因素：危害的性质、点燃后果、气体组成、区域的封闭程度、设备拥塞度和所需的响应时间。

评估可燃气体探测设置需求时，主要考虑因素是确定区域内是否有易燃蒸气或气体来源。不考虑以下几种类型的操作：

- 处理低于闪点的可燃液体区域，因为没有蒸气需要探测。
- 在等于或高于自燃点操作的可燃液体、易燃液体或易燃气体的区域，因为这些物质一旦暴露在空气中就会自发点燃。
- 当处理比空气轻的气体时，如果泄漏源上方没有屋顶或楼板，泄漏的气体可能形成的积聚太小，而实际上无法探测到。

使用固定式可燃气体探测系统的主要挑战在于检测轻微的气体泄漏，即便不是不可能的，也是不切实际的，原因与有毒物质检测中讨论的相同。此外，可燃气体泄漏的可探测覆盖区域会比同等规模的有毒物质泄漏小得多，因为可燃气体/物质的关注浓度(基本上以百分之几计)比有毒物质的关注浓度(以百万分之几来衡量)高得多。即使是中等规模到大规模的可燃气体泄漏也存在着探测上的挑战，原因如下：

- 区域被蒸气占据和蒸气传播速率使控制系统或操作人员几乎没有时间进行干预。
- 闪燃和爆炸的威胁使操作人员和应急响应人员在泄漏区域进行操作面临极大的危险。
- 来自封闭空间或装置高度拥挤或高拥塞度区域的爆炸可能非常强烈，导致整个装置设施的破坏，因而扩大了事故范围。

由于这些挑战，流程工业中大多数可燃气体探测的目标被局限在以下方面：

- 警示人员建筑物内由于室内空间泄漏或外部泄漏进入室内而导致的可燃气体积聚；
- 在积聚了可燃气体的封闭空间内，关闭内部工艺物料流/设备和通风系统。
- 提醒工作人员注意可能发生影响厂区高度拥挤或阻塞区域的泄漏，在这种区域可能会发生巨大的爆炸。
- 提醒工作人员注意潜在泄漏源较高的区域出现的大量泄漏。
- 警示工作人员，泄漏可能影响公共通道、通常有人的区域、紧急集结点或周围公众。
- 提醒工作人员注意影响他们所在位置的泄漏。

在大多数情况下，在高处设置可燃气体探测器是不切实际的。如工艺装置楼板和海上平台，因为许多因素妨碍了成功探测的合理程度。

7.6.2.4 有毒气体探测器指导

有毒物质的定义是：

有毒物质是指一种化学物质在空气中的半数致死浓度(LC_{50})超过200ppm，但不超过2000ppm体积的气体或蒸气；或者是超过2mg/L，但不超过20mg/L的薄雾、烟或粉尘。这是根据对体重在200~300g之间的大白鼠进行连续吸入1h的试验(或少于1h，如在1h内死亡)，(参考OSHA 1910第z部分)。

装置设施还应考虑如何管理和以物理方式应对有毒气体的泄漏。这样可以为装置设施制定有关协调机制和程序，包括报警系统、疏散路线、应急人员通道和控制机制。这也有助于考虑意外泄漏时引发的职业卫生监测要求，因为当发生事故时使用便携式监测设备可能不切实际或不安全。

有毒气体泄漏之所以成为问题，是因为与可燃气体泄漏相比，其关注的浓度阈值较低，即便是极小量的泄漏也可以造成事故。这些小规模释放的区域可能非常小，难以被可靠地探测到。有些行业通常策略性地布置大量的探测器，以提前预警可能发生的泄漏，并有助于确定有毒气体泄漏的位置和扩散路径。

例如，一方面，氯气探测器通常安装在生产、加工和装卸区，并设置探测最低报警值，以便在没有形成大量泄漏前对小泄漏提前预警。其他探测器可以布置在装置设施整个区域，以利于追踪氯气泄漏源和扩散方向，确定涉及的泄漏量并预判对装置区外的潜在影响。

另一方面，很容易预测/控制操作人员通常进入哪些区域的位置，他们在执行巡检/任务时如何穿过该区域，以及他们可能会在哪些地方长时间停留。因此，有毒气体探测器最好布置在经常有人和正常有人的场所，以提醒工作人员注意以下情况：

- 内部泄漏或外部泄漏进入建筑物形成了有毒和缺氧环境。也可利用这些有毒气体探测系统触发HVAC系统关闭及建筑物内的工艺设备停车。
- 可能影响到常用通道、经常有人的区域、紧急集结点或周围公众的泄漏。
- 高潜在泄漏源区域内发生的大量泄漏。
- 泄漏可能影响到正在工作的人员位置。

7.6.3 泄漏探测

大多数泄漏探测报警器都是火灾或可燃气体报警器，但也有一些报警器不属于这两类。

- *高温检测*：这些系统将温度传感器设置在热流体流通或泄漏积聚的封闭区、沟渠和污水管道系统中。
- *低温检测*：这些系统将温度传感器设置在低温物料的封闭区、沟渠和污水管道系统中。如LNG可能流通或泄漏积聚的地方。
- *油水检测*：该系统测量吸收电磁能，以识别液面上积蓄的碳氢化合物厚度是否超过阈值。检测设备可以放置在封闭区、沟渠和污水管道系统中。
- *液/液浓度检测*：该系统测量液体吸收的微波来识别水流中的碳氢化合物百分比，反之亦然。检测设备可以放置在封闭区、沟渠、管道存水弯和污水管道系统中。
- *液位检测*：有多种技术可用于检测液位。

7.7 防火

火灾有多种类型，也有相应的不同灭火剂。了解如何在消防中使用这些不同类型的灭火剂非常重要，因为针对不同类型的火灾，灭火剂的有效性差异很大。

分析与特定工艺相关的所有物料和工艺过程，包括生产、制造、储存或处理设施，这一点很重要。每种工艺都需要分析其潜在的火灾风险。

在很多工艺处理设施中，烃类火灾是主要的关注点。烃类火灾有多种类型。燃烧模式取决于泄漏物质的特性、泄漏物质的温度和压力、环境条件以及点燃时间。

在工艺设施的特定区域内会发生的其他火灾类型包括：

- 固体物质火灾，如木材、纸张、粉尘、塑料等火灾。
- 电气设备火灾，如变压器火灾。
- 富氧燃烧，如催化裂化(FCC)单元的注氧系统。
- 涉及可燃金属的火灾，如钠。
- 涉及自燃性物质的火灾，如烷基铝。

消防系统的设计应实现以下综合目标：

- 灭火；
- 控制燃烧；
- 暴露防护；
- 防火。

更多信息，请参阅《化工、石油化工和烃类加工设施防火指南》(*Guidelines for Fire Protection in Chemical, Petrochemical, and Hydrocarbon Processing Facilities*)(参考文献7-39)。

7.7.1 结构耐火保护

本节讨论了在加工、处理和储存易燃液体和气体区域中，关于耐火保护或被动消防的基本设计指南。获取更多信息可参考 API 2218《石油石化加工厂防火规范》(*Fireproofing Practices in Petroleum and Petrochemical Processing Plants*)(参考文献7-40)。

耐火保护是将阻火材料或系统用于表面以延缓向该表面的热传递。耐火保护作为一种被动消防的方式可防止强烈和长时间的热暴露。这种热暴露会造成钢材的软化及未受保护的设备、容器和支撑的最终倒塌，并导致燃烧液体的蔓延和重大财产损失。耐火保护的主要目的是改进设备/结构的能力，使在切断燃料源或采用主动消防方式扑灭火灾之前保持结构的完整性。

耐火保护的主要价值体现在火灾的早期阶段。这时的主要工作是关闭单元、切断火源的燃料、启动固定灭火设备，并部署移动式消防设备。在这个关键时期，如果未进行耐火保护处理的设备和管道支撑因火灾热暴露而失效，发生坍塌并导致密封垫片失效、管线断裂和设备失效，从而扩大火势。耐火保护可以用于控制电缆或动力电缆的保护，使得在火灾期间能够操作紧急切断阀、设备放空或启动水喷雾系统。

确定耐火保护要求应基于经验或基于风险进行评估(参考文献 7-39)。选择耐火保护的步骤如下:

- 进行危害评估,包括潜在物料存量的评估。
- 分析火灾场景,包括可能的泄漏率,并确定火灾场景的规模。
- 确定耐火保护的需求,应根据发生事件的可能性,考虑行业经验和每个火灾场景范围的潜在破坏影响,以及技术、经济、环境、法规和人为风险因素。
- 耐火保护等级(基于适当的标准测试程序)的选择应当基于需求分析,确定针对具体设备的耐火材料。

7.7.2 灭火剂

在充分讨论消防系统之前,了解用于消防的灭火剂及其特定应用很重要。如表 7.4 所示,包括以下方面:

- 水;
- 泡沫;
- CO_2;
- 干粉;
- 洁净气体。

表 7.4 各种灭火剂的优势与局限性

灭火剂类型	灭火类型	优势	局限性
水	冷却 窒息 稀释 隔离	资源丰富 成本很低	不适用于 C 类电气火灾* 在 0℃时结冰 与某些物质发生反应,如钠、镁等 不能扑灭低闪点物质
泡沫	窒息	最适用于 B 类池火(平面火灾)	不适用于电气火灾 泡沫层可能会破碎 不适用于液化石油气(LPG)
CO_2	窒息 还原 有些冷却作用	无反应性 无残留物 C 类火灾	降低氧气浓度 对人有毒(窒息性) 不适用于氧化剂 不适合室外使用
干粉	中断燃烧的链式反应	适用于 B 类和 C 类火灾	如果未完全灭火或存在热表面(特别是易燃/可燃液体),可能发生复燃
洁净气体	中断燃烧的链式反应	适用于 A 类、B 类、C 类火灾	不适用于室外 可能产生有毒气体

* 译注:表中的火灾分类是依据美国标准 NFPA 10-2018,国内应根据 GB/T 4968《火灾分类》进行分类。

7.7.3 消防水系统

正常情况下,消防用水的流量范围为 126.2~631L/s(2000~10000gpm)。消防水系统的设计储水量应在最大消防供水量下至少连续运行 4h。消防水储量基于多种因素，包括以下方面：

- 可用的水源。
- 消防补水供应的可靠性。
- 火灾升级扩大到其他装置设施的可能性。
- 隔离原则和高压单元的泄压能力。

消防供水的可靠性应确保当失去任何水源时，所导致的系统流量减少不能超过 50%。例如：

- 与市政供水连接的大型设施应该有两个独立的连接点，分别连接到市政地下管网的不同分支。
- 从河流或湖泊取水的设施应该有独立的取水点，或者有来自市政管网或私人水井的备用水源。在使用饮用水和非饮用水源时，应注意避免两个水源的交叉污染。
- 消防水泵能力(流量)应满足向消防流量最大的火灾区提供所需水量和所需压力。柴油驱动泵应至少提供 50% 的消防水量。消防水泵的最小能力应为 94.65L/s (1500gal/min)，最大可达 315.5L/s(5000gal/min)。

通常的做法是，当最大的一台消防泵不能工作时，消防泵站应依然能够满足消防总水量要求。当消防水量不超过 94.65L/s(1500gal/min)时，采用一台消防水泵是可以接受的。

确定供电的可靠性应考虑停电的频率和断电的影响范围。如果设置了应急电源系统，应考虑将消防电泵接到此系统。

7.7.4 火灾减缓系统

7.7.4.1 水喷雾系统

“水喷雾”一词指的是通过具有预定模式、液滴大小、速度和密度的喷嘴喷水。根据 NFPA 13《自动喷水灭火系统安装》(*Installation of Sprinkler Systems*)(参考文献 7-41)的要求，雨淋系统用于特定区域的整体保护，而水喷雾系统可以用于保护特定区域或特定设备/危险。水喷雾系统的设计指导见 NFPA 15《水喷雾固定系统标准》(*Standard for Water Spray Fixed Systems*)(参考文献 7-42)。

水喷雾系统用于防止气体和液体易燃物料以及可燃固体材料的危害。这些系统用于以下方面：

- 冷却金属；
- 控制火势强度；
- 防止点燃；
- 保护关键仪器运转；
- 防止易燃气体云的形成；
- 控制有毒气云。

固定水喷雾系统普遍用于保护易燃液体和气体容器、管道和设备、工艺框架和设备、电气设备(如变压器、油开关、旋转电机)以及输送带穿过的墙壁开口处。水喷雾类型将取决于危险的特定性质和保护目的。

水喷雾系统的设计应符合 NFPA 15(参考文献 7-42)。

7.7.4.2 细水雾系统

细水雾系统用于向完全封闭的有限体积空间喷洒水雾来迅速抑制火灾。细水雾系统适用于储存或喷淋水量有限的空间。此外，细水雾系统用于易燃液体储存设施和电气设备的有效性仍在研究中，并已取得积极进展。细水雾系统也用于燃气透平机的封闭空间保护。

细水雾系统是一种使用极细水雾的专用消防系统。这种细微水滴通过冷却火焰和火羽流、水蒸气置换出氧气以及使辐射热衰减来实现控火或灭火。

水喷雾系统的设计应遵循 NFPA 750(参考文献 7-43)。

7.7.4.3 泡沫系统

泡沫主要用于扑灭比水轻的液体二维表面火灾。泡沫可用于辐射热的隔离和防护，也可防止意外暴露在空气中的易燃液体被点燃(通常是由于泄漏)。这是将泡沫完全覆盖在暴露的液体表面使其与空气分开。然而，泡沫发生破裂可能会分解泡沫保护层，因此，需要经常补充泡沫。

由于泡沫含水可用于扑灭普通的可燃材料表面火灾(如木材、纸张、破布等)。针对某些类型的用途，泡沫膨胀倍数可简单分为三类：

- *低倍泡沫*：泡沫液的体积膨胀率不超过 20 倍。
- *中倍泡沫*：泡沫液的体积膨胀率在 20~200 倍。
- *高倍泡沫*：泡沫液的体积膨胀率在 200~1000 倍。

泡沫系统的设计应遵循 NFPA 11(参考文献 7-44)和 NFPA 16(参考文献 7-45)。

7.7.4.4 洁净气体灭火剂

洁净气体灭火剂是不导电的、挥发性的或气态的灭火剂，不会留下残留物。洁净气体灭火剂分为两类：卤代烃和惰性气体。典型的卤代烃包括氢氟烃(HFCs)、氢氯氟烃(HCFCs)、全氟烃(PFCs 或 FCs)和氟碘烃(FICs)。典型的惰性气体包括氩气、氮气、二氧化碳或这些气体的组合。

洁净气体灭火系统主要用于保护封闭空间，可用于保护包含以下物品的封闭空间：

- 电子和电气设备；
- 地板下和其他隐蔽空间；
- 易燃和可燃液体；
- 电信设备。

洁净气体灭火系统也可用于封闭易燃材料空间的防爆和抑爆。洁净气体灭火剂不应该用于以下火灾：

- 能够快速氧化的材料，如硝酸纤维素和火药；
- 活性金属，如锂、钠、钾、镁、钛、锆、铀和钚；
- 金属氢化物；

- 能够分解的化学物质，如有机过氧化物和肼。

洁净气体灭火系统的设计应遵循 NFPA 2001(参考文献 7-46)。

7.7.4.5 二氧化碳灭火系统

二氧化碳灭火系统应按照 NFPA 12 进行设计、安装和测试。固定的 CO_2 灭火系统可以是全淹没系统或局部淹没系统，如下文所述。由于 CO_2 具有窒息危害，不应在可能有人员存在的场所使用 CO_2 系统。

全淹没二氧化碳灭火系统可用于被保护区域或设备的永久性封闭空间，需要形成足够的浓度并维持所需的时间，以确保完全和永久的灭火。空气中抑制可燃物的最小惰性气体浓度见 NFPA 12(参考文献 7-47)。

二氧化碳灭火系统的设计应遵循 NFPA 12(参考文献 7-47)。

7.7.4.6 干粉灭火系统

干粉扑灭易燃液体的平面火灾具有异常的效率。干粉剂不间断地覆盖火源可以实现快速灭火。干粉通过抑制火焰的氧化过程起到断链反应的作用。

干粉剂对小规模泄漏火灾有效。如果存在余烬或热表面引起重燃的风险，应使用水扑灭或冷却这些火源，并用泡沫保护，或在灭火前关闭燃料源。

干式化学系统的设计应符合 NFPA 17(参考文献 7-48)。

7.7.5 移动式灭火设备

根据现场布置、过程危害以及固定的消防系统，可能需要额外的灭火设备来有效控制火灾紧急情况。移动式灭火设备有助于在紧急情况下为设备提供消防保护。如果固定系统的成本不可接受或消防给水有限，可使用移动式灭火设备提供保护。

7.7.6 灭火器

在美国购买的灭火器应由美国安全试验所(UL)认证。用于海上的灭火器应带有美国海岸警卫队或其他具有管辖权的权威机构(AHJ)标签。在美国以外购买的灭火器和灭火剂应由 AHJ 批准，如政府权威机构。有关灭火器的更多信息，参见 NFPA 10(参考文献 7-49)。

7.8 爆燃/爆轰阻火器

阻火器大致分为两大类：爆燃阻火器和爆轰阻火器。阻火器的基本要点如下(参考文献 7-50)：

- 阻火器是一种允许气体通过但能阻断预期工况下所有火焰传播的安全装置。既能熄灭火焰，又能充分冷却产物，以防止在阻火器出口处复燃。
- 正确使用阻火器可以通过在风险设备和预期点火源之间设置火焰屏障而避免灾难性火灾和爆炸损失。
- 在实际生产中，阻火器经常失效。工厂检查表明，错误使用阻火器的现象仍然很常见。
- 阻火器只能通过模拟使用条件的测试来进行验证。用户应该确保阻火器已经过适当的测试并达到预期目的，并应该准备好规定所需的性能标准或要遵循的测试协议。

如果阻火器是安装在管线中而不是安装在排气管的敞口端(或靠近敞口端)，在大多数情况需要采用爆轰阻火器。爆轰阻火器应该能够阻止爆燃和爆轰，需要经过大量测试并采用强制性的测试协议。

根据特性和操作原理，阻火器可分为如下三类：

- *工艺过程中的位置*：根据阻火器相对于所保护设备的位置进行分类。当阻火器直接安装在容器/储罐的排气管口上或安装在排气管口引出的排气管末端时，被称为管端阻火器，通常是爆燃阻火器，一般安装在常压储罐、工艺容器和运输容器上。如果阻火器不是安装在管线末端时，则称为管道阻火器。管道阻火器可以是爆燃阻火器或爆轰阻火器，取决于阻火器未保护侧的管道长度和管道布置以及保护侧的限制条件。当存在足够的火焰传播距离可能发展成爆轰时，使用爆轰阻火器。
- *燃烧条件*：储罐上的爆燃阻火器设计用于阻止火焰从大气传播到储罐内，或防止在容器内受限体积爆炸产生的火焰逸出到容器外部(参考文献 7-51)。爆燃阻火器通常无法承受很大的内部压力，也无法阻止爆轰。在管道中发生爆燃的典型火焰速度为 3~61m/s(10~200ft/s)。爆轰阻火器设计用于承受并熄灭通过管道系统传播的爆轰所特有的高速高压火焰前沿。因此，爆轰阻火器在熄灭火焰的同时，应该能够承受爆轰冲击波的冲击。有些设计在阻火元件前设置一个“减震器”，以减少高压冲击波和动态能量的影响，并在火焰前沿到达阻火器元件之前将其分离(参考文献 7-51)。
- *干式阻火器的阻火元件(矩阵型)构造*：干式爆燃和爆轰阻火器有一个内部阻火元件，用于熄灭火焰和冷却燃烧产物。目前已经开发和使用了大量阻火元件，最常见的类型如下：
    - 波纹金属带；
    - 平行板；
    - 膨胀金属盒；
    - 穿孔板；
    - 金属丝网和金属丝网包；
    - 烧结的金属；
    - 带金属球的小室；
    - 陶瓷球；
    - 降低氧化剂浓度。

选型与设计要求：

(1) 火焰传播方向

火焰传播方向影响所选择的阻火器类型。用于保护单个储罐的管端阻火器或管内阻火器可以按照单向设计，因为火焰只会从大气向储罐内部传播。然而，蒸气回收(排气总管)系统中的管道上需要采用双向阻火器设计，因为蒸气能够从储罐内部进入总管或者从总管进入储罐内部，因此，火焰可能朝任一方向传播。

(2) 材料选择要求

当处理的物料无腐蚀性时，阻火器外壳和阻火元件通常采用供应商的标准构造材料。对于非腐蚀性条件，外壳通常由铝、碳钢、球墨铸铁和316不锈钢制成，元件通常由铝或316不锈钢制成。

(3) 系统限制

阻火器未保护侧管道系统的长度和布置决定了是否会产生爆轰。这包括增加湍流的障碍物位置，如三通、弯头和阀门，这些可以极大地增加火焰速度。因此，重要的是确定系统中可能发生点火的位置以及这将如何影响到达阻火器的火焰路径。管道直径也影响从爆燃转爆轰(DDT)需要的距离。管道直径越大，通常发生爆轰所需的管道距离越长。测试表明，缩小管径将沿着管道运行方向大大增加火焰速度和压力。增加管径则产生相反的效果。尽管在进入较小管径的管道时，爆轰可能会终止，但仍可能会再次发生爆轰(参考文献7-52)。

7.9 抑制爆炸

在许多情况下，如果能够及早探测到燃烧开始发生并将适当的灭火剂输送到工艺设备或管道内的合适位置，就能够在设备和管道内出现不可接受的压力之前熄灭爆燃火焰。抑制爆燃技术适用于大多数在气相氧化剂中易发生爆燃的易燃气体和蒸气、可燃薄雾或可燃粉尘。抑制系统是主动保护系统，包括探测、输送抑制剂和电气监控部件，以确保随时操作和联锁功能，来关闭或隔离与被保护设备相连的其他工艺设备。

爆燃抑制系统可以广泛用于各类工艺设备、房间和管道系统(包括排气总管系统)(参考文献7-35)。爆燃抑制是燃烧放热率上升与灭火剂滞后但快速的输送之间的博弈。当未燃烧的燃料-空气混合物因加入灭火剂而变得不可燃，或燃烧区被冷却到熄灭点，或反应动力学受到阻碍时，爆燃就受到了抑制。抑制系统终止火焰前沿传播所需的时间取决于设备或管道的体积(时间随体积的增加而增加)，以及正在处理物料的火焰速度(时间随火焰速度的增加而减少)。例如，抑制1.9m^3容器的爆燃大约需要100ms，而抑制25m^3容器的爆燃需要250ms。每种应用情况都需要对抑制系统设计进行实验验证。

抑制系统由三个子系统组成：

(1) 探测；

(2) 灭火；

(3) 控制和监控。

使用压力探测器、压力上升率(或"速率")探测器或光学火焰探测器可以探测到初期爆燃。压力探测器用于密闭的工艺设备或管道，特别适用于存在粉尘的环境。速率探测器用于操作压力大大高于或低于大气压的工艺过程。光学火焰探测器可以是红外线(IR)、紫外线(UV)或混合型(即IR和UV)，这取决于探测的火焰以及操作环境的吸收特性。

灭火子系统由一个或多个高速泄放(HRD)抑制剂容器组成，容器内装有抑制剂和推进剂。通常采用干氮气将抑制剂从容器中推进到设备或管道中。推进剂压力由抑制系统的供应商确定，通常在2.067~6.201MPa(300~900psig)范围内。引爆装置是靠电气爆轰打开阀门，快速将灭火剂送到被保护的设备或管道中。

常见的灭火剂包括水、卤代烷替代品和基于碳酸氢钠或磷酸二氢铵的干粉化学剂。灭火剂的灭火机理通常是热淬火和化学抑制的结合。选择合适的灭火剂通常基于有效性、毒性、成本、产品兼容性和挥发性等考虑因素。水通常是非常有效的抑制剂，应该尽可能使用，因为水无毒并且与其他类型的灭火剂相比更容易清洁。干粉化学剂在欧洲已使用多年，现在美国也越来越常用。卤代烷因其出色的抑制效果多年来一直被使用，但由于对大气平流臭氧层("臭氧层")有不良影响，许多国家已禁止使用。现在有许多替代品，但都没有卤代烷1301和其他卤代烷那样有效。一种正在广泛使用的新替代品是FM 200™(一种氢氟烃)。

7.9.1 降低氧化剂浓度

防止爆燃和爆轰最广泛采用的方法之一是降低氧化剂浓度。此方法可用于工艺设备和排气总管系统。通过惰性化或浓缩燃料可以防止爆燃或爆轰。

在惰性化情况下，向系统中添加惰性气体使氧化剂(通常是氧气)浓度降至极限氧浓度(LOC)以下。NFPA 69(参考文献7-35)提供了许多气体和粉尘的LOC值。工业中常用的惰性气体包括氮气、蒸汽、二氧化碳和稀有气体。

惰性化系统设计应该提供足够的惰性气体，不仅确保在正常工艺条件下是不可燃的，而且在任何合理的工艺环境变化时仍然保持在可燃限值之外。

支持火焰燃烧的最低氧浓度称为"极限氧浓度"或LOC，略高于燃料的LFL。

NFPA 69强制规定了工艺设备或管道系统中LOC与正常氧化剂浓度之间的安全裕量。

NFPA 69说明了惰性化系统的设计和操作标准。瑞士化学工业安全专家委员会(ESCIS)的手册第3号(参考文献7-53)提供了惰性化系统的另一个参考。

7.9.2 爆燃压力抑制

爆燃压力抑制是选择容器设计压力的一种考虑，使其能够承受由内部爆燃引起的最大压力。容器或工艺设备的设计应该考虑以下原则：

- 防止破裂但允许变形(在欧洲被称为"抗冲击"设计)；
- 防止破裂和变形(需要更厚的容器壁)。

NFPA 69(参考文献7-35)提供了这两种设计所需设计压力的计算公式，还讨论了爆燃压力抑制设计的限制条件。

在欧洲，喷雾干燥器、流化床干燥器和研磨机等工艺设备都有压力高达10bars，1MPa(145psig)的"抗冲击"设计。

通过使用压力等级高于爆燃期间可能产生的最大压力的管道系统，也可以提供压力抑制。

关于压力抑制设计的更多信息见NFPA 69(参考文献7-35)。

7.9.3 爆炸泄放

爆炸泄放可用于降低爆燃产生的最高压力，如当火焰速度低于声速时，但对爆轰无效。

防止爆炸压力超过期望值所需的泄爆面积取决于以下变量：

- 容器内的物料特性，用爆燃指数表征；
- 泄爆开启压力；
- 泄爆封闭区的长度直径比（L/D）和体积；
- 泄爆板重量（通常应低于 2.5lbf/ft^2，12.21kgf/m^2）。

其他应该考虑的特殊情况包括：

- 如果封闭区采用通风道泄爆，则需要增加泄爆面积；
- 如果容器之间相互连通，压力的叠加会大大增加泄爆面积；
- 应该采取措施固定防爆板，防止防爆板成为危险源。

更多详细信息见 NFPA 68（参考文献 7-54）。

7.9.4 设备和管道隔离

在化工行业中，通常采用隔离装置来阻止由管道或通风道相互连接的工艺设备之间的火焰前锋、爆燃压力、压力叠加和喷火点燃。以下几种设施具有这种隔离作用：

- 抑制剂屏障；
- 快速作用阀；
- 物料阻塞；
- 水封（液封）阻火器。

7.9.4.1 抑制剂屏障

这种类型的隔离装置（也称为化学屏障）类似于工艺设备所使用的爆炸抑制系统。该屏障系统将一个光学传感器安装在两个设备之间的管道或通风道上，用于探测发生的爆燃火焰并发信号给控制单元。这个放大的信号触发抑制剂瓶中的引爆阀，通过适当的喷嘴将灭火剂喷入管道。通常不使用压力传感器作为管道屏障，因为在压力波前端和火焰前锋之间没有明确的相关性，而且对于这种应用场合，压力传感器的响应时间太慢。

7.9.4.2 快速作用阀

有多种快速作用阀可供选择，包括滑板阀、翻板阀（蝶阀）和浮球阀（提升阀）。滑板阀和翻板阀的触发（关闭）是靠接收两个相连工艺设备之间管道上的探测器（传感器）发出的信号。探测器向压缩空气钢瓶发出信号，然后压缩空气排放到阀门顶部的机械装置，实现阀门关闭。快速作用阀的典型关闭时间约为 25ms。爆燃探测器安装在距离点火源（设备）大约 1m 处，快速作用阀通常安装在连接管道下游 5～10m 处，以便当火焰前锋到达阀门处时，阀门已完全关闭。

7.9.4.3 物料阻塞

通过选择和设计旋转阀（旋转气锁器）和螺旋输送机等散装固体/粉末输送设备，也可以阻止这类工艺设备之间的火焰传播。这类设备中存在的大量散装固体/粉末使气体和火焰必须穿过曲折的路径通过。因此，在实现某些设计特征时可以利用这些“物料阻塞”通道。

如果遵循以下标准（参考文献 7-35 和参考文献 7-55），旋转阀通常可以防止火焰传播：

- 每侧始终有两个叶片与外壳接触；

- 叶片或刀片由金属制成(非塑料叶片);
- 转子和外壳之间的间隙<0.2mm。

在螺旋输送机中，去除部分螺旋叶片也能保证始终有一块散装固体/粉末能起到阻塞作用。

使用旋转阀作为物料阻塞时需要考虑几个因素。当爆燃发生在旋转阀上游设备时，必须用适当的探测器立刻停止旋转阀，以防止将燃烧的或带火星的固体传入下游设备，从而导致第二次火灾或爆燃。应该测试旋转阀作为阻火器的适用性，并采用适当的爆炸测试确定其压力等级(参考文献7-55)。应该妥善维护这些设备，以确保正常磨损不会导致转子叶片和外壳之间的密封失效。

7.9.4.4 水封(液封)阻火器

前文讨论的所有类型的阻火器都有一个固体阻火元件(矩阵型)，但水封(液封)阻火器是用液体(通常是水)作为火焰屏障。它通过内部装置将气流分散成气泡来熄灭火焰。有时会利用机械式单向阀(止回阀)来防止液体在火焰事件(爆炸或爆轰)发生期间或之后发生位移。

这种阻火器的设计通常仅是单向有效。然而，有报道称水封阻火器能够有效防止火焰双向传播。

应该有适当的防回火设计以确保火焰事件中容器和内构件的机械完整性并防止液封失效。应该进行适当的测试，以确保水封阻火器的设计适用于特定的应用场合。

用于火炬的水封阻火器(液封罐)的设计可参考ANSI/API Std 521(参考文献7-22)。

7.10 特殊减缓系统

7.10.1 水/蒸汽幕

水/蒸汽幕系统使用一系列喷雾喷嘴形成水屏障，将火势控制在小范围内。喷嘴可以安装成向上或向下喷水。水/蒸汽幕的目的是提供暴露保护或阻止易燃蒸气进入危险区域。

7.10.2 蒸汽熄火

蒸汽熄火是将火灾控制在密闭空间内的方法。当蒸汽被排放到密闭空间时，会发生熄火。密闭空间可以是炉子、锅炉或其他加热设备的燃烧室。当在密闭空间中无法安全使用消防水或用水可能会破坏设备或管道的机械完整性时，可使用蒸汽熄火。应该特别注意确保空间内的化学品不会与蒸汽或蒸汽冷凝水发生反应，对设备造成额外损害或给消防人员带来安全隐患。

7.10.3 机械联锁

机械联锁可用于以下方面:

- 上锁/挂牌是机械联锁最简单的形式之一，已应用于大多数设施中。
- 对于电气开关，机械联锁是正向和反向的接触，使两组触点在物理上不可能同时关闭。

不能通过阻止阀门转动来锁定阀门。锁定阀门是通过触发执行机构的控制通道来实现的。气动和液压执行机构的控制通道通常是操作气动或供油管线上的小直径阀门。关闭并锁定该阀门将使执行机构失效。在联锁电动阀门时，需要考虑以下三个因素：

(1) 开关按钮只能在允许的联锁序列中操作。

(2) 在继续/进行之前确认阀门的确切位置。

(3) 在联锁方案中纳入手动旁路。

工艺联锁是指导操作人员安全执行操作顺序的原则。一旦确定了适当的操作步骤，就可以安装机械联锁，以防止钥匙插入之前的连续操作。联锁引导操作人员按顺序操作，每个步骤的钥匙都是唯一的。当出现错误时，不允许操作人员继续操作，这时钥匙插不进去或阀门被锁在原位。机械钥匙联锁的原理是靠钥匙的传递。每道锁都由两把钥匙操作，一把用于锁定开启的位置，一把用于锁定关闭的位置。当阀门打开时，可以取出"开锁钥匙"，插到相同编码的另一个锁上。所有钥匙都是唯一的且取决于操作顺序。

三通阀门可被视为一种联锁，因为它确保流体只流向所需的方向。

7.10.4 阻聚剂注入

阻聚剂注入系统主要用于聚合物料(如醋酸乙烯)。如果物料开始以不受控制的方式进行自反应，在积聚足够的压力和温度导致物料从储存/处理容器中泄漏出来之前，注入阻聚剂可以干扰该反应。需要的阻聚剂类型取决于聚合反应的性质，例如，通过自由基聚合反应的材料可以使用自由基清除剂作为阻聚剂。阻聚剂与通常要求稳定储存时采用的抑制剂是相同的，但注入量要大得多。如果使用旨在快速终止反应的不同阻聚剂，通常称之为"杀死"系统。阻聚剂注入系统主要包括阻聚剂供给、阻聚剂向反应性物料的输送手段、探测是否需要阻聚剂注入系统的方法和激活阻聚剂输送的措施。

还应该制定规定，确保阻聚剂得到充分混合。在这方面，应该认真评估共模失效的可能性。例如，在聚合过程中，搅拌失效可能既引发失控情况也妨碍添加的阻聚剂充分混合。在这种情况下，可能需要备用混合系统(如气体喷射)。其他阻聚剂混合方法包括注入循环回路(需要循环泵正常运行)、使用混合喷嘴器、直接将阻聚剂喷入储罐，或采取足够的安全预防措施在小规模常压操作中进行手动搅拌。

阻聚剂注入系统需要精心设计和维护，以提供高度可靠的安全措施。由于阻聚剂注入系统平时处于待机状态，可能几个月都用不上，因此应该注意在不过度干扰正常操作的情况下，定期(如每月一次)对系统组件进行功能性和有效性测试。这种功能测试不仅对于检查阻聚剂供应是否充足和输送系统是否正常运行很重要，而且对于探测失控情况和启动阻聚剂注入系统也很重要。如果系统是手动启动的，操作人员的定期演练或模拟训练中应包括该系统。大多数阻聚剂注入系统的设计可以自动启动(如检测到高高温度或压力时)或者由控制室或现场操作人员手动启动。

7.10.5 急冷系统

急冷系统可用于几乎所有类型的反应性化学品。急冷系统涉及向反应性物料中加入大量的水或其他急冷介质；在特殊应用中，急冷介质可能是过冷材料(如液氮或干冰)。

急冷系统工作的方式取决于反应性物料的性质。例如，对于水反应性物料，急冷系统会在终极防护情况下把物料反应掉，生成低危险性产物，同时吸收部分反应热。大多数急冷系统都设计用于冷却和稀释可能发生不可控反应的物料。急冷介质实际上也会干扰化学反应或使催化剂失活。

在急冷系统中，水或其他急冷介质通常被添加到储存/处理设施中，添加量明显大于阻聚剂注入系统中的阻聚剂量。因此，系统设计应该考虑所增加的物料体积。与阻聚剂注入系统一样，可能需要将急冷介质与反应性物料混合的手段，以实现有效的急冷作用。

7.10.6 倒空系统

对于阻聚剂注入或急冷系统而言，阻聚剂或急冷介质由外部供应转移到反应性物料中。而在倒空系统中，反应性物料是从储存/处理设施转移到一个更安全的设施，该设施与装置设施的正常容量相同(实际上多数大于装置设施的正常容量)。这样就可以在失控情况下(如初期的热分解)对装置设施中的反应性物料进行减压和倒空。

倒空系统的检测和启动类似于阻聚剂注入或急冷系统，通常通过启动一个或多个快速开启的倒空阀来启动倒空。倒空的物料可以存放在地上罐、地下罐或倒罐、集水坑或较大的池子里。

设计考虑因素包括：

- 系统倒空所需的时间，应该认真评估并充分考虑背压和两相流。
- 探测和启动系统以及倒空阀的可靠性，包括防止意外倒空。
- 如果使用倒空罐，确保倒空罐有足够的容量。
- 当不使用时，倒空罐可能出现漏水或有不兼容的物料进入。
- 倒空罐和反应性物料储罐的超压保护。

通常的做法是将反应性物料倒空到有急冷介质存在的地方(如池塘、水池或大罐)，从而将倒空和急冷的效果结合起来。为了维持足够的急冷介质量，应该将定期检查列入装置设施操作指南并作为常规巡检的一部分。另一种配置是采用带有高流量给水的抽吸系统(如消防水系统)，将抽吸的物料转移到空系统中。

7.11 消防废水、工艺废液和事故冲洗水处理

化学品设施的火灾扑救可能会排出大量消防废水。由于大多数易燃物料会漂浮在水面上，因此存在着消防废水扩散火势的潜在风险。此外，许多化学品有可能污染土壤和地下水。消防废水可能会扩散这些化学品，造成污染扩大。考虑到这些因素，需要采用排水系统来控制排水径流。同样重要的是排水系统可以控制易燃液体的溢出。

排水设施设计应能够同时将易燃液体和消防排水从建筑物、框架、储罐、管架和工艺设备中排走。在事故发生期间，排水系统不应使周围相邻的工厂设施暴露在燃烧或有毒物质中。这可能需要采用限制蔓延的围堤、沟渠、收集井、撇油器和存液池或水池。

在许多情况下，事故期间收集的排水和化学品需要在排入废水处理设施之前进行“预处

理”，或者控制这些物料进入处理工艺的流量。特定工艺区域的小型存液池设计应至少容纳30~60min的排放量。当存在火灾延续时间较长的潜在风险时，如石化或炼油设施，需要采取特别的预防措施。在处置废水前将有机物从消防水中分离出来，可以减少所需存液区的大小。不能以土壤和水受污染为代价而不设置消防或排水系统。

在某些情况下，液体排放可能并不是理想的处理方式。因为这实际上可能导致更严重的问题(如大量的蒸气云或饮用水污染)。而在其他情况下，由于空间限制或其他原因，采用排水和远处设围堤可能不切实际。在这些情况下，可能需要额外的自动固定消防措施，如泡沫或水喷雾，以确保提供足够的保护。

根据具体情况，排水/泄漏控制系统通常包括一系列的特性组合，以实现必要的泄漏控制，这些特点包括以下方面：

- 围堰或防火堤；
- 排水口(带有水封防止回火)；
- 水沟或排洪沟；
- 存液池或存液罐；
- 隔油池或除油器(将污染物从水中分离出来)；
- 有坡度的地面(通常最小坡度为1%)；
- 集水井或集水坑(用于容纳小规模泄漏)；
- 沟渠。

排水/泄漏控制系统的设计可能非常复杂，在设计时应考虑以下因素：

- 预计的火灾持续时间(或实施应急预案的时间)；
- 水基消防系统的预期流量，如喷淋系统、泡沫系统、消防软管和消防水炮；
- 当地规范和规定；
- 可能释放的液体性质，包括灭火的可能性、黏度、水溶性、比重、挥发性等；
- 降雨量(在设计容量时，通常应考虑　定的降雨量)；
- 化学品与排水系统中的水或其他化学品的反应性；
- 环境污染风险(邻近的水源、地质条件等)；
- 有机物与水的分离，防止排入河流；
- 设施的间距和位置；
- 地表面类型(土壤、砾石、混凝土等)；
- 地形；
- 可能排放的液体体积以及排放的速率和模式。

查阅NFPA 30(参考文献7-2)和NFPA 15附录(参考文献7-42)可获取有关排水/泄漏控制系统设计的详细信息。

应定期检查排水/泄漏控制系统，以确保其处于良好状态。特别是应检查排水口和沟渠，确保没有任何堵塞。每次降雨后，应将雨水排空或用泵抽到收集设施里。

7.12 参考文献

7-1. NFPA 70B. *Recommended Practice for Electrical Equipment Maintenance.* National Fire Protection Association. Quincy, Massachusetts. 2010.

7-2. NFPA 30. *Flammable and Combustible Liquids Code*, National Fire Protection Association. Quincy, Massachusetts. 2008.

7-3. NFPA 70. *National Electrical Code (NEC), 2011 Edition, Article 500*, National Fire Protection Association, Quincy, Massachusetts. 2011.

7-4. API RP 500 (R2002). *Recommended Practice for Classification of Locations for Electrical Installations at Petroleum Facilities Classified as Class I, Division 1 and Division 2, Second Edition*, American Petroleum Institute. 1997.

7-5. NFPA 496. *Standard for Purged and Pressurized Enclosures for Electrical Equipment, 2008 Edition*, National Fire Protection Association. Quincy, Massachusetts. 2008.

7-6. ANSI/UL 913. *Intrinsically Safe Apparatus and Associated Apparatus for Use in Class* Ⅰ, Ⅱ *and* Ⅲ, *Division 1, Hazardous (Classified) Locations*, Underwriters Laboratory. 2002.

7-7. Static Electricity. FM Global 5-8, Factory Mutual Insurance Company. 2001.

7-8. API RP 2003. *Protection Against Ignitions Arising out of Static, Lightning, and Stray Currents*, American Petroleum Institute. 2008.

7-9. CCPS. *Avoiding Static Hazards in Chemical Operations*, Center for Chemical Process Safety of the American Institute of Chemical Engineers. New York, New York. 1999.

7-10. NFPA 780. *Standard for the Installation of Lightning Protection Systems*, National Fire Protection Association. Quincy, Massachusetts. 2011.

7-11. ISA 84. 91. 01. *Identification and Mechanical Integrity of Instrumented Safety Functions in the Process Industry*, International Society of Automation. Research Triangle Park, North Carolina. 2011.

7-12. IEC 61511. *Functional Safety: Safety Instrumented Systems for the Process Sector*, International Electrotechnical Commission, Geneva, Switzerland. 2003.

7-13. ANSI/ISA 84. 00. 01-2004 (IEC 61511 modified). Part 1, *Functional Safety: Safety Instrumented Systems for the Process Industry Sector-Part 1: Framework, Definitions, System, Hardware and Software Requirements*, International Society of Automation, Research Triangle Park, North Carolina. 2004.

7-14. ANSI/ISA 84. 00. 01-2004 (IEC 61511 modified). Part 2, *Functional Safety: Safety Instrumented Systems for the Process Industry Sector-Part 2: Guidelines for the Application of ANSI/ISA-84. 00. 01-2004 Part 1 (IEC 61511-1 Mod)-Informative*, International Society of Automation, Research Triangle Park, North Carolina. 2004.

7-15. ANSI/ISA 84. 00. 01-2004 (IEC 61511 modified). Part 3, *Functional Safety: Safety Instrumented Systems for the Process Industry Sector-Part 3: Guidance for the Determination of the Required Safety Integrity Levels-Informative*, International Society of Automation, Research Triangle Park, North Carolina. 2004.

7-16. ISA TR84. 00. 04. *Guidelines on the Implementation of ANSI/ISA 84. 00. 01-2004 (ISA 61511 Modified)*, International Society of Automation, Research Triangle Park, North Carolina. 2006.

7-17. ISA TR84. 00. 02. *Safety Integrity Level (SIL) Verification of Safety Instrumented Functions*, International Society of Automation, Research Triangle Park, North Carolina. 2002.

7-18. ISA TR84. 00. 03. *Mechanical Integrity of Safety Instrumented Systems (SIS)*, International Society of Automation, Research Triangle Park, North Carolina. 2002.

7-19. CCPS. *Guidelines for Hazard Evaluation Procedures*, *Third Edition*, Center for Chemical Process Safety of the American Institute of Chemical Engineers. New York, New York. 2008.

7-20. CCPS. *Layer of Protection Analysis: Simplified Process Risk Assessment*, Center for Chemical Process Safety of the American Institute of Chemical Engineers. New York, New York. 2001.

7-21. CCPS. *Guidelines for Independent Protection Layers and Initiating Events*, Center for Chemical Process Safety of the American Institute of Chemical Engineers. New York, New York. 2011.

7-22. ANSI/API Std 521. *Pressure-Relieving and Depressuring Systems*, *Fifth Edition*, American Petroleum Institute. 2007.

7-23. API Std. 2000. *Venting Atmospheric and Low-pressure Storage Tanks*, *Sixth Edition*, American Petroleum Institute. 2009.

7-24. ASME Section Ⅷ-DIV 1. *2010 ASME Boiler and Pressure Vessel Code*, *Section Ⅷ*, *Division 1: Rules for Construction of Pressure Vessels.* American Society of Mechanical Engineers. 2010.

7-25. API Std 520. *Sizing*, *Selection*, *and Installation of Pressure-relieving Devices in Refineries*, *Part Ⅰ-Sizing and Selection*, *Eighth Edition*, American Petroleum Institute. 2008.

7-26. Glinos, K. and R. D. Myers. *Sizing of Vacuum Relief Valves for Atmospheric Distillation Columns*, Journal of the Loss Prevention in the Process Industries, Vol. 4, No. 3, pp. 166-169. 1991.

7-27. Simpson, L. L. *Estimate Two-Phase Flow in Safety Devices*, Chemical Engineering, Vol. 98, No. 8, pp. 98-102. 1991.

7-28. Leung, J. C. *Size Safety Relief Valves for Flashing Liquids*, Chemical Engineering Progress, Vol. 88, No. 2, pp. 98-102. 1992.

7-29. DIERS. *Emergency Relief System Design Using DIERS Technology*, *DIERS Project Manual.* American Institute of Chemical Engineers. New York, New York. 1992.

7-30. CCPS. *Safe Design and Operation of Process Vents and Emission Control Systems*, Center for Chemical Process Safety of the American Institute of Chemical Engineers. New York, New York. 2006.

7-31. DIERS. *Systems Analysis for Integrated Relief Evaluation (SAFIRE) User's Manual*, *SAFIRE Computer Program and Documentation.* American Institute of Chemical Engineers. New York, New York. 1986.

7-32. CCPS. *Guidelines for Pressure Relief and Effluent Handling Systems*, *2nd Edition*, Center for Chemical Process Safety of the American Institute of Chemical Engineers. New York, New York. 2011.

7-33. Scandpower. *Guideline for Protection of Pressurized Systems Exposed to Fire*, Scandpower. 2002.

7-34. ANSI/API Std 537. *Flare Details for General Refinery and Petrochemical Service*, American Petroleum Institute. 2008.

7-35. NFPA 69. *Standard of Explosion Prevention Systems*, National Fire Protection Association. Quincy, Massachusetts. 2008.

7-36. NFPA 72. *National Fire Alarm and Signaling Code*, National Fire Protection Association. Quincy, Massachusetts. 2010.

7-37. NFPA 101. *Life Safety Code*, National Fire Protection Association. Quincy, Massachusetts. 2009.

7-38. CCPS. *Continuous Monitoring for Hazardous Material Releases*, Center for Chemical Process Safety of the American Institute of Chemical Engineers. New York, New York. 2009.

7-39. CCPS. *Guidelines for Fire Protection in Chemical, Petrochemical, and Hydrocarbon Processing Facilities*, Center for Chemical Process Safety of the American Institute of Chemical Engineers. New York, New York. 2003.

7-40. API Publ 2218. *Fireproofing Practices in Petroleum & Petrochemical Processing Plants*, American Petroleum Institute. 1999.

7-41. NFPA 13. *Installation of Sprinkler Systems*, National Fire Protection Association. Quincy, Massachusetts. 2010.

7-42. NFPA 15. *Standard for Water Spray Systems for Fire Protection*, National Fire Protection Association. Quincy, Massachusetts. 2007.

7-43. NFPA 750. *Standard on Water Mist Fire Protection Systems*, National Fire Protection Association. Quincy, Massachusetts. 2010.

7-44. NFPA 11. *Standard for Low-, Medium-, and High-Expansion Foam*, National Fire Protection Association. Quincy, Massachusetts. 2010.

7-45. NFPA 16. *Standard for the Installation of Foam-Water Sprinkler and Foam-Water Spray Systems, 2007 Edition.* National Fire Protection Association. Quincy, Massachusetts. 2007.

7-46. NFPA 2001. *Standard on Clean Agent Fire Extinguishing Systems*, National Fire Protection Association. Quincy, Massachusetts. 2008.

7-47. NFPA 12. *Standard on Carbon Dioxide Extinguishing Systems*, National Fire Protection Association. Quincy, Massachusetts. 2008.

7-48. NFPA 17. *Standard for Dry Chemical Extinguishing Systems*, National Fire Protection Association. Quincy, Massachusetts. 2009.

7-49. NFPA 10. *Standard for Portable Fire Extinguishers*, National Fire Protection Association. Quincy, Massachusetts. 2010.

7-50. CCPS. *Deflagration and Detonation Flame Arresters*, Center for Chemical Process Safety of the American Institute of Chemical Engineers. New York, New York. 2002.

7-51. Halstrick, V. *Technical Report Part 1*, Protego Fundamentals. Braunschweiger Flammenfilter GmbH. Braunschweig, Germany. 1995.

7-52. Frobese, D. H. and Forster, H. *Propagation of Detonations Through Pipework Junctions*, Proc, Seventh International Symposium on Loss Prevention and Safety Promotion in the Process Industries. Taormina, Italy. 1992.

7-53. ESCIS. *Inerting*, Booklet No. 3, *Expert Commission for Safety in the Swiss Chemical Industry.* Basel, Switzerland. 1994.

7-54. NFPA 68. *Standard on Explosion Protection by Deflagration Venting*, National Fire Protection Association. Quincy, Massachusetts. 2007.

7-55. Bartknecht, W., *Dust Explosions: Course, Prevention, Protection.* Springer-Verleg, New York. 1989.

8 过程安全文档管理

文档对于工艺设施的长期管理和日常安全运行非常重要。随着对文档监管要求的不断提高，如果不能保持准确且完整的文档记录，可能会承担法律责任。文档通常用于实施企业过程安全管理计划和验证工厂是否合规。此外，质量文件可以促进持续改进。文档管理程序的要素包括信息框架、程序、保存和控制。在紧急情况下方便获取必要的信息至关重要，并且这对于支持变更管理也非常重要。

健全的文档管理系统可确保对程序文件和其他过程安全信息的版本控制。当过程安全信息是基于计算机并通过内网系统进行管理时，此项工作尤其具有挑战性。

8.1 过程知识管理

清晰完整的设计依据文件的重要性怎么强调都不为过。过程知识管理通常被称为过程安全信息(PSI)，在化工装置的整个生命周期中十分重要。表 8.1 列出了通常需要的过程安全信息类型。需要注意的是，表中的信息并非对每个设计项目都适用。

设计和建造高效且安全的工艺装置需要投入大量资源。除基建投资外，随着时间的推移几乎所有装置都需要改造以提高产量和/或效率。设计、建造和优化一套装置所需的信息是重要且宝贵的企业资产。由于过程知识和信息是企业长期生存和持续成功的基础，应当建立一套管理系统来保护和促进这些信息的使用。建立高效可靠的方法来收集、维护和保护企业的过程知识，有助于保护这些具有良好商业价值的重要资产。

表 8.1 过程安全信息的典型类型

化学品危害信息	
• 热量数据。 • 腐蚀性数据。 • 典型污染物(如空气、水)与工艺物流和公用工程系统中包含的不同物料意外混合产生的危险影响。 • 职业卫生数据。 • 粉尘爆炸性测量(K_{St})。 • 最大爆燃或爆轰压力和火焰速度。 • 最小点火能。 • 容许接触限值	• 物理数据。 • 反应性数据。 • 特殊危险： ○ 冲击敏感性； ○ 自燃性。 • 化学稳定剂，包括净化效果(去除稳定剂或其他化学物质)。 • 物料兼容性。 • 热稳定性和化学稳定性数据。 • 热力学数据。 • 毒性信息

续表

工艺技术信息	
• 以叙述形式和/或简单图形说明控制系统逻辑。 • 绝热反应温度和相应的系统压力，基于预期的和最不利情况下的物料组成。 • 因果关系图。 • 偏离安全限值的后果。 • 与可信的不期望的化学反应有关的危险。 • 后果分析图和/或表，显示超压或毒物暴露的危险关注区域/距离	• 物料和能量平衡。 • 预期最大存储量。 • 化学工艺，包括实验室笔记(提供产品或工艺早期研发阶段的信息)。 • 安全上下限的依据和取值。 • 分离设备设计信息和设计基础。 • 工艺流程简图或方框流程图
工艺设备信息	
• 控制系统逻辑图、回路数据表和联锁表。 • 电气爆炸危险区划分图。 • 电气数据，包括单线图、电机数据库和接地/等电位连接图。 • 装置数据，包括地下公用工程和工艺管道位置的平面图、结构图和结构分析、固定消防系统设计和设计基础信息，以及热/爆炸荷载和防火/防爆墙信息。 • 仪表数据，包括现场仪表、报警、联锁等关键参数的数据表或数据库。 • 单线图	• 适用于工艺设计的标准规范清单。 • 安全淋浴/洗眼器、灭火器和其他安全设备的位置。 • 建造材料。 • 工艺设备的机械数据/设计基础表。 • 工艺管道和仪表流程图(P&IDs)。 • 管道规格书。 • 移动式多单元设备。 • 泄压系统设计依据和计算书，包括火炬系统。 • 安全系统(如联锁、探测或抑制系统)。 • 厂家制造图。 • 通风系统设计依据和计算

8.1.1 过程知识管理的重要性

理解危险及风险需要有准确的过程知识和信息。过程知识管理的主要目标是对可随时调取的最新、准确、完整且清晰易懂的信息进行维护。

8.1.2 过程知识和信息文件类型

对过程知识的开发、记录和维护是《基于风险的过程安全》(*Guidelines for Risk Based Process Safety*)(参考文献 8-1)中说明的基于风险的过程安全事故预防原则“理解危险及风险”的两个要素之一。本节概述了过程安全知识和信息的记录，并重点关注易于记录的信息，如：

- 书面技术文件和说明书；
- 工程图纸和计算书；
- 工艺设备设计、制造和安装说明；
- 其他书面文件，如化学品安全技术说明书(MSDS)。

了解如何获取信息以供使用至关重要。高效的系统应该具有以下特点：

- 以组织有序的方式提供信息；
- 保护知识防止意外丢失；
- 以易于获取的方式存储计算、设计数据和类似信息。

有关过程安全文档的更多详细信息，请参阅：

- 《基于风险的过程安全》(*Guidelines for Risk Based Process Safety*)(参考文献 8-1)；
- 《过程安全文档指南》(*Guidelines for Process Safety Documentation*)(参考文献 8-2)。

8.1.3 设计基础

过程安全取决于装置的设计、施工、运行和维护。工艺工程师输入的信息对于建立设计基础和操作要求的永久记录至关重要。因此，必须保持完整的文档记录，使设计基础不被错误的制造、操作或维护技术所破坏。

设计基础信息的一个例子是计算泄压阀尺寸和负荷的具体场景或依据的记录。另一个例子是确定汇总排放管和泄放主管尺寸依据的记录，说明在计算紧急泄放负荷时包括了哪些同时泄放的情况、不包括哪些情况。

初始设计包(以及所有后续的修订版)应该包括一套用于建造化工装置设施的设计技术说明书、标准和图纸，通常是对某个装置最准确、最完整的信息汇总。设计文件是将来所有改造项目的基础，对其最大完整性和准确性的需求怎么强调都不为过。因此，最好立即制定对这些信息的存储、控制和修订程序。设计文件通常包括以下内容：

- *设计基础文件*——收集的初始信息通常是工艺过程的定义和设计标准。基础工艺信息包括化学工艺、能量和物料平衡、一般控制原理、过程危害分析等。识别适用的规范和设计标准。设计计算书和研发报告也应该有清晰的文档记录。研发报告阐述初始设计基础及其基本原理，并定义工艺变量的安全操作范围，后者往往用于排除故障或策划替代操作条件。减缓系统的设计基础也应该形成文档。
- *设备技术说明书*——以简洁完整的方式描述工厂的所有设备。清晰说明初始设计基础。提供足够的工艺和机械数据，以便采购所需物项。采购单发出后有时会发生变更，应该按照“已交付”和已安装的状态更新技术说明书。
- *设计标准*——详细阐述适当的部件、制造、装配或施工技术，或特定设备以外物项的参考资料。
- *图纸*——设计标准可能会有少量调整，但工程图会频繁修改以反映设备和仪表增加或管道改线情况。监管机构通常要求保留工艺管道和仪表流程图(P&IDs)和总图布置图，这些文件总体上包含了装置设施的基本特征。
- *危害分析*——行业指南和规章中最常见的要素之一是实施并记录危害分析。该分析并不能确保识别出所有危害，但这是目前系统性审查工艺过程及其组成部分是否存在危害的最有效方法。危害分析应该有完整的记录，并附有详细的会议纪要以及作出的决策和采取的行动。除了作为评估潜在变化的参考资料，危害分析还可用作类似工艺装置的案例研究。有关危害分析的更多信息，见《危害评估程序指南》(*Guidelines for Hazard Evaluation Procedures*)(参考文献 8-3)的第 4 章“风险分析技术”。
- *供应商资料*——设备制造商应该为每台设备提供图纸和操作手册。这些图纸和手册非常有用，因为这些信息反映出准确的细节或“竣工”说明，并包括确保安全无故障运行的正确操作说明。这些文档在为某些设备建立历史记录时尤为有用。供应商培训手册有助于确保设备得到适当且持续的维护。手册、图纸和化学品安全技术说明书(MSDS)以及所有测试报告应该保存在工厂维护部、工程办公室或运营部。

- *质量控制(新设备)*——应该制定相关程序以确保设备的采购、制造、检验、测试和安装符合设备设计技术规范，并确保过程安全。工艺工程师要与材料工程师、质量监督代表和设备专家一起制定这些技术规范。

为了准确地确定腐蚀速率和设备寿命，必须了解原始材料、厚度和结构细节。需按照制造技术规范的详细要求检验合金管道和压力元件的化学成分。通常需要有焊接完整性、焊后热处理以及材料和/或设备测试情况的记录。应该对压力容器和传热设备壳体及喷嘴的原始壁厚进行检验。可能需要对工艺管道进行材料检验。有关材料检验的更多信息详见5.7“制造材料”。

在ASME/ANSI规范、API Std 510(参考文献8-4)和美国国家压力容器检查规范(NBIC)中的压力测试要求是最低要求。管道维修的压力测试至少应该符合ASME B31管道规范的要求。大型容器的压力测试应该有书面程序，规定测试压力、压力和温度指示器位置、试验流体温度、紧急泄放、加压/检测顺序以及安全要求。在设备/系统的整个生命周期内，业主和第三方的所有测试记录都必须保存。

8.1.4 变更管理

用于设计阶段以及流程全生命周期的变更管理正规系统有助于确保系统基于风险的设计完整性。对物理设备的改变以及其他设计修改通常是为了纠正小缺陷或在建成后提高单元的可操作性。这些变更可能发生在设计阶段和施工阶段，在运行过程中也几乎不可避免。详细设计阶段的变更管理是一项不易完成的重要工作。在最终PHA完成之后所做的变更应该有准确、完整的记录。

应该对工艺或装置的改造方案进行关键性分析和安全评估。必须确定施工、检验和测试技术规范。这些变更应该反映在初始设计包的修订版中。所有这些文档均必须保存。

监督变更(或项目)的人员应该确定其他文档是否受到变更影响，并负责确保所有补充文档也得到修订。

应该制定有效的变更管理(MOC)计划，通过提供以下内容确保随时更新过程安全信息：

- 向过程安全信息管理人员发出变更通知。
- 向负责设计、审查和批准变更的人员提供基础数据、图纸和其他信息。
- 一组更新后的过程信息或一张需要变更的清单。
- 确保过程安全信息在变更执行后得到正确更新的管理方法。例如，确保在变更执行后生成的“竣工图”或者“批准用于施工”图纸得到现场验证。

8.1.5 其他考虑因素

如上所述，过程安全取决于装置的设计、施工、操作和维护。工艺工程师输入的信息对于建立设计基础和操作要求的永久记录至关重要。对于洞察危害和风险非常重要的文件举例如下：

- *物料反应性*——设计团队应该识别并记录潜在的反应性危害。应该考虑的场景包括物料自身发生反应(如聚合或分解)，或物料与条件的组合可能导致失控反应。处理反应性物料容器的主要问题是可能会发生失控反应，导致的泄放率可能是正常工艺排放量的几倍。

- *制造材料的兼容性和相互作用*——设备的使用寿命受很多因素的影响，如制造材料、详细设计、制造技术、操作条件以及检测和维护程序。材料失效虽然相对罕见，但一旦发生可能导致极其严重的灾难性事故。降低材料失效风险的最佳方法是充分了解内部工艺、外部环境和失效模式，根据预期用途选择材料，采用适当的制造技术和控制，并提供良好的维护、检测和维修技术。
- *通过多层保护降低预期风险*——改变保护系统设计、验证间隔或改变机械完整性计划的其他方面可能会违背在确定公司风险准则符合性时作出的假设。为确保持续的符合性，变更管理流程需要获取原始参数，以便正确评估变更影响。

8.2 工程设计文件包

工程设计文件包服务于工艺装置的全生命周期，为装置设施的设计、运行、维护和最终退役提供至关重要的宝贵信息。

工程设计文件包应该包括：

- 设备技术规范，包括设计和设备选型中使用的所有设定/规定。
- 验收测试要求和记录。
- 制造商关于定期完整性测试的建议(方法、验收标准、频率)。
- 液体溢流保护的初始功能测试和设定(计量表、密度、设定温度及被测液位的组成)。
- 每个物流的预期组成以及设计中考虑和使用的预期变化。这些信息影响到几个重要的过程安全设计因素，如化学反应、腐蚀、仪表标定和响应、制造材料和泄压尺寸。
- 记录预期反应的热化学数据，以及主反应的可信工况和副反应速率。
- 预计的机械完整性计划，按照制造商建议和行业惯例进行适当的检验与测试。

8.3 操作/维护程序

程序是每个过程操作的重要组成部分，提供了应当遵守的规则以及安全且经批准的操作和维护做法的标准化记录格式。程序也在全厂范围内提供一致性的信息，有助于最大限度地减少推测，从而实现更高效安全的操作。

良好的程序还详细地描述过程、危害、工具、防护设备和控制方法，以使操作人员和维护人员能够洞察危害、验证必要的控制措施是否到位并确认过程以预期的方式响应。程序应该规定何时执行紧急停车，还应该提出特殊情况下的操作方式，如设备停用时的临时操作。操作规程通常用于控制各种活动，如产品切换、工艺设备定期清理、设备维护准备以及通常由运营部门执行的其他活动。为确保发布和维护的程序准确无误，工艺设施的操作规程应该有审查和批准流程。

项目设计和工程设计团队的部分职责是制定初始操作规程

项目设计团队需要提供安全操作所需的信息，包括偏离的后果和纠正偏离的步骤。这些信息对操作培训至关重要。

过程操作主要有四类程序：

- *操作规程*是书面的分步骤指示和相关信息(注意事项、警告、注释等)，用于在操作限值范围内安全地完成任务。程序应该涵盖所有操作模式。以下操作通常需要有操作规程：
  - 初次开车；
  - 正常开车；
  - 检修后开车；
  - 正常操作；
  - 临时操作；
  - 紧急操作；
  - 正常停车；
  - 紧急停车。
- *紧急或异常操作规程*是为操作人员提供分步骤行动的书面指示，确保在系统发生故障后或过程有意(开车、停车等)或无意(故障)切换时，过程处于安全稳定模式。
- *临时操作*是记录非日常操作期间采取步骤的书面指示。
- *维护程序*是对材料控制和维护措施以及维护、测试和检查频率的书面指示，材料控制和维护措施可确保系统可操作性和完整性。

8.3.1 对程序的要求

应该有明确的流程确定哪些工作需要程序。第一步是进行任务分析，以制定待执行任务的完整清单。根据这份完整清单对每项任务进行审查，以确定是否需要书面程序。许多常规程序(如取样或启动泵)都包含在培训内容中，因此可能不需要程序。有些公司采用危害和风险分析来确定哪些工作任务在执行过程中要有“现成”程序、哪些工作任务有“可参考”程序。

有些程序可能是出于监管要求，特别是 OSHA 的 PSM 标准和美国食品药品监督管理局。此外，自愿性项目(如责任关怀和 ISO 质量认证)可能也需要程序。

是否需要程序最好由以下因素决定：

- 任务复杂性；
- 任务执行频率；
- 执行工作任务时可能出错的后果。

程序所需的详细程度取决于：

- 与任务相关的风险；
- 被指派执行任务人员的知识、技能和能力。

程序应该包括足够的细节，以使新来的或资历较浅的人员也能够成功执行任务。如果提供了不必要的细节，执行任务的人员可不使用该程序。

8.3.2 程序制定

如前所述，工程设计团队负责制定初始操作规程。为制定有效的程序应该采用以下指导原则：

- 确保该程序反映开展工作的方式，并且在技术上准确无误。
- 鼓励程序使用者积极参与程序的制定和审查。
- 确保为使用者提供足够的信息，以便其安全正确地执行任务。
- 确保详细程度符合使用者的经验和能力、培训情况和责任。
- 制定流程，确保使用者能够快速准确地为工作找到正确的程序。
- 所有程序以“微软写作风格指南”设定的标准格式编写。
- 指导使用者使用其程序。

8.3.2.1 安全操作上限和下限

关键工艺参数(如温度、压力、液位、流量或浓度)安全操作限值的设定通常需要综合考量设备设计限值和工艺动态参数。当系统反应可能非常剧烈以至于继续运行的风险不可接受时，通常需要设定安全操作限值。在这种情况下，程序应该明确、简单地说明如何应对该情况。例如，根据发生失控反应的可能性，反应器正常操作温度为32℃(90℉)，安全操作限值为49℃(120℉)。

有关安全操作限值的更多详细信息，见第5章中的5.5.1“工艺设备安全操作限值”。

8.3.2.2 偏离的后果

在上述示例中，如果超过49℃(120℉)的操作温度限值可能发生失控反应。如果不立即采取措施，失控反应的后果可能是温度和压力升高，进而可能导致容器破裂，伴随相应的火灾和爆炸。

操作规程应该包括：

- 超出安全操作限值的后果；
- 立即采取措施(自动或手动)阻止继续偏离，以避免超出安全操作限值。

对于上述示例，采取的步骤可以是关闭反应物流、停止向反应器输入热量、设置系统最大冷却量或者添加急冷剂或抑制剂以终止反应。

有关偏离后果的更多详细信息，见第5章中的5.5.2“偏离的后果”。

8.3.2.3 间歇式工艺程序的关注点

上文介绍的有效程序编写的基本原则同样适用于间歇式工艺，但间歇式工艺也有特定的考虑因素。间歇式工艺设备通常用于以相同的设备生产多种产品的工艺过程。典型的间歇式工艺操作包括：

- 分段运输;
- 加料;
- 生产;
- 监控;
- 输送;
- 清理/去污;
- 应急处置。

对于间歇式工艺过程，可能有两类文件是操作所必需的，因为同一台设备往往用于不同的排列组合来生产不同产品。首先，操作规程包含执行每项任务的步骤和安全信息。其次，“批次”单、“配方”表或“工艺”表包含操作参数(如温度、材料量和顺序)。尽管实际操作规程保持不变，但每次运行时这些批次单都可能会发生变化。批次单可能每周变几次，但操作规程始终适用于该设备。批次单和操作规程一起为安全操作提供必要的信息。

8.3.2.4 维护程序的关注点

现场的维护活动通常被视为“手艺”。对于维护人员而言，编写和使用书面程序可能是一种全新的体验。维护程序需要考虑维护人员的类型。如果装置需要具有多种技能的维护人员，则可能需要编写非常详细的维护程序。越来越多地使用合同制维护人员也带来了类似的问题。

维护经理引用供应商手册是控制程序数量的一种选择，但这意味着文档控制的另一个层次。如果维护程序引用了供应商手册，那么装置设施必须拥有这些文件，并确保这些文件的可访问性、最新性和准确性。有时，供应商提供的通用设备手册或目录章节会作为项目设计记录的一部分。在这种情况下，项目设计团队有必要清楚地指出哪些具体部分或章节适用于已安装的实际系统。这些关键的设计信息很容易丢失。如果没有这些文件，或者设备信息文件的后期使用者做出错误设定，可能会导致不利的安全和操作后果。例如，供应商手册中说明的特定气体探测器的确是现场安装的这种气体探测器。供应商手册通常不提供针对具体应用场合的注意事项、警告和设施可能需要的详细程度。设施的维护程序可能需要补充这些信息，以准确反映现场需求。

8.3.3 程序维护

流程工业是一个不断变化的动态操作环境，需要有准确的程序。应当建立对程序的管理控制体系，通常包括以下方面:

- 一个审查过程，确保所有程序在初次使用前都经过全面审查，后期将进行定期审查;
- 一些方法，确保在任务、设备或过程发生变化时，对程序进行审查和更新(变更管理);
- 一个体系，确保将运行、维护和工程设计之间的共享知识定期纳入程序更新;
- 一个体系，当程序发生变更时，将变更告知使用者并指导使用者;
- 一个体系，将从事故、异常情况、未遂事件、行为观察、模拟和练习中吸取的经验教训等信息用于程序的更新。

8.4 资产完整性/可靠性/预测性数据维护

一般来说，资产完整性计划是一种管理功能而非设计功能。因此，其设计、执行和维护超出了本书的范围。但是，在项目设计阶段开发或获取的关键数据对该计划的有效性和记录保存功能至关重要，因此应该作为设计工作的一部分。

工程设计项目组在为有效的资产完整性计划提供基础数据方面发挥着关键作用。不完整或不准确的设计信息可能会对设备的功能操作和完整性产生不利影响，进而导致重大不良后果、设备过早出现故障、可能的人员伤害和财务影响。

工程设计文件使维护人员能够：

- 确保理解并执行正确的维护程序；
- 确保按照所需频率/间隔进行维护；
- 保存设备的历史数据和趋势，以优化维护工作；
- 评估可能的维修和改造；
- 确定必要备件的库存，以最大限度地减少非计划停车和停用。

维护的目的是确保工艺设备的完整性。工艺设施的维护部门应该负责归档维护记录和保存其他文档(如服务手册)。应该定期审查维护程序，并按需更新。

编制资产完整性计划(也称为机械完整性计划)的目的之一是识别和处理设备缺陷。此外，还期望利用从检查和测试中获得的知识来了解故障发生的原因，并寻求提高可靠性和安全性。为了实现这样的提高，需要有机械完整性计划来测量其性能，以便(通过统计分析)从根本上了解设备可靠性与设计、操作、工艺条件、周围环境和维护措施等诸多因素的关系。

例如，设备技术规范、机械公差甚至设计基础假设都是确定初次检验间隔以及合格/不合格检查标准所需的重要信息。这些观察和测量结果将成为预防性/预测性维护和可靠性计划的基础，可以根据一系列检查和测量结果来调整该计划。因此，设计中的关键信息以一致且有用的方式进行传递至关重要，可以促进可靠性工作的启动。

无损检测结果、施工、维修、改建的细节或其他条件也可能影响后期对设备完整性的评估。从跟踪设备维修史的角度来看，除了前面列出的设备技术规范外，下列工程设计项目初始记录也是有用的：

- 压力容器的 ASME 标准数据报告。
- 带有检测点并经现场验证的主要设备检验图。应该在图纸或单独的纸张上标明过去和现在的壁厚测量值(包括原始测量值)和其他无损检测结果。
- 锅炉或压力容器操作所需的检验报告和许可证副本(在许可证有效期内)。
- 主要设备和工艺管道的维修和改造文档。

除了传递初始设计信息外，设计过程还必须支持持续性的收集设备性能数据，以验证(或在必要时更正)初始设计基础，并确保以高效和有效的方式保持设备完整性。在分析过程中，需要将资产完整性和设备性能数据收集到专门的数据子集中，并以能够提高分析效率的格式收集这些“调整前、调整后”的数据。CCPS 工艺设备可靠性数据库项目(PERO)是利用系统化方法记录设备数据的一个示例，该方法可作为系统化设计信息传递工作的一部分，有助于根据设计信息进行准确且有意义的数据收集，确保工艺设备的持续完整性。

通过真实(无须或很少需要现场人员解释)、简便(尽可能自动生成，以最大限度减少冗长和誊写失误)和具体(提供需要关注的故障信息)的数据收集，大大增强了提取有用信息的能力。通过设计人员的输入将这些特性很好地内置于系统中，因为设计意图是最新的信息，所有设定和关键变量都能够清楚地被理解和记录。

测试间隔也是设备完整性维护的关键组成部分。间隔时间可以根据监管要求确定，也可以通过基于风险的检测(RBI)或以可靠性为中心的维护(RCM)计划确定。初始测试间隔应该作为设计依据的常规组成部分，后期可以根据实际现场经验进行修改。更多相关信息见《机械完整性体系指南》(*Guidelines for Mechanical Integrity Systems*)(参考文献 8-5)。

8.5 参考文献

8-1. CCPS. *Guidelines for Risk Based Process Safety*, Center for Chemical Process Safety of the American Institute of Chemical Engineers. New York, New York. 2007.

8-2. CCPS. *Guidelines for Process Safety Documentation*, Center for Chemical Process Safety of the American Institute of Chemical Engineers. New York, New York. 1995.

8-3. CCPS. *Guidelines for Hazard Evaluation Procedures*, Center for Chemical Process Safety of the American Institute of Chemical Engineers. New York, New York. 2008.

8-4. API Std 510. *Pressure Vessel Inspection Code: Maintenance Inspection, Rating, Repair, and Alteration, 8th Edition.* American Petroleum Institute. June 1997, Addendum 1 (December 1998), Addendum 2 (December 2000), Addendum 3 (December 2001), and Addendum 4 (August 2003).

8-5. CCPS. *Guidelines for Mechanical Integrity Systems*, Center for Chemical Process Safety of the American Institute of Chemical Engineers. New York, New York. 2006.